中国园林艺术概论

曹林娣 著

图书在版编目（CIP）数据

中国园林艺术概论/曹林娣著. —北京：中国建筑工业出版社，2009

ISBN 978-7-112-11081-0

Ⅰ. 中… Ⅱ. 曹… Ⅲ. 园林艺术-中国 Ⅳ. TU986.62

中国版本图书馆CIP数据核字（2009）第105472号

本书旨在结合历史的和现存的古典园林实例，对源远流长的中国古典园林艺术作理论探索以及必要的文化透视：从理论上说明我国园林艺术产生、形成、发展、演变的历史进程，体现我国人民独创的智慧、高贵的精神；结合典型实例，分析我国古典园林的艺术创作规律和特征，包括诸如园林的相地、立意、构思、选材、造型、形象和意境塑造等艺术创作范畴以及与中国文学、画学、书学等学科交互渗透的关系；在此基础上，总结性地阐述园林艺术观念形态所反映的社会的、历史的、哲学的原因，即中国古典园林的民族特质；用事实阐明中国古典园林艺术的永久魅力以及对人类的独特贡献。

* * *

责任编辑：许顺法
责任设计：赵明霞
责任校对：刘 钰 梁珊珊

中国园林艺术概论

*

中国建筑工业出版社出版、发行（北京西郊百万庄）

各地新华书店、建筑书店经销

北京嘉泰利德公司制版

廊坊市海涛印刷有限公司印刷

*

开本：787×1092毫米 1/16 印张：17¼ 字数：430千字

2009年9月第一版 2020年6月第三次印刷

定价：**39.00**元

ISBN 978-7-112-11081-0

（18329）

目录

插图目录

导论

中国，数千年来保持着统一持续的文化形态的文明古国，是个“发现和发明的国度”①，她创造了美轮美奂的物质文明和世所罕见的精神文明，也创造了人类历史上具有永恒魅力的美。中国古典园林，就是中华民族创造的美的生活境域，它是“在有限的空间里，创造出视觉无尽的、具有高度自然精神境界的环境”②，“是为了补偿人们与大自然环境相对隔离而人为地创设的‘第二自然’”③。中国古典园林艺术，荟萃了文学、哲学、美学、绘画、戏剧、书法、雕刻、建筑以及园艺工事等各门艺术，组成浓郁而又精致的艺术，具有美的生境、美的画境和美的意境④，成为中国文化领域的一个特殊范畴。中国园林艺术作为一门综合艺术，确实成为华夏文化的缩影，从中可以窥见中国文化的幽情壮彩。中国古典园林以其独特的艺术风格和意趣、丰富的历史内涵和精神追求，在世界园林史上独树一帜，与西亚的伊斯兰园林、欧洲古典园林并称为世界三大造园系统。

中国的古典园林体系，按所属关系来说，一般认为包括皇家园林、私家园林、寺庙园林和公共游豫园林⑤，其中，公共游豫园林指的是具有天然景观特点，并逐渐被开发建设成为有大量著名游览点，带有公共性质的游憩场所，在性质和风格上与皇家园林和私家园林异趣，又与纯粹的天然风景有区别，但往往成为寺庙园林的外围环境，所以本书不准备将其列为主要的研究对象。本书研究的重点对象是皇家园林与私家园林中的文人山水园林，它们是中国古典园林的代表，也是中国园林艺术的典范之作。

中国古典园林艺术，作为社会特殊意识形态的艺术，涉及的艺术领域既深且广，是一门在世界造园学中放出异彩的边缘学科。研究中国园林艺术，属于多学科交叉研究性质。

本书旨在结合历史的和现存的古典园林实例，对源远流长的中国古典园林艺术作理论探索以及必要的文化透视：从理论上说明我国园林艺术产生、形成、发展、演变的历史进程，体现我国人民独创的智慧、高贵的精神；结合典型实例，分析我国古典园林的艺术创作规律和特征，包括诸如园林的相地、立意、构思、选材、造型、形象和意境塑

---

① 〔英〕罗伯特·坦普尔：《中国——发现和发明的国度》。

② 张家骥：《中国造园论》，山西人民出版社 1991 年版。

③ 周维权：《中国古典园林史》，清华大学出版社，1990 年版，第 1 页。

④ 孙晓翔：《生境·画境·意境》，见宗白华等著《中国园林艺术概观》，江苏人民出版社 1987 年版，第 423 页。

⑤ 张承安主编：《中国园林艺术辞典》，湖北人民出版社 1994 年版，第 19 页。

造等艺术创作范畴以及与中国文学、画学、书学等学科交互渗透的关系；在此基础上，总结性地阐述园林艺术观念形态所反映的社会的、历史的、哲学的原因，即中国古典园林的民族特质；用事实阐明中国古典园林艺术的永久魅力以及对人类的独特贡献。

让中国人充分认识自己的成果，这是研究目的之一。“中国人至今未充分认识自己的成果”[①]，英国科学家的话足以使我们每个中国人惊悚，也催人反思。惟有认识了优秀文化遗产的价值，才能珍视它，从而自觉地保护、挖掘和发扬光大这些优秀的传统文化，不是吗？当年梁思成先生看到的情况又大量重现：“纯中国式之秀美或壮伟的旧市容，或破坏无遗，或仅余大略，市民毫不觉可惜。雄峙已数百年的古建筑、充沛艺术特殊趣味的街市，为一民族之显著表现者，亦常在‘改善’的旗帜之下完全牺牲。”[②] 事实证明，在中国传统文化孕育下产生的中国传统艺术精华，具有永恒存在的美，并没有幕落花凋、失去了往日特有的风采和韵味，它们的出路也不是安安静静地躺到博物馆里去，而是应该并且可以使它们在这个时代重新复活。诚然，古典园林的保护，受到多方面的客观条件的制约，需要多学科的纵向联系和多行业的横向配合，光凭一个单位、一个部门的努力是难济于事的，因此，有必要唤起人们高度的文化自觉和文化关怀。当然，笔者并不是想把中国古典园林所宣示的古代文人操守，当作整饬民族精神的规范，而是希望努力在传统的血液中另求新的发展。

努力使世界了解中国，这是研究的另一目的。虽然，中国的古典园林艺术早在18世纪就征服了世界上的造园艺术家们，1954年在维也纳召开的世界造园联合会上，英国造园学家杰利科致词说：世界造园史中三大动力是古希腊、西亚、中国；并指出，中国造园艺术对日本和18世纪的欧洲都起过影响[③]，但国外某些人依然有意无意忽略中国园林应有的历史地位，或粗略或零碎或简单甚至错误地介绍中国的古典园林[④]。今天，我们有责任将中国古典园林艺术及其价值，客观、正确地介绍给世界人民，进一步促进中外的文化交流。

当前，“人与自然”这一课题，已经成为全世界共同关注的课题，中国古典园林，提供了“人与自然”的最佳结合样式，艺术生活化、生活艺术化，在环境生态、环境美学诸方面都具有永恒的价值，这是本研究课题的实践意义。

---

① 〔英〕罗伯特·坦普尔：《中国——发现和发明的国度》。

② 梁思成：《中国建筑史》，百花文艺出版社1998年版，第1页。

③ 童寯：《中国园林对东西方的影响》，见《建筑师》丛刊第16期，中国建筑工业出版社1983年10月。

④ 20世纪70年代初，童寯教授在外国杂志上看到加拿大一学生给该杂志的信中称，日本是东方园林艺术的发源地，并影响到中国和西方。

第一章 中国园林艺术史论

园林创作升华到艺术境界时才成为艺术，英国哲学家培根早在1625年就著文指出："文明的起点，开始于城堡的兴起；但高级的文明，必然伴随着优美的园林。"培根将园林艺术看做是上层建筑的上层。并认为，"庭院雅趣，也是人类最高尚的娱乐之一，是陶冶性情的最好方式。如果没有园林，即便有高墙深院，雕梁画栋，也只见人工的雕琢，而不见天然的情趣。"①〔德〕黑格尔认为园林艺术是"替精神创造的一种环境，一种第二自然"②。基于东西方哲学基础上的本源性差异，渊源于黄河、长江流域的东方文明，以"天人合一"为哲学基础，而渊源于幼发拉底、底格里斯两河流域的西方文明则以"天人相分"为哲学基础，从而形成对自然美认识的根本性区别。西方人直到15世纪，自然美才进入他们的画框，17世纪才出现真正表现自然美的荷兰风景画；迟至18、19世纪之交，才在诗歌中出现大量讴歌自然美的作品，而且，闯入他们审美视野的还主要是自然的崇高美、恐怖美和怪诞美，而不是令人感到轻松、温馨的秀美。

意大利画派对风景是瞧不起的，或是不重视的，采用的题材是人，田野、树木、工场，对他只是附属品。晚期的意大利画家固然也画风景，但那是最后一批的威尼斯派……他们的风景不过是一种装饰，一座以建筑为主的别庄，一所阿尔弥特的花园，一个牧歌式的华丽的舞台场面，替神话中的谈情说爱与贵族的行乐做一种高雅而适当的陪衬：画的树木是抽象的，说不出什么种类；山脉布置得非常悦目，神庙、废墟、宫殿，都按照理想的线条安排，自然界丧失了它原有的独立性和独特的本能，完全服从人的支配，为他点缀宴会，扩展屋子的视野……

中华民族与自然自古以来就是一种亲和、统一、感应和交融的关系，所以在世界上，她是最早发现自然美，并利用、提炼、加工自然美的民族，中国的古典园林就是这种美的结晶。中国园林艺术观念从原始观念的产生、发展到成熟，固然与社会的政治、经济、文化的发展密切相关，但也与中华民族对自然美认识的发展升华密切相关。

中华民族对自然有一个从顶礼膜拜、比德到欣赏、亲和的过程，人类在探索外部自然世界的奥秘和规律的同时，也不断认识着自身，体现了"人不断解放自身，走向文明演进高峰的历程"③。

---

① 〔英〕弗·培根著，何新译：《人生论·论园艺》，华龄出版社1996年版第199页。

② 〔德〕黑格尔：《美学》第三卷上册，商务印书馆1984年版，第103页。

③ 张岱年、方克立主编：《中国文化概论》，北京师范大学出版社1995年版，第13页。

第一节

先秦：从“娱天神”到“娱人王”

先秦是中华民族的孕育时代，也是中华文明孕育的时代。尽管原始先民的思维经历了与世界上其他民族相同的历程，但是植根于中华大地的华夏文明，早在先秦时代就呈现出人本主义的奇光异彩。在鬼神权威至上的殷商时代，透过“恒舞于宫，酣歌于室”、“北里之舞，靡靡之乐”的巫风，我们看到了神君共乐的兆头；敬天事神的西周时代，祭祀之后，是对人主的祈寿颂祷，他们“或献或酢，或燔或炙”，安乐暇逸；东周更重人事，不向鬼神乞怜，已成为有识之士的共识。如子产不听禆灶禳火，晏子反对禳祭彗星等。伴随着对天人关系认识的提高，中华先人在世界上最早将幻想中的“昆仑神山”、“蓬莱仙岛”等仙境，建到了人间，逐渐完成了从“娱神”到“娱人”的艺术观念的嬗变。

一、原始思维中的“昆仑神山”和“蓬莱仙岛”

中华原始先民对世界的认识和解释，是他们的百科全书式的知识体系，又是他们愿望和要求的表达，他们心目中的世界起源、宇宙模式、万物关系，乃至对日常生活知识的理解，往往是通过原始宗教和神话表现出来，虽然，原始初民还没有脱掉“自然发生的共同体的脐带”①，但是他们创造的宗教和神话，反映了原始先民的综合意识形态，表现出先民蒙昧的、幼稚而天真的思维方式，它充满了幻觉的作用，反映了先民不自觉的艺术创造力，从中也可看出，他们已经开始对自然现象进行思考，把自然物拟人化，并把自然物视为有生命的实体。中华先民是原始多神教，宗教崇拜的对象十分广泛，他们认为万物有灵，其中，自然崇拜、生殖—祖先崇拜和图腾崇拜是先民最普遍的意识。

自然崇拜中，天地崇拜是核心：《楚辞·九歌》中先民热烈礼赞的天神——东皇太一，它是至上神，即天帝，古人以为它主宰自然界与人类社会万事万物的，其他诸神如太阳神——东君、云神——云中君、主宰人类死亡之神——大司命、生命之神——少司命等天上的神，与地下诸神，如山神——山鬼、江神——湘君、湘夫人、河神——河伯等围绕天神歌舞礼赞以娱之。《汉书·郊祀志》：“郊祀社稷，由来久矣。”《礼记·祭法》：“山林川谷丘陵，能出云，为风雨，见怪物，皆曰神。”对这些神明威灵的敬仰之情，皆缘于先民对自然的畏惧。

---

① 《马克思恩格斯选集》，人民文学出版社1972年版，第四卷第92～94页。

先民们以其梦幻般的想像力，想像神灵们的生活境遇，于是产生了昆仑神山和蓬莱仙岛的神话。

处于西北部高原的先民，按照自己认识的生活环境，创造了昆仑神话：《山海经·海内西经》：

海内昆仑之墟，在西北，天帝之下都，昆仑之墟方八百里，高万仞，上有木禾长五寻大 五围；上有九井，以玉为槛；四面有九门，门有开明兽守之，百神之所在……开明兽，身大类虎而九首，皆人面，东向，主昆仑上。

郭璞《山海经图赞》曰：

开明为兽，禀资干精，瞪视昆仑，威震百灵。

《山海经·大荒西经》曰：

西海之南，流沙之滨，赤水之后，黑水之前，有大山名昆仑之丘，有神，人面、虎身，有（九）尾皆白，处之。

《山海经·西山经》：

昆仑之墟，神陆吾司之。其神状，虎身而九尾，人面而虎爪。

《山海经·大荒西经》：

其下有弱水渊环之，其外有炎火之山，投物辄燃。

颜师古注引《汉书·玄中记》：

昆仑之弱水，鸿毛不能起也。

上述记载说的是神话中的神山和神水，它的山名叫昆仑山，位于西海之南，流沙河的水滨，它的南面是赤水，北面是黑河。它是天帝在人间的住所，百神也在那里居住。地大方圆八百里，有万仞之高。上有神树，长五寻、大五围；还有九口井，以玉为槛栏；有九个门，守门神叫开明兽，他是人的脸，虎的身，有九个头。管理这山的神灵名叫陆吾，长得人面、虎身、虎爪、九尾。这山不仅靠着流沙河、黑河和赤水，而且，它的外围依然有神山水保卫着，外物难以靠近：环山的河叫弱水，连鸟的鸿毛这样轻的东西也要下沉；弱水外还有火焰山围绕着，任何东西碰上都会燃烧。这是初民心目中的“人间天堂”，那里的山水神灵，都令人战栗，不可望也不敢即。昆仑神话中的“圃”，也都是有灵的仙境，如“平圃”、“县圃”、“悬圃”、“疏圃”、“元圃”、“玄圃”，均系同一类型，《说文解字》所解释的：“圃，种菜也。”乃是汉人的“以今释古”，与原意不合。如《淮南子·地形训》载：

昆仑之丘，或上倍之，是谓凉风之山，登之不死；或上倍之，是谓悬圃，登之乃灵，能使风雨；或上倍之，乃维上天，登之乃神，是谓天帝之居。

可见“悬圃”仅次于天帝之居，超过登之不死的凉风之山，显然并非“种菜”之圃，而是神仙居所。圃中也有池，《淮南子·地形训》说，县圃，“在昆仑阊阖之中，是其疏圃。疏圃之池，浸之黄水。黄水三周复其原，是谓丹水，饮之不死。”

中国的文化是多元的，它分散而不相属，居住在沿海水滨的先民，则创造了具有海岸地理型特色的蓬莱神话体系。

《列子·汤问》：

其山高下周旋三万里，其顶平处九千里。山之中间相去七万里，以为邻居焉，其上台观皆金玉，其上禽兽皆纯缟，珠之树皆丛生，华实皆有滋味，食之皆不老不死。

《海内十洲记》说：蓬莱周围环绕着黑色的圆海，“无风而洪波万丈”；方丈，“专是群龙所聚，有金玉琉璃之宫”；瀛洲“上生神芝仙草，又有玉石，高且千丈，出泉如酒，名之为醴泉，饮之数升辄醉，令人长生”。岛上有宫阙苑囿、珍禽异兽和长生不死之药，这个神话被春秋战国时期的齐、燕方士们渲染得神乎其神，使当时的诸侯和后世的秦始皇、汉武帝都心向往之，派人前去寻求，《史记·封禅书》载：

（齐）威、宣、燕昭使人入海求蓬莱、方丈、瀛洲……三神山，上有不死之药……其物、禽兽皆白，而黄金白银为宫阙。未至，望之如云；及到，三神山反居水下；临之，风辄引去，终莫能至云。

神话世界中也已出现了仙景异苑，如《穆天子传》中记载的先王之所谓“县圃”：“春山之泽，水清出泉，温和无风，飞鸟百兽之所饮……”

原始先民的神话创作，基于某种生活经验和依据加以合理或不合理的联想，因而是一种自觉的思维活动，尽管对各种不同自然环境的适应，形成的文化种类不同，但“人们的愿望是怎样的，他们的神就是怎样的”①，他们创造的自己的神，都具有超自然的力量，而且，生活环境也有十分相似的地方，如在古希腊神话中，神的天府位于一座名叫奥林波斯的山峦之巅，常年居住在此山的有宙斯等十位新神或大天神，还有一些小天神。希腊神话将人类分成四个时代：黄金时代、白银时代、青铜时代、黑铁时代。最美的黄金时代“是一个天真无邪和幸福的时代，真理和正义主宰一切，但不是靠法律的约束，也没有什么权贵的恫吓和惩处。人们不用耕种，一切生活必需全可仰给于大地。春天永在，不用种子，地里也长出鲜花来，河里流的是奶和酒，以及从橡树蒸馏而来的黄澄澄的蜜糖”②。

上述昆仑神话、蓬莱神话和希腊神话有一个很大的共同点，即表现了初民对山岳和天体的崇拜。这是原始人类童年文化心态的象征，他们还不能在理性上认知自然。但是，中华先民臆造的神灵生活环境中，已经具备了后世造园的几个基本要素：山、水、石、植物、建筑，而且其布局形式是山、池的结合，不同的只是它们都笼罩在万物有灵的光环中，活跃在其中的是“神”而不是“人”。昆仑神话成为园林文化背景的依托，蓬莱神话又开拓了一个新的园林审美领域，启示了秦汉“一池三岛”的宫苑布局的创作，对后来的中国传统造园艺术和日本庭园格局都产生了深远的影响。

二、殷商“丘台”、“囿圃”的双重内涵

传说中夏王朝的开国，大约相当于新石器文化的晚期，从今天发现的新石器文化遗址看，闪烁在中华大地的黄河流域、长江流域、珠江流域、辽河流域史前文明之光，犹如熠熠闪亮的满天星斗，点燃了中华文明的曙光，说明了远古社会并非完整的实体，所谓的“三皇”、“五帝”之说纯为儒家学派虚构出来的某种政治、文化中心，只是在多元文化的相互融汇中，黄河流域的文化占了主导地位。

中国最早的有史可证的王朝是殷商。殷商是个宗教观念十分强烈的民族，先民们普遍信仰鬼神、崇拜祖先亡灵，他们的思维习惯是仿效自己的崇拜物来使自己与崇拜物一致起来，因此，商文化就是把这种原始意识转用来维护统治者的权威和统治秩序，成为最初的因而也是相当简陋的国家形态。氏族首领的能力是相对的，他们需要借助原始宗教。商人的 至上神是“帝”，他们认为，体量高大的山岳和缥缈的水面是“天帝”所居、众神所在之处。从中国文明史上来看，商朝奴隶制度并不能冲破原始公社的外壳。商王的“鹿台”还属于“娱神”性质，由于巫吏勃兴，凡事占卜，商王劳民伤财，构筑了用来登临望气的高台，目的是向天神和人鬼卜问吉凶祸福，并祈求荫佑。“人王”的祖先都是受命于天神的，他们是代表天神的意旨来统治下民的，而登上象征着神山的

① 《费尔巴哈哲学著作选集》下卷，三联书店 1962 年版，第 337 页。

② 陈洁等选译：《希腊罗马神话一百篇》，中国对外翻译出版公司商务印书馆（香港）有限公司 1989 年第 3 页。

“高台”，就可与天神通话而受命。甚至是“天祖”合一：金文中的“帝”，写作“[illegible]”，呈花蒂状，意为生殖不绝。可见商人在注重人类本身再生产的十分现世与自然的认识中，“天、祖”已逐渐靠近，甚至趋于同一。《山海经·海外西经》、《山海经·大荒西经》中都有“轩辕之丘、轩辕之台”的传说，《山海经·海内北经》说：“帝尧台、帝喾台、帝丹朱台、帝舜台，各二台，台四方，在昆仑东北。”《左传·昭公四年》：“夏启有钧台之享。”“夏桀作倾宫、瑶台，殚百姓之财。”① 这都是后世的推测。殷商以玄鸟为图腾，为神其祖，他们也将先祖契的出生与台联系起来，说是契之母“侍帝喾于台上”，吞了飞燕之卵而生的，因此，帝是君王的祖先神，他拥有最高的权力，是人间权力的来源。丘台具有娱天神、神化人王的作用，也具有娱乐人主的功用，而且，后者越来越占据重要位置。唐兰在《殷墟卜辞综述》中说：“祖先崇拜的隆重，祖先崇拜和天神崇拜的逐渐接近、混合，已为殷以后的中国宗教树立了规范，即祖先崇拜压倒了天神崇拜。”郭沫若先生从《易经》关于游猎的文句分析中看出：“猎者每言王公出马，而猎具又用着良马之类，所猎多系禽鱼狐鹿，绝少猛兽，可知渔猎已成游乐化，而牧畜已久经发明。”② 商代已不是一个游猎时代的宗教迷信社会。商代社会进入了牧畜的最盛时期，人们有了一定的天文知识，并产生了历法，物质文明达到相当的水平，具备了一定的造园基础。殷墟出土的甲骨卜辞中，出现了以满足“人王”精神需要为主要特征的“囿”、“圃”，狩猎、渔钓之风盛极一时，供商王游猎、观赏野生动物的自然生活状态③，到商纣时期，“圃、台”的物质功利性已经十分淡化，可以说，它已经超越了人类社会中产生的第一种价值形式——功利价值，逐渐演为具有审美价值的建筑了。游赏性质就更明显了。杨鸿勋先生说，中国造园源远流长，考古学揭示河南省偃师市商朝王宫后院的水池遗迹，证明了至少在3000多年以前就有了用于休闲游乐的自然趣味的生活空间——园林。

《史记·殷本纪》：

> （帝纣）好酒淫乐，嬖于妇人……厚赋税以实鹿台之钱，而盈巨桥之粟，益收狗马奇物，充仞宫室；益广沙丘苑台，多取野兽蜚鸟置其中。慢于鬼神，大聚乐戏于沙丘，以酒为池，悬肉为林……

《新序·刺奢》：

> 纣为鹿台，七年而成，其大三里，高千尺，临望云雨。

---

① 《文选》卷三《东京赋》李善注引《汲冢古文》。

② 郭沫若：《中国古代社会研究·社会基础的生产状况》，人民出版社，第29页。

③ 参金学智：《中国园林美学》，江苏文艺出版社1990年版，第5~11页。

商纣王营建了璇宫、倾宫、琼室、瑶台等大规模的宫苑建筑群，南据朝歌，北据邯郸及沙丘，皆为离宫别馆，逶迤相连，自成一游乐系统。他还坏宫室以为池，民无所息，弃田以为园圃，使民不得衣食[①]。

渔猎成为一种消遣，或者是为了重温过去的生活方式，得到再经历一次的享受，或者也具有展示勇猛、强悍的人生风范的一种形式。殷王"囿"、"圃"具备了后世园林的文化基因，有人工挖池筑台，掘沼养鱼，只是范围宽广，主要借助天然景色，利用自然草木和鸟兽。"丘、台"建筑因为主要是模仿山岳、象征神授的权力，所以主要由直线和斜线组成，孤高巍峨，是一种以表现强烈体积感和力量感为特点的"团块美"[②]。这是皇家苑囿的最原始的形式。

三、两周"高台榭，美宫室"以"娱人王"

两周以来，中国文化发展的总趋势是由神本到人本 。台榭建筑的宗教意义淡化，园林景观越来越多地融入基于现世理性和审美精神的明朗节奏感，游宴享乐之风超越于巫祝与狩猎活动，宫苑园林更富于人情味。园林审美中，山水人格化始露端倪。

周民族原为商之属国，生活在中国的西北部。周代统治者吸取了商朝灭亡的教训，他们并不完全承袭商朝那种极其野蛮的统治方法，思想上也闪耀出古代理性主义的曙光，幻想成分少，感情比较克制，而道德色彩、政治伦理色彩比较浓厚。但为了取得君临天下的合法地位，周王在取代商王朝以后，也利用殷人的原始宗教，宣称自己的祖先神姜原乃是帝喾的元妃，商的祖先神简狄仅为次妃，所以"文王受命而作邑于丰，立灵台"[③]。自名为"天子"，《礼记·月令》："（孟春之月）是月也，天子乃以元日祈谷于上帝。"连诸侯也是由上帝授命，《史记·晋世家》："初，武王与叔虞母会时，梦天谓武王曰：'余命女生子，名虞，余与之唐。"据《孟子·梁惠王下》记载，周文王之囿，方圆七十里。学者大多认为，"圃"主要是种植蔬菜、花果、树木之类的植物园，苑囿，乃蓄养禽兽的动物园。《周礼·囿人》载："掌囿游之兽禁，牧百兽。"囿的管理人员也不少，而且职责分明："囿人中士四人、下士八人、府二人、胥八人、徒八十人。"《孟子·梁惠王下》说：周文王的囿，允许老百姓打柴和捕猎野鸡、野兔，所谓"与民同乐"。即《三辅黄图》所谓"文王作灵台而知人之归附，作灵沼、灵囿而知鸟兽之得其所"。王毅先生的考证揭开了文王灵台的另一层面：《诗经·大雅·灵台》祭歌是文王克承天命，有兴周翦商之兆，鹿、白鸟等吉祥物集于囿中，与灵台、灵沼之神性交相

---

① 孔子弟子子贡曾不无感慨地说："纣王不善不如是之甚也！是以君子恶居下流，天下之恶皆归焉。"（见《论语·子张》），周王朝歪曲了被征服的商王朝的历史，故记载内容有夸张处，鹿台肯定具有军事功能。

② 即一种筑土结构。《吕氏春秋·仲夏纪》高诱注："积土四方而高曰台。"《释名·释宫室》："台，持也，筑土坚高，能自持也。"

③ 《诗经·灵台》郑笺。

辉映，以此来证明周克商乃“天人之际，上下相发”，天经地义①。灵的迷雾是周人制造出来，“是对着殷人或殷旧时的属国说的”②。透过迷雾，我们看到《灵台》这首祭祀周文王的乐歌中的灵台，是役使百姓合力修筑而成的，内有灵囿、灵沼，周王在灵囿观赏肥美的麀鹿、白鸟洁白的羽毛，在池沼观看鱼儿欢跃。其娱乐性质与纣之鹿台是一样的，不同的是周人不再愚昧地崇拜鬼神，残暴地奴役人民，而是提倡“敬天保民”，其实他们对天的权威也产生了怀疑，因此，后来把“民”放在“神”之上，认为“民”是“神之主”③，因此，西周的苑囿、台沼，其娱人的色彩更加明显，应该是无须怀疑的。

周平王东迁，历史掀开了崭新的一页，由于生产力的发展，促进了生产关系的变化，经济、政治、文化艺术得到长足的发展，意识形态领域的变化更加剧烈，“礼崩乐坏”，统治者既不“敬天”也不“保民”，原来象征天命，只是天子禁脔之“台”，逐渐成为诸侯华贵宫苑逸乐游宴的审美主体。随着铁器工具的普及和推广，生产力得到了进一步的提高，各诸侯国纷纷发展自己的势力，逐渐脱离周天子的统治而各行其道。晋平公、齐景公宫室营建渐趋奢侈。偏近西戎的秦国亦当戎王“使由余观秦，秦缪公示以宫室积聚。由余曰‘使为之，则劳神矣！使人为之，亦苦民矣！’”④

远在南服之地的吴国和楚国，一向被中原国认为“南蛮”，楚人因为不愿意承认周王室的权威，也曾自称：“我蛮夷也”⑤，不愿意受礼法束缚。其实，当时的长江流域并不是中原人所认为的茹毛饮血的蛮荒之地，恰恰相反，这里也是中华民族的温暖故乡，而且，由于“有江汉川泽山林之饶；江南地广，或火耕水耨，民食鱼稻，以渔猎山伐为业，果蓏蠃蛤，食物常足”⑥，该地区土地肥沃，气候湿润，经济比中原地区还发达，而且，贫富悬殊不太大，与中原地区的“庖有肥肉，厩有肥马，民有饥色，野有饿莩”⑦ 大不相同。楚国是在春秋战国时拥有黄金很多的国家，从出土文物看，他们的兵器、漆器、丝织品精美无比。从《楚辞·招魂》中描写的情况看，物质财富已经积累到相当丰富的程度。他们的落后，主要表现在国家体制的不够完备上。所以，南国国君所筑高台美屋，往往冠绝诸侯，著名的有：

章华台，楚灵王于公元前535年筑成。今湖北省潜江县龙湾为其中心地带。台“高十丈，基广十五丈”，上台必须休息三次，故又名“三休台”。台濒离湖，充分因借湖光水色，“造石廓陂汉以象帝舜”，是当时宫中的一处重点园囿。后又在现安徽省亳县

---

① 见王毅：《园林与中国文化》，上海人民出版社1990年版，第22页。

② 郭沫若：《先秦天道观之进展》，《青铜时代》第20页。

③ 《左传·桓公六年》。

④ 汉司马迁：《史记·秦本纪》。

⑤ 汉司马迁：《史记·楚世家》。

⑥ 汉班固：《汉书·地理志》。

⑦ 《孟子·梁惠王章句下》，《孟子译注》中华书局1962年版第9页。

的东南古城父境内筑章华台①。

吴国早在阖闾之祖父寿梦时，就为了盛夏纳凉的需要而“凿湖为池，置苑为囿，故今有苑桥之名”，即“夏驾湖”②。《吴郡图经续记·城邑》记载：

> 当吴之盛时，高自矜侈，笼西山以为囿，度五湖以为池，不足充其欲也。故传阖闾秋冬治城中，春夏治城外，旦食鉏山，昼游苏台，射于鸥陂，驰于游台，兴乐石城，走犬长洲，其耽乐之所多矣。《左氏传》载楚子西之言曰：“夫差次有台榭陂池焉，宿有妃嫱嫔御焉。一日之行，所欲必成。”③

据《太平广记》卷236引《述异记》载：

> 吴王夫差筑姑苏台（图1－1），三年乃成。周旋诘屈，横亘五里，崇饰土木，殚耗人力，宫妓数千人。上别立春宵馆，为长夜之饮，造千石酒钟。夫差作天池，池中作青龙舟，舟中盛陈妓乐，日与西施为水嬉。吴王于宫中作海灵馆、馆娃阁，铜钩玉槛，宫之楹槛皆珠玉饰之，规模很大，“虽楚之章华未足比也”④。

并已经利用水面，作泛舟水嬉之游，是中国造园及游园方式的发展，对后世“舟游式园林”的专门造园技法影响明显。

童寯《江南园林志》说：“楚灵王之章华台、吴王夫差之姑苏台，假文王灵台之名，开后世苑囿之渐。”见诸文献记载的吴国苑囿别馆有30多处⑤，有以植物及水景为主的梧桐园，一名鸣琴川；有穿沼凿池、构亭营桥，并配植茶与海棠等花木的会景园；有利用天然风景的明月湾、消夏湾、长洲苑、馆娃宫等。他们在造园时，或利用水湾，或借用山岩，缀以人工营构，妙在善用条件，模拟自然，别辟幻境。自然山水主题已经初见端倪。已经完成了从娱神到娱人的转变。

图1－1　仿建的姑苏台

---

① 《国语·楚语》。

② 唐陆广微：《吴地记》，江苏古籍出版社，1986年版，第41页。

③ 宋朱长文：《吴郡图经续记·城邑》，江苏古籍出版社1986年版第6页。

④ 此为小说家言，不可全信。历史上的姑苏台实际上是进退两宜的军事要塞，初筑于吴王阖闾，阖闾战死以后，夫差为报父仇，耗巨资加以完善修饰，强化其进攻性能。这时的姑苏台除了依山近水的美丽景色供其享受外，军事意义更为重大和深远。

⑤ 见魏嘉瓒编著：《苏州历代园林录》，北京燕山出版社1992年版，第4页。

战国七雄均"高台榭，美宫室"，出于夸强斗豪的心理：《史记·苏秦列传》载，苏秦说齐湣王"厚葬以明孝，高宫室大苑囿以明得意"。苑囿再大，也绝对不准百姓进入，孟子曾愤愤不平地指责齐国的统治者，苑囿大四十里，"杀其麋鹿者如杀人之罪"[①]！诸侯苑囿完全成为满足统治者审美享乐的场所。

随着宗族"礼法"松弛瓦解，原来依附于卿大夫之家臣从贵族中分化出来形成独立的士人阶层，士人崛起，学术思想空前活跃，哲学领域异彩纷呈。在新的社会文化思潮中，原始宗教沉雾日见消散，山水在人的重新认识中渐显丰华瑰秀之素质。士人凭借时代赋予的观念和感觉，努力将自然审美与人格完善有机地联系起来。并将人与自然物在广泛的样态上某种内在的同形同构关系艺术地表现出来，如《诗经》常用的"比"的艺术手法中，就出现了不少用自然物来作比喻的，《诗·大雅·烝民》："吉甫作颂，穆如清风。"毛传："清微之风，化养万物者。"又如《硕鼠》、《新台》等篇，用大老鼠、癞蛤蟆来比况那些品格卑下、道德败坏者。春秋时期的孔子就有"知者乐水，仁者乐山。知者动，仁者静；知者乐，仁者寿"[②]之说，"乐"，是人对自然美的感受和喜悦，并非出于某种功利上的满足。"岁寒，然后知松柏之后凋也"[③]，儒家这种"比德"的审美观，成为汉民族对自然美欣赏的一个重要特征。庄子更是从精神解脱的角度观赏山水，从中获得审美快感："山林与！皋壤与！使我欣欣然而乐与！"[④]

两周文化艺术发达，建筑艺术上也有了很大的进步，宫室建筑从"团块美"转变为在中国古代建筑中占主导地位的"结构美"，木构建筑发展到新的水准，屋顶造型上出檐伸张和屋角起翘，"如翚斯飞"[⑤]，追求柔美的线条和精巧的框架，并由此体现出人情意味和理性精神。宫室台基，梁柱上有装饰，墙上有壁画，砖瓦的表面有精美的图案花纹和浮雕图画。梁思成《中国建筑史》载：

> 故宫博物院藏采桑猎钫上有宫室图，屋下有高基，上为木构。屋分两间，故有立柱三，每间各有一门，门扉双扇。上端有斗栱承枋，枋上更有斗栱作平座，上层未有柱的表现。但亦有两门，一门半启，有人自门内出。上层平座似有四周栏杆，平座两端作向下斜垂之线以代表屋檐。

自周中世以降，尤尚殿基高巨之风，数殿相连如赵之丛台，即其显著之一例。今日燕故都巍然之台址，犹有三十余所[⑥]。后之秦汉唐宋的建筑规模，均凝定于此时，建筑

① 《孟子·梁惠王下》，见《孟子译注》中华书局1962年版，第29页。
② 《论语·雍也》，见《论语译注》，中华书局1962年版。
③ 同上。
④ 《庄子·知北游》。
⑤ 《诗经·斯干》。
⑥ 梁思成：《中国建筑史》，百花文艺出版社1998年版第38～39页。

的基本结构，也在此时根本确立。

【第二节】

秦汉："体象天地"、"模山范水"

公元前221年秦王嬴政"吞二周而亡诸侯"，统一了中国，建立了中国历史上第一个专制主义君主集权的统一帝国——秦王朝。秦帝国是与东地中海的罗马、南亚次大陆的孔雀王朝鼎足而立的世界性大国。虽然它在中国历史上只存在了15年，便像纸炮一样轰然而灭，但它在文化统一和思想统一方面做了一系列的工作，为中国文化共同体的最终形成奠定了坚实的基础。汉承秦制，它的版图和事功更在秦之上，与罗马并列为世界性大国。秦汉都具有宏阔的文化精神，它植根于生气勃勃、雄姿英发的新兴地主阶级的土壤中，整个社会的文化基调处于一种不可抑扼的开拓、创新的亢奋之中，宏阔的追求成为秦汉文化精神的主旋律①。秦汉出现了中国园林史上第一个造园高潮。宫苑呈现出的共同特征是：以华夏文化共同体为背景，以先秦思想家所构建的"天人之际"宇宙观为指导，创制出规模庞大、涵蕴万物，布局上"体象天地"、"经纬阴阳"的时空艺术，作为统一大帝国和集权大王朝的象征。秦汉宫苑运用蓬莱神话系统所提供的仙海神山想像景观，确立"一池三山"的山水体系布局。由此，水体、山体和建筑成为鼎足而立的中国传统园林景观要素。这一时期出现的贵戚富商私园则开创了"模山范水"的先河。

一、体象天地，侣友神仙

秦汉时期的帝皇宫苑，是人们理想中的宇宙的艺术再现，反映的是一种"六合"营造心态。人们依循宇宙自然观或时空意识中的天地，去想像"天界"的神人建筑，又反过来将天国搬到人间，达到人间帝皇与天帝所居的同一。古人臆想中的"天界"是这样的（图1－2）：

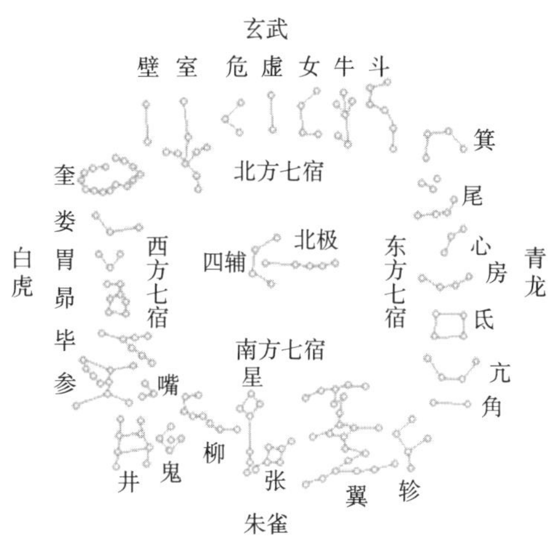

图1－2 北极四象位置图

以"帝星"为中心，以"三垣、四象、二十八宿"为主干的组织严密、等级森严的空中社会。"帝星"所居住的紫微垣是位于北天区

① 张岱年、方克立主编：《中国文化概论》，北京师范大学出版社1995年版，第88页。

的巨大的天宫神阙，宫殿的中心为天帝——太一所居。在太一的“下榻处”，有“四辅星”佐政，“太子”、“三公”在近身。“后钩”诸星是后妃的宫室。左右两班文武组成一条坚固的防卫屏障，同时又是天界紫微垣城垣的象征。外围由二十八宿组成的“四象”镇守四方，即东方苍龙、西方白虎、南方朱雀、北方玄武。28位星宿恰似28位天将拱卫着北极帝星，满天的星辰因为“帝星”的存在而安排，“帝”是宇宙万物的本源。

“帝”，在远古时代可指部族联盟的领袖，《孟子·公孙丑上》曰：“（舜）自耕稼陶渔以至于帝，无非取于人者。”在三代是指已经死了的君主①，先秦时期一般是特指最高天神“天帝”的，他是宇宙万物也是人类的主宰，《书·洪范》：“帝乃震怒，不畀洪范九畴。”当然是长生不死的了。“秦故王国，始皇君天下，故称帝”②，自“王”而为“帝”，成为人间的最高统治者。便想如天帝一样，长生不死，成为神仙，他听信了方士们的谎言，自称“仙真人”。行动诡秘，他为了在全国往来时不让人见，以咸阳为中心，修他的行车道——驰道，东至河北、山东，南至江苏、浙江等省；又修“直道”，自咸阳经过甘泉（今陕西淳化县境）、上郡，直达九愿（今内蒙古包头市西北），驰道路边高出地面，每隔三丈种植青松，标明路线。这样，秦始皇巡行各地，外人是看不见的。他一方面派徐福等到海上去找神话中的神山，采不死之药；另一方面，以天界的秩序为艺术模仿的对象，在人间大造“天堂”。秦始皇消灭六国时，“写放”（照样画下）六国的宫室，并照式建筑在咸阳的北阪上，集当时中国建筑艺术之大成。他营建“朝宫”于渭南上林苑中，“庭中可受十万人，车行酒，骑行炙，千人唱，万人和”，继而又更“信宫”为“极庙”以象天极③。《三辅黄图·咸阳故城》记载：

> 始皇穷极奢侈，筑咸阳宫（信宫亦称咸阳宫），因北陵营殿，端门四达，以则紫宫，象帝居。引渭水灌都，以象天汉；横桥南渡，以法牵牛。

天极星中的帝星（即小熊星座）代表帝位，《史记·天官书》中称“中宫天极星，其一明者，太一常居也”，“环之匡卫十二星，藩臣，皆曰紫宫”。以人间等级观念，分尊卑秩序，作为理想的宇宙模式再现于宫苑中。信宫的规模，东西八百里，南北四百里。阿房为朝宫先作之前殿，亦曰阿城。惠文王造，宫未成而亡。据《三辅黄图》载：

> 始皇广其宫，规恢三百余里。离宫别馆，弥山跨谷，辇道相属，阁道通骊山八十余里。表南山之颠以为阙，络樊川以为池，阿房前殿，东西五十步，南北五使丈，上可坐万人，下建五丈旗。以木兰为梁，以磁石为门，怀刃者止之……周驰为复道，度渭属之咸阳，以象太极阁道抵营室也。

---

① 见《礼记·曲礼下》、《大戴礼记·诰志》。

② 汉司马迁：《史记·秦始皇本纪》。

③ 汉司马迁：《史记·秦始皇本纪》。

天上是从天极星通过阁道星度过银河到达营室；地下的宫苑是从咸阳宫通过复道度过渭水到达阿房宫。可见秦始皇的“朝宫”是参照神话中天帝之都营造的人间天堂，规模宏伟壮丽，随自然形式而筑，以表示帝皇至高无上的极权。又据《三秦记》载，秦始皇还在咸阳“作长池，引渭水……筑土为蓬莱山”，模拟的是神仙海岛，中国园林以人工堆山的造园手法即肇始于此时。

汉代帝皇宫苑营造的指导思想，也是以强化帝皇威权为目的，汉初丞相萧何的话可视为代表，他说：“天子以四海为家，非令壮丽亡以重威，且令后世无以加也。”所以，虽然汉初经济萧条，百废待兴，但“未央宫”由40多座宫殿组成，周长达11公里。据《西京杂记》卷一载：“汉高祖时宫池十三、山六。池一、山一亦在后。”

1 壁门 2 神明台 3 凤阙 4 九室 5 井幹楼 6 圆阙 7 别凤阙 8 鼓簧宫 9 娇娆阙 10 玉堂 11 奇宝宫 12 铜柱殿 13 疏圃殿 14 神明堂 15 鸣銮殿 16 承华殿 17 承光宫 18 枍诣宫 19 建章前殿 20 奇华殿 21 涵德殿 22 承华殿 23 驱娑宫 24 天梁宫 25 骀荡宫 26 飞阁相属 27 凉风台 28 复道 29 鼓簧台 30 蓬莱山 31 太液池 32 瀛洲山 33 渐台 34 方壶山 35 曝衣阁 36 唐中庭 37 承露盘 38 唐中池

图1－3 建章宫图（网络）

汉代皇帝大规模的造园活动是在武帝刘彻时期，这时候的大汉帝国如日中天，政治上空前强大，拓土很大，经济上出现了超常的繁荣，四夷朝贡，在高度发达的物质文明的基础上，搞了诸多的精神文明建设，包括建乐府、以赋取士等，大造宫苑是其中重要的内容。汉武帝和秦始皇一样，希望找到令人可以长生不老的灵药，虽然方士们一次又一次地骗他，他还是笃信有长生不死药的神山仙苑，他曾多次东临大海，遥想位于神秘大海中的缥缈仙岛。读了一篇《大人赋》竟也会感到飘飘若仙，他将成为“仙人”的梦想在地上的园林中实现。凭借大汉帝国雄厚的经济实力，武帝将秦的上林苑扩建为苑中有苑、苑中有宫、苑中有观的规模更加宏大的建筑群。苑址跨占长安、咸宁等五县耕地，范围四百余里。而且，水体在其中占据了重要位置。园林景象创作中的这种神仙境界的趣味，随着道教思想的形成，得到了进一步的发展与充实。建章宫北的太液池，象征北海，池中出现了象征海中三神山的景观：瀛洲、蓬莱、方丈，形成了“一池三岛”布局，这一造型手法，对后世园林产生了深远的影响，并成为创作宫苑池山的一种模式（图1－3）。

《汉旧仪》载：“上林苑方三百里，苑中养百兽，天子秋冬射猎取之。”其中离宫七十所，皆容千乘万骑。陈直《三辅黄图校证》载：

> 上林苑门十二，中有苑三十六，宫十二，观二十五。建章宫、承光宫、储元宫、包阳宫、尸阳宫、望远宫、犬台宫、宣曲宫、昭台宫、蒲陶宫；茧观、平乐观、博望观、益乐观、便门观、众鹿观、樛木观、三爵观、阳禄观、阳德观、鼎郊观、椒唐观、当路观、则阳观、走马观、虎圈观、上兰观、昆池观、豫章观、郎池观、华光观。

上林苑中的三十六苑，各具有不同的功能，如“御宿苑”，乃汉帝之禁苑，是汉皇帝“游观止宿其中，故曰御苑”。“思贤苑”，顾名思义是招待宾客、思慕贤才之处。另有“宜春苑”、“博望苑”等，可居住、可游赏、可听政，功能齐全。在总体布局与空间处理上，把全园划分为若干景区和空间，各个景区都有景观主题和特点。

上林苑中有各种各样的水景区，昆明池、如祀池、郎池、东陂池、池镐池、蒯池等。昆明池穿凿于武帝元狩四年（前119年），原为训练水军所用。据《西京杂记》等书记载，汉天子欲通身毒国（今印度），而为昆明国所阻，乃效滇池而作昆明池，以习水战。“因而于上游戏养鱼，鱼给诸陵庙祭祀，余付长安市卖之。池周回四十里”①。早期依然带有自然经济的遗意。后来逐渐增加了建筑和游乐设施，成为游乐的场所。但它有将昆明池象征为“天汉”的造型意义，汉人也是这样认为的：班固《西都赋》称昆明池“左牵牛而右织女，似云汉之无涯”。古诗中也首次出现了这类诗歌，如《古诗·迢迢牵牛星》描写了牛女双星的故事。这种道教方士们的理想境界，丰富与提高了园林艺术的构思，促进了园林艺术的发展。今颐和园的昆明湖，也有此象征意义。对山水的处理，还没有像后世这样以少胜多的写意形式，而是自然主义地力求其体量的庞大与形式的逼真，所以，池的规模很大，据《三辅故事》记载：

---

① 晋葛洪：《西京杂记》卷一，中华书局1985年版，第1页。

昆明池盖三百二十顷，池中有豫章台及石鲸鱼，刻石为鲸鱼，长三丈，每至雷雨，常鸣吼，鬣尾皆动。

又载，池中有以桂树为殿柱的灵波殿，风来自香，“池中有龙首船，常令宫女泛舟池中，张凤盖，建华旗，作棹歌，杂以鼓吹，帝御豫章观临观焉。”“有戈船、楼船各数百艘。楼船上建楼橹，戈船上建戈矛，四角悉垂幡旄，旍葆麾盖，照灼涯涘。”① 娱乐之外，也带有军事训练场所的性质。还有二石人立于池的东西两边岸，象征牛郎织女天河。可看作园林运用石雕之始。

汉武帝于太初元年（前 104 年）建建章宫，千门万户，于宫北建太液池，据《史记》、《三辅黄图》等书记载，“言其浸润所及广也”，故名太液。池广十顷，中有渐台，高二十余丈，上有殿阁之属；在水面划分与空间处理上已经颇有意趣。

据《西京杂记》载：“武帝凿池以玩月，其旁起望鹄台以眺月，影入池中，使宫人乘舟弄月影，名影鹅池，亦曰眺蟾台。”刻金石为鱼龙奇禽异兽之类，点缀池山；另有采莲女和鸣鹤之舟，往来池中。据《汉书·郊祀志下》，因为仙人好楼居，于是，武帝才令长安则作飞廉、桂馆、甘泉，则作益寿、延寿馆，使卿持节设具而候神人，乃作通天台（又名候神台、望仙台），高 20 丈，以香柏作殿梁，香闻 10 里，故又名柏梁台，置祠具其下，将招来神仙之属。还在台上建铜柱（金茎），高 30 丈，上有仙人，掌捧铜盘玉杯，以承云表之甘露，即承露盘也。盘大七围，去长安二百里可望见云。即《西都赋》所谓“抗仙掌以承露，擢双立之金茎”。武帝自己想当仙人，还想结交仙侣。他的想像力确实丰富。承露台成为后世园中一景（图 1－4）。

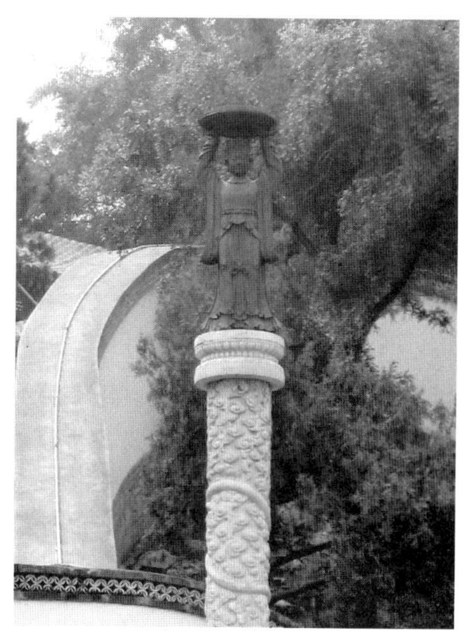

图 1－4　仙人承露台（北海）

上林苑中的植物配置也已经相当丰富，《西京杂记》卷一载：

（帝）初修上林苑，群臣远方，各献名果异树，亦有制为美名，以标奇丽：梨十：紫梨、青梨、芳梨、大谷梨、细叶梨、缥叶梨、金叶梨、瀚海梨、东王梨、紫条梨。枣七：弱枝枣、玉门枣、棠枣、青华枣、樗枣、赤心枣、西王枣。栗四：侯栗、榛栗、瑰栗、峄阳栗。桃十：秦桃、榹桃、缃核桃、金城桃、绮叶桃、紫文

① 晋葛洪：《西京杂记》卷六，中华书局，1985 年版，第 43 页。

桃、霜桃、胡桃、樱桃、含桃。李十：紫李、绿李、朱李、黄李、青绮李、青房李、同心李、车下李、含枝李、金枝李、颜渊李、羌李、燕李、蛮李、侯李。柰三：白柰、紫柰、绿柰。查三：蛮查、羌查、猴查。椑三：青椑、赤叶椑、乌椑。棠四：赤棠、白棠、青棠、沙棠。梅七：朱梅、紫叶梅、紫花梅、同心梅、丽枝梅、燕梅、猴梅。杏二：文杏、蓬莱杏。桐三：椅桐、梧桐、荆梧。林檎十株，枇杷十株，橙十株，安石榴十株，楟十株，白银树十株，黄银树十株，槐六百四十株，千年长生树十株，万年长生树十株，扶老木十株，守宫槐十株，金明树二十株，摇风树十株，鸣风树十株，琉璃树七株，池离树十株，离娄树十株，白俞梅、杜梅、桂蜀漆树十株，柟四株，枞七株，栝十株，楔四株，枫十株，楔四株，枫十株。

太液池边皆是彫胡、紫萚、绿节之类。菰之有米者，长安人谓为彫胡；葭芦之未解叶者，谓之紫萚；菰之有首者，谓之绿节……积草池中，有珊瑚树，高一丈二尺，一本三柯，上有四百六十二条。是南越王赵佗所献，号为烽火树，至夜，光景常欲燃。

……太液池西有一池名孤树池，池中有洲，洲上（杉）树一株，六十余围，望之重重有如彩盖，故取为名。

远近群臣所献各种奇树异果有3000多种。太液池中还有动物和名目众多的各种舟船，显得生机盎然，《西京杂记》卷一和卷六载：

其间凫雏雁子布满充积，又多紫龟绿鳖，池边多平沙，沙上鹈鹕、鹧鸪、䴔䴖、鸿鶂，动辄成群。

太液池中有鸣鹤舟、容与舟、清旷舟、采菱舟、越女舟。

豢养的动物有数百种之多，如虎、鹿、猩猩、宫狻猊、狐狸等珍禽奇兽，动物收集之广，“逾昆仑，越巨海，殊方异类，至于三万里”。一些珍贵动物，如所谓“九真之鳞”、“大宛之马”、“条支之鸟”、“黄支之犀”，都由异国殊土进献而来。

甘泉园内，有楼殿台阁百余所，有仙人观、石阙观，并开凿了昆明、昆灵等水池。据《汉官典职》载：“宫内苑聚土为山，十里九坡，种奇树，育麋鹿麑麂、鸟兽百种，激上河水，铜龙吐水，铜仙人衔杯受水下注。”

有供冬天居住的温暖如春的温室殿，殿内用香桂木作柱，用温馨去恶的椒泥涂刷墙壁，并披以锦绣壁衣，挂以鸿雁羽毛幔，陈设着珍珠宝石屏风，地上铺着外国进献的地毯；又有仲夏含霜的清凉殿，殿中布置琉璃床、琉璃枕、水晶帘，陈设着去暑生凉的冰凌。

宫苑规模如此宏大，管理人员也分工细密，如有令有尉，簿记禽兽名数；有诏狱，主治苑中禽兽；有水冲，管官馆之事；有五丞属官、技巧六厩、令丞、尉等，分管各职事例。

西汉时期，道教的神仙思想已经开始与儒教神学合流了，到东汉尤其厉害。文人颂神或包含“天人感应”思想倾向的作品很多。绘画、建筑等宣传谶讳神学的故事传说很普遍。东汉宫苑也是“复庙重屋，八达九房，规天矩地，授时顺乡”①。东汉末年建的西园，是季节性的专用园，据文献记载，园内有万金堂，园中建裸游馆千间，有渠流围绕，绿苔长至台阶上，莲荷散植渠水中，为避暑之地。《拾遗记》载：

> （裸游馆）周流澄澈，乘船以游泳……又奏招商之歌，以来凉气……渠中植莲大如盖，长一丈，南国所献。其叶夜舒昼卷，一茎有四莲丛生，名曰夜舒荷……

汉代皇家宫苑包含了多种园林形式和技法，如栽树移花、凿池引泉的运用，叠石造山、动物造景、水面划分、山水及植物的配置、利用和改造自然等艺术和技法，是秦汉时代环境艺术的典型，并为后世的帝皇宫苑的修造和管理提供了基本模式。汉代所建的层楼，曾刻意模仿过仙居之“台”，那是逐层叠堆横木的“井干式”楼，在汉武帝时开始以“梁架式”楼代替，成为后代楼房建造的基本样式（图1-5）。

图1-5 东汉绿釉陶楼

（引自《收藏》）

汉代是形成中华民族独特的建筑风格的时期，木构建筑的各种形式，极大地影响了园林建筑形式的多样化。如屋顶的形式，汉时出现了悬山、硬山、歇山、四角攒尖、卷棚等形式，屋顶上的直搏脊、正脊，正脊上有各种装饰，用斗栱组成的构架也出现了，而且斗栱本身不但有普通简便的式样，还有曲栱柱头等。柱形、柱础、门窗、拱券、栏杆、台基等也形式多变。砖瓦也具有了一定的规格，除了一般的筒板瓦、长砖、方砖外，从汉代的石阙、砖瓦、明器、画像等图案来看，说明框架结构在汉代已经达到完善的地步。秦汉宫苑是汇合着宫馆、禽兽、林木、山水四要素的帝皇园林，贵戚富商私园除了规模小一点外，在性质上几乎没有什么区别。从园林的立意、布局、形式、内容以及造园的手法、技术、材料诸方面看，已经具有了我国园

① 汉张衡：《东京赋》。

林艺术的性质，基本上体现了天然和人工的统一，人工美的质素明显提高了。但汉代宫苑或王侯私家园林设计者的主体观念，与秦始皇几乎完全一致，是人间的“天帝”居游之地，皇帝是人间的“活神仙”，所以“其宫室也，体象乎天地，经纬乎阴阳。据坤灵之正位，仿太紫之圆方”①，成为基本的造园构想。

二、效法帝皇宫苑的王侯达官私园

汉代政治的强大和经济的繁荣，使汉代社会上出现了一批富可敌国的王侯达官，他们在家里大造私园，在内容和形式上效法的对象主要是皇家宫苑。

汉景帝的弟弟梁孝王刘武特别喜欢营建宫室和苑囿，《西京杂记》卷四载其游于“忘忧之馆，集诸游士，各使为赋”，描写了此馆的环境特色：枚乘为《柳赋》，言“忘忧之馆，垂条之木，枝逶迟而含紫，叶萋萋而吐绿，出入风云，去来羽族”；路乔如为《鹤赋》，言那里“白鸟朱冠鼓翼池干”；公孙诡为《文鹿赋》，言那里“麀鹿濯濯，来我槐庭。食我槐叶，怀我德声”；其他有作《月赋》者，有歌《屏风赋》者，有作《几赋》者。可见，忘忧馆周围树木葱茏，还有鹿、鹤等象征富贵和长寿的瑞兽，室内有装饰得十分华美的屏风、几案，皓月当空，良辰美景，宾主在此作赋赏月，身心俱适，还有何“忧”不可以“忘”呢！梁孝王所筑的菟园，尤富盛名，菟园，一名梁园，又名东园，原址在京城洛阳城东二十里。据《西京杂记》卷二记载：“园中有百灵山，山有肤寸石、落猿岩、栖龙岫；又有雁池，池间有鹤洲、凫渚。其宫观相连，延亘数十里。奇果异树，瑰禽怪兽毕备。王日与宫人宾客弋钓其中。”

汉刘濞为吴王时，在郊野继续修葺吴长洲苑，其豪华富丽，甚至超过上林苑，《吴郡志》载：“枚乘说吴王濞云：‘汉修治上林，杂以离宫，佳丽玩好，圈守禽兽，不如长洲之苑。’”虽未免夸大，但足以说明长洲苑的可观了。相传吴王还在城内建设衙署，苏州的“衙署园林”由是萌芽。

汉景帝的程姬之子恭王余之，也“好治宫室”，所筑宫苑“其规矩制度，上应星宿，亦所以永安也”，鲁灵光殿的外观，“状若积石之锵锵，又似乎帝室之威神，崇墉冈连以岭属，朱阙岩岩而双立。高门拟于阊阖，方二轨而并入”②。

西汉丞相曹参家里有靠近吏舍的后园，他常与人在此饮酒作乐③。汉武帝的托孤老臣霍光的私园中，动物很有特色，据《真率笔记》载：“霍光园中凿大池，植五色睡莲，养鸳鸯卅六对，望之灿若披锦。”

东汉桓帝时，外戚梁冀，骄奢淫逸，其殁，收其财，合三十余万万，以充王府，用减天下税租之半。梁冀在洛阳城门内大造第舍，其妻子孙寿则在对街为宅，殚极土木，

① 汉班固：《西都赋》。

② 汉王延寿：《鲁灵光殿赋》。

③ 汉班固：《汉书》卷三十九曹参本传，中华书局影印本，第983页。

互相竞夸，并大造私园：

> 又广开园囿，采土筑山，十里九坂，以象二崤；深林绝涧，有若自然；奇禽驯兽，飞走其间……
>
> 又多拓林苑，禁同王家。西至弘农（今河南灵宝），东界荥阳，南极鲁阳（今河南鲁山），北达河淇（黄河之滨），包含山薮，远带丘荒，周旋封域，殆将千里。又起菟苑于河南城西，经亘数十里，发属县卒徒，缮修楼观，数年乃成，移檄所在，调发生菟，刻其毛以为识。人有犯者，罪至刑死，尝有不知禁忌，误杀一菟，转相告言，坐死者十余人①。（《集解》惠栋曰："袁宏《纪》诸有山薮丘荒，皆树旗大题曰：'民不得犯！'"）

规模之巨、权势之大，俨如皇家。但梁冀园中的人工假山已经摆脱了对神仙海岛的幻想模拟，而是直接模仿自然界的真山景色，"有若自然"从此也就成为品评园林美的标准之一，梁冀园发展了西汉武帝时的"一池三岛"思想模式，使园林更世俗化了。

三、模山范水的巨商大贾私园

汉代出现了超常的繁荣，造就了一批富商大贾，他们为了炫耀自己的财力，表现自己的社会地位，也开始建造私园，但与帝王达官比，毕竟规模有限，他们只能模仿天然山水来造假山水，开了"模山范水"的先河。西汉时，茂陵富商袁广汉，藏镪巨万，家僮八九百人，他的私园建于洛阳北邙山下：

> 东西四里，南北五里，激流水注其内。构石为山，高十余丈，连延数里。养白鹦鹉、紫鸳鸯、牦牛、青兕，奇兽珍禽，委积其间。积沙为洲屿，激水为波潮，其中致江鸥海鹤，孕雏产鷇，延漫林池。奇树异草，靡不具植。屋皆徘徊连属，重阁修廊，行之移晷不能遍也②。

据同治《苏州府志》载，东汉丹阳人笮融，在苏州保吉利桥南建有"笮家园"。其规模已经不可得知，但从《三国志》卷四九《刘繇太史慈士燮传》载，笮融并非一般的士人，而是当时在政界和佛教界里权势和财力都是赫赫有名的。他曾聚众依附徐州牧陶谦，出使到广陵、下邳、彭城运粮，曾先后攻杀广陵和豫章太守，叱咤一时。汉献帝初平四年，他在徐州"大起浮图祠，以铜为人，黄金涂身，衣以锦采，重铜九重，下为重楼阁道，可容三千人，悉课读佛经，分界内及旁郡人有好佛者听受道，复其他役以招致

---

① 《后汉书·梁统传》中华书局1984年第416页。

② 六朝佚名：《三辅黄图》。

之，由此远近前后至者五千余人户”。在佛教初传中国之时，就能建造如此奢华的浮图祠，可见其财力不薄，由此可以推想，他在苏州所建“笮家园”也不会比袁广汉的私家园池逊色，而与六朝的士人园不可能属于同类。

私家园林的主人，富可敌国的财力也罢，等国王侯的身份也罢，一旦获罪，人财两亡，最豪华的园林也就成为明日黄花。如袁广汉的园林构建不久，随着袁广汉的获罪，园林也很快没入官府，昙花一现。

【第三节】

魏晋南北朝：“静念园林好”、“山水有清音”

中国自东汉以来，豪门士族自给自足的庄园经济日益巩固和发展，独立的庄园经济造就了一批门阀世族和世俗地主的私家园林，这些园主都拥有相当的经济实力和社会地位，有能力从事造园活动和园林艺术的欣赏活动。汉末中央集权崩溃，儒学思想瓦解，政治已经无力对学术文化进行干预，被压抑数百年的先秦诸子学说，尤其是老庄哲学开始为人们所认识并日益得到重视，同时，佛学的输入和玄学的兴起，带来了中国文化的多元走向。“有晋中兴，玄风独振”①，玄学理想把亲近、观赏自然山水之美，作为追求超脱玄远的人格理想的重要途径，这股新的文化思潮的崛起，深刻地影响了魏晋人的思想和文化风尚。“以玄对山水”，从自然山水中领悟“道”，陶铸了一种新的文化定式，熏陶并引导了整个南北朝的文化艺术意趣，中国历史上最富有艺术精神的时代来到了：

> 王羲之父子的字，顾恺之和陆探微的画，戴逵和戴颙的雕塑，嵇康的广陵散（琴曲），曹植、阮籍、陶潜、谢灵运、鲍照、朓朓的诗，郦道元、杨衒之的写景文，云冈、龙门壮伟的造像，洛阳和南朝的闳丽的寺院，无不是光芒万丈，前无古人，奠定了后代文学艺术的根基与趋向②。

诚然，任情纵欲、满足低级的官能享受，也是当时泛滥的丑陋现象，这当然不是美。但从整个时代风尚来看，这一时期，人们由于对儒家礼教的蔑视、对个体才情品貌的强调，产生了重美轻善的倾向，便在某种程度上具有了人的自觉、美的自觉的解放意义。台湾著名学者徐复观先生指出，玄学对魏晋及其以后的一个重大影响“乃为人与自然的融合”，“此一影响，实更切近玄学——尤其是庄学的本质；其价值及其透入历史

① 《宋书·谢灵运传》。

② 宗白华：《论〈世说新语〉和晋人的美》，见《美学散步》，上海人民出版社1997年版，第208页。

文化中之既深且远，决非人伦品藻之所能企及”[1]。人们欣赏无尘世的喧嚣、朴素有自然真趣的山水，魏晋南北朝时期是中国园林发展史上的重要转折时期，对自然美的欣赏，更趋自觉，皈返自然，渴望与天地同流，完全突破了“君子比德”的道德框框。与诗画融会贯通的自然山水园就是在这样的精神文化土壤中胎生出来，并且成为这个时期最有代表性的新的园林形式，豪族的私家园林和皇家园林都受到士人园林的影响，寺观园林作为另一种新的园林形式，一开始就出现了与士人园合流的倾向。艺术观念发生了质的变化。

一、“聚石引水，有若自然”——士人山水园

鲁迅将曹魏时期即文学史上的“建安时代”称为“文学的自觉时代”，出现了“为艺术而艺术的一派”[2]，文学主题逐渐摆脱了伦理、政治等功利性内容，而确立在“人生意义”这样一个具有高度自我意识的层面上；人们的宇宙观、宗教观都发生了变化，开始漠视天国，更加关注人生。“中华古人对人自身的思考比以往深化了，其审美文化的最大思想特征，便是实现了由快乐文化转型为忧患文化”[3]。东汉末年就有了“生年不满百，常怀千岁忧”的咏叹，英雄曹操也发出了“对酒当歌，人生几何”的忧叹，魏末西晋之初，以嵇康、阮籍为代表的“竹林七贤”，或为顺应环境、保全性命，或寻求山水、安息精神，“其中由于总藏存这种人生的忧恐、惊惧，情感实际是处在一种异常矛盾复杂的状态中。外表尽管装饰得如何轻视世事，洒脱不凡，内心却更强烈地执著人生，非常痛苦。这构成了魏晋风度内在的深刻的一面”[4]。晋人，尤其是南渡的东晋士人，美丽如画的江南山水唤起了他们对自然美意识的觉醒，“晋人向外发现了自然，向内发现了自己的深情。山水虚灵化了，也情致化了”[5]，他们悠游在江南的灵山秀水中，培养了他们高格调的山水审美情趣，在“清流激湍，映带左右”的环境中，“仰观宇宙之大，俯察品类之盛，所以游目骋怀，足以极视听之娱，信可乐也”[6]。王羲之在去官后，“与东土人士营山水弋钓之乐。游名山，泛沧海，叹曰‘我卒当以乐死’”[7]。谢蘪诗曰：“辟牖栖清旷，卷帘候风景。”嵇康提出了“越名教而任自然”[8]的离经叛道说，将自然真率、洒脱逍遥的生活方式作为理想的人生境界去追求。深沉的自然山水意识渗透到生活领域，陶渊明的《桃花源记》构想了一个与尘世隔绝的桃花源，不仅因为“少无适俗韵，性本爱丘山”，更在于他的理性选择，那里的山川风物，表现出的是

---

① 徐复观《中国艺术精神》第192页。转引自《魏晋玄学十日谈》，安徽文艺出版社1997年版第225页。

② 鲁迅：《魏晋风度及文章与药及酒之关系》。

③ 朱立元：《天人合一》第19页。

④ 李泽厚：《美的历程》，文物出版社1982年版，第102页。

⑤ 宗白华：《论〈世说新语〉和晋人的美》，见《美学散步》上海人民出版社第215页。

⑥ 晋王羲之：《兰亭集序》。

⑦ 宗白华：《论〈世说新语〉和晋人的美》，见《美学散步》上海人民出版社第215页。

⑧ 晋嵇康：《释私论》。

诗人理想的主观的美。南朝士人更崇尚清虚超脱的人生理想，有自己的哲学意识和人生追求，他们皈返自然，“素志与白云同悠，高情与青松共爽”①，青松白云成为他们用以寓志的清物。陶弘景在南朝宋末奉朝请，为诸王侍读，入齐后更得齐高帝器重，然其身在朱门却不交外物。永明十年（公元492年），上表辞禄，隐居句曲山（即茅山，今江苏西南）。梁武帝即位，屡加礼聘，仍坚辞不出。欣赏山中白云，听笙听松，对月流叹，摒绝人事。不仅若神仙中人，而且“笔底自具仙气”②。

东晋、南朝士人耽溺于庭园的营造，以“五亩之宅，带长阜，倚茂林”③ 的精神生活为乐。当时有名的士人的私家山水园林苏州有顾辟疆园和戴颙宅园。

“顾辟疆园”当时号称“吴中第一私园”。据《抱朴子》记载，苏州顾陆朱张四大姓的庄园，在那时代都是“僮仆成军，闭门为市，牛羊掩原隰，田池布千里”、“金玉满堂，伎妾溢房，商贩千艘，腐谷万庾”。顾氏为四大家之一，辟疆官郡功曹、平北参军，性高洁。所造私园，最早见诸《世说新语》，称时为中书令的王献之，“自会稽经吴，闻顾辟疆有名园，先不识主人，径往其家，值顾方集宾友酣燕，而王游历既毕，挥麾好恶，旁若无人。顾勃然不堪曰：‘傲主人，非礼也！以贵骄人，非道也！失此二者，不足齿人，伧耳！’便驱其左右出门。王独在舆上，回转顾望，左右移时不至，然后令送门外，怡然不屑。”顾氏对富且贵的东晋豪族王氏，如此蔑视，既有南方士族对北方士人的敌视，又表现了士人不攀附权门，甚至傲视权贵的共同心理特征。

与顾氏园齐名的是戴颙宅园。戴颙的父亲是山水画初创时期的戴逵，安徽宿州人，出身士族，然终身不仕，而且傲视权势之人，《晋书》将其列为“隐逸”。他的儿子戴勃和戴颙都在当时有高名，他们不但继承了乃父的道德和艺术，山水画虚灵、疏淡，更是著名的雕塑家。戴颙“巧思通神”，早年随父亲客居浙江剡县，后卜居苏州齐门内，据《吴郡图经续记》载：“士共为筑室，聚石引水，植林开涧，少时繁密，有若自然。三吴将守及郡内衣冠，要其同游野泽，堪行便去，不为矫介，众论以此多之。”

《南史·徐湛之传》也记载了徐在广陵所造园林，有“风亭、月观、吹台、琴室”，“果竹繁茂，花药成行”，“尽游玩之乐”。享受的主要是大自然之美。

北方也出现了“有若自然”的私家园林。据杨衒之《洛阳伽蓝记》说，北魏张伦所造“景阳山”，重岩复岭，深溪洞壑，逦迤连接，俨然真山，高树巨林，足使日月蔽云；悬葛垂萝，能令风烟出入；石路崎岖，似壅而通，峥嵘涧道，盘行复直。匠心巧思，将自然作了艺术的“人化”，已经具有了某种写意意识。

上述私家园林大都是“面城”、“近市”，却是闭门无哗，“寂寞人外”，为“且适闲居之乐”的居所。园林中的山水和植物等自然形态构成园林主要的景观体系。

幽远清悠的山水诗文和潇洒玄远的山水画与士人山水园相互融合，中国传统园林成

---

① 南齐王融：《为竟陵王与隐士刘虬书》。

② 清蒋士铨：《评选四六法海》。

③ 晋孙绰：《遂初赋叙》、《世说新语》注引。

为诗画艺术载体也肇端于此时。园林讲究意境的创造，从写实向写意过渡。庾信的《小园赋》充分展示了这一点。庾信（513～581年），原为南朝梁宫廷文学侍臣，因奉命出使西魏被留于长安，屈仕敌国，以后又仕北周，官至骠骑大将军开府仪同三司。官位虽高显，但不过徒有虚衔，仕北的惭愧始终像毒蛇一样噬咬着他的灵魂。他想隐居不仕，但现实又不可能，便幻想有这样一个“小园”，作为他的栖息之所。这是一个仅足容身的安静的小园林：

> 若夫一枝之上，巢父得安巢之所；一壶之中，壶公有容身之地。况乎管宁藜床，虽穿而可坐；嵇康锻灶，既暖而堪眠。岂必连闼洞房，南阳樊重之第；绿墀青琐，西汉王根之宅。余有数亩弊庐，寂寞人外，以拟伏腊，聊以避风霜……

小园宁静、简朴，栖迟偃仰其中，过着知足常乐、与世无争、任性自然 、怡然自乐的生活：

> 尔乃窟室徘徊，聊同凿坯。桐间露落，柳下风来。琴号珠柱，书名《玉杯》。有棠梨而无馆，足酸枣而非台。犹得欹侧八九丈，纵横数十步，榆柳三二行，梨桃百余树……

可以欣赏桐叶轻轻落下、柳风徐徐吹来，可以抚琴、读书。园中有棠黎酸枣之树而无馆台之丽。小园虽小，但可种上二三行榆柳、百余株梨桃。下面又写园中的山不过是几筐黄土堆成，水池小如堂边洼地，山水不过自然而成，不用去费力经营。狐狸可以在园中随意打洞，鸟鹊可以在树上任意作窝。地上细草连贯如珠，若铺茵席，树上挂着长把葫芦。饿了，有瓜果、葫芦可以充饥；累了，可以休息其中。居室高低不平，茅草屋顶，透风漏雨，屋檐低得直腰进去可以碰到帽子，门户矮得平行直立会碰到眉毛。但作者自己愿意在这样的小园里修身自适过隐居的生活：

> 一寸二寸之鱼，三竿二竿之竹。云气荫于丛著，金精养于秋菊。枣酸梨酢，桃榹梨薁。落叶半床，狂花满屋。名为野人之家，是谓愚公之谷。试偃息于茂林，乃久羡于抽簪。虽有门而长闭，实无水而恒沉。三春负锄相识，五月披裘见寻。问葛洪之药性，访京房之卜林。

很显然，庾信构造设计的小园，是以陶渊明的《归去来兮辞》为蓝本的。小园是那样的简朴、宁静、恬淡，与纷乱喧嚣的尘世和华丽的第宅恰成鲜明的对比。不管这个小园实际上是否存在，但这是文人第一次详细描绘出来的具体可感的文人园，是士大夫们的理想天国。

从上可以看出，理想的士人山水园是士人用来表达自己体玄识远、萧然高寄的襟怀的，“情”与“景”之间有着内在的紧密联系。他们的园林中，绝对没有阿房宫里的脂粉气和金谷园中的富贵气，而充溢着的是名士们的书卷气。

二、“肥遁”和皇家园林的雅化

早在西汉时代，东方朔就提出“避世于朝廷间”① 的主张，西晋的夏侯湛赞其为“肥遁居贞”②。魏晋南北朝时期是历史上庙堂山林错位最严重的时期。豪门贵族在广置田产、穷奢极欲的同时，又谈玄论道、崇尚隐逸，附庸风雅。出现了大批豪富、王侯的私园，将自然式风景山水缩写于自己的私园中。出现了所谓“江左嘉遁”和“肥遁”。

图1－6 金谷园图（明·仇英）

随晋室南渡的北方世族，为了“免横流之祸”或“以避君侧之乱”，往往功成身退，侵占了南方大片名山胜水，及时隐迹其中，南朝《宋书·隐逸王弘之传》：“会稽既丰山水，是以江左嘉遁，并多居之。”隐退于富饶的庄园中过豪华的享乐生活，称“肥遁”。如著名的西晋石崇，他是大司马石苞之子，在任荆州刺史期间，常派人暗地抢劫远使、客商，大发了横财，“晚节更乐放逸，笃好林薮，遂肥遁于河阳别业”③。他造的“金谷园”是为了安度晚年的，在那里享受山林之乐、吟咏流连，“昼夜游宴，屡迁共坐，或登高临下，或列坐水次，或琴瑟笙竹，合载车中，道路并作（图1－6）。及住，令鼓吹迭奏……各赋诗以叙中怀”④。“金谷园”还兼有农业自然经济的功能：

> 有清泉茂林，众果竹柏药草之属，田四十顷，羊二百口，鸡猪鹅鸭之类莫不毕备。又有水碓鱼池土窟，其为娱目欢心之物备矣⑤。

北魏自武帝迁都洛阳后，“帝族王侯、外戚公主，擅山海之富，居川林之饶，争修园宅，互相竞夸，崇门丰室，洞房连户，飞馆生风，重楼起雾，高台云榭，家家而筑；花林曲池，园园而有，莫不桃李夏绿，竹柏冬青”，“入其后园，见沟渎赛产，石磴碓

---

① 汉司马迁：《史记·滑稽列传》。
② 梁萧统：《昭明文选·东方朔画赞》卷四七。
③ 晋石崇：《思归引序》，见《昭明文选》卷四十五。
④ 前秦王嘉：《拾遗记》。
⑤ 晋石崇：《金谷诗》。

尧。朱荷出池，绿萍浮水。飞梁跨阁，高树出云”①。宅、园已经分开，有假山、曲池、花木，但由于富贵气太浓，且带有浓厚的夸富斗豪的成分，故艺术趣味上与汉代那些王侯巨商的园林比较接近，而与简朴雅洁的士人园异趣。

在时代精神文化气氛的浸染下，帝王园苑的面貌发生了巨大的变化。“紫闼”与“江海”的矛盾在园林里得到了圆满的解决。曹魏时期的帝王，都具有很高的文学修养，他们的审美趣尚已经开始走向高雅，文学艺术成为他们精神生活和文化娱乐的一个重要组成部分。园林在布局和使用内容上既继承了汉代苑囿的某些特点，又增加了较多的自然色彩和写意成分。魏初文帝曹丕于黄初元年（公元200年）筑华林园，是在汉旧苑的基础上扩建的，园址在洛阳。洛阳是东汉、魏、西晋、北朝历代的都城，是皇家园林集中的地方，仅汉末就有十余座。孙盛《魏春秋》记载：

> 黄初元年，文帝愈崇宫殿，雕饰观阁，取白石英及紫石英、五色大石于太行谷城之山，起景阳山于芳林园②，树松竹草木，捕禽兽以充其中。于时百役繁兴，帝躬自掘土，率群臣，三公以下，莫不展力。

又《魏略》载：

> 于列殿之北立八坊，诸才人以次序处其中……自贵人以下至尚保及给掖庭洒扫习技歌者各有数千。通引水过九龙殿前为玉片绮栏。蟾蜍含受，神龙吐水，使博士马均作司南东水转百戏。岁首建巨兽，鱼龙曼延，弄马倒骑备如汉西京之制……景初元年起土山于芸林苑西陂，使公卿群僚皆负土成山，树松竹杂木善草于其上，捕以禽兽置其中。

以人工堆成土山、石山，开凿水池名“天渊池”，引谷水绕于殿堂前，形成园内完整的水系。沿水系有雕刻精致的小品，园中动物植物花木俱全，并有供演出娱乐的场所。

南北朝的封建帝王们受玄风的浸淫，更是雅尚隐逸，尤其服膺于士人自然山水园的高逸格调，帝王们在心灵深处欣赏士人风范，刻意仿效。甚至专请著名的士大夫文人来设计、监造皇家园林。南朝宋元嘉二十三年，为皇家督造华林园、玄武湖的就是能文善书且晓音律的著名士人张永③。最有代表性的是南朝帝王了。

齐文惠太子性爱山水，开玄圃园与台城北堑齐，园内有明月观、宛转廊、徘徊桥等，更有楼馆塔亭，又聚叠奇石，后池可泛舟④，“妙极山水，虑上宫望见，乃傍门列

---

① 北魏杨衒之：《洛阳伽蓝记·城西法云寺》。

② 魏文帝时名华林园，明帝时名芳林园，齐王曹芳复改为华林园。

③ 《宋书·张永传》。

④ 《南齐书·文惠太子传》。

修竹，内施高障。造游墙数百间，施诸机巧。宜须障蔽，须臾成立；若应毁撤，应手迁移。”园中还建有“茅斋”，并由周颙书其壁①。史载萧统“性爱山水”，一次泛舟宫池，面对良辰美景，番禺侯轨认为当有丝竹歌舞，萧统不理，却悠悠然地吟咏起左思的《招隐》诗：“何必丝与竹，山水有清音。”被人们熟知的“濠濮间想”是晋司马昱的故事，《世说新语·言语》：

> 简文入华林园，顾谓左右曰：“会心处不必在远，翳然林木，便自有濠濮间想也。觉鸟兽禽鱼自来亲人。

“濠濮间想”，就是《庄子·秋水》篇中所载的庄子、惠子濠梁观鱼和写庄子濮水钓鱼的故事，前者反映了庄子观赏事物的艺术心态，他摆脱了世俗尘累，临流观鱼，知道鱼从容出游，十分快乐；后者则写庄子对高官厚禄“持竿不顾”，反映了他追求远避尘嚣、悠然自怡的人生理想。人全身心地投入了自然山水的怀抱，而自然山水也自来亲人，赋予山水以人情，人与自然妙合无间，完全融为一体，进入极高的审美境界。

梁简文帝之子萧大圜以“弃绝人间”、“超逾世网”为己志，以“面修原而带流水，倚郊甸而枕平皋。筑蜗舍于丛林，构环堵于幽薄”为理想之居，与士人园几无二致。

身为君王的萧纲，史称他“清虚寡欲，尤善玄言”，自谓“隐沦游少海，神仙入太华。我有逍遥趣，中园复可嘉”②，散怀山水、超旷遗世。梁元帝萧绎在未即帝位之前为湘东王，所筑“湘东苑”，穿池构山，长数百丈，山有石洞，入内可蜿转潜行200多步。池沿岸种植莲荷，岸边杂以奇木。建筑物有跨水而过的通波阁，高踞山巅的阳云楼，备有移动式“行堋”的乡射堂，还有芙蓉堂、禊饮堂、正武堂、连理堂、修竹堂、明月楼和隐士亭、映月亭、临风亭等。

《南史·齐宗室传》记载齐高帝子衡阳王萧钧和士人孔珪有如下对话，可以窥见帝王们的心灵世界：

> 会稽孔珪家起园，多构山泉，殆穷真趣，钧往游之。珪曰：“殿下处朱门，游紫闼，讵得与山人交邪?”答曰：“身处朱门，情游江海；形入紫闼，而意在青云。”珪大美之。

尚武的北朝帝王也具有很高的艺术鉴赏力。据《洛阳伽蓝记》载，北魏孝文帝时，拟华林园中的“天渊池”为大海，就池中献文帝所筑九华台上，造了“清凉殿”，宣武帝又在海内造蓬莱山，山上有“仙人馆，上有钓鱼殿……海西有景山殿，山右东羲和

① 《南齐书·周颙传》。
② 梁萧纲：《临后园诗》，《先秦汉魏晋南北朝诗》卷十二。

岭，岭上有温风室。山西有姮娥峰，峰上有露寒馆。并飞阁相通，凌山跨谷。山北有玄武池，山南有清暑殿，殿东有临涧亭。殿西有临危台。景阳山南有百果园果列作林，林各有堂……永安中年，庄帝（孝庄皇帝，元子攸）习骑射于华林园”。宣武帝还颇欣赏佳石、美竹和山林野致①。

后赵的石虎在邺城（今河北临漳县）筑连亘数十里的华林苑，苑中三观四门，三门通漳水。北齐武成帝时，增饰“若神仙居所”，改称“仙都苑”，又于苑内别起玄洲苑，备山水台观之丽。《历代宅京记·邺下》载：

> 玄洲苑、仙都苑，苑中封土为五岳，五岳之间，分流四渎为四海，汇为大池，又曰大海。海池之中为水殿……

以上所述皇家园林虽没有脱尽汉代宫苑“体天象地”的痕迹，“一池三岛”式的人间活神仙境域的构造得到了进一步的完善，但发展了古代园囿中对山水的处理手法，布局以山水为骨干，构山重岩覆岭，深溪洞壑，山路崎岖，涧道盘曲，合乎真山的自然体势。并且都有林木掩映，楼观高下随势，力求达到妙极自然的意境。

三、“游心玄虚，托情道味”——寺观园林

寺观园林作为一种宗教园林形态在这个时期大量出现。东晋南朝佛教很发达，佛寺特多，梁武帝时，仅建康一地，佛寺就多达五百余所。“南朝四百八十寺，多少楼台烟雨中”！北魏奉佛教为国教后，更大建佛寺。据《洛阳伽蓝记》载，洛阳城内外有一千多所。北齐时全国佛寺约有三万多所，而且大都建于名山胜水之地。“天下名山僧占多”，“十分风景属僧家”；东晋和南朝时期，我国道教开始向上层统治阶级和士大夫阶层楔入，逐渐从粗陋鄙俗的巫觋方术，演进成具有哲理、神谱、仪式、方法等完整体系的宗教，迈入正规官方道教的殿堂。道教把成仙的途径分成为飞升、长生和尸解三种，得道的真人高士各有不同规格的“仙境”，分别是天堂、三岛五岳十洲和洞天福地。晋葛洪《抱朴子·金丹》：“合丹当于名山之中，无人之地，结伴不过三人，先斋百日，沐浴五香……成则可以举家皆仙。”这是人们普遍认同的客观现象。探求其中的原委，涉及多方面的文化原因。

宗教文化本身的需要。宗教都同时具有哲学和神学两方面的内涵。宗教与仙山神水有不解之缘。本章第一节，我们就探讨了原始宗教中出现的“昆仑神话”与“蓬莱仙岛”的传说。秦汉园囿中出现的“一池三岛”就是对这一原始崇拜的模拟。宗教中得道成仙的“真人”也好，修炼成佛获得正果的佛门弟子也好，几乎都是在名山秀林中成就的，那里是超凡脱俗的圣地。与恶俗的现实世界相对立，它远离充满物质诱惑的尘世，纯洁无垢，

---

① 《魏书·恩倖传》。

“道法自然”是使精神获得净化的惟一途径，所以佛道都殊途同归，在名山秀水之地建立寺观，作为灵魂净化的场所，也是净化了的灵魂的一个归宿（图1－7）。

图1－7　深山藏古寺（九华山）

道教的修炼，长在远离人群的风景绝佳的深山幽地，道教所称“十大洞天”、“三十六小洞天”和“七十二福地”，道书上称这些“洞天福地”均为神仙真人栖居之所，“上帝命真人治之，其间多得道之所”①。如中国四大道教名山青城山、龙虎山、阁皂山、茅山，还有武当山和崂山。五斗米道的创始人张陵，与弟子前往四川鹤鸣山修道，创立了道教。张到青城山，曾在黄帝栖居过的轩黄台设坛传道，青城山遂为道教的发祥之地。汉、晋以后，道观兴建起来了。宫观林立，至今尚存38处。尤以建福宫、天师洞、祖师殿、上清宫最负盛名。“青城天下幽”，古木参天，藤萝缠绕，修竹掩涧；山中除了山雀啾啾、涧水叮咚、树叶窸窣，万籁俱寂，清幽之至。崂山自古被称为“神仙之宅，灵异之府”，与蓬莱联系在一起，称为“神仙窟宅”。崂山东临大海，山林浩渺，富有山海之胜，至今尚有道观22处之多 。自号抱扑子的晋代道教理论家、医学家葛洪，结庐在杭州西湖北面横亘在宝石山与栖霞岭之间数里之处，后名“葛岭”。据说他曾经选择了十所居处，游遍湖山，都不中意：认为南屏景观太露，灵隐风貌太偏枯，孤山厌其浅隘，石屋憎其深沉，独保俶塔而西一带，有泉可汲，有鼎可安，而且，他处游人熙熙攘攘，此地却游人过而不留，可以安然独静，故喜结庐独处。

佛教创始人释迦牟尼在成道之时，大梵天王劝其普度众生，释迦牟尼即于波罗奈仙人所居的鹿野苑中开讲说法。之后，即往摩揭提国王舍城中弘法，频婆娑罗王以迦陵竹园居之。佛经上称，释迦牟尼修道之初，至跋伽仙人苦行林中，见园林寂静，心生欢喜，即坐林中树下，观树思维，感天动地，六反震动，演大光明，覆蔽魔宫，后遂成道。可见，是寂静的园林环境，起到了自然纯化的作用。纯化了的灵魂归宿之处，也是具有灵山胜水的优美园林，如《无量寿经》描绘的西方极乐世界是“楼观栏楯，堂宇房阁，广狭方圆，或大或小，或在虚空，或在平地，清静安稳，微妙快乐”。佛画中的极乐世界也是重楼华宇，回廊殿阁，虹桥卧碧波，廊外有山林美景，天上有吉祥天女②。五岳之一的嵩山，山势挺拔，层峦叠翠，风景绝佳，寺庙宫观林立，自古就有“上有七十二峰，下有七十二寺”之说：诸如中岳庙、少林寺、初祖庵、达摩洞、嵩岳

① 宋张君房：《云笈七签》卷二十七。

② 参见段玉明：《中国寺庙文化》，上海人民出版社，1994年版，第676～678页。

寺塔、法王寺、会善寺等。峨眉天下秀，在两晋南朝时，佛教曾将道教挤走，大建佛寺，成为著名的佛教圣地——普贤道场。由山麓的报国寺古刹到金顶全长约50公里的沿途，古寺次第错落：伏虎寺、清音阁、仙峰寺、万年寺、接引殿等。掩映在葱茏苍翠的古木之中，构成一幅清、幽、秀、雅的天然图画。五台山，气候凉爽，花木繁茂，溪水淙淙，故又名清凉山，东汉时就有人在此建佛寺，后来成为大型的文殊道场。

佛玄道的碰撞与融合。佛教的唯心主义哲学体系颇为精致。虽然佛教早在东汉就已经传入中国，但直到东晋，随着佛经的大量传译，来自印度、锡兰、西亚、中亚及爪哇、柬埔寨的高僧作为使者和讲经者来到中国，士大夫文人才真正发现了它与以老庄学说为核心的玄学之间的相通之处，并把它作为一种哲学理论来研究。作为一门学术，玄学的基本特征在于它是一种抽象思辨的哲学，其主要内涵，是关于宇宙本体的讨论以及各种事物名理的辨析，而佛教，不仅使人得到精神寄托的信仰、得到一门可以深入思索探讨的神学，而且它那种带有宇宙论色彩的哲学，与玄学又是那么相通。从而激发了在士子们研究佛理的热情。与此同时，名僧参与清谈，因为僧人也看到了般若学与老庄思想的相通之处，他们将精研玄理作为必备的功夫。名僧手握麈尾，结交清流，跻身清流，也成为佛门时尚。名士与名僧往来频繁，出现了佛学与玄学的合流。合流的结果是佛学在玄学化的同时，又为玄学提供了新的思想、新的内容。名僧支遁，对老庄玄学的阐述能自标新义，僧肇和竺道生，实现了佛学对玄学的超越。虎丘生公讲台传为禅宗先驱竺道生说法之处（图1－8）。

图1－8　虎丘生公讲台

这时候的佛僧，既没有汉魏时的方士气，也没有后世佛教徒的虔诚，而是与魏晋名士毫无二致的倜傥名流。在这个过程中，佛教逐渐脱去了印度纯粹思辨的色彩，渗入了中国儒、道思想文化的血液。名士们以佛典的理趣、风格、诗句、故实入诗文，“诗僧”也层出不穷。

南北朝后，佛教已经成为中国朝野上下普遍的社会思潮，并深刻地影响了中国本土的道教，促使道教发生了巨大的变革，寇谦之、陆静修、陶弘景等把道家的学说同围绕着早期萨满教这个核心而形成的大量方术性科学知识结合起来，从而使道教变成为一种有组织的、可以和佛教相抗衡的宗教。影响了整个社会心理和审美情趣的变化。

“寺”，《说文》解释为“廷”，即朝廷，亦泛指官署。“寺”与官署以及住家宅园、别墅有密切的关系。佛经上说，佛教的第一精舍——祇洹精舍，是建在释迦牟尼所舍出的花园“太子园”里的。因为其地平正，其树郁茂，距城不远不近，所以适合为精舍。

因此，佛教号召世人施财舍宅来佞佛，《上品大戒经》说“施佛塔庙，得以千倍报”，是积德行善之举。佛教传入中国以后，受释迦牟尼舍园为精舍的传说影响，以园为寺、舍宅为寺的习俗也随之传入，寺庙园林兴建之初，就与山水园或宅园结缘。中国最早的汉传佛教寺院——白马寺即由鸿胪寺官署即皇室宅园转建而成。根据《洛阳伽蓝记》与《南朝佛寺记》的记载，当时洛阳与南方的许多寺院均是达官贵人的私家花园：建中寺为宦官司空刘腾私宅、平等寺为广平武穆王怀舍宅所立、景宁寺为太保司徒公杨椿所立、愿会寺为中书舍人王许栩旧宅、高阳王寺为高阳王雍旧宅等等。洛阳出现了“王侯第宅，多题为寺，寿丘里间，列刹相望，祇洹郁起，宝塔高凌”① 的现象。江南亦是如此，如苏州最古老的佛寺报恩寺（北寺）（图1－9），是三国吴主孙权的母亲吴夫人（一说为孙权奶妈陈氏）舍宅所建。

图1－9　苏州报恩寺花园

苏州虎丘的东西两寺，是东晋时丞相王导的两个孙子王珣和王珉捐出的两套别墅所建。

由衙署园林和达官贵人的宅园的舍作寺院，加深了寺庙与园林的特殊关系，奠定了寺园一体这个中国寺庙的基本特色。寺庙建筑往往也带有贵族豪华的色彩，有的装饰得金碧辉煌，与帝皇的宫城并无二致。但寺庙作为参禅修炼的清净场所，它要营造庄严肃穆的氛围，创造幽静的环境，必须竹木森森，丛林葱郁，以花木取胜。园林部分，大都由私家花园而成，布局也比较自由，水木明瑟，环境幽雅宜人，与士大夫园林一样，寺僧们可以在此享受到自然真趣。寺庙园林带有公共游憩的场所，香客们在此除了进行宗教活动以外，也可以在此享受一份自然之真趣。风流士子们在此游山玩水，欣赏自然美色，激发创作热情。很多寺庙园林中的山水之美，与士人园一样。《高僧传·慧远传》载，慧远的精舍，“洞山尽美，却负香炉之峰，旁带瀑布之壑，仍石叠基，即松栽构，清泉环阶，白云满室。复于寺内别置禅林，森树烟凝，石径苔合，凡在瞻履，皆神清而气肃焉”。人们从寺庙园林中感受到的对宇宙、对人生等问题，与他们在士人园感受到的几乎是一致的。

北魏时的寺院穷极奢华，《洛阳伽蓝记·城内篇》记北魏都城第一大寺永宁寺，它是灵太后佞佛成癖的产物：

中有九层浮图一所，架木为之，举高九十丈。上有金刹，复高十丈；合去地一

① 北魏杨衒之：《洛阳伽蓝记·城西法云寺》。

千尺。去京师百里，已遥见之……刹上有金宝瓶，容二十五斛。宝瓶下承露金盘一十一重周匝皆垂金铎。复有金锁四道，引刹向浮图四角，锁上亦有金铎。铎大小如一石瓮子。浮图有九级，角角皆悬金铎，合上下有一百三十铎。浮土有四面，面有三户六窗，户皆朱漆。扉上各有五行金铃，合有五千四百枚。复有金环铺首，殚土木之功，穷造形之巧，佛事精妙，不可思议。绣柱金铺，骇人心目。至于高风永夜，宝铎和鸣，铿锵之声，闻及十余里。浮图北有佛殿一所，形如太极殿。中有丈八金像一躯，中长金像十躯，绣珠像三躯，金织成像五躯，玉像二躯。作工奇巧，冠于当世。僧房楼观，一千余间，雕梁粉壁，青琐绮疏，难得而言。栝柏椿松，扶疏檐霤，翠竹香草，布护阶墀。……其四门外，皆树以青槐，亘以绿水，京邑行人，多庇其下。路断飞尘，不由渰云之润；清风送凉，岂藉合欢之发？……时有沙门菩提达摩者，波斯国胡人也。起自荒裔，来游中土。见金盘炫日，光照云表，宝铎含风，响出天外；歌咏赞叹，实是神功。自云年一百五十岁，历涉诸国，靡不周遍，而此寺精丽阎浮所无也。极佛境界，亦未有此！

九级佛塔高耸入云，四周青琐绮楼，充分反映了当时寺庙的建筑美，建筑群掩映于绿树丛翠之中，环境既肃穆静谧又无比优美。同书又记载了洛阳的报恩寺、龙华寺、追圣寺，“此三寺园林茂盛，莫之与争”①。这些，已与帝皇宫殿难分上下了。

第四节

隋至盛唐：“外师造化，中得心源”

隋至盛唐时期是中国封建社会繁荣以臻鼎盛时期，社会政治、民族、文化等在总体上都呈现出多元的特点，思想界也较为自由活泼。特别是生活在盛唐时代的人，都有不同程度的理想追求，“少小虽非投笔吏，论功还欲请长缨”②，文人们不甘心当文人，充分吮吸时代气息的大诗人李白，尚武任侠，豪荡使气，得罪了皇帝被“赐金还山”，想到一个叫曹南的地方去炼丹，挚友独孤及专门写了《送李白之曹南序》，说李白：“是日也，东出桐门，将驾于曹。仙药满囊，道书盈箧。”具有盛唐时代的社会习尚和文化精神的显著特征：既超脱又入世。成为彼时人们心仪的人伦风范。隐逸生活也是那个时代的人们吟咏的中心，他们对山林、寺观所表现的幽寂之景和方外之趣、对于丘壑之美有着异乎寻常的感情。盛唐画家张璪在《绘境》中提出了“外师造化，中得心源”的

① 北魏杨衒之：《洛阳伽蓝记·城南龙华寺》。

② 唐祖咏：《望蓟门》，见《全唐诗》卷一百三十一。

著名观点。“外师造化”即获得自然之道，“心源”则借用佛经《菩提心论》中用语，原指不为妄心所扰的虚静心态。只有对大自然进行了深入细致的观察、体验，才能领悟自然的本性和真谛，才能有创造的源泉；但必须将领悟到的自然造化，通过内心的融会贯通，提炼升华，用创造性的想象，构思出有意境的形象，使其具有审美价值。所以，“中得心源”是关键。强调了将外在于心的“道”，内化为众生之“心”，运用到艺术上，则强调了“心悟”、“顿悟”等心理体验，艺术成为一种“自娱”的产物、寻求内心解脱的一种方式。“这表明，以山水为特征的魏晋玄佛艺术精神，向以内心为特征的禅宗艺术精神的转变已经完成”①。“外师造化，中得心源”，成为中国艺术包括构园艺术创作所遵循的原则。这个时期，是中国园林艺术类型和风格基本定型并日趋成熟的时期。造园活动以类型、数量、质量与艺术风格的全面发展而形成高潮。各类园林的个性特点已经逐渐形成，皇家园林表现出宫苑与宫殿、宫城紧密结合，层次严整，统一中求变化。在以仙海神山的传统框架中，突出了水体的景观，展示出恢弘的气魄和灿烂的光灿；士人园林已经力求达到园中有诗、园中有画的艺术境界，从美学宗旨到艺术手法都进入了成熟阶段；在儒道佛三教并行的文化政策情势下，佛寺道观园林获得了长足的发展，形成了各自的特色：道观园林——“山河扶绣户，日月近雕梁”；寺庙园林——“疏钟清月殿，幽梵静花台”。园林艺术意境空灵、淡远，但又具有明净、流动和静谧的气韵。

一、气势磅礴的隋唐山水宫苑

隋文帝统一了中国，在其全盛时期，以极大的气魄，创造了中国建筑及艺术史上空前的辉煌。以荒淫的骂名著称于历史的隋炀帝杨广，实际上在中国文明史上也是可以大书一笔的：那大运河、大兴城（即唐长安）、安济桥、敦煌龙门的石窟等。他吸收了东晋、南北朝以来士人园林艺术趣味和艺术手法，大造宫苑，最豪华壮丽的是洛阳的西苑，据《隋书·炀帝纪》载：

> 周二百里，其内为海周十余里，为蓬莱、方丈、瀛洲诸山，高出水百余尺，台观殿阁，罗络山上，向背如神，华丽。北有龙鳞渠，萦纡注海，缘渠作十六院，门皆临渠，穷极华丽。

又据《大业杂记》载：

> 苑内造山为海，周十余里，水深数十丈，上有通真馆、习灵台、总仙宫，分在诸山。风亭月观，皆以机成。或起或灭，若有神变，海北有龙鳞渠，屈曲周绕十六院入海。

① 黄河涛：《禅与中国艺术精神的嬗变》，商务印书馆国际有限公司，1994年。

全苑以山水为主要脉络，人工叠造的山水，以龙鳞渠贯通十六个苑中之院，每院都三面临水，有杨柳修竹、名花异草、飞桥阁道，林木掩隐，藏露结合，注意了自然韵味和含蓄，追求自然恬静，情景交融的造园的意境和艺术变化。与秦汉皇帝禁苑以池设景，以辇道、阁道相互连接的园景组合手段有别，对以后园林艺术创作中涉及到的诸如向背、开阖、对比、映衬、争避、穿插、隐现、因借等一系列手法是一个崭新的开拓。

唐朝是我国封建社会的全盛时期，中国诗歌的黄金时代，书画、音乐、舞蹈、雕塑、建筑等都空前发达。文学艺术上以"文质彬彬，尽善尽美"① 为最高理想。推崇气格刚健之美。园林从仿写自然美到掌握自然美、并由掌握到提炼，进而典型化，以"取石造山，崎危诘屈，有若天成"②，作为园林艺术创造和品评的最高标准。使我国古典园林艺术从自然山水园向写意山水园过度。

宫苑有的在隋旧苑的基础上更大事扩建，如东都苑，就是在隋会通苑的旧址上扩建的，隋会通苑原有四宫五殿以及回流、露华、飞香、留春等十三亭和山水景观，武则天时园内有合璧宫、凝碧池、凝碧亭、明德宫、射堂、官马坊、黄女宫、黄女湾、芳树亭等，设有十七个苑门，文献记载龙鳞宫在苑中央，宫门临龙鳞渠，渠北即隋西苑之十六院。

唐代离宫华清宫，建于骊山山麓，唐贞观十八年环山建宫室与罗城，山上建宫殿十余数，其中观风殿与大明宫相通，著名的 有长生殿、朝元殿、斗鸡殿、集灵殿、宜春亭、芙蓉园等；另有瑶光楼、小汤、梨园、椒园、东瓜园、西瓜园等，为一以温泉浴为主的离宫苑囿。骊山上下，亭台楼阁掩映于绿荫之中，富丽辉煌。

二、清旷裕如、诗画兼融的文人自然山水园

著名艺术家参与造园，虽然早在晋代就出现了，那时的人物画，已经讲究"传神阿堵"，并提出了"山水以形媚道"、"山水有灵"等观点，但"道"和"灵"都"还是一种外在于心的带有神秘色彩的客体"③，只是作为美学方法上的一种探索，而整个时代在艺术实践中，无论是山水诗还是山水画，依然是以"形似"为尚，"身所盘桓，目所绸缪，以形写形，以色貌色"④。只有到了盛唐时代，才成为明确的艺术原则，出现了"望秋云，神飞扬；临春风，思浩荡"的"畅神"理论，对自然美的认识有了完全的自觉，园林与士大夫们的生活也结合得更为密切。

山水田园诗派的代表、被推为"南宗文人画"之祖的王维的"辋川别业"的出现，标志着诗画兼融的崭新的文人园的真正出现。辋川别业位于今陕西蓝田县西南十公里处的辋川山谷，当时辋谷之水，北流入灞水。园林就建在山岭起伏、树木葱郁的冈峦环抱

① 唐魏徵：《隋书·文学传序》。
② 清王士祯：《池北偶谈》引《学圃宪苏》。
③ 黄河涛：《禅与中国艺术精神的嬗变》。
④ 宗炳：《画山水序》。

图1－10 辋川别业图局部（原载《关中胜迹图志》）

中的山谷（图1－10）。王维以画设景，以景入画，使辋水周于堂下，各个景点建筑散布于水间、谷中、林下，隐露相合。两《唐书》载：

> 维别墅在辋川，地奇胜，有华子冈、欹湖、竹里馆、茱萸沜、辛夷坞。

王维在《辋川集·序》中说：

> 余别业在辋川山谷，其游止有孟城坳、华子冈、文杏馆、斤竹岭、鹿柴、木兰柴、茱萸沜、宫槐陌、临湖亭、南垞、欹湖、柳浪、栾家濑、金屑泉、白石滩、北垞、竹里馆、辛夷坞、漆园、椒园等……

这里是“绿筱密复深”①、“分行接绮树，倒影入清漪”②，在飒飒的秋雨中，可以看到“跳波自相溅，白鹭惊复下”③。建筑物去尽雕饰，“文杏裁为梁，香茅结为宇”④，是山野茅庐的构筑，极富山野趣味。更突出的是，园中山水，融进了诗人的感情，如“湖上一回首，青山卷白云”⑤，用景物的描写托出与情人的悠悠别情，这里的“白云”是含着深情的。又如“木末芙蓉花，山中发红萼，涧户寂无人，纷纷开且落”⑥，这自开自落、孤独寂寞的芙蓉花，正是诗人自身的写照。而那位“独坐幽篁里，弹琴复长啸。深林人不知，明月来相照”⑦ 的高人雅士，也是他的自画像。“空山不见人，但闻人语响。

① 唐王维：《斤竹岭》。
② 唐王维：《柳浪》。
③ 唐王维：《栾家濑》。
④ 唐王维：《文杏馆》。
⑤ 唐王维：《欹湖》。
⑥ 唐王维：《辛夷坞》。
⑦ 唐王维：《竹里馆》。

返景入深林，复照青苔上”[①]，禅宗空寂观的形象化和艺术化。诚如宋苏轼在《书摩诘蓝田烟雨图》中所说的“诗中有画，画中有诗”者。诗人以敏锐的艺术感受力，去领受体验自然美的内涵。他在《山中与裴迪书》中写道：“北涉玄霸，清月映郭，夜登华子冈，辋水沦涟，与月上下，寒山远水，明灭林外。深巷寒犬，吠声如豹……步仄径，临清流也。当待春中，草木蔓发，春山可望。轻鲦出水，白鸥骄翼……”。辋川别业是具有湖山之胜的天然山地园，它吸取了诗情画意的意境，经过诗人精心的布置，融自然美与艺术美于一体，充分利用自然条件，如一幅淡雅超逸的山水画卷。王维曾作《辋川图》，据唐朱景玄《唐朝名画录》载，画上“山谷郁郁盘盘，云水飞动”，构思“意出尘外，怪生笔端”。开了后世写意式山水园的先河。

盛唐诗人也喜欢结庐名山，唐代大诗人李白在天宝十五年（756 年）曾经筑室于庐山的五老峰下的屏风叠，作《望五老峰》诗，云：“庐山东南五老峰，青天秀（一本作‘削’）出金芙蓉。”写出了庐山五老峰的险峻秀丽，犹如一幅彩色山水画。

大诗人杜甫的草堂，建于安史之乱以后，位于浣花溪畔，最初占地仅一亩。诗人利用原有的自然景物，随地势高下修筑亭台水槛，点缀以竹木和花果。建筑十分简陋，屋顶覆以茅草，为名副其实的“草堂”。诗人在此生活了四年，过着吟诗及耕钓的生活，作诗歌 240 余首，著名的《茅屋为秋风所破歌》即作于此。草堂在中唐后就已经不存，但后世得以重建，将杜甫当年歌咏的花木，栽植园中，杜甫草堂遂扩展为连延一片，梅园楠林、翠竹千竿、溪流小桥交错庭中，成为文学艺术与园林艺术融为一体的著名园林胜地。

三、浑然一体的名胜与寺观

寺庙道观往往建于风景名胜之地，这个现象晋代已经出现，隋唐时向天然山水的开拓更为普及与提高。唐代首都长安城近郊有踏青禊饮和登高处；远郊也有美阁名楼。风景名胜“人高调远、地爽气清”，寺观园林“山情放旷、风尘洒落”，超迈豪旷。如著名乐游原、曲江池、芙蓉园、杏园与青龙、慈恩寺等所形成的风景名胜系统。“曲江畅游”、“雁塔题名”、“杏园赐宴”等一代风流盛举，至今脍炙人口。

古人曾称“历代名胜之区，皆山川之灵气融结而成，然不得其地，不得其人，自无由而兴”[②]。说得不无道理。唐时出现的一些名寺名观名山，确实与名人也有关系。如普陀山，四周烟波浩渺，岛上山岩奇峻，风光别致，自唐时僧人结茅修行，开山弘法以来，发展成寺庙林立的“海天佛国”。唐时，华严高僧澄观国师居住在五台山大华严寺注疏《大方广佛华严经》，声称文殊菩萨所居的清凉山就是五台山。此说一出，华严的

---

① 唐王维：《鹿柴》。

② 清王继文：《香海庵记》，见《新纂云南通志》卷一百十四。

图1－11　苏州寒山寺花园

信徒们纷纷上山修建寺庙，这样，五台山才成为中国佛教寺庙最多、规模最大的名山。初唐宋之问曾这样描写处在杭州风景区的灵隐寺："鹫岭郁岧峣，龙宫锁寂寥。楼观沧海日，门对浙江潮。桂子月中落，天香云外飘。扪萝登塔远，刳木取泉遥。霜薄花更发，冰轻叶互凋。夙龄尚遐异，搜对涤烦嚣。待入天台路，看余度石桥。"苏州寒山寺，位于美丽的姑苏城外，因初唐诗僧寒山子和拾得而名，张继的《枫桥夜泊》诗，更使其声名大振，至今仍吸引着无数中外游客。它并不位于名山大川，而在城市郊外，所以只在寺内开池叠山，种花莳竹，曲尽种种，以成佳趣（图1－11）。

唐时长安的玄都观，虽处"污淖"之区，但却有桃花千树。花时"紫陌红尘拂面来，无人不道看花回"①。

第五节

中唐至两宋："壶中日月长"

中晚唐开始，美学发展呈现出三教合流的态势，特别是禅宗思想，禅宗主张"即心是佛"、"心外无佛"、"顿悟成佛"，既追求超出人世烦恼、达到绝对自由，但又泯灭了人佛之间的根本差别，不离此生此岸即可得到解脱，极大地强调了主观心灵的能动性，强调个体的"心"对外物的决定作用，通过个体的直觉、顿悟而达到一种绝对自由的人生境界的追求，与老庄的"心斋"、"坐忘"、宗炳的"澄味观象"说相通，包含着比儒道两家都更为深刻的对审美特征的理解，适应了我国封建社会中后期的个体与社会的分裂不断加深这样一种客观的社会历史状况和社会心理，特别是从统治阶级中因种种原因而失意、苦闷的知识分子的心理，同时也反映了相当多的下层人民在黑暗生活的压迫下希望求得精神解脱和得到安慰的愿望。在禅宗这种唯心主义神秘的形态下，包含着同审美艺术创造极其类似的心理特征的深刻理解。杜牧提出了"文以意"为主的主张②，

① 唐刘禹锡：《玄都观桃花》。

② 唐杜牧：《答庄充书》。

突出了个体的“意”在艺术创造中的重大作用，开中国美学重“意”不重“道”的美学潮流的先声。司空图在对审美感受的经验性观察和反省中，领悟到了审美感受是由形象所唤起的一种广阔自由的想象、情感、理性诸心理因素的融合，所谓“象外之象”、“味外之旨”等说法。人们开始从与自身的愿望、情感、理想相契合的自由的境界中去找美的满足。他们的现实生活既不再是在门阀势族压迫下要求进去的初盛唐时代，也不同于谢灵运伐山开路式的六朝贵族的掠夺开发，基本是一种满足于既得利益，又希望长久保持和固定，从而将整个封建农村理想化、牧歌化的生活、心情、思绪和观念。六朝时代的“隐逸”基本上是一种政治性的退避，宋元时代的隐逸则是一种社会性的退避，他们的内容和意义有广狭的不同，从而与他们的“隐逸”生活直接相关的山水诗画的艺术趣味和审美观念也有深浅的区别。宋代是一个君权高度强化的专制社会，门阀势力完全消失，士大夫文人除了走科举这条路以外已经别无选择[①]。强化了士大夫对国家政权的依赖性。宋代成为中国历史上名副其实的“文治”社会。士大夫生活待遇优渥舒适，对于生活的享受也是前所未有的考究，从封建皇帝到普通的士人，对于风雅的追求体现出精神上的同一性。宋文人在理学的影响下，追求“万事万物天地心”、“天理流行”，认为“惟其与万物同流，便能与天地同流”[②]，思想更成熟深沉，情感也更含蓄复杂。在艺术领域，强调了从有限空间创造深远乃至无限的境界，追求平淡天然的美，所谓浮华落尽见真淳。文学上以平淡天然为诗歌美的极至，绘画讲究“萧条淡泊之意，闲和严静[③]之心”，把“拙规矩于方圆，鄙精研于彩绘”的“逸格”[④] 推为艺术最高风格。在审美尺度上趋向“小型化”和“女性化”，红牙檀板，浅酌低唱和小院香径。

郭熙、郭思《林泉高致》云：“直以太平盛世，君亲之心两隆，然则林泉之志，烟霞之侣，梦寐在焉，耳目断绝，今得妙手，郁然出之，不下堂筵，坐穷泉壑，猿声鸟啼，依约在耳，山光水色，滉漾夺目，此岂不快人意，实获我心哉，此世之所以贵夫画山水之本意也。”

中国山水画上，人与自然那种娱悦亲切和牧歌式的宁静成为它的基本音调，即使点缀着负薪的樵夫、泛舟的渔父，也绝不是什么劳动的颂歌，而仍然是一幅掩盖了人间各种剥削和痛苦的懒洋洋、慢悠悠的封建农村的理想画。“渡口只宜寂寂，人行须是疏疏”，“野桥寂寞，遥通竹坞人家；古寺萧条，掩映松林佛塔”，萧条寂寞而不颓唐，安宁平静却非死灭，“非无舟人，止无行人”，这才是“山居之意裕如也”，才符合世俗地主士大夫的生活、理想和审美观念。

从中唐到宋代，虽然失去了盛唐时期阔大的气魄和力量，但美的领域扩大了，重视

---

① 唐代的士大夫走上仕途之路可以有多条，如：投幕府、考进士、凭门第、走干谒、隐山林、游江湖、入释道等以求高名。

② 宋程颢、程颐著《二程集·河南程氏遗书》卷六。

③ 宋欧阳修：《鉴画》。

④ 宋黄休复：《益州名画录》。

个体内在心灵的自得，较多地求之于自我精神的满足与陶醉，使美与个人日常生活更为密切地联系起来，在世俗生活中寻求诗化的超越情韵，使个人审美的情趣和要求获得了较为自由的发展。写意式山水园林是他们寄寓坚定的理性人格意识及其优雅自在的生命情韵的最合适的载体。

一、文人写意山水园及主题园名的出现

中唐开始文人的山水园已经大量出现。既有位于城外的山庄别业，又有了供人日涉成趣的城市宅园——城市山林。醉心于造园手法的发挥和着意于形式美的追求，中国传统造园的基本空间原则是“壶中天地”，即开始以小中见大的造园理论与手法，创造变化丰富的艺术空间。

著名诗人白居易在贬官江州司马之时（宪宗元和十二年），选择了天然名胜之区庐山香炉峰下构筑草堂，作为他谪官后的居住之所，庐山草堂是他最为惬意的园林胜地。周围“云水泉石，胜绝第一”。草堂建筑十分简易，仅三间两柱，二室四墉，木不加丹。墙不粉白，堂内仅“木榻四，素屏一，漆琴一张，儒、道、佛书各三两卷”，堂前乔松十数株，修竹千余竿，却“仰观山，俯听泉，旁睨竹树云石，自辰及酉，应接不暇”，并且“一宿体宁，再宿心恬，三宿后颓然、嗒然，不知其然而然”。他说“春有‘锦绣谷’花，夏有‘石门涧’云，秋有‘虎溪’月，冬有‘炉峰’雪”，可使自己“外适内和，体宁心恬”，“庐山以灵性待我，是天与我时，地与我所，卒获所好，又何以求焉!”

唐丞相李德裕“以器业自负，特达不群。好著书为文，奖善嫉恶，虽位极台辅，而读书不辍。有刘三复者，长于章奏，尤奇待之。自德裕始镇浙西，迄于淮甸，皆参佐宾筵。军政之余，与之吟咏终日。在长安私第，别构起草院。院有精思亭；每朝廷用兵，诏令制置，而独处亭中，凝然握管，左右侍者无能预焉。东都于伊阙南置平泉别墅，清流翠嫺，树石幽奇。初未仕时，讲学其中。及从官籓服，出将入相，三十年不复重游，而题寄歌诗，皆铭之于石。今有《花木记》、《歌诗篇录》二石存焉。”① 平泉庄建在洛阳城外三十里，以泉石奇木之胜闻名遐迩。庄内有鸂 、白鹭和猿等可亲可赏的动物，“卉木台榭，若造仙府。有虚槛对引，泉水萦回，疏凿象巫峡、洞府、十二峰、九派，迄于海门，江山景物之状，以间行径。”②，颇似一轴立体的长江万里图，为富有独创性的水石造景特例。

丞相裴度也有私宅“湖园”，在洛阳城中集贤里，《旧唐书》本传③载：“东都立第于集贤里，筑山穿池，竹木丛萃，有风亭水榭，梯桥架阁，岛屿回环，极都城之胜概。

① 《旧唐书》卷一百七十八。

② 唐康骈：《剧谈录》。

③ 《旧唐书》卷一百七十四。

又于午桥创别墅，花木万株；中起凉台暑馆，名曰“绿野堂”。引甘水贯其中，酾引脉分，映带左右。度视事之隙，与诗人白居易、刘禹锡酣宴终日，高歌放言，以诗酒琴书自乐，当时名士，皆从之游。”“洛人云，园圃之胜不能相兼者六：务宏大者，少幽邃；人力胜者，少苍古；多水泉者，艰眺望 。兼此六者，惟湖园而已。”日本效此作“兼六园”。

“结庐在人境”、“心远地自偏”，士大夫文人为生生所计，大量采取了“隐在留司官”的“中隐”态度，他们修筑城市山林—宅园。

白居易晚年归休之私园—洛阳城内的“履道里园”，“地方十七亩，屋室三之一，水五之一，竹九之一，而岛池桥道间之。”池中尚筑三岛，象征海中三神山，多植白莲、折腰菱。故园中有具有苏州地方色彩的青板舫、太湖石、华亭鹤，也有杭州的天竺石，充溢着苏州、杭州的气息。白居易《池上竹下作》诗说：“穿篱饶舍碧逶迤，十亩闲居半是池。食饱窗间新睡后，脚轻林下独行时。水能性淡为吾友，竹解心虚即我师，何必悠悠人世上，劳心费目觅亲知?”这小园里的水、竹成为白居易审美情感的人格化呼应对象，具有浓厚的抒情写意色彩。白居易首开江南文人写意园的先河。

丞相牛僧孺，史称他“识量弘远，心居事外，不以细故介怀。洛都筑第于归仁里。任淮南时，嘉木怪石，置之阶庭，馆宇清华，竹木幽邃。常与诗人白居易吟咏其间，无复进取之怀”[①]。

中晚唐的园林，园中虽蕴涵有诗情画意，但大多不另起名，而以园址所在地名兼称之，或径以园主的人名称之，因此，还不是“主题园”。但在园林的景点题名中，已经出现了具有深刻思想内涵的题名。晚唐司空图的“休休亭”是一个著名实例。

> 图本居中条山王官谷，有先人田，遂隐不出。作亭观素室，悉图唐兴节士文人，名亭曰休休，作文以见志曰：“休，美也，既休而美具。故量才，一宜休；揣分，二宜休；耄而聩，三宜休；又少也惰，长也率，老也迂，三者非济时用，则又宜休。”因自目为耐辱居士[②]。

据《旧唐书·文苑下》，图晚年为文，尤事放达，尝拟白居易《醉吟传》为《休休亭记》云云。“休休亭”是司空图建在其先人别墅中的一座亭子，此亭原名“濯缨亭”，显然取自《楚辞·渔父》中的“沧浪之歌”，富有抒情写志色彩。司空图易名“休休”。“宜耐辱自警，庶保其终始，与靖节、醉吟第其品级于千载之下，复何求哉！因为《耐辱居士歌》，题于东北楹曰：‘咄咄，休休休，莫莫莫，伎俩虽多性灵恶，赖是长教闲处着。休休休，莫莫莫，一局棋，一炉药，天意时情可料度。白日偏催快活人，黄金难

① 《旧唐书》一百七十六。
② 见《新唐书·卓行传》，卷二百十七。

买堪骑鹤。若曰：‘尔何能？’答云：‘耐辱莫。’”①

“咄咄，休休休，莫莫莫……”源于《世说新语·黜免》篇中殷浩被废黜后终日恒书“咄咄怪事”之典。宋辛弃疾有“书咄咄，且休休，一丘一壑也风流”句。说明晚唐时已经出现了后世“主题园”的萌芽。

到了两宋时期，文人主题园大量出现，园林景观中含茹的主体情致进一步浓化，体现了审美观念的质的变异和飞跃。两宋山水文化繁荣，能诗善画者大多也都经营园林，他们对奇石有独特的鉴赏力，置石、叠山、理水、莳花、植木都十分考究，构景日趋工致，技术美水平提高；建筑造型及内外檐的装修，能注意与自然环境有机结合。园林规模愈来愈小，而空间变化愈见丰富，景物愈趋精饬。南宋时期，借助于优越的自然条件，园林风格一度表现为清新活泼，自然风景与名胜得到进一步的开发利用。江南出现了文人园林群：宋倪思《经鉏堂杂记》记载湖州有私家园林 20 多个，宋周密《吴兴园林记》记载有私家园林 36 个。苏州先后有私家园林 50 余个②，杭州据《湖山胜概》记载有园林 40 余个。如：

北宋苏舜钦在庆历四年（1044），忠而被谤、无罪被黜，在苏州筑亭名“沧浪”，取《楚辞·渔父》中的《沧浪歌》之意：“沧浪之水清兮，可以濯我缨，沧浪之水浊兮，可以濯吾足”之意，也要“潇洒太湖岸”，扁舟急桨，“撇浪载鲈还”，做一名渔父了。他在《答韩持国书》里说：“家有园林，珍花奇石，曲池高台，鱼鸟流连，不觉日暮。”“迹与豺狼远，心随鱼鸟闲”（《沧浪亭》），为自己创造了一个清静闲适的园林环境（图 1－12）。他的诗友梅尧臣在《寄题沧浪亭》诗中称他“行吟《招隐》诗，懒带醉中巾……今子居所乐，岂不远尘埃”；宋杰《沧浪亭》诗云：“沧浪之歌因屈平，子美为立沧浪亭。亭中学士逐日醉，泽畔大夫千古醒。醉醒今古彼自异，苏诗不愧《离骚经》。”这些足可以作为园名主题的注解。诗人向有“丈夫志”、“耻疏闲”，如今只好终日“向沧浪深处，尘缨濯罢，更飞觞醉”了。苏舜钦用的“沧浪”水，成了他的心灵与世俗社会之间的一道不可逾越的屏障，他只想让个人的荣辱得失在“沧浪”水中淡化、消融，在喧嚣的尘世中保持一个宁静的心境，获得人格的独立和精神的自由，可以尽情地享受自然的真趣。

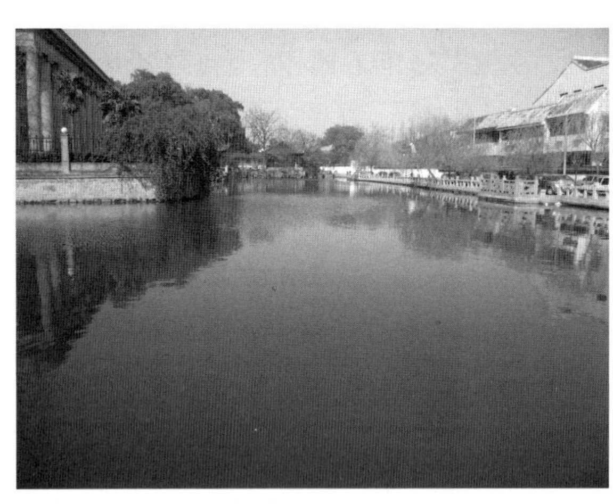

图 1－12　沧浪水（沧浪亭）

---

① 见《旧唐书·文苑下》卷二百。

② 据魏嘉瓒编著：《苏州历代园林录》，燕山出版社 1992 年版。

朱长文在苏州建有“乐圃”，他在《乐圃记》中解释了名“乐”的具体内容曰：

> 大丈夫用於世，则尧吾君，虞吾民，其膏泽流乎天下，及乎后裔，与夔、契并其名，与周、召偶其功。苟不用於世，则或渔、或筑、或农、或圃。劳乃形，逸乃心，友沮、溺，肩绮、季，追严、郑，蹑陶、白。穷通虽殊，其乐一也；故不以轩冕肆其欲，不以山林丧其节。孔子曰：“乐天知命，故不忧。”又称“颜子在陋巷，不改其乐，可谓至德也已。”余尝以乐名圃，其谓是乎。

这就是说，朱长文所“乐”的是春秋隐士长沮、桀溺的田耕之乐、商山四皓采芝隐逸之乐、严子陵、郑弘渔樵之乐、陶渊明、白居易隐居之乐。

司马光的“独乐园”，在洛阳尊贤坊北关，占地二十亩（图 1－13）。筑于熙宁六年（1073 年），时王安石推行“新法”，司马光反对新法被贬，故造此园隐居，取“独乐”，谓仕途不得意，君子独善其身之意。旨在自适其乐，以排遣其“自伤不得与众同也”的抑郁。园中各景点，文化内涵很丰富，有不少景名来自诗文的典故，司马光在《独乐园七题》诗中也分别说明了亭台取名的意义。可见，两宋士大夫园林中，更注重文人意绪的写入，一草一木一石，都成为文人们抒发情感的特殊工具，园林完全成为“立体的诗、无声的画”。它的另一特点是“小”。

图 1－13 独乐园图（明·仇英）

宋程俱在苏州所筑园林名为“蜗庐”，他在《迁居蜗庐》诗歌中这样写：

> 有舍仅容膝，有门不容车。寰中孰非寄，是岂真吾庐？不作大耳儿，闲关种园蔬。茅檐接环堵，无地可灌锄。不作下榻翁，一室谢扫除。平生四海志，投志河鱼枯。愿从素心人，不减南村居。萧然冰炭外，傲倪万物初。坐视蛮触战，兼忘糟粕书。聊呼赤松子，伴我龟肠虚。

司马光的“独乐园”，据宋李格非的《洛阳名园记》载，也是“小”：

> 园卑小，不可与它园班。其曰读书堂者，数十椽屋；浇花亭者，益小；弄水、种竹轩者，尤小。曰见山台者，高不逾寻丈；曰钓鱼庵、曰采药圃者，又特结竹杪落蕃蔓草为之尔。

当然，宋时的私家园，有的是以赏花木为主题的：如“天王院花园子”，以赏牡丹花为主题、“松岛园”，以苍劲、古老的松树为主题、“琼花园”，以赏琼花为主题。但山水园并不都是主题园，有的沿袭唐时旧名，以园址所在地名之，如“归仁园”；有以原旧主人的官爵名，如“苗帅园”；有直接袭用旧名，如“湖园”。有的地形特点为名，如“环溪园”，因其中“洁华亭者，南临池，池在左右翼而北过凉榭，复汇为大池，周围如环”、“盘洲园”，地处两溪之间；有的以所在之山水名之，如“屏山园”，因园对屏山、“真珠园”，因有真珠泉而名；较多的还是以园主名爵为名或者以园之方位名，如董氏西园、东园、富郑公园、赵韩王园、紫金台张氏园、刘氏园、胡氏园等。类型有花园型、游憩型、宅园型等。

二、写意山水园集大成者——艮岳

宋徽宗本人是个能诗书善画的艺术家，又酷爱奇石名花，他陶醉于山水风光之中，更喜欢造园林。艮岳就是他亲自设计的建造在城市的皇家园林。艮岳始建于宋徽宗政和七年(1117年)，历时五年。位于北宋汴梁（今河南开封）城东北隅，《易·说卦》：“艮，东北之卦也。”因名艮岳，周长约6里，面积约750亩。命苏州人朱勔专门收集江、浙一带奇花异草、珍禽异兽、玲珑石峰，“所费动以亿万计，调民搜岩剔薮，幽隐不置，一花一木，曾经黄封，护视稍不谨，则加之以罪。断山辇石，虽江湖不测之渊，力不可致者，百计以出之，至名曰‘神运’。舟楫相继，日夜不绝……”①。周密《癸辛杂识·艮岳》载：“艮岳之取石也，其大者而穿透者，致远必有损折之虑。近闻汴京父老云：‘其法乃先以胶泥实填众窍，其外复以麻筋、杂泥固济之，令圆混。日晒，极坚实，始用大木为车，致放舟中，直俟抵京，然后浸之水中，旋去泥土，则省人力而无他虑。’此法奇甚，前所未闻也。”② 太湖石运到汴京，应该是毫无缺损，保持了原貌。

艮岳具备了写意山水园的主要特点：

如先构图立意，然后决定远近不同景区的布局安排。郭熹在《林泉高致》中对山水画有如下看法：

> 山水有可行者，有可观者，有可游者，有可居者……可行可望，不如可居可游之为得。何者？观今山川，地占数百亩，可游可居之处，十无三四，而必取可居可游之品，君子所以渴慕林泉者，正谓此佳处故也。

以艮岳为园内各景的构图中心，以万松岭和寿山为宾辅，形成主从关系。介亭立于艮岳之巅，成为群峰之主。左为山，平地起山，右水，池水出为溪，自南向北行岗脊两石间，往北流入景龙江，往西与方沼、凤池相通，形成了谷深林茂、曲径两旁的完好水

---

① 宋张淏：《艮岳记》，引自《古今说海》。

② 宋周密：《癸辛杂识·艮岳》中华书局，1988年，第15页。

系。艮岳东麓，植梅万株，之西是药用植物配置。西庄是农舍，帝皇贵族在此可以“放怀适情，游心玩思”，欣赏田野风光。艮岳中的亭台楼阁，依自然地势而建，因地制宜，隐露相间，使艮岳如“天造地设”一般自然生成。突破了秦汉以来“一池三山”的传统规范，进行了以山水为主题的创作。建筑物具有了使用与观赏的双重功能，园中的禽兽已经不再供帝皇们狩猎之用，而是起增加自然情趣的作用，作为园林景观的组成部分。

假山具备了自然山体的基本特征：周围环境山水秀美，林麓畅茂，奇峰叠石，“万形千状，不可得而备举也……皆物理之自然，岂人力之所能?”① 位置高下有致，动静得宜，徘徊其间，如置身名山大壑、深谷幽岩之中，成为绝胜。宋徽宗《艮岳记》中得意地说：“东南万里，天台、雁荡、凤凰、庐阜之奇伟，二川、三峡、云梦之旷荡，四方之远且异，徒各擅其一美，未若此山并包罗列。又兼其绝胜，飒爽溟涬，参诸造化，若开辟之素有，虽人为之山，顾岂山哉!”不但模仿造化，而且集中、提炼并作了典型化创造。并且，“万岁山大洞数十，其洞中皆筑以雄黄及卢甘石，雄黄则避蛇虺，卢甘石则天阴能致云雾，滃郁如深山穷谷”②。在山洞的处理上，很符合生态科学。

艮岳这座典型的山水宫苑，构园设计以情立意，以山水画为蓝本、诗词品题为景观主题，园中有诗，园中有画。创造了一种趋向自然野致的意态和趣味，成为元、明、清宫苑的重要借鉴。也促进了苏州地区园林的发展，据《吴风录》中提到：“自朱勔创以花石媚进建节钱，而太湖石一座得银盎千役……至今吴中富豪竟以湖石筑峙奇峰阴洞，至诸贵占据名岛，以凿凿而嵌空，妙绝珍花异木，错映阑圃。”

三、南宋西湖的园林群——古今难画亦难诗

南宋都城临安（今杭州）的西湖及近郊一带，在绿荫掩映下，散置着数以百计的皇家宫苑和贵族富豪的园林，还点缀着寺庙园林，这些利用自然胜区的旖旎风光，再进行加工点缀，成为“古今难画亦难诗”的园林艺术佳景，陶醉了无数的骚人墨客。

尤其是“淡妆浓抹总相宜”、“湖上春来似画图，乱峰围绕水平铺。松排山面千重翠，月点波心一颗珠”的西湖美景，流传至今的有著名的“西湖十景”：苏堤春晓、柳浪闻莺、花港观鱼、曲径风荷、平湖秋月、断桥残雪、雷峰夕照、南屏晚钟、双峰插云、三潭印月等景点。

素有“小瀛洲”之称的“三潭印月”，是运用传统的“蓬莱仙景”造景。北宋集文学家与画家于一身的苏东坡在杭州知州任上时，曾利用这里的自然景色，加以改造，用

① 宋李质：《艮岳赋》，见《挥麈录·后录》卷二。
② 宋周密：《癸辛杂识·艮岳》，中华书局，1988 年，第 15 页。

疏浚的湖泥堆成水上园林，构成“湖中有岛，岛中有湖”的园林美景。运用了亭榭桥石廊等园林建筑，组成重重层次，构成富有变化的景区。特别是九曲桥来到碑亭和“我心相印”亭这一段路径，景色变化其妙无穷：从曲桥的湖面望去，那亭亭玉立的三塔正好在“我心相印”亭的两旁和中间圆洞门的框景之中。中秋时节，灯光、月光、湖波、塔影，相映成趣，诗情画意，尽蕴其中。这些景点中，原来都是那时的园林，如“柳浪闻莺”，原为南宋的聚景园，是外御园之一，与西湖相通，可乘船由园内入湖游赏。园内的主要景点有：会芳殿、瀛春堂、揽远堂、芳华亭、花光亭、柳浪桥、学士桥、瑶津、翠光、桂景、艳碧、凉观、琼芳、彩霞、寒碧、花醉、澄澜等亭台轩殿楼阁，亭宇匾额，全为宋孝宗亲笔题写。

临安不仅有宫廷的大内宫苑，包括南内苑、北内苑、北大内。外御园除了上述的聚景园外，还有诸如“富景园”、屏山园、真珠园、庆乐园等。

利用名人故居筑园，增加了人文景观，别有一种人文美和历史的美感。如“延祥园”，在临安城外的孤山，据《都城纪胜》称原为北宋林逋的故居，与琼花园、小隐园相并。以“梅妻鹤子”之称的林逋，世称高人。园内有瀛屿、六一泉、香月亭、香莲亭、挹翠堂、清新堂等，花明水洁，气象幽古。香月亭四周，环植梅花，宋理宗曾按照林逋《山园小梅》诗意，亲书“疏影横斜”一联，刻于亭内屏上。

叶梦得以嗜石著称，他发现浙江的湖州西门外 15 公里处的弁山之石，色类灵璧，而且形状奇巧，罗布山间，因在此筑室，奇石环拱宅居，因名其地为“石林”。范成大《骖鸾录》说其地松挂深幽，叶梦得《避暑录话》说石林有泉数处，或导为池，种植常熟破山重台白莲；或决为涧，大池相汇。自称“李翱习之论山居，以怪石、奇峰、走泉、深潭、老林、嘉草新花、视远七者为胜；今吾山乏者，独深潭、老木耳”。叶氏每年在山中增种松 1000 棵、桐杉各 300 株，隙地俱植竹。石林内，有兼山堂、石林精舍、承诏堂、求志堂、从好堂、净乐庵、爱日轩、跻云轩、碧琳池、岩居、真意亭、知止亭等。

【第六节】

元明清：“虽由人作，宛自天开”

如果说，从中唐到两宋时期，是我国园林艺术逐渐成熟的时期，那么，元明清时期，特别是明清时期，是我国园林艺术的集大成时期，达到了炉火纯青的阶段。元代实行民族压迫和民族歧视政策，将民族分为蒙古、色目、汉人和南人四等，科举制度停止了七八十年，文人失去了传统的“学而优则仕”的进身之路，加上落后的宗教哲学，消极遁世以及复古主义思想泛滥。艺术上，更加追求抒发内心的意趣和超逸意境。但由于经济政治诸方面的条件所限制，除了皇家宫苑以外，文人园林不多，但留存至今的苏州狮子林，作为中国早期寺庙园林的代表，具有很高的文化艺术价值。明清时期，随着政治经济的高度发展，中国的造园活动出现最后也是最大的一次高潮。从明代中叶起，士大夫们为了满足家居生活的需要，在城市或近郊大量建造以山水为骨干、饶有山林之趣的宅园；在有限的范围内，追求空间艺术的变化，风格素雅精巧，达到平中求趣、拙间取华的意境，满足以欣赏为主的要求。江南的苏州、扬州、杭州、南京以及岭南私家园林数以千计，乾隆以后，逐渐形成了以苏州为代表的私家园林特色，园林由“壶中天地”转向“芥子纳须弥”，空间更加狭小，但艺术水平比以前有了提高，文学艺术成了园林艺术的组成部分。皇家园林以北京西郊的三山五园、皇城西侧的三海御苑和长城外的避暑山庄为代表。由于江南私家园林之盛、园林艺术之高超，康熙、乾隆两位皇帝，利用南巡之便，将江南园林艺术引进御苑，又使皇家园林中，出现颇有特色的“园中之园”，为丰富北方园林艺术手法，作出了贡献。这里，应该大书一笔的是，江南的名工巧匠在中间所起的巨大作用。宋代苏州就有专事叠山的匠师，称“花园子”，吴兴称“作山匠”，画家操持造园，必须与叠山师合作。

明末清初的张南垣是中国首屈一指的造园叠山大师，他的四个儿子俱能继承父业，次子张然最为著名，所叠假山“直疑天工非人工”。顺治时参与重修瀛台之役，康熙十六年北上先后为大学士冯溥建万柳堂，为兵部尚书王熙建怡园，此后北京诸王园林多出其手。后供奉内廷，成为事实上的皇家总园林师，主持重修瀛台，建造了玉泉山静明园、畅春苑等皇家园林。曹迅认为，用真正造园艺术的水准来衡量，像畅春园这样的自然山水园，代表着我国皇家园林的最高水平①。

位于太湖之滨的苏州香山，自古出建筑工匠，人称“香山匠人”，有“江南木工巧匠皆出于香山”之称，形成以木匠领衔，集木匠、泥水匠、石匠、漆匠、堆灰匠、雕塑匠、叠山匠、彩绘匠等古典建筑中全部工种于一体的建筑工匠群体“香山帮”。蒯祥（1398－1481年）被尊为“香山帮”鼻祖。明永乐十五年（1417年）蒯祥随父应征到北京参加紫禁城的皇宫建设，蒯祥“能目量意营，准确无误”，“指挥操作，悉中规制”，“凡殿阁楼榭，乃至回廊曲宇，随手图之，无不称上意”，“自正统以来，凡百营造，祥无不予”。3年后即被升为工部“营膳所丞”，成为统率各匠的首领，先后设计并主持兴建的重大工程有故宫、西苑以及景陵、裕陵等。今天的天安门（明代的承天门）这座被誉为“中华民族文化的标记”、“人类建筑史上最伟大的艺术奇葩”、“世界文化历史遗产中的一颗璀璨的明珠”的雄伟宫殿，也是蒯祥设计和主持、香山帮匠人集体营造的。真如蒯祥墓园牌坊对联所说：“园林处处不忘胥水良师，宫阕巍巍共仰雷山鼻祖。”

---

① 参见曹迅：《明末清初的苏州叠山名家》，《苏州园林》1995年第四期。

自明朝始，苏州园林以及北京故宫博物院、大型皇家宫殿以及以西藏布达拉宫为代表的寺庙道观等杰出建筑作品，均出自“香山帮工匠”之手。此后有香山帮传人姚承祖（1866～1938年），字汉亭，号补云，祖父姚灿庭著有《梓业遗书》，一生设计建筑的屋舍庭宇，不下千幢。为民国元年（1912年）成立的苏州鲁班协会会长。代表作有木渎严家花园、苏州怡园藕香榭、光福吾家山梅花亭、木渎灵岩寺大雄宝殿等。所著《营造法原》被誉为“中国南方建筑之宝典”。

明清时期，名园迭起，文人、专业造园家与工匠三者的结合，促使园林向系统化、理论化方向发展，参与造园的文人著书立说，一大批造园理论著作出现了，对中国造园艺术作了理论概括，标志着中国园林艺术的高度成熟。

一、“狮子林”——中国早期禅寺的艺术范本

苏州四大名园之一的狮子林，原名菩提正宗寺，元末至正二年（1342年），禅僧惟则（天如禅师）改称今名。其含义，元代欧阳玄曾作这样的解释：“林有竹万千，竹下多怪石，有状如狻猊者，故名狮子林。且师得法于普应国师中峰本公，中峰倡导天目山之狮子岩，又以识其授受之源也。”狮子为佛国神兽，佛为人中狮子，称佛说法为狮子吼；“林”为“丛林”之约称，唐僧怀海始称“寺院”为“丛林”。

狮子林最大的特色在于形象地体现了中国化佛教——禅宗的教义和《禅门规式》，这是中国寺庙园林的孤例，因而具有独特的艺术价值和文化价值。

“禅”是梵语“禅那”的简写，意即静虑。静坐沉思，称为“坐禅”或“禅定”、“定慧”，“定”，即摒除杂念，把持心性，这是印度佛教的修持方法；中国佛教注重“慧”之一法，即开启灵智，无路寻路。印度佛教在我国完成中土化改造之后，诞生了一系列中国色彩极浓的佛教宗派，其中，由慧能创始的禅宗，是最有生命力的一支。禅宗自称“教外别传”，强调“我佛一体”、直心见性之学说，认为人人皆有佛性，“青青翠竹，尽是法身；郁郁黄花，无非般若（智慧）”；所谓“衣以表信，法乃印心”（沧浪亭“印心石屋”），法衣作为信物，代代相传；但法是以心传心，令人自悟的。他的理论核心是讲“解脱”，而解脱的最高境界就是达到佛的境界，这个“佛”，已经不是释迦牟尼，而是所谓无牵无挂、无忧无虑、不欲不求、不争不夺、超乎是非荣辱之外的精神麻醉之人，这样的“佛”只有在自己的精神世界里才能实现。故“心外无佛”，无外在的权威；也无“净土”，只有“净心”。修持方法实际上是“修心”，把宗教修证功夫变成为对待生活的态度，它不但不否认人世间的一切，而且把人世间的一切在不妨害其宗教基本教义的前提下，完全肯定下来了。禅宗这一高度思辨化的佛教派别，宋代以后独步释门，成为中国佛教的代表。

唐代僧人怀海（720～814年），俗姓王，福建人。出家后师事慧能高足怀让的弟子马祖道一，研习禅宗，后居新吴（今江西奉新）百丈山，弘扬马祖之说，使马祖一派大振，形成“洪州宗”，世称其为“百丈禅师”。他鉴于慧能南宗推倒一切戒律的提法，

创建禅院，使禅宗、律宗僧徒在生活规则上有所区别，立《禅门规式》，世称《百丈清规》，大意是：长老住方丈（小房间），其余僧众一律住僧堂，睡长连床，斜枕床边，称“带刀睡”；僧众用具都挂在架上；只立法堂，不设佛殿，以示佛祖传授，以当代为尊；朝参夕聚，击木鱼、石磬为号；长老坐堂上，主事僧众雁立侧听；饮食不求精美，劳作与共；有违规章者，轻则罚物，重则罚杖，甚至逐出禅院。天如禅师是禅宗临济宗虎丘派门徒，因此狮子林表现的是禅宗的境界。据元危素的《师子林记》载，元代狮子林的建筑主要有：

> 燕居之室曰“卧云”，传法之堂曰“立雪”……今有“指柏”之轩、“问梅”之阁，盖取马祖、赵州机缘以示其采学。曰“冰壶”之井、“玉鉴”之池，则以水喻其法云。师子峰后结茅为方丈，扁其楣曰“禅窝”，下设禅座，上安七佛像，间列八镜，镜像互摄，以显凡圣交参，使观者有所警悟也。

当年的狮子林体现了禅门清规，今之狮子林虽屡经变异，但依然能看出它所体现的禅宗教义：

其一，“心外无佛”，不设佛殿，无偶像膜拜。泥塑造像与中国原始宗教祠庙同步，寺院在三国时期塑像已经成为定制，据《元代画塑记》称，元时寺院泥塑造像极其盛行，但狮子林既无佛殿，更无造像，反映了禅宗寺院的原色。

其二，“以示其采学”的轩、阁、堂、室名沿用至今。“揖峰指柏轩（图1-14）”，“指柏”，系“赵州机缘”：一僧问赵州从稔禅师：“‘如何是祖师西来意？’师曰：‘庭前柏树子。’曰：‘和尚莫将境示人？’师曰：‘我不将境示人？’曰：‘如何是祖师西来意？’师曰：‘庭前柏树子。’”[①] 和明高启的“人来问不应，笑指庭前柏”诗句一样，“指柏”非为赏柏，而是禅师启发人从眼前之柏中获得“悟”的契机，使人“蓦然心会”、“自识本心”，发现“自家宝藏”。

图1-14　揖峰指柏轩（狮子林）

缘于马祖问梅禅宗公案故事的“问梅阁”：《五灯会元》卷三载，马祖道一禅师的弟子法常，初参马祖道一时，听到马祖说“即心即佛”，当即大悟，于是便到大梅山去作主持，后称大梅法常禅师。马祖听说大梅法常住山后，想了解他领悟的程度，便派一名弟子去问大梅法常，曰：“你住此山，究竟于马祖大

① 宋释普济：《五灯会元》卷四。

师处领悟到什么?”法常说:“马祖大师教我即心即佛。”那弟子说:“马祖大师近日来佛法有变,又说‘非心非佛’。”法常说:“这老汉经常迷惑人,不知要到何日。他说他的‘非心非佛’,我只管‘即心即佛’。”法常从明心见性、我即是佛的禅悟中,由自心自性这一核心出发,已经获得了自我的精神觉醒,领悟到人生的宇宙的永恒真理,已经把握住了自己的生命本性,自足、宁静,能打破偶像与观念的束缚,不受外在世界人事、物境的牵累。所以当那弟子回寺院告诉马祖道一时,马祖道一禅师赞许地对众弟子说:“大众,梅子熟了!”即谓大梅法常对“非心非佛”和“即心即佛”不二之理已经了悟。

寺里和尚传法之所“立雪堂”,取禅宗二祖慧可初次参见菩提达摩的佛家故事。原为寺僧静坐敛心、止息杂虑的禅室“卧云室”等(图1-15)。

图1-15　卧云室(狮子林)

其三,禅宗完全是中国化的佛教,它兼融了中国本土的儒道精神。狮子林也融进大量的儒道文化信息,特别是士大夫文人的审美情趣,如“指柏轩”前加上了“揖峰”二字,取宋朱熹《游百丈山记》中“前揖庐山,一峰独秀”之意,将山石人化,表现了士大夫文人对大自然山石的热爱尊崇之情。在一个匾额中体现了禅、道两种文化精神。

其四,“凡圣交参”。与苏州其他文人园相比,狮子林的“世俗情趣”更浓郁,甚至有“媚俗”之讥。这与寺庙园林的特点有关,寺庙园林往往比私家园林更具有开放性,“人人皆有佛性”和破除戒律等禅宗教义,“无念”、“无相”、“无经”顿悟成佛的三标准,都与世俗生活紧密相连。狮子林大量的狮形假山石峰象征悟道的佛门弟子,还有象征南海观音、达摩一苇渡江的太湖石峰等,向世人宣示佛学渊源(图1-16)。实际上,“自性觉悟”而成“佛”者很少,而自性迷妄的“芸芸众生”却是大多数,他们在没有“悟”道的时候,好似穿行在形如迷宫的假山洞里一样,但也享受到了豁然开朗的最后乐趣。大多数游客欣赏狮子林的这种“物趣”,因而狮子林独享“假山王国”之誉,它石峰奇

图1-16　狮子林假山

巧，状如狮子，特别是洞曲如珠穿，吸引了众多国内外游客，别说孩子们在此乐而忘返，就是文学家赵翼也极赏其奇趣，写有《游狮子林题壁兼寄园主黄云衢诗》。称得上园林专家的乾隆皇帝一连仿建两座狮子林于皇家园林之中，这也属罕见了。

近代英国经验派代表培根在《欧洲哲学史简编》上卷中说：

> 宇宙在人类理智的眼里好像一座迷宫，哪一面都呈现出那么多的歧路，各种事物、各种证象似是而非，各种自然现象杂乱无章，纠缠不清，尽管如此，道路还是必须打通，要依靠感官的那种闪烁不定、时明时暗的亮光，穿过经验的丛林，通过各种特殊现象向前迈进。

狮子林假山恰似象征宇宙人生的一座迷宫。

二、写意咫尺山水园——江南私家园林

建于宅第旁的私家园林，明清时期遍及全国，除了广州地区具有岭南风格的园林外，北方以北京为中心，北京西郊除了皇家园林、寺庙园林以外，私家园林也点缀其间，如澄怀园（今东北义园）、蔚秀园、承泽园、朗润园、勺园（均在今北京大学校园内）、近春园、熙春园（今清华大学内）、一亩园、自得园（在今中央党校内）等，方圆二十余里，鸟语花香。江南私家园林以南京、苏州、扬州、杭州、吴兴、常熟为重点。其中以苏州、扬州最为著称，也最具有代表性。六朝隋唐以降，随着政治、经济、文化重心的南移，富商大贾麇集，文人雅士荟萃，到南宋时期，最终确立了东南地区在全国的文化重心地位，明清以来，更以人文荟萃、经济繁荣著称于世，一度成为全国文化的精华所在。扬州和苏州都是文化古城，在乾隆南巡期间，扬州园林曾盛极一时，瘦西湖至平山堂一带，曾是楼台画舫，十里不断，官僚富商、文人园林星罗棋布，有大小园林百余处，时有“扬州以园亭胜”之说（图 1－17）。扬州地处南北之间，它综合了南北造园的艺术手法，形成了北雄南秀的独特的园林风格。

图 1－17 瘦西湖

地处江南水乡、太湖流域的苏州，宋代就有“苏湖熟，天下足”的谚语，又有“人间天堂”① 之称，

① 宋范成大《吴郡志》：“谚曰：‘天上天堂，地下苏杭’。”江苏古籍出版社 1996 年版，第 660 页。

曹雪芹称苏州阊门是“红尘中一二等风流繁华之地”，在这样的温柔富贵之乡，私家园林集中，造园成为风尚，流行达300年之久。据文献记载，苏州私家园林明代先后有271处，清代共有130处，直到本世纪，苏州尚存大中小园林、庭院169处。故有“江南园林甲天下，苏州园林甲江南”之称。

私家园林的园主大都是退休、辞归或遭受贬谪的大官僚，也有隐逸故里的豪门、士族等，他们大多是富有文化艺术修养的文人，有的还是著名的文学家、诗人、书画家、文物收藏家或鉴赏家，艺术品位极高，也十分注重人格价值。其造园的主导思想是在城市第宅中创一具有山林野趣的艺术化的生活境域，从而获得“不离轩堂而共履闲旷之域，不出城市而共获山林之性”的理想生活境界。宅园内，“因阜垒山，因洼疏池。集宾有堂，眺远有楼有阁，读书有斋，燕寝有馆房，循行往还，登降上下，有廊、榭、亭、台、碕、沜、村柴之属”①，具有精神和物质的双重功能。

明代的宅园布局大抵以一泓池水为中心，池边因阜掇山而以带石土山为主种植竹木，如明代苏州的拙政园，景物有沧浪池、若墅堂、梦隐楼、繁香坞、倚玉轩、小飞虹、芙蓉隈、小沧浪亭、志清处、柳隩、意远台、水花池、净深亭、待霜亭、听松风处、怡颜处、来禽囿、得真亭、珍李坂、玫瑰柴、蔷薇径、桃花沜、湘筠坞、槐雨亭、尔耳轩、竹涧、瑶圃、嘉实亭、玉泉、钓砦、槐幄、芭蕉槛等，以水为主，植物为主要景观，疏置亭台，画面平旷开阔。

苏州艺圃水池“简练开朗，池岸低平，水面集中，无壅塞局促之感，风格自然朴质，有相当的历史价值与艺术价值”②。

至清乾隆初期，始于池边立楼、阁、轩、廊等，错落有致，并有回廊之雏形，如苏州之网师园。网师园以彩霞池为中心，池周筑有濯缨水阁、月到风来亭、竹外一枝轩、看松读画轩、集虚斋等。

再至乾隆中期之后，池山仍承明代规制，临水则楼阁台榭参差错落，池周回廊围绕。宅园的最大特色是“小中见大”，有若自然。

明清以来的掇山艺术臻于炉火纯青，出现了留存至今的掇山艺术典范佳作。如苏州环秀山庄的太湖石假山、苏州耦园的黄石假山、苏州惠荫园的太湖石水假山等，都是不可再生的国宝。

江南园林的园主及设计者，大都为能诗文、善书画的文人。他们将自己的社会理想、宇宙观、审美观、人格价值等精神文化信息纳入这一方方小园之中，借助有限的物质实体组成的空间，构建出精神的无限天地。文人们在营构园林的同时，也在塑造着自我，因而，这些园林洋溢着清香甘冽的书卷味，充满氤氲的文气和文人气息，得自然之道且兼具精神生命的精华。犹如一幅幅立体的南宗文人山水画，似一首首隽永的田

① 清沈德潜:《复园记》。
② 刘敦桢:《苏州古典园林》。

园诗。

明清时期以苏州园林为代表的江南私家园林，其造园意境，达到了自然美、建筑美、绘画美和文学艺术的有机统一，成为融文学、哲学、美学、建筑、雕刻、山水、花木、绘画、书法等艺术于一炉的综合艺术宫殿。它以清雅、高逸的文化格调，成为中国古典园林的正宗代表，成为明清时期皇家园林及王侯贵戚园林效法的艺术范本。

三、“天上人间诸景备”的元明清皇家园林

元明清三代皆于北京建都，北京成为政治文化中心，也就自然成为皇家宫苑及达官贵戚私家园林集中的地方。这些园囿，有的建于城内，与宫殿、住宅相结合，专供饮宴为主，如北京明清西苑三海，是建于城内的最大的风景苑。三海指北海、中海与南海，在明天顺年间，三海连在一起，总称西苑；大多建于郊外，与离宫相结合，作为历代帝皇“避喧听政”、“避暑还凉”的场所，如北京京西的皇家“三山”，即清漪园（即今颐和园前身），以瓮山得名；即澄心园改建的静明园，以玉泉山得名；静宜园，以香山得名。其他如在明李伟的清华园旧址修建的畅春园、圆明园、长春园等以及香山行宫、热河避暑山庄等。

元代的皇家宫苑主要有禁苑、御苑和后苑。禁苑是以金代中都城外琼林苑海子（今北海）及琼华岛为中心，一称上苑。琼华岛上建广寒殿，后又赐名岛上之山为万岁山，水面为太液池，包括范围为今之北海和中南海。御苑在太液池西边隆福宫西侧，附属于宫内。后苑在现北京景山至地安门一带，有长廊与禁苑相通。

明清帝皇宫苑，主要包括它除了继承历代园囿的特点外，又有了新的发展，大致呈如下特色：

使用上的多功能，特别是清代，帝王大都园居成癖；如位于北京西郊的颐和园，是光绪十四年（1887 年），慈禧太后挪用海军军费在被英法联军毁了的原清漪园的废基上重修的，占地 290 公顷，是中国最后一座大型的皇家天然山水园林，慈禧太后曾在这里居住和处理朝政，今颐和园的“仁寿殿”，就是慈禧、光绪在此居住时会见王公大臣的地方。玉澜堂为光绪寝宫，光绪曾在此召见袁世凯，密谈协助变法，戊戌变法失败后，这里成为软禁光绪皇帝的地方。宜芸馆是光绪皇后隆裕居处。颐乐殿为慈禧看戏赏乐之所。乐寿堂是慈禧在园内的寝宫，排云殿为举行庆贺大典之所，1894 年、1904 年两次在此为慈禧举行六旬、七旬的祝寿大典。佛香阁内供接引佛，即阿弥陀佛，为礼佛之所（图 1－18），宝云阁为喇嘛诵经之所。临河殿为观鱼垂钓之处。颐和园后河两岸的买卖街，又称苏州街，有云翰堂、品泉斋、近光楼、三祝斋、吐云号、芳雅斋、可源号、集锦楼、泰来号、辐辏号、通裕号、丰和号、六合号、经纬号、履祥斋、细香铺、怡古斋、妙化斋、福泉楼、芬芳楼、永盛号、同春号、万源号、云汉堂、兰馨楼等。供帝、后妃游览。益寿堂为皇家药房等。可见颐和园具有“宫”和“苑”的双重功能，它集起居、听政、受贺、宴飨、骑射、观剧、礼祖、礼佛、观稼、养蚕等为一园。

以集仿各地名园胜迹于园中作为皇家造景的主导思想，肇始于秦始皇，当年他造阿房宫，曾“写放”六国宫室于一宫，使阿房宫成为博采众长、荟萃了六国精华而又呈现出风格各异、多姿多彩的面貌的宫苑。能诗善画的乾隆皇帝，极其喜欢游览名山胜景和园林，他曾六次下江南，游览了无锡、苏州、杭州、嘉兴以及扬州、镇江等地，被这些地方私家园林的高超的艺术手法所吸引，他将所见江南胜景以及园林重要景观和全国各地的胜景，务让人绘景制图，在设计构思皇家宫苑时模仿、再现名山大川和各地名园的风采，以满足他的占有欲和统治欲。如清漪园（今之颐和园）十七孔桥对联所说：“烟景学潇湘细雨轻航暮屿；晴光总明圣软风新柳春堤。”宝云阁楹联也说：“箬雪溪山吴苑画，潇湘烟雨楚天云。”“潇湘”即湖南，“明圣湖”为杭州西湖古称，联语点出了昆明湖一带的景物布局学习的是杭州西湖、潇湘烟雨和江苏吴苑水乡风光：如二堤、三岛、西堤六桥，是模仿杭州西湖的苏堤六桥，畅观堂的睇佳榭是学西湖的“蕉石鸣琴”，西堤的景明楼仿岳阳楼，南湖岛望蟾阁仿武昌黄鹤楼，谐趣园是模仿无锡的寄畅园，凤凰墩仿无锡的黄埠墩，后湖一带仿苏州水乡，“浮岚暖翠”又酷肖富春江画意，那条苏州街模仿的就是苏州虎丘的山塘街（图1－19、图1－20）。

图1－18　佛香阁（颐和园）

图1－19　苏州山塘街

图1－20　颐和园苏州街

“邵窝本以肖苏门”（乾隆诗歌），仿的是河南苏门山北宋理学家邵雍隐居之所“安乐窝”。又如承德的避暑山庄，借芳甸作蒙古风光；水景移自江南；山居仿泰岱，并建

“广元宫”以象泰山顶上的“碧霞元君庙”；小金山，模仿镇江金山寺的金山亭；烟雨楼则模仿嘉兴南湖的烟雨楼，文津阁是模仿宁波天一阁等。众多的景与题名，都与江南著名园林艺术的景与题名相一致，有的甚至直接套用，如圆明园中的景点题名“平湖秋月”、“三潭印月”、“雷峰夕照”、“狮子林”等等，用的就是苏杭的园林题名或景点题名。

特定的建筑布局形式，既显示出囊括海内的皇家气派，又轻快活泼，一破宫廷建筑的沉闷，却又采取宫式做法。特别是有清一代，所建园林不仅数量多，而且园林艺术装饰豪华、建筑尺度大、庄严。被称为“万园之园”的圆明园，历经清代的康熙、雍正、乾隆、嘉庆、道光、咸丰六朝达150年的惨淡经营方始建成。园中是在平地挖湖堆山，以“九洲”寓意中国的版图，其“规模之宏敞，丘壑之幽深，风土草木之清佳，高楼邃室之具备，亦可观止”①，王闿运《圆明园词》所说：“谁道江南风景佳，移天缩地在君怀。”空前绝后、世界上无与伦比的园林艺术杰作。法国大文学家雨果用诗一样的美丽的语言赞美它：

> 一个近乎超人的民族所能幻想到的一切都荟集于圆明园。圆明园是规模巨大的幻想的原型，如果幻想也可能有原型的话，只要想像出一种无法描绘的建筑物，一种如同月宫似的仙境，那就是圆明园。假如有一座集人类想像力之大成的灿烂宝窟，以宫殿庙宇的形象出现，那就是圆明园。

欧洲的传教士称它为“神仙宫阙”（1747年《传教士书简》），与法国的凡尔赛宫合称为世界园林史上的两大奇迹。避暑山庄的地形地貌恰如中国的版图缩影：西北高、东南低，巍巍高山雄踞于西，具有蒙古牧原的“试马埭”守北，具有江南秀色的湖区安排在东南。

规模宏大的皇家园林根据各园的地形特点还将全园分为若干景区，每区再布置各种不同趣味的风景点，形成许多的园中园，空间组合十分丰富多变。如静明园48景，避暑山庄康熙时36景、乾隆时36景，圆明园40景等，每景都有点景的题名。避暑山庄占地总面积约564万平方米，为颐和园的两倍，是我国最大的皇家宫苑，位于河北省承德市的北部。那里群山环抱，地势高峻，武烈河蜿蜒流淌，景色优美，气候宜人。山庄分为四个部分：宫区、湖区、平原区和山区。每个部分又分若干个景点，如山庄南部的宫区，有正宫、松鹤斋、万壑松风、东宫四组建筑，为清代皇帝起居和处理政务的地方：“澹泊敬诚殿”为避暑正殿，是皇帝举行朝贺仪式之所；“四知书屋”，皇帝曾在此召见少数民族首领；“烟波致爽殿”，为皇帝的寝宫，这里纤尘不到，积雾全空，爽朗清凉；“云山胜地”，可以俯瞰群峰，夕霭朝岚，顷刻变化，不可名状。宫区之北的湖

① 清乾隆：《圆明园图咏》。

区，水光潋滟，洲岛错落花木扶疏，俨然一派江南景色，湖面上布有月色江声、如意洲、青莲岛、清舒山馆、文园狮子林等十几个大小不同、形状各异的洲岛，各岛之间以桥堤相连。湖区之北为平原区，绿草如茵，麋鹿成群，大有“风吹草低见牛羊”的牧区情趣。万树园就是当年的赛马场。平原区西边，是皇帝的藏书阁“文津阁”。西、北两面是连绵起伏的山峦，“锤峰落照”、“四面云山”、“南山积雪”、“北枕双峰”四座亭子，高踞于四座峰巅之上，登亭而望，可见到宏伟壮丽的外八庙（图1－21）。

主景山以土山为主，适当点缀山石，形成山峦涧壑的起伏蜿蜒，并常常采用假山与真山结合的办法，即在自然山水的基础上加工改造，只在一些园中之园的小范围内使用一些石山。现存最大的皇家园林避暑山庄，建于塞外的承德，清初，只是帝王们狩猎途中的一座行宫，康熙四十年（1701年）开始营建大型的离宫别馆，至乾隆时，在山峦连绵起伏、松林苍郁的自然山地，建成了这座规模宏大的宫苑。皇家园林将人间胜境、天上仙苑、须弥灵境，囊括殆尽，确实是“天上人间诸景备，洋洋洒洒一大观”①。

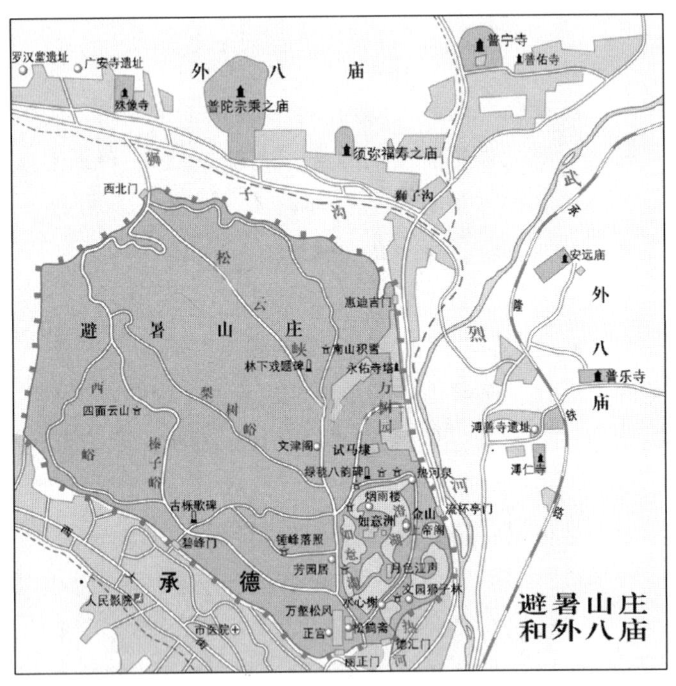

图1－21 承德避暑山庄和外八庙图

四、中国园林艺术理论的发展

能吟诗、能作画、能作文，并能造园的人，并不自明始。事实上，集南北朝文学大成的庾信的《小园赋》就有关于文人写意园的比较具体的构想，盛唐诗人、画家王维的辋川别业和20首《辋川诗》，用情景交融的诗歌，写出了他对园居生活的特殊感受，

① 清黄周星：《将就园记》。

从中我们看出了自然式的山庄别墅的基本风貌，中唐大诗人白居易的庐山草堂和他的《庐山草堂记》开始详细地记载了所造园林的地理位置、周边环境、建筑面貌以及园居心情等，晚唐司空图筑“休休亭”，出现了主题园的萌芽，到北宋时期，大量的主题园出现了，如苏舜钦的《沧浪亭记》，就将筑园的经过、园名的来由、园林环境及植物配置等作了叙写，是一篇理论与园林实体相结合的作品。可见，不仅所造园林均出自自己的目营心匠，不待假手他人，而且，在他们的诗歌散文之中，涉及到了对我国造园艺术的论述和许多精辟的见解。宋代已经出现了对园林物质性建构中某些重要元素的理论品评著作，如杜绾的《云林石谱》，重点介绍园庭鉴赏的岩石以及制砚台、制造各种用器珍品、文物等的石头，描述石头的大概形状、颜色、声音、硬度、文理、光泽、品形、磁性、透明度、吸湿性、风化作用等。书中记载的可以作假山的比较纯的石灰岩类近20种。宋刘蒙的《菊谱》，是历来关于菊花专谱的开山作，内容重在品评菊花，所记共讲了135种菊花的形色和其产地。元明清时期，随着造园活动的全面展开，出现了一批著名的造园理论家与建筑家，他们又都是书画艺术家。与造园有关的著作大量出现了，有的是造园的专门理论著作，也有一些精辟的造园理论散见于笔记、小说之中。特别是明后期文人，讲究怡情养性，对居住环境的布置、居室的美化、观赏植物的栽培以及艺术鉴赏、园林艺术美的见解等往往有所论述。

植物专谱出现得很早，如晋代的戴凯之最早撰写竹子的专书《竹谱》，记述了70多种竹子和它们的性状；元时有刘美之的《续竹谱》、李衎《竹谱详录》等。宋刘蒙始为菊花写专谱，至明末王象晋的《群芳谱》，分了12种谱，其中有“茶竹谱”、“木谱”、“花谱”、“卉部”等都与园林花木有关；康熙皇帝曾按此增改成《广群芳谱》，蔚为大观。高濂的《遵生八笺》（图1－22）中《燕闲情清赏笺》中有《瓶花》及《四时花纪》；《起居安乐笺》中有《序古名论》、《居处建置》、《高子花榭诠评》、《草花三品说》、《盆景说》，《四时花纪》中就记述描写了128种花木，记录了作者亲眼见到的可作观赏的盆种树木22种，还把牡丹、芍药、菊花、兰花和竹另辟篇章记述，合称“花竹五谱”；计成的《园冶》，林有麟的《素园石谱》，陆绍珩（一曰明人陈继儒撰）《醉古堂剑扫》（一名《小窗幽记》共分十二部，内容涵盖了立德、修身、读书、为学、立业等诸多人生话题，以景韵两部与造园关系较深），孙知伯（绍吴散人）的《培花奥诀录》（别墅、园花），王世懋的《学圃杂疏》（花、果、竹三疏）及清初陈淏子的《花镜》，李渔的《一家言》（居室、器玩两部都与园林有关），高士奇的《北墅抱瓮录》，钱泳的《履园丛话》（园林部分），张潮的《幽梦影》（图1－23）等皆为一代名著。另外，程羽文《清闲供》、费元禄的《晁采馆清课》、沈仕《林下盟》、陈继儒《岩栖幽事》、邹迪光的《愚公谷乘》、钟惺的《梅花墅记》以及公安三袁、屠隆、郑板桥、袁枚、曹雪芹、沈复、乾隆等均有精辟的造园理论。明清时期，还出现了一批园记文集，颇多理论色彩，如明田汝成的《西湖游览志》、王世贞的《游金陵诸园记》、《娄东园林志》、张岱的《西湖梦寻》、《陶庵梦忆》、刘侗的《帝京景物略》等；清李斗的《扬州

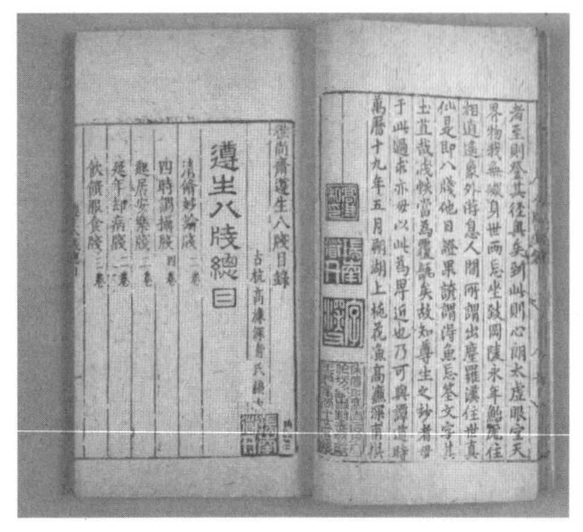

图1-22　高濂《遵生八笺》书影

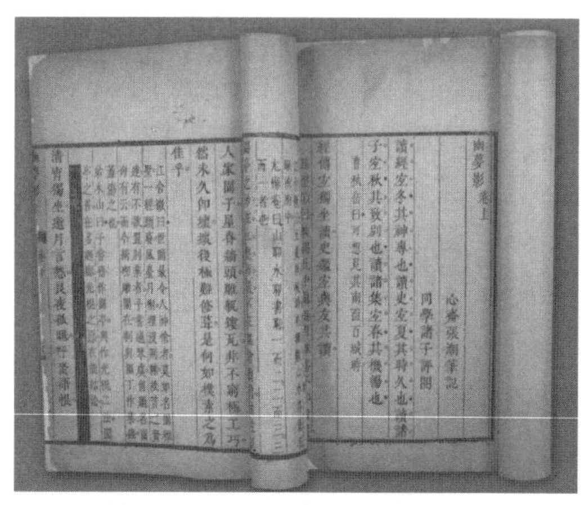

图1-23　张潮《幽梦影》书影

画舫录》、钱咏的《履园丛话》等。其中，就造园问题作综合及系统的叙述的尤以《园冶》、《长物志》、《花镜》等三种最著。

明代末年苏州吴江的计成所作的《园冶》，为古代最完整的一部园林学专著，它科学系统地总结并阐述了当时造园经验。计成，号无否。他从小就爱好游历名山胜水，受过严格的山水画的训练，有很高的绘画素养。中年后，业游已倦，少有林下风趣，逃名丘壑中，久资园林，以其卓越的造园艺术，奔走四方，从事造园艺术实践。他所掇假山，"睹观者俱称'俨然佳山也'遂播闻于远近"①。造的园富有诗意，游之若荆浩、关仝的山水画，饮誉江南。郑元勋赞曰："宇内不少名流韵士，小筑游卧"，只要经他略加区划，便"别具幽灵"，"更能指挥运斤，使顽者巧，滞者通"。晚年写下了我国园林艺术史上的一部重要论著《园冶》。《园冶》共分三卷，一卷分兴造论、园说、相地、立基、屋宇、装折四篇；二卷记栏杆；三卷分门窗、墙垣、铺地、掇山、选石、借景六篇。论述了造园意义及造园艺术，对造园立意构思、山水造景、施工所应取舍之道，也都分别指陈，并有插图235张，既有理论又具有实践指导意义，其所论述的造园与建筑各种理论及其形式，迄今仍为世界科学家所重视，而乐于援用，日本造园界名之为《夺天工》，对此书十分推崇，尊之为世界造园学最古的名著。

明代书、诗、画三绝的文徵明曾孙文震亨，是位具有崇高民族气节的名士，对文学、书画、音乐均有很高的素养，也是位享有盛誉的造园名家。所著《长物志》十二卷。论述了我国古典园林的艺术特色和风格，是将文学意境、山水画的原理运用于造园艺术设计的典范之作。"长物"的命名，取《世说新语》中王恭的故事，含有"身外余物"之意。如明能诗善书画的沈春泽在《序》中所说的：

① 明计成：《园冶·自序》，中国建筑工业出版社，1988年，第42页。

> 夫标榜林壑，品题酒茗，收藏位置图史、杯铛之属，于世为闲事，于身为长物，而品人者，于此观韵焉，才与情焉……室庐有制，贵其爽而倩、古而洁也；花木、水石、禽鱼有经，贵其秀而远、宜而趣也；书画有目，贵其奇而逸、而永也；几榻有度，器具有式，位置有定，贵其精而便、简而裁、巧而自然也；衣饰有王、谢之风，舟车有武陵蜀道之想，蔬果有仙家瓜枣之味，香茗有荀令、玉川之癖，贵其幽而暗、而可思也。

书中叙述“约而能赅，涉及的范围之广，在古代著述中，尤为突出”①，陈从周先生在陈植的《长物志校注·序》中说：“范围极广，自园林兴建，旁及花草树木、鸟兽虫鱼、金石书画、服饰器皿，识别名物，通彻雅俗。以其家有名园，日涉成趣，微言托意，无不出自性灵，非耳食者所能知。”所论涉及园林构成的主要材料、园林内部的陈设器物，或为其形式、材料、色彩、精粗这些“造园美”构成的综合因素。“其中关于材料的配合，景物的塑造，由于文氏具有艺术素养，才能匠心独运，运用自如，而使幽美景色，跃然纸上”②，是一部古代造园艺术的重要文献。文氏家有名园“香草垞”，是他造园理论的实践，那是就苏州高师巷冯氏废园改建，据记载，其园结构殊绝，题榜纷罗，如“四婵娟堂”、“绣铗堂”、“笼鹅阁”、“斜月廊”、“众香廊”、“啸台”、“玉局斋”诸称尤著。他若乔柯、奇石、方池、曲沼、鹤栖、鹿柴、鱼床、燕幕、纤筠、弱草、盎峰、盆卉等景物，都无不锡以嘉名，当时被誉为“尘世中少有的名胜”。今可见者有其兄文震孟“药圃”（今名艺圃）的庭园建筑及西花园内之山池布局，尚可领略其治园意境。

清初陈淏子的《花镜》，为宝贵的园艺专著。陈又名扶摇，号西湖花隐翁，明亡后隐居田园。本书记载花月历、艺花技巧、庭院布置设计、季节配置及盆花、瓶花应用、园林植物的栽培利用，还附述了45种禽、兽、鱼、龟、蟾蜍、蛙、虫的饲养法等，颇有实用和研究价值。如卷二“种植位置法”中，从种植设计角度，对园林规划作了精要的论述，并强调指出庭园绿化，要结合植物的生物学特性和植物学特性、色相的配合进行设计，如在《课花十八法之一 辨花性情法》中指出：“如朱草应月而生，日长一叶，月半即落，谓之蓂荚。梧叶随年而长，每枝十二，立秋解一，谓之知秋。黄杨木遇闰月反短，谓之厄闰。梧桐叶遇闰月独多，谓之增闰。蔓草皆左旋，顺天则左旋也。凡花皆五出，法地之属五也。”《课花十八法之二：种植位置法》：“如牡丹、芍药之姿艳，宜玉砌雕台，佐以嶙峋怪石，修篁远映。梅花、蜡瓣（此指蜡梅）之标清，宜疏篱竹坞，曲栏暖阁，红白间植，古杆横施。水仙、瓦兰之品逸，宜磁斗绮石，置之卧室幽牕，可以朝夕领其芳馥。桃花夭冶，宜别墅山隈，小桥溪畔，横参翠柳，斜映明霞。杏

① 陈植：《长物志校注自序》。
② 陈植：《长物志校注自序》。

花繁灼，宜屋角墙头，疏林广榭。梨之韵，李之洁，宜闲廷旷圃，朝晖夕蔼；或泛醇醪，供清茗以廷佳客……”基本概括了古典园林的景境意匠在植物配置上的传统美学思想和实践经验，故问世后即受推重，并传至日本。、

清初著名的戏剧家和园林家李渔《闲情偶寄·一家言》中“居室”、“器玩”两部，对园林审美特点进行了研究，主张构园、造亭要自出手眼，不落窠臼。其中“尺幅窗”、“无心画”的创构，把《园冶》中的“借景”从理论和实践上加以深化和发展；“器玩部”利用门窗的灵活装折，提出统一规格经常互换，以至变建筑室内环境的“贵活变”思想，可谓先人所未家的妙想。书中还对联匾制作以及品石、叠山、借景、框景等造园艺术，提出种种妙构，皆匠心独运、见解独到。而且，有实践意义，如尤侗序文所言：“笠翁乃不徒托之空言，遂已演为本事。家居长干，山楼水阁，药栏花砌，辄引人入胜地。”是一部园林理论的力作。

建筑艺术的发展也达到登峰造极，但由于建筑技术，在我国素称“匠学”，为士大夫所不齿，且建筑技术本身，日臻繁复，非受实际训练、毕生役其事者，无能为力，非若其他文艺，为士人子弟茶余酒后所得而兼也。然匠人每暗于文字，故赖口授实习，传其衣钵，而不重书籍。宋前，有春秋末年的《考工记》，反映了春秋时期王城的规划思想、版筑、道路、门墙、宫室内部的标准尺度及工程测量技术等，属于工程技术类著作。宋清两朝各刊一部建筑学著作：宋代书画兼长的李诫，为宋徽宗朝的将作少监，他所作的《营造法式》，是政府为管理宫室、坛庙、官署、府第等建筑而颁布的规范，体现了当时的建筑技术和艺术水平；清工部刊印的《工程做法则例》，属于工艺制作之书。

造园理论著作的大量出现，说明了造园已经从实践升华到理论的高度，代表了中国园林艺术的高度成熟。

清廷自嘉庆以后，日渐衰落，在镇压了太平天国以后，统治阶级为了粉饰太平，追求腐朽的生活，才又出现了一次畸形的造园高潮，如清廷的二修颐和园，江南出现了重修或新建大批私园，以苏州为例，重修和新建的有留园、怡园、补园、耦园、听枫园、残粒园等大小园林一百多处，但已经是强弩之末，此后，随着上海开埠，以运河为交通骨干的内陆市场转化为以海洋为主动脉的超内陆市场，苏州经济发展停滞，经济重心随之转移，大多数的工人、商人移居上海。苏州许多园林毁于战火，园主之裔孙亦无力重修，苏州古代造园史至此画上句号。新中国成立以后，整修了一大批园林，但由于政治的、经济的原因，许多园林或自然倾圮，或被机关、学校、工厂占用，遭到建设性的破坏，或废为民居，幸存至今的已经十不存一，也大多为明、清两代的作品，而且主要是清代所建或经过清代、解放后整修了的园林，带有某些无法拂去的与原作不协调的成分，已非原汁原味，无法充分反映我国古典园林艺术的全貌，但就这些珍贵文物，就足以令中国人自豪、令海外友人惊叹。

小　结

中国园林从幻想中神仙居住在地下的仙岛神山，到殷商模仿仙岛神山的丘台、囿圃，就已经在娱神的灵光下，统治者过起了人间“活神仙”的生活；周人重视现实，不过要借助“神”的灵雾以神化其统治；秦汉的“神仙”已经不再在冥想中或者在灵雾中隐现，而是在地下，是“皇帝”本身，他们居住在“象天法地”的宫苑里；诞生于南北朝的文人园林，将个人的情思意韵写入园中，并逐渐成为诗画艺术载体，在艺术上成为中国古典园林的正宗代表。园林创作，从利用天然形胜到仿写自然美，继而掌握自然美，又由掌握自然美到提炼自然美，进而典型化，达到巧夺天工；从欣赏单纯的自然美或欣赏自然界动物活动、以满足感官愉悦为主要目的，到欣赏意境美；从重视园林铺陈排比、庞大体量、直露无遗，到重视园林的虚实藏露、周回曲折、小中见大、空灵剔透；从崇尚豪华巨丽到追求雅淡素朴，中国古典园林艺术的发展随着人们审美意识的发展，不断地由低级到高级，逐步发展成为写意山水园林。林林总总的中国古典园林风格体系的构建，始终育化在传统文化的整体精神背景之中。

第二章 中国园林艺术创作论

中国园林景境，不是客观的自然界，而是主观化了的艺术品，它的创作，也如诗文、写意画的创作一样，要深在思致，妙在情趣，高在意境，但它是在三度空间里写作诗文，所以，园林的艺术创作包括艺术构思和施工建造两层意义，而以前者为主。我国从秦汉时期开始，就改变了过去单纯利用天然山水的方式，而采用构石为山，以人工造园为主；到中唐至宋代随着自然山水写意园的出现，写意式的假山真水成为造园的主要方式，构思就成为主导的方面，而施工建造则退居其次了。中国古代没有西方一样的专职建筑师，由于园林追求诗画艺术意境，所以，诗画艺术家就与中国园林结缘，成为构园的“主人”。园林的设计构思，包括对山水、植物、建筑等物质性建构的处理；框景、障景、虚实、疏密等技巧的选择；曲折、平直、繁杂、单纯、规则、自由等结构组织；高雅、通俗、入世、出世、崇高、神圣、富有、清贫等立意的确立以及园林风格因时因地的选择等。下面，我们就相地立意以及构园的四要素即山、水、建筑、植物的设计构思作为重点，兼及其他构园要素进行一些艺术探讨。

第一节 相地合宜，意在笔先

中国古典园林创作的第一步是勘测和选择园址，即“相地”，包括地理位置、交通、地形、地质、土壤、水文、山石、林木、朝向、周围建筑及人文景观、环境卫生、对景与借景条件等；然后进行设计，也就是“立意”。计成《园冶》把《相地》篇置于卷首，主张“相地合宜，构园得体”、“得景随形”。“意在笔先”，本是传统画论用语，《山水论》云：“凡画山水，意在笔先。”言艺术创作构思应在下笔之前，中国园林艺术属于诗画艺术载体，是立体的画、凝固的诗，它的营构与诗画创作一样，“物情所逗，目寄心期，似意在笔先，庶几描写之尽哉”①，造园的布局一定要先有全局构思，胸有成竹，才能达到“心期”的目的，“尽”其善美。

---

① 明计成：《园冶·借景》，中国建筑工业出版社，1988 年，第 247 页。

一、"殊有识鉴"的"能主之人"

中国园林，大都出乎文人、画家与匠工之合作，"其佳者，善于因地制宜，师法自然，并吸取传统绘画与园林手法之优点，自出机杼，创造各种新意境，使游者如观黄公望《富春山图卷》，佳山妙水，层出不穷。"[①] 构园之优劣，首先取决于参与造园设计的人的水平之高低[②]。《园冶》指出：

> 世之兴造，专主鸠匠，独不闻"三分匠、七分主人"之谚乎？非主人也，能主之人也……第园筑之主，犹须什九，而匠用什一……"

计成认为，一般的建筑兴造，设计师（能主之人）的作用要占十分之七；而建造园林，则设计师的作用要占到十分之九。"能主之人"指的是园林的设计者。寻找思想艺术境界高、胸有丘壑之人因地制宜地设计规划，这是造园要义，他们才能别具匠心地结构景点、品评色物、领略山水真趣，才能将中国传统的诗画意境溶贯于园林的布局和造景之中，以表现高雅的生活意趣和审美理想，而品格不高、才艺不精的人，就很难有佳构杰作。中国古代自魏晋盛行士人人格品藻以来，元朝以后作为品评艺术的标准，诸如诗品、画品、书品、棋品等。明钟惺在《梅花墅记》中谈到了人的个性、禀赋、修养不同，所筑园林风貌也会各不相同："闲者静于观取，慧者灵于部署，达者精于承受，待其人而已。"清代李渔论造园艺术与园林主人的关系更是如影随形："主人雅而喜工，则工且雅者至矣；主人俗而容拙，则拙而俗者来矣……一花一石，位置得宜，主人神情已见乎此矣，奚俟察言观貌，而后识别其人哉?"[③] 中国古典园林佳作的设计者，大多是诗、书、画兼工的文人雅士，著名的造园艺术大师都是工诗画艺术的。

构建中国文人山水园的"能主之人"往往是园主本人以及他延请的画家、造园艺术家。中国园林史上著名的私家文人山水园和皇家园林的设计者都非庸凡之人：

有的园主本人，就是著名的艺术家、文学家。如唐代于蓝田辋川山谷筑蓝田山庄的诗人宋之问，与沈佺期创"沈宋体"，"研炼精切，稳顺声势"[④]，完成了律诗的体制，扩大了律诗的影响。唐山水田园诗人王维，多才多艺，既为南宗文人画之祖，又精通音乐，他在宋之问辋川别墅的基础上，按画意，将自然地形重加整理和点缀成具有诗情画意的文人山水园，成为后人仿效的典范作品。他还以黄瓷斗贮兰蓄养以绮石，开文人与盆景结缘的先河。中唐大诗人白居易，性爱山水园林，嗜好山石，并对蟠扎、组景、叠山、铺苔等盆景艺术别具慧眼和匠心。在他的诗文、园记以及编辑的《白氏六帖》里，

---

① 刘敦桢：《江南园林志》，第1页。

② 明计成：《园冶·兴造论》，第47页。

③ 清李渔：《闲情偶寄·居室部·山石》，作家出版社1996年，第216页。

④ 唐元稹：《唐故工部员外郎杜君墓志铭》。

均有精到的造园理论。并将这些理论融贯到他自己选择地址所建的“庐山草堂”和履道里宅园中。宋代诗人苏舜钦所筑沧浪亭，虽然屡经兴废，原貌有所变化，特别是清宋荦重修沧浪亭，实际上改建了沧浪亭，变更了苏舜钦濯缨濯足隐逸尘外的主题，但因为宋荦对苏舜钦深怀敬仰之心，“我辈凭吊古迹，履其地则思其人，思其人则必慨想其生平，求其文章词翰，以仿佛其万一”①，欣羡苏舜钦“轻舟野服恣啸傲，援琴命酒乐静便”，更向往“长史作歌欧公赋，金钟大镛声相宜”，为了“斯亭遂与人不朽”②，他主持重修沧浪亭，复构亭于土阜之颠，并筑观鱼处、自胜轩、步碕廊等数处，其名多取自舜钦诗文中。可见，苏舜钦的“诗魂”依然是今天沧浪亭的“园魂”。

司马光是北宋著名的史学家、文学家，所筑“独乐园”，既适宜居住，又有幽雅秀美的景致游赏，张家骥先生认为它“标志着园林日益与园主家庭生活结合，后发展为明清时代住宅组成部分的私家园林”③。据司马光自己说：“迂叟平日多处堂中读书，上师圣人，下友群贤，窥仁义之原，探礼乐之绪。”④ 仅限于书房“读书堂”，没有谈到有住宅。宋代园林宅园并不多见，苏舜钦虽然说“家有园林，珍花奇石，曲池高台，鱼鸟留连，不觉日暮”⑤，但在沧浪亭中没有住宅，他在“郡中假回车院以居之”⑥，回车院在苏州皋桥，苏舜钦“时榜小舟，幅巾以往，至则洒然忘其归。觞而浩歌，踞而仰啸，野老不至，鱼鸟共乐”⑦。

北宋筑“梦溪园”的沈括，不仅是著名的科学家，也是一位文学家。“元四家”之一的大画家倪云林，亦工诗曲，一生不愿意做官，流连于山光水色，他散巨款广造园林，诸如清閟阁、云林草堂、朱阳馆、萧闲馆等，以清閟阁最富盛名，阁前植梧桐，四周环列奇石，辅以平冈残阜，疏林瘦竹，疏淡简朴，与其清远萧散的画风相类，对明清叠山家张琏、戈裕良影响很大。明清时期园林鼎盛，文学艺术家造园者更多，如明代文学家王世贞，喜好林泉庭园，写有大量园记，自己在太仓城里建“弇山园”，为东南名园之首。同时和他弟弟一起，构园多达十余处。中国四大名园之一的苏州拙政园，主人是明代嘉靖时的御史王献臣，不仅为官古直，不阿法，敢于抗中贵，时有“奇士”之称，而且还是位博学能诗文的学者型人物。明万历进士王心一，书画皆极精妙，山水仿元四家之一的黄公望，书法学苏轼。他在拙政园东部筑“归田园居”，并亲自绘有《归田园居》卷轴，自撰《归田园居记》和诗歌，从中可以知道该园之营构布局，皆出于其手。苏州的艺圃（原名药圃），是文徵明的两位曾孙文震孟和文震亨的杰构，他俩都是书画艺术家，文震孟为天启状元，“书迹遍天下，一时碑版署额，与待诏（文徵明）

---

① 清宋荦：《苏子美文集序》见《苏舜钦集编年校注》，成都：巴蜀书社，1990 年 800 页。
② 清宋荦：《沧浪亭用欧阳公韵》。
③ 张家骥：《中国园林艺术大辞典》，山西教育出版社 1997 年版，第 115 页。
④ 引自司马光《独乐园记》，见《园综》第 50 页。同济大学出版社，2005 年版。
⑤ 宋苏舜钦：《答韩持国书》，苏舜钦集编年校注，成都：巴蜀书社，1990 年第 617 页。
⑥ 宋苏舜钦：《答范资政》，《苏舜钦集编年校注》，第 622 页。
⑦ 宋苏舜钦：《沧浪亭记》。

埒”。其弟文震亨还是一位颇享盛誉的造园名家。艺圃的庭院建构和西花园内的山池布局，今天还能看出他们当年营构时的匠心。清代文学家袁枚所构“随园”也是一座名扬东南的山麓园林。清末苏州的怡园园主顾文彬，颇工书法，又喜词章，他的艺术品位很高，所藏书画名迹称誉海内，他将其编刻成《过云楼藏帖》，为清代著名集帖之一。其子顾承是画家，参与规划。他为了掇园中假山，自己曾宿于苏州的耕荫义庄（即今环秀山庄）者数旬，心追手摩见[①]；园中各景点的匾额对联，都是他亲自从宋金元词中辑出后集成的，并编有《眉绿楼词联》。有的园主本人就是集文学艺术家、造园理论家与工艺家于一身的，典型的是清初的李渔，他是戏曲理论家、作家，又兼工造园。他在北京弓弦胡同，利用半亩之地自营“伊园”别业，所叠假山号为京城之冠。晚年又自筑芥子园。

艺术素养很高的帝王本人，往往也是皇家园林的设计者。宋代艮岳的设计，就是宋徽宗亲自主持营造的。宋徽宗是失败的政治家，却是一个多才多艺的艺术家，他书画皆精：书法学黄庭坚，后自成一法，自号“瘦金书”；擅长花鸟画，受黄派画家和吴元瑜的影响很深。他建设画院，并命人编撰《宣和书谱》、《宣和画谱》，亲自描绘奇花异鸟，编成《宣和睿览集》。汤垕《画鉴》称：“性嗜图画，作花鸟、山石、人物，入妙品，作墨花竹石，间有入神品者，历代帝王能画者，至徽宗可谓尽意。”清代乾隆皇帝，喜诗词，一生写有41000多首诗，也善书法，在造园艺术方面有很高的修养。凡建园他都亲自参与规划，他所写的各园记中，不乏真知卓见。如在造园思想方法上，他提出“略仿其意，就天然之势，不舍己之所长”[②]。吸收自然山水中寺庙园林化的经验和特点，“金山屋包山，焦山山包屋”，认为“包屋未免俭，包山未免俗”[③]，提出园苑大规模造山“因山构室，其趣恒佳”[④]的创见。在园林建筑的布局方面，他提出“峰头岭腹凡可以占山川之秀，供揽结之奇者，为亭、为轩、为庐、为广、为舫室、为蜗寮，自四柱以至数楹，添置若干区，非创也，盖因也”[⑤]，这些精辟之论，不仅具有造园学理论上的价值，而且有其实践上的意义。乾隆可称为园林艺术家。

为园主设计或帮助设计园林的著名画家，当然也是“主人”。如前面提到的苏州怡园的设计，具体负责规划的是园主之子画家顾承，他邀请了画友任阜长、王云、范云泉、顾若波、程庭鹭等一起研讨，再拟出画稿，这些画家都是工诗能文，既善山水，又精花鸟。苏州吴江的退思园，是著名的贴水园，充满了雅逸不俗的书卷气，构画此园的是吴江同里镇的著名画家袁龙，字东篱，他工诗词，擅书画，澹泊宁静，时号“隐君

① 清顾颉刚：《苏州史志笔记》。
② 清乾隆：《惠山八景诗序》。
③ 清乾隆：《清可轩诗》。
④ 清乾隆：《塔山西面记》。
⑤ 清乾隆：《静宜园记》。

子”。至今园内尚有“东篱遗构》墙门(图2－1)。

图2－1 东篱遗构（退思园）

参与品评修改园林的一些园主的文友，也在一定程度上尽了“主人”之力。文人园建成之后，园主每每设文酒之会，畅聚名流，纵其品评鉴赏，品评之后，就会有所拆改。据载，明代末年，文学家、画家王时敏的乐郊园，是张南垣所造，曾先后拆改了四次。

中国造园史上出现的造园名家，大都能诗善画，又身怀绝技，能以画意叠山造园，他们也可以称为。如与计成同时的造园艺术家，则有明遗臣朱舜水、明之朱三松、周秉忠等。清钱泳在《履园丛话》中说：“堆山者，国初（清代初叶）以张南垣为最。康熙中有石涛和尚，其后有仇好石、董道士、王天於、张国泰，皆为妙手。近有戈裕良者，常州人，其堆法尤胜于诸家。”张南垣父子的作品在苏州附近最多。常熟钱谦益的拂水山庄、太仓王时敏的乐郊园、吴伟业的梅村、太仓王世贞的弇园，都是张南垣的手笔；洞庭东山席本桢的东园假山是张南垣、张然父子合作所造。张然后来在东山造了依绿园和许氏园、席氏园，为汪琬在尧峰山庄造假山。又于康熙时代供奉内廷成为皇家园林的总园林师。张氏所构园林山水，以接近自然为极致，以少胜多，寓大山之势于园中局部水石之中，创写意式山林造景法。《明史·张南垣传》载其造园意匠：

> 且人之好山水者，其会心正不在远，于是为平冈小坂，陵阜逶迤，然后错之以名，缭以短垣，翳以密筱，若是平奇峰绝嶂，累累乎墙外而人或见之也，其石脉之奔注，伏而起，突而怒，犬牙错互，决林莽，犯轩楹而不去，若似乎处大山之麓，截流断谷，私此数石为吾有也。方塘石洫，易以曲岸回沙，邃闼雕楹，改为青扉白屋，树取其不雕者，松杉桧栝杂植成林；石取其易致者，太湖尧峰，随宜布置，有林泉之美，无登涉之劳。

戈裕良是张南垣之后的又一出类拔萃的造园叠山大师，他在吸收张南垣叠山艺术精华的基础上，又创造出自己的特点，运用环桥法将大小石钩带联络，如真山洞壑一般。苏州环秀山庄假山是他的杰作，被誉为“神品”而独步江南；常熟燕园的黄石假山也以峻险清奇著称。见于文字记载的还有扬州意园小盘谷、如皋皋园假山等，苏州山塘街斟酌桥旁的一榭园、南京的五松园、五亩园、常州的西圃、仪征的朴园等处。陈从周教授在《中国园林》中称：“董道士、戈裕良等人，继承了计成、石涛诸人的遗规，并在此基础上得到更大的发展……体现了石涛所谓‘峰与皴合，皴自峰生’的画理。”除了以上诸人外，还有叶洮、姚蔚池、谷丽成等人，类皆丘壑在胸，借成众手，只可惜没有成书罢了。

还有如明代上海人张南阳，善用画家手法叠假山，随地赋形，万山重叠，变化神奇，大小假山，一经他的点缀，便成奇观，“峰峦岩洞，岭巇溪谷，陂坂梯磴，具体而微”①。陈所蕴《日涉园记》讲到的叠山师曹谅，技艺可抗衡张南阳，“玲珑透彻或谓过之”，他的布石小品，“疏疏莽莽，不减云林道人一幅小景”，亦为奇观。为明代苏州东园（今留园）和苏州惠荫园叠假山的周秉忠，是个制瓷家、雕塑家和画家，巧思过人，所叠东园假山，“高三丈，阔可二十丈，玲珑峭削，如一幅横披山水画”②，惠荫园的“小林屋”水假山，也颇享誉。上海西北郊嘉定区南翔古猗园，出于明代工艺家兼造园家朱稚征（字三松）精心设计布画，园名取《诗经》“绿竹猗猗”的意境。朱稚征是明代的工艺家，兼工叠石造园，他是嘉定派竹刻创始人，竹刻技艺臻妙，与其祖鹤、父缨合称“嘉定三朱”，擅长绘画，尤其善于画远山淡石、丛竹枯木。其竹刻承传家法，技艺臻妙。朱三松以“十亩之园”的规模，遍植绿竹，内筑亭、台、楼、阁、榭、立柱、椽子、长廊上无不刻着千姿百态竹景，生动典雅（图2－2）。

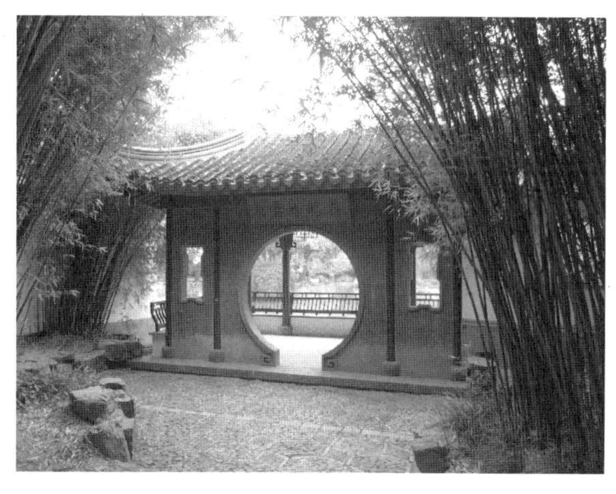

图2－2 荷风竹露亭（古猗园）

明代杭州叠山名手陆叠山，他“堆垛峰峦，拗折涧壑，绝有天巧”③。

中国古典园林，既具有巧夺天工、令人叹为观止的景观，又充满了诗画情韵，味之不尽，就因为构园者都堪称“能主之人”，而能工巧匠们又有不少是工艺大师，如前文所述的香山帮鼻祖，被称“蒯鲁班”的蒯祥等。

二、相地合宜

“相地”是构园的第一步，“相地合宜”为造园艺术创作的基本原则：

一善于选择园林的地址，再根据园址的地理形势，因地制宜，“如方如圆，似偏似曲；如长弯而环璧，似偏阔以铺云。高方欲就亭台，低凹可开池沼，卜筑贵从水面，立基先究源头，疏源之去由，察水之来历”④。

---

① 明陈所蕴：《竹素堂集》卷十七。

② 明袁宏道：《园亭记略》。

③ 明田汝成：《西湖游览志余·术技名家》。

④ 明计成：《园冶·相地》，中国建筑工业出版社，第56页。

二需要考虑园林选址的环境特点，如在山林、江湖、郊野、城市、乡村等不同的环境中造园，也应有不同的“立意”。

封建皇帝是“溥天之下，莫非王土”，他的选址因为不受经济条件的制约，更显示出他的识见。清康熙皇帝是个卓有相地见识的人，他在全国范围内进行了比较和反复实地踏查，认为：“朕数巡江干，深知南方之秀丽；两幸秦陇，益明西土之殚陈；北过龙沙，东游长白，山川之雄，人物之外，亦不能尽述，皆吾之所不取。”① 最后选取热河辽代离宫作为建造山庄之地。首先，山庄具有的天然形胜，符合“合天下之心，成巩固之业”的帝皇心理。该地“恬天下之美，藏古今之胜”，切合帝皇强烈的占有欲：“热河而形势融结，蔚然深秀。古称西北山川多雄奇，东南多幽曲，兹地实兼美焉。”② 山庄所居位置，有独立端严之威：北有层峦叠翠的金山作为天然屏障，东有磬棰诸山毗邻相望，南可远舒僧冠诸峰交错南去，西有广仁岭耸峙，武烈河自东北折而南流，狮子沟在北缘横贯，二者贯穿东、北。使这块山林地崛起在“丫”形河谷中，环抱的群山呈奔趋之势，有“顺君”之意，众山犹如辅弼拱揖于君王左右的臣僚。后来所建的“外八庙”，与山庄呈“众星拱月”之势，正合康熙皇帝“四方朝揖，众象所归”的政治需求。并有“北压蒙古，右引回部，左通辽沈，南制天下”的军事意义。山庄设立的“木兰围场”（图2－3），名为皇帝“围猎”之地，实际上具有军事演习的性质，每年秋天，康熙都要率领王公大臣各级官兵一万余人去进行大规模的“围猎”。余秋雨说得好，这既可以使王公大臣们保持住勇猛、强悍的人生风范，又可以顺便对北方边境起一个威慑作用，“柔远”与“宁迩”兼得，“把复杂的政治目的和军事意义转化为一片幽静闲适的园林，一圈香火缭绕的寺庙，这不能不说是康熙的大本事。”③

其次，山庄生态平衡，环境卫生，有利于避暑养生。这里山岳区占总面积的70%以上，自然山岳重峦叠嶂，逶迤起伏，成为登高望远、观瀑听泉、养鹿放鹤的胜地，而且，“土肥水甘，泉清峰秀”，草木丰茂，尤多松林，松脂散发的芳香有杀菌之效。木兰围场的雪水、避暑山庄荷叶上的露水，都具有上好的水质，供帝皇享用。“风泉清听”的泉水有“注瓶云母滑，漱齿茯苓香”之誉。

图2－3　木兰围场

---

① 清康熙：《穹览寺碑文》。

② 清张廷玉：《恭注御制避暑山庄三十六景诗跋》。

③ 余秋雨：《山居笔记·一个王朝的背影》，文汇出版社1998年版第53页。

康熙时，“度高平远近之差，开自然峰岚之势。依松为斋，则穷崖润色；引水在亭，则榛烟出谷。”[1] 因形就势，建成了奇胜宏旷的山水宫苑。

私家园林的选址，因地位和财力所限，无法任意挑选，故“合宜”更具匠心。清代诗人袁枚所筑宅园定名为“随园”，可以形象地图解“合宜”之“宜”，袁枚在《随园记》中说：

> 随其高置江楼，随其下为置溪亭，随其夹涧为之桥，随其湍流为之舟，随其地之隆中而欹侧也，为缀峰岫，随其蓊郁而旷也为设宦窔，或扶而起之，或挤而止之，皆随其丰杀繁瘠，就势取景，而莫之夭阏者，故乃名曰“随园”，同其音，易其义。

“随”字说明了园名的由来，也生动地展示了在构园艺术活动中“主人”纯出天籁、随形高下的创作原则。

苏州俞樾的书斋花园“曲园”也为因地制宜的佳例，园基地形如篆字之“曲”，路径曲折，因作曲廊，水池曲折因名曲水池，池上筑曲水亭，假山曲折，名“回峰阁”，名园为“曲园”，并自号“曲园居士”。全园特点全在一个“曲”字（图2－4）。

图2－4　曲廊（曲园）

清初乔莱的“纵棹园”，是围绕着“水”字做文章，据潘耒的《纵棹园记》：

> 园内外皆水也。水之潴者，因以为陂；流者，因以为渠；平者为潭；曲者为涧；激而奔者，为泉；渟而演迤者，为塘、为沼……有塘临水，曰“竹深荷净之堂”。有亭在水中，曰“洗耳”。有阁覆水曰“蓊松”。有桥截水曰“津逮”。不叠石，不种鱼，不多架屋，凡雕组藻绘之习皆去之，全乎天真，返乎太朴，而临眺之美具焉。

明末清初冒辟疆的水绘园，是由于四方流水会于其中，亭台楼阁倒影如绘，环境清幽明丽而得名，也是一篇水的华章。

---

① 清康熙：《御制避暑山庄记》。

园林因所处地理环境的不同，采取不同的“立意”。计成分成山林地、城市地、村庄地、郊野地、傍宅地、江湖地六种。

山林地造园，地势有高有凹，有曲有深，有的陡峭高悬，有的平衍宽坦，树林茂密，繁花覆地，“自成天然之趣，不烦人事之工”，应因形取势，“入奥疏源，就低凿水，搜土开其穴麓，培山接以房廊”①，立意古朴、清旷。上述避暑山庄是典型的山林地，创造的也是山野远村的情调、漠北山寨的乡土气息以及包括山、水、石、林、泉和野生动物在内的综合自然生态环境，“鸟似有情依客语，鹿知无害向人亲”②。具有澹泊、素雅、朴茂、野奇的格调。

清代皇家园林中的“三山”以及避暑山庄就都是大型的山区园。如乾隆造的“静宜园”，建在北京西郊的香山山坳里，北、西、南三面环山，“即旧行宫之基，葺垣筑室。佛殿琳宫。参差相望，而峰头岭腰，凡可以占山川之秀、供揽结之奇者，为亭、为轩、为庐、为广、为舫室、为蜗寮。自四柱以至数楹，添置若干区”③。因山势高低层层构筑建筑物，与周围的苍松翠柏、溪流瀑布、峭壁悬崖，相融相和，犹如天造地设一般。避暑山庄也是“自然天成地就势，不待人力假虚设。君不见，磬锤峰，独峙山麓立其东；又不见，万壑松，偃盖重林造化同”④。因为“胜景山灵秘，昌时造物始……土木原非亟，山川已献奇。卓立峰名磬，模拖岭号狮。滦河钟坎秀，单泽擅坤夷。……宛似天城设，无烦班匠治。就山为杰阁，引水作神池”⑤，就自然原型，随基势而高下。

清代苏州所建的“拥翠山庄”，是苏州园林中别具一格的山地园。它坐落在苏州虎丘山二山门内上山蹬道左侧的憨憨泉西侧，依山由南而北，分四层层叠而上，分别为：抱瓮轩、问泉亭、灵澜精舍、送青簃。与园外上山大道一致。园内无水，却因紧靠“憨憨泉”，加上抱瓮轩、问泉亭、月驾轩、灵澜精舍等建筑题名，而使人处处获得水趣。占地仅一亩余，四周高墙蜿蜒，园内蹬道、石峰、轩、亭、旱船、花木等随势而筑，依然显得曲折有致，体现了“成天然之趣，不烦人事之工”的特点（图2－5）。

图2－5　拥翠山庄

① 明计成：《园冶·山林地》，第58页。
② 清乾隆：《山中》。
③ 清英廉等：《日下旧闻考》。
④ 清康熙：《芝径之堤》。
⑤ 清乾隆的《避暑山庄百韵歌》。

城市地造园，以地偏为胜，“邻虽近俗，门掩无哗”[1]。目的是能“闹处寻幽”[2]。因自然条件差，要尽量保留古树，堆山凿池，要考虑设计的经济，立意在清丽、幽邃；计成所说的“傍宅地”造的园，一般是城市里的宅园，可以日涉成趣，并能维护住宅优美的环境。明清时的江南私家园林大都属于这一类。苏州园林的“主人”选址原则是“远来往之通衢”[3]，僻处小巷深处。有“藉以避大官之舆从”的隐逸色彩。如明清时期被称为“红尘中一、二等风流繁华之地”的苏州阊门，明时的艺圃就筑在离阊门不远的文衙弄内，有“隔断尘西市语哗，幽栖绝似野人家”之称。苏州耦园，位于苏州城东一弯的小新桥巷，三面环水，人迹罕至。明代王心一筑的“归田园居”，是“门临委巷，不容旋马”[4]。园主在城市中寻找幽僻之地，十分注意该地的自然风貌和古树植物等生态环境。如宋代苏舜钦选址建沧浪亭，是见那里崇阜广水，不类乎城市，杂花修竹，三面环水，旁无居民，左右都有林木相亏蔽，前竹后水，水之阳又竹无穷。苏州网师园“负郭临流，树木丛蔚，颇有半村半郭之趣，……居虽近廛，而有云水相忘之乐”[5]。明代顾大典的“谐赏园”，位于江苏吴江县西北隅，“前临渠，后负郭，左有琳宫别墅、乔木丛林之胜，远市而僻”[6]。明王世贞在江苏太仓所造“弇山园”，据康熙《太仓州志》，园为平地起楼台，城市出山林。

郊野地造园，要“依乎平冈曲坞，叠陇乔林”，因地成形，“开荒欲引长流，摘景全留杂树”，立意在郁密之中而兼旷远的野趣。如苏州天平山庄，位于苏州城西南15公里的天平山，因山顶高入云天，山上白云缭绕，古称“白云山”。山巅平整，可容数百人，故名“天平山”。明万历时，范仲淹十七世孙范允临，从福建弃官归苏，为追念先祖，傍山筑“天平山庄”（图2－6）。皆依山就水而建，俗呼“范园”。有“听莺阁”、“咒钵庵”、“岁寒堂”、“寤言堂”、“缁经台”、“桃花涧”、“宛转桥”、“鱼乐国”、“来燕榭”、“芝房”、“小兰亭”诸胜。清初诗人徐崧以“犹思参议居园日，蜃阁虹桥赛列

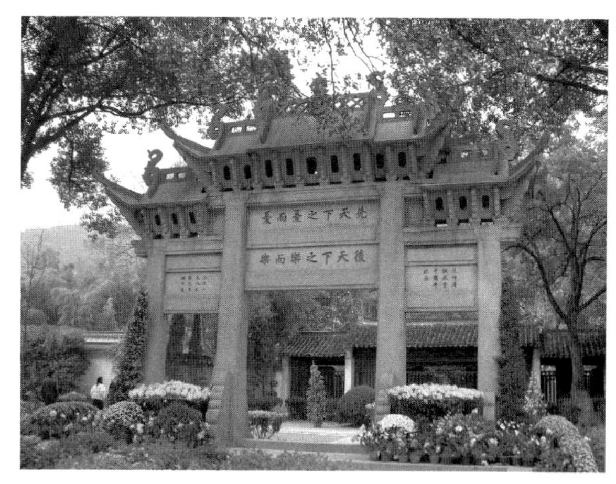

图2－6　先忧后乐坊（天平山庄）

---

① 明计成：《园冶·城市地》，第60页。
② 同上。
③ 明计成：《园冶·相地》，第56页。
④ 明王心一：《归田园居序》。
⑤ 清钱大昕：《网师园记》。
⑥ 清顾大典：《谐赏园记》。

仙”赞美，归庄也称其“池馆亭台之胜，甲于吴中。每三春时，冶郎游女，画廊鳞集于河干，篮舆鱼贯于陌上，举步游目，应接不暇”。

“江干湖畔，深柳疏芦之际”① 筑园，要在借江湖的自然景色，澹澹云山、悠悠烟水、闲闲鸥鸟、泛泛渔舟，自有开朗、平远的水乡风光。如苏州东山的启园（图2－7），滨三万六千顷的太湖而筑，背依莫厘峰，占地约七十亩。藏山纳湖，气概粗犷。登上位于山水层林之间的主厅“镜湖厅”二楼，真可目极湖山千里外，人在水天一色中，可见到浩瀚太湖中的点点风帆，听到渔歌互答，美不胜收。园内一条小河濒临太湖，引太湖之水注入厅前的“镜湖”中，清漪荡漾。

图2－7 启园

选村庄之胜造园，地势平阔，水面无需太大，曲径绕篱，团团篱落，处处桑麻，沿堤杨柳，桃李成蹊，茅亭草堂，“堂虚绿野犹开，花隐重门若掩。掇石莫知山假，到桥若谓津通”②。立意在闲静、纯朴，而有田园的风光。明代苏州上沙村的“水木明瑟”园，此园灵岩山峙前，天平山倚后，平田缭左，溪流带右，老屋数楹，规制朴野，广庭盈亩，植以丛桂。

三、构园得体

“相地”在园林构建中属于第一步，园林基址选定以后，就要在既定的范围内，根据园林的性质、主题、内容进行总体的立意构思，对构成园林的各种要素作综合的全面安排，诸如园林布局方式的选择、山水、建筑位置的确定、植物的配置等。还要进行合理的空间划分，妙用尺度、层次、对景、借景等手法，使园林获得丰富的园景，达到小中见大、以少胜多的艺术效果，这些仍然属于设计范畴。

园林布局的形式，一般分规则式、自然式和混合式三类。庄严肃穆的皇家园林宫苑、纪念性园林采用规则式的居多，如北京天坛、南京中山陵，整个平面布置、立面造型、建筑等要求严整对称，追求均衡美、和谐美和几何图案美；中国古典园林遵循师法自然的原则，都采用随地形高下的自然式布局，如苏州园林、承德避暑山庄等；实际上，从整个园林部分看，私家宅园、皇家园林因功能不同往往采用混合式布局方式：宫区建筑、住宅、寺庙建筑部分采用规则式布局、山水园部分采用自然式布局。如承德避

---

① 明计成：《园冶·江湖地》，第69页。

② 明计成：《园冶·村庄地》，第62页。

暑山庄的宫殿区，取正南方向和通往北京的御道相衔接，遵循前宫后寝、前殿后苑和“九进”等传统宫苑格局，有明显的中轴线相贯。

布局形式确定后，根据功能需要，巧妙地划分景区，进行空间处理就成为构园设计中的关键。中国古典园林具有封闭内向和多功能等特点，因此，首先要根据不同的需要及地形特点划分景区，每区再布置各种不同趣味的风景点。如颐和园分宫廷和游览两个活动区域：宫廷区由殿堂、朝房、值房、寝宫、戏楼等组成多进院落的建筑群体，以“仁寿殿”为主，由宫门、仁寿门、南北配殿、南北九卿房等组成的“垂帘听政”宫室部分和由玉澜堂、宜芸馆、乐寿堂、怡春堂等殿堂组成的寝宫和休憩部分；以万寿山和昆明湖为主体、湖山连属，长堤绿荫，配以殿堂亭阁、小岛石桥，构成了一个开朗、而又富于层次的自然环境，后湖的苏州街，又有另一种江南风情之美，别开生面（图2－8）。

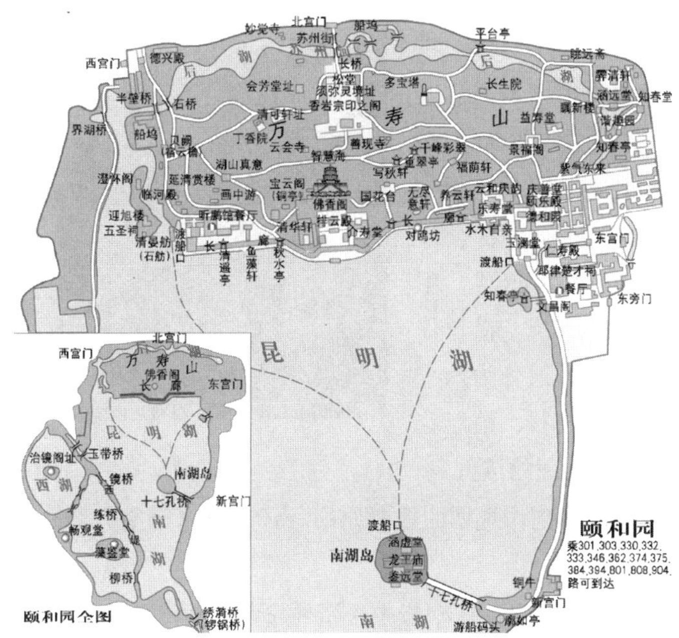

图2－8 颐和园平面图

承德的避暑山庄基本上是按地形地貌的类型来筹划布局的：宫殿区、湖区、山区、平原区。风景点在康熙时有36景：

1. 烟波致爽；2. 芝径云堤；3. 无暑清凉；4. 延熏山馆；

5. 水芳岩秀；6. 万壑松风；7. 松鹤清樾；8. 云山胜地；

9. 四面云山；10. 北枕双峰；11. 西岭晨霞；12. 锤峰落照；

13. 南山积雪；14. 梨花伴月；15. 曲水荷香；16. 风泉清听；

17. 濠濮间想；18. 天宇咸畅；19. 暖流喧波；20. 泉源石壁；

21. 青峰绿屿；22. 莺啭乔木；23. 香远益清；24. 金莲映日；

25. 远近泉声；26. 云帆月舫；27. 芳渚临流；28. 云容水态；

29. 澄泉绕石；30. 澄波叠翠；31. 石矶观鱼；32. 镜水云岑；

33. 双湖夹镜；34. 长虹饮练；35. 甫田丛樾；36. 水流云在。

避暑山庄在乾隆时又增赋36景。北京的静明园分48景，圆明园有40个景区。私家园林也划分若干景区，如苏州的拙政园，如今分东、中、西三部分。网师园山水园以中部水池为界分南北两大部分。

每个景区还要划分许多的小景点，往往用围墙、土岗、假山、树木、复廊等作为间隔，隔成一个个园中园，处处给人以“柳暗花明”的新鲜感和神秘感。如北海的“濠濮间”（图2-9），位于自南而北伸展的土岗之后，水涧由北海的东北角引水辗转经蚕坛、画舫斋而来，到这里成为一个内部水池；转过土山又有一组建筑隐蔽于林木土山之间，即为画舫斋。

苏州留园，根据生活需要分成四个不同的景区：中部以山水为主、东部以建筑为主、北部为田园风光、西部为山林风光。全园又分割成30多个大小不等的空间，组成一个个“园中之园”，又以700多米的长廊将全园各景区连结起来。如“揖峰轩”，用房屋、廊、墙、门洞等建筑，将长仅仅29米、宽15米的空间划分为六个大小不等的空间，缀以湖石，植以花木，成为小型庭园空间处理的佳例。

图2-9 濠濮间（北海）

“互相借资”，是园林创作规划的重要原则。张家骥《园冶全释》：

> 任何一处景境的创作，都应是构成园林完美而和谐的整体部分，不论是由外望内，由内望外；自上瞰下，自下仰上；由远瞻近，由近眺远，无不具诗情而有画意。必须从人和人的视觉活动的审美要求，通过时空融合的整体环境，体现出自然山水的精神和意境，这就是“互相借资”的意义。

借景，就是将有限的园林景境，融入无限的宇宙之法。利用自然地形和环境的特点来组织空间，挖掘原有条件的潜力。巧用匠心精心布局，以最少的人工和最小的改造来达到最大的景效和最高的意境。是园林艺术创作的一个重要方法。是园林突破空间的一种手法。基本原则是“得景则无拘远近，晴峦耸秀，绀宇凌空。极目所至，俗则屏之，嘉则收之，不分町疃，尽为烟景”①。人们在俯瞰、仰视、远眺、近观之时，既能看到

① 明计成：《园冶·兴造论》，中国建筑工业出版社1998年版第47~48页。

如画的景境，又能引人入胜。“这就要有引导、诱发、屏蔽、开合、隐显、藏露、有组织地进行景境的意匠和总体规划”①。计成《园冶·借景》中说：“夫借景，园林之最要者也。如远借、邻借、仰借、俯借、应时而借。然物情所逗，目寄心期，似意在笔先，庶几描写之尽哉。”

远借就是突破园内的空间视界，借园外之景。园林中楼阁或高阜等高视点的建筑物，都可借眺远景。前面已经谈到的承德避暑山庄等山庄园林和郊外园林，都是善于因借大自然的范本。私家小园林也注重对天然景色的因借，如建于“十里青山半入城”的常熟的“赵园”，以虞山南麓为依托，城西山腰上的西城楼阁、山顶的辛峰亭都是绝妙的景色，园内水波荡漾，辛峰倒影，融山光水色于一体，构成一幅天然的山水画景。北宋洛阳的“环溪”园，登园内的“多景楼”，南望“则嵩高少室，龙门大谷，层峰翠巘，毕效奇于前”，立风月台上，北瞰“则隋唐宫阙楼殿，千门万户，岧峣璀璨，延亘十余里”。扬州的“平山堂”，建于蜀冈之上，可远借江南诸山秀色。山西的绛守居园池，也得借景之妙，此园向西北能远眺故射山的雄姿，西南可见平畴沃野，东南可望城内万家灯火。苏州园林中许多高视点的建筑，大多为远借园外之景而设，如拙政园的“远翠阁”、留园的“冠云楼”、“舒啸亭”等。沧浪亭的“看山楼”，楼址高旷清爽，特宜远借，可领略“纳千顷之汪洋，收四时之烂漫”的趣味。此处原可远眺上方、七子山，诸峰浮青，近可瞰南园溪流村落、园外曲池泻碧，俯视楼下翠竹环绕，充满山野情趣。宋苏轼《三月二十九日》：“树暗草深人静处，卷帘攲枕卧看山。”元虞集诗：“有客归谋酒，无言卧看山。”苏州拙政园和狮子林的“见山楼”，取陶渊明“悠然见南山”诗意。网师园的“撷秀楼”，有清代朴学大师俞樾的跋文，云：“少眉观察世大兄于园中筑楼，凭槛而望，全园在目，即上方浮屠尖亦若在几案间，晋人所谓千崖竞秀者，俱见于此，因以撷秀名楼。”“晋人”指顾恺之。《世说新语·言语》篇载：“顾长康（顾恺之字）从会稽还，人问山川之美，顾云：‘千岩竞秀，万壑争流，草木蒙笼其上，若云兴霞蔚’。”突出了远借之景。登楼西望，可见城西天平、灵岩诸山，秀色可揽，丰富了园景，增加了园趣。远借，可通过有限，看到“江流天地外，山色有无中”无限之景。当然，远借之景，必须遵循“俗则屏之，嘉则收之”的原则，这就需要在营构规划时的“巧”安排了。如北海西面围墙边用浓密的树丛遮挡围墙外的市肆房舍，苏州大多数私家园林的高墙深院、沧浪亭园墙外的葑溪都起了隔尘和屏俗的作用。

登高既可远借，也可近瞰，是谓俯借。如苏州常熟市的赵园，临池北望，可仰眺园外“青天一角见高山”，俯视槛前“一桁青山倒碧峰”，将远出高耸的峰峦、佛塔映显于园池之中，甚得俯借之妙谛。台湾林本源园林“来青阁”（图 2－10），登阁远眺，园外绿野平畴与莽莽青山尽奔眼底，恰是王安石《书湖阴先生壁》诗的意境：“一水护田将绿绕，两山排闼送青来。”

---

① 张家骥：《中国园林艺术词典》山西教育出版社第 322 页。

“一枝红杏出墙来”，是为邻借，也就是《园冶·相地》所说的：“倘嵌他人之胜，有一线相通，非为间绝，借景偏宜。”如苏州沧浪亭，巧借园外的葑溪水，又在溪水边建立复廊亭台，跨溪为桥，作为入口，将葑溪水与园林融为不可分割的一部分。拙政园西部的“宜两亭”也为佳例。亭在假山之上，亭东一带云墙，分隔中、西两部。自亭既可俯瞰西部的亭台楼阁，还可以东眺中部的湖光山色。“绿杨宜作两家春”，人们的视线尽可突破围墙的局限，尽收隔墙春色于眼底。王世贞的“弇山园”，借周围环境，为自己的园林营造了一个十分古雅、清幽的环境：左有隆福寺、汉寿亭侯（关羽）庙等古建筑，又有宗氏墓的古松柏；隆福寺前，有方池延袤20亩，左右各有旧圃，烟月渺渺，成为“弇山园”的绝妙借景。拙政园借景北寺塔（图2-12）、寄畅园借龙光塔（图2-11），都是邻借妙笔。

图2-10　台湾林本源园林“来青阁”

图2-11　寄畅园借景龙光塔

声借、镜借等也是一种“邻借”，林荫莺歌、山曲樵唱、隔岸马嘶、邻庙晨钟、远刹暮鼓、墙外撸声等都是声借。如苏州“耦园”的“听橹楼”，楼靠城河，外接娄江，船舶来往不绝，有“参差邻舫一时发，卧听满江柔橹声”的韵味。园林用“镜借”之法来增加层次，如苏州怡园“面壁亭”中设一面大镜子，将北岸假山以及“螺髻亭”的迷人景色悉收镜中，虚实对比，别有境界（图2-13）。

图2-12　拙政园借景北寺塔

网师园“月到风来亭”的大镜，将渺渺的水面、天光云影以及对景“射鸭廊”、空亭等秀美景色映入镜中，使人大有画中人之感。园林中还利用窗格、洞门等构成的框景，将邻近的景色“撷”进屋内、园中。无锡寄畅园用框景将惠山塔影采撷进园，颐和园将玉泉山塔影收入天然图画之中。对景在园林中起连结作用，位于园林轴线及风景视线的端点。如苏州拙政园“枇杷园”云墙上的砖砌园洞门与“嘉实亭”、“雪香云蔚亭”三者同处在一条视线上，并通过圆洞门联系前后佳景而构成了极为成功的隐蔽对景，使枇杷园与其他景象组群之间紧密联系在一起。

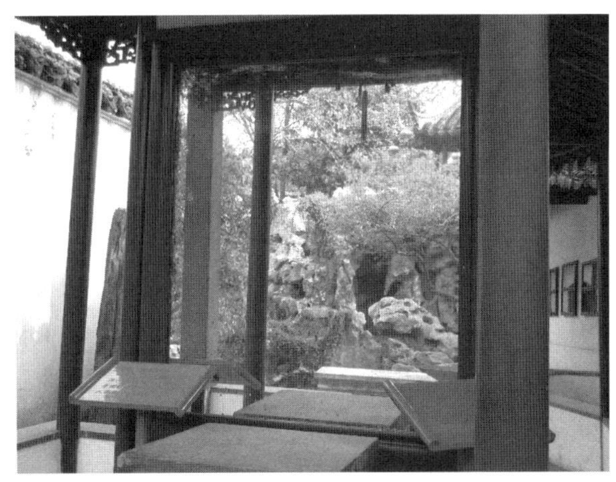

图 2－13 苏州怡园“面壁亭”镜借

借助某种空间景象在特定的时间里的审美特点和意趣，进行景境的创造，称“应时而借”。唐白居易的庐山草堂“春有‘锦绣谷’花，夏有‘石门涧’云，秋有‘虎溪’月，冬有‘炉峰’雪，阴晴显晦，昏旦含吐，千变万状”[①]。景物在时空中不断变化，随时可以造景成境。如承德避暑山庄，赏雪有山巅之“南山积雪”亭，观鱼乐有“石矶观鱼”之所，听松涛有“万壑松风”之殿，看梨花有“梨花伴月”，赏荷有“观莲所”，采菱有“采菱渡”，观瀑有“观瀑亭”等。一年四季，风花雪月之境尽收眼底，可谓“纳千顷之汪洋，收四时之烂漫”。

通过布局上的分割、转折、封闭、围合达到“庭院深深深几许”的艺术效果，获得曲折幽深、藏而不露、含蓄蕴藉的神韵。如苏州留园东部建筑群，从五峰仙馆到仙苑停云楼，密密层层布置了数十个大小不同的建筑与庭院，回廊九曲，山重水复疑无路，柳暗花明又一村，处处花木扶疏，奇石嶙峋，人行其中，幽静深邃，仿佛千门万户，令人恍惚迷离。“景贵乎深，不曲不深”。颐和园所凭借的真山瓮山（今万寿山）山形平滞，走向单调，具高远和平远之势，却缺乏“深远”之感，构园设计者在前山运用布置金碧辉煌的园林建筑来增加层次和深远感，在后山开溪河以发挥东西纵长的深远。利用视觉上近大远小的透视原理，用景物尺度的对比来扩展空间的方法，以加强深度感。如颐和园的凤凰墩，它与万寿山、龙王庙之间在体量上处于次第减小的关系，从而加强了透视上的深度感，使南北纵深不到 2000 米的湖面，给人以烟波浩淼、广阔无垠的联想。

【第二节】 园林掇山置石艺术

园林假山，是山水园林中的主要物质建构，掇山叠石艺术，是中国造园的独特传统。

---

① 唐白居易：《庐山草堂记》。

早在汉代，人们就开始在园内造假山，“构石为山，高十余丈，连延数里”①。六朝以来士大夫自然山水园逐渐成为主体，用堆叠假山来营造宛若自然的山林氛围，或“多聚奇石，妙极山水”②，或“积石种树为山”，东晋已经有板筑为山③，景石特置也肇始于梁④，中唐造园家提出“巡回数尺间，如见小蓬瀛”的美学要求，它始终成为叠山艺术的发展方向，此时玩石赏石已经蔚然成风，宋代出现了以叠山为主景的皇家园林“艮岳”，宋末周密记载卫清叔吴中之园有“一山连亘二十亩，位置四十余亭”者⑤，明清以来，形成了“名园以叠石胜”的审美标准，“一峰则太华千寻”、“咫尺之间有千里万里之势”成为中国古典园林假山的基本艺术个性。可见，园林假山形貌从模仿大自然中的真山造型，到“搜尽奇峰打草稿”，经历了一个发展提高的过程，既具自然山峦的种种形态和神韵，又具有高于自然的文化意韵。诗画艺术家主持造园，必须与叠山匠师合作，及至明末集规划设计与叠造施工于一身的计成、张南阳、张南垣等专业叠山家的崛起，标志着精通绘事或画家出身的专业造园叠山艺术家开始主宰中国园林艺术界，也标志着我国造园叠山艺术的最后成熟。

一、“深意画图，余情丘壑”

计成《园冶·掇山》详细地论述了掇山的工艺操作过程和掇山艺术创作的原则：

> 立根铺以粗石，大块满盖桩头；堑里扫于查灰，着潮尽钻山骨。方堆顽夯而起，渐以皴文而加；瘦漏生奇，玲珑安巧。峭壁贵于直立；悬崖使其后坚。岩、峦、洞、穴之莫穷，涧、壑、坡、矶之俨是；信足疑无别境，举头自有深情。……深意画图，余情丘壑；未山先麓，自然地势之嶙嶒；构土成冈，不在石形之巧拙……有真为假，做假成真⑥。

计成强调的是：掇山要有深远如画的意境，余情不尽的丘壑；未经掇山，先安好山脚，则山势自然而嶙嶒，再堆土筑成山冈，并不在乎石形的巧拙。有了真山的意境来堆假山，堆的假山就极像真山。“做假成真”之奥妙，“还拟理石之精微”，要合乎山的结构与脉络，才能有若自然。因此，假山的堆叠，是画家和叠山师结合的产物，既要设计者胸中自有丘壑，叠山师又要懂得堆土的技巧、掌握娴熟的叠石原理和相关的力学知识，才能达到“高低曲折随人意，好处都从假字来”，把假山造成真山的气势。

构园无格，掇山更无定式，虽以画为蓝本，但施工兴造，却全凭工匠因地制宜，因

① 六朝佚名《三辅黄图》。
② 唐许嵩：《建康实录》。
③ 《晋书·简文三子传》。
④ 《南史·到溉传》。
⑤ 宋周密：《癸辛杂识·假山》，中华书局，1988 年，第 14 页。
⑥ 明计成：《园冶》，中国建筑工业出版社 1988 年第 26 页。

石成形，方能不自相袭，独具个性。李渔《闲情偶寄》论掇山云：“至于累石成山之法，大半皆无成局，犹之以文作文，逐段滋生者耳”①，“从来叠山名手，俱非能诗善绘之人，见其随举一石，颠倒置之，无不苍古成文，迂回入画，此正造物之巧于示奇也”②。所谓“无法而法”的“至法”。计成根据假山在园中所处的不同位置，设计了几种不同的假山造型样式：

园山，“尊一园之形胜者莫如山”，园林中随处点缀的假山是变城市为山林的主要景境，计成以为，假山“以散漫理之，可得佳境”③，因其自然，高低错落，分散堆叠，疏落有致，能创造出优美的境界，可使人获得“咫尺山林”的意境。中国古代园林中以假山为主景的现存实例有：避暑山庄小金山、故宫乾隆花园、北海静心斋（图2－14）、扬州个园、片石山房、苏州沧浪亭及环秀山庄、上海豫园等。

图2－14　静心斋（北海）

厅山，封闭的厅堂前庭中的假山，一般用石叠成，尤多用太湖石。苏州留园五峰仙馆前庭的假山，是一佳作（图2－15）。当前庭进深较小时，也可嵌石于墙壁中，称为“峭壁山”。即计成所谓“或有嘉树，稍点玲珑石块；不然，墙中嵌理壁岩，或顶植卉木垂萝，似有深境也”④。忌求全求整，“环堵中耸起高高三峰，排列于前”⑤。小莲庄有座部分为壁山假山，大部分假山环立在亭边，也颇别致（图2－16）。

图2－15　厅山（留园）

图2－16　壁山（小莲庄）

① 清李渔：《闲情偶寄》，作家出版社1996年版第216页。
② 清李渔：《闲情偶寄》，第215页。
③ 明计成：《园冶·园山》，中国建筑工业出版社1988年第209页。
④ 明计成：《园冶·厅山》，第210页。
⑤ 同上。

楼山，楼前堆叠的假山，“宜最高，才入妙，高者恐逼于前，不若远之，更有深意”①。因可供人登临观赏，故山要高，距离要远，产生深远效果。故宫乾隆花园萃赏楼前庭假山即属于此类。

阁山，在阁旁堆叠的假山，“宜于山侧，坦而可上，便以登眺”②，不必用梯子，而将室外之梯叠石成蹬道。如苏州拙政园之见山楼、留园之明瑟楼、避暑山庄之金山亭等。故宫乾隆花园、北海、颐和园等处也有类似的做法。扬州个园东西两座象征秋山、夏山的假山与中央楼阁“壶天自春”形成一体，山与楼上下连通，构成复杂的环路，是楼阁与山结合的典型佳作（图2－17）。苏州沧浪亭看山楼下假山是最佳典范，其山、石、楼浑然一体，北面山楼悬挑，势态若飞。苏州吴江退思园，阁在大池之东，前面池背近园墙，向墙傍溪为二层，上层为四面开敞的歇山卷棚顶，无梯，下层三面叠假山，洞窟委婉、涧壑曲折，前有石级可上，登阁可一览全园之胜，由他处观之，翼然立于山上者，亭也。堪称山阁结合的佳例。

书房山，位于园内静僻清幽之处，或依佳木点以灵石，或独立为峰壁，“最宜者，更以山石为池，俯于窗下，似得濠濮间想”③。如留园“还读我书”斋几乎四面有石，网师园五峰书屋前后有山。耦园织帘老屋南面假山等。

图2－17　壶天自春与秋山一角（个园）

池山，水池中堆山，“为园中第一胜也，若大若小，更有妙境。就水点其步石，从巅架以飞梁；洞穴潜藏，穿岩径水；峰峦缥缈，漏月招云”④，俨如人间仙境，这种水石结合的假山，又称“水假山”；模山范水为中国园林的主要特点，故山水并重的园林为大宗。如圆明园、颐和园、北海、拙政园、留园等都有池山。池山为水池中之岛屿，与池岸用步石或桥梁连接者为多，独立水中的为少。苏州的惠荫园有一筑于明代的地下水假山，是出于当时名画家兼叠山艺术家周秉忠之手，模仿洞庭西山的林屋洞所筑。“一山飞峙太湖中，千娇深藏林屋洞”，假山洞口虽狭。洞内极其深邃，内有积水，叠水假山，玲珑剔透，四面临水。穹顶悬挂钟乳石，沿洞壁筑栈道，曲折幽深如天然石

---

① 明计成：《园冶·阁山》，中国建筑工业出版社1988年第211页。

② 同①

③ 明计成：《园冶·书房山》，第211～212页。

④ 明计成：《园冶·池山》，第212页。

洞，迂回一周，经另一洞口佝偻而出，此洞口竟在原洞口附近。可与环秀山庄湖石假山相媲美。

内室山，内庭中的假山。“宜坚宜峻，壁立岩悬，令人不可攀”①；留园冠云楼前冠云、岫云、朵云三峰（图2－18）和石林小院中的干霄峰等为典型实例。

图2－18 冠云、岫云、朵云三峰（留园）

峭壁山是靠墙叠构成悬岩峭壁意象的山石景，“藉以粉壁为纸，以石为绘也。理者相石皴纹，仿古人笔意，植黄山松柏、古梅、美竹，收之圆窗，宛然镜游也”②。石峰要峭，粉墙要白，还要适当培植植物和框景，使之构成一幅立体的图画。这类山在苏州园林里很多，有的作为墙角的点景、有时作为厅前主景，如留园五峰仙馆前的模拟庐山五老峰的假山、苏州网师园琴室前庭的峭壁山（图2－19）等。

图2－19 峭壁山（网师园）

纯粹用土堆叠的假山和全用石堆叠而成的假山不多，最常见的是土石山。李渔《闲情偶寄·居室部》说：

> 累高广之山，全用碎石，则如百衲僧衣，求一无缝处而不得，此其所以不耐观也。以土间之，则可泯然无迹，且便于种树，树根盘固，与石比坚，且树大叶繁，混然一色，不辨其为谁石谁土。立于真山左右，有能辨为积累而成者乎？此法不论石多石少，亦不必定求土石相半，土多则是土山带石，石多则是石山带土。土石二物原不相离，石山离土，则草木不生，是童山矣③。

土山带石的假山，一般体量都较大。如北京景山的掇山，主要是用土堆叠形成，但在山麓、山腰以及山径多用叠石，使山势增加。北京北海的白塔山，也是以土为主的大假山，但在缓升的山坡上，山石半露，犹如天然生就，上部的山石构置和散点的山石，更增加山的自然气势，而后山部分是外石内土，从揽翠轩而下，有断层山崖之势，更像

① 明计成：《园冶·内室山》，第213页。

② 明计成：《园冶·峭壁山》，第213页。

③ 清李渔：《闲情偶寄》，第217页。

天然生成一般。又有宛转的洞壑，盘迂山径。仰望峭壁，其势高危。浙江现存最大的私园绮园的假山，也属于此类，该园南北长、东西短，中凿大池，南、北、东造山，呈E形环抱全园。南部多湖石，以洞壑造型，山沿池东垣绵延起伏，至池北峰巅，顶有小亭。山多古木，山下老树繁柯，绿荫槎枒，木杪排空，清波泛影，颇具山林清旷之气。

苏州沧浪亭假山，是黄石抱土。山为土阜，自西往东形体较长，皆用黄石垒砌，四周山脚垒石护坡，沿坡砌蹬道，透迤曲折，高下升降，上设桥梁，下有溪谷。山西南石壁陡峭，山下凿池，临池立大石，上书“流玉”二字，形成高崖深渊的景观。这是元代以前的以土代石之法，混假山于真山之中。山上古树葱郁，箬竹被复，藤萝蔓挂，野卉丛生，景色苍润如真山野林，成为土山露石别开生面的假山（图2-20）。

石山带土的假山，江南园林里多见。如苏州网师园“云岗”假山、环秀山庄假山、耦园的黄石假山、上海豫园黄石假山（图2-21）等。李渔《闲情偶寄》说：“小山亦不可无土，但以石作主而土附之。土之不可胜石者，以石可壁立，而土则易崩，必仗石为藩篱故也。外石内土，此从来不易之法。”① 苏州网师园“云岗”假山之类，以石为主，石与石之间留有“树洞”，填土就可以种树。

图2-20 土山露石假山（苏州沧浪亭）

图2-21 黄石假山（上海豫园）

纯粹的石山，体型较小，在设计与布局中，常用石峰置于庭院内、走廊旁，或为依墙而建的峭壁山，或作为登楼的蹬道，或下洞上亭，或下洞上台等。在继承发扬岭南庭园的山石景艺术和灰塑传统工艺的基础上发展起来的人工塑山，具有用真石掇山、置石同样的功能。有干枯、缺少生气和石质地之美等缺点，但可以按照园主的比较理想的造型塑造，便于表达理想境界。施工灵活方便，不受地形、地物限制，亦可预留植物位

图2-22 塑山（台湾板桥林本源园林）

① 清李渔：《闲情偶寄》，第217页。

置。当然必须根据自然山石的岩脉规律和构图艺术手法，统一安排峰、岭、洞、潭、瀑、涧、麓、谷、曲水、盘道等，做出模型。台湾板桥林本源园林在大池四周广植茂树，尤多榕树，故称榕荫大池，池北岸是林家仿照家乡福建漳州的山水用泥灰依势堆塑的带状假山群，峰峦起伏，雄奇挺拔，山中蹊径盘曲，山腰置瀑布，配置异卉佳木，入此犹置身山林幽谷、百花深处（图2－22）。

选择堆叠假山的石块，是掇山重要的前提。一般根据石的形状及轮廓线、质感及色泽、肌理和脉络、大小、比例、重量等并按照所构筑园林的具体情况来决定去取，对景石大体用瘦、皱、漏、透、清、奇、顽、丑等为标准。其基本原则是："取巧不但玲珑，只宜单点；求坚还从古拙，堪用层堆。"① 叠山石所用石可分如下几类：

1. 湖石类，属于石灰岩、砂积石类。如太湖石、巢湖石、广东英石、山东仲官石、北京房山石等。体态玲珑通透，婀娜多姿，唐白居易在《太湖石记》中说："石有聚族，太湖为甲，罗浮、天竺之石次焉。"故历来选石，均以太湖石为最佳。太湖石又以产于太湖洞庭山消夏湾者最优，性坚而润，嵌空有眼，有宛转险怪之势，色泽从白到黑均有，其质纹理纵横，笼络起隐，遍多凹窝，由千年风浪冲击而成，谓之"弹子窝"。计成认为："此石以高大为贵，惟宜植立轩堂前，或点乔松奇卉下，装治假山，罗列园林广榭中，颇多伟观也。"②

2. 黄石类。如江浙黄石、华南腊石、西南紫砂石、北方大青石等，产于常州黄山者为佳，故名。但计成认为，"黄石是处皆产。其质坚，不入斧凿，其文古拙。……俗人只知顽夯而不知奇妙也"，"到地有山，似当有石，虽不得巧妙者，随其顽夯，但有文理可也"③。黄石，厚重粗犷，棱角方刚，轮廓呈折线，表面较平，多斧劈皴，苍劲古拙，具有阳刚之美。用黄石层层堆叠，更显嶙峋。

3. 卵圆石类。形体浑圆坚硬，风化剥落，多出自海岸河谷，为花岗岩和砂砾岩。

4. 剑石类。指利用山石单向解理而形成的剑状峰石。如江苏武进斧劈石，广西槟榔石、浙江白果石、北京青云片等；钟乳石则称石笋或笋石。

5. 吸水石或水上石类疏松多孔，能吸附水分。

6. 其他石类。如象皮青、木化石、松皮石、宣石、灵璧石、昆山石、宜兴石、龙潭石等。昆山石石质垒块，巉岩透空，无耸拔峰峦势，其色洁白，颇宜点缀盆景；宜兴石，有性坚、穿眼、险怪如太湖石者；龙潭石，色青、质坚、透漏纹理如太湖石者。

二、"依皴合掇"，峰峦秀古

选石有如笔法，叠石则如章法。叠石为山这一构筑方式，是艺术之难者。清李渔

---

① 明计成：《园冶·选石》，第223页。
② 明计成：《园冶·太湖石》，第225页。
③ 明计成：《园冶·黄石》，第237页。

《闲情偶寄·山石》云："垒石成山，另是一种学问，别是一番智巧。"① 石山的空间布局及造型的艺术要求有"十要"，即要有宾主、层次、起伏、曲折、凹凸、顾盼、呼应、疏密、轻重、虚实。总之，假山应高低参差，前后错落；主山高耸，客山避让；主次分明，起伏奔趋；大小相间，顾盼呼应；千姿百态，浑然一体；一气贯通。"二宜"：宜有朴素自然之趣；不要矫揉造作，故意弄巧，大搞飞禽走兽类造型；二宜简洁精练，鲜明得势；而不要繁琐堆砌，拖泥带水，如乱倒煤渣。"六忌"：忌如香炉蜡烛、忌如笔架花瓶、忌如刀山剑树、忌如铜墙铁壁、忌如城郭堡垒、忌如鼠穴蚁蛭。"四不可"：石不可杂，要形态相类，同一假山，应该用同一石种；纹不可乱，要脉络贯通；块不可均，要大小相间；缝不可多，要顺理成章。叠石技艺讲究"依皴合掇"，这是中国传统园林叠山垒石在艺术上的创作原则和要求。李渔《闲情偶寄·居室部》云：

> 石纹石色取其相同，如粗纹与粗纹当并一处，细纹与细纹宜在一方，紫碧青红，各以类聚是也。然分别太甚，至其相悬，接壤处反觉异同，不若随取随得，变化从心之为便。至于石性，则不可不依；拂其性而用之，非止不耐观，且难持久。石性维何？斜正纵横之理路是也②。

构石时，先要选择石形和石性，石性即石的"斜正纵横之理路"，必须将石块正面向上，铺到现场，叠山师按创造山的意象，随时挑选，大小相宜，按中国山水画笔墨技法"皴"与峰的表现关系去掇山造型，使纹理连续，达到峰与皴合，皴自峰生，达到合皴如画的目的，方能得自然之趣。还要注意虚实相生，疏密相映，层次深远，意境含蓄。

叠置峰峦幽谷，以创造峻峭幽深的园林意境。峰峦有主次之分，用单块或数块峰石叠置成峰峦重叠的山景。峰石的选用与重叠必须和整个山形相协调。主石与配石的叠置，可以采用散点、墩配、剑配、卧配等方式。峰峦的叠置形式有：

1. 剑立式。峰棱奇峭，穿云走雾的山形。峰态尖削、叠置竖立、上小下大、挺拔而立，给人以峭壁屏列、绵延不断，如群峰竞秀、气势峥嵘之感。

2. 叠立式。可达到远近高低参差有致、宽广敦厚而又连绵不断的气韵，又有宾有主。

3. 层叠式。高低错落、跌岸飞舞、自由多变，多用横纹条石层叠。

4. 斜立式。峰态倾劈，气势磅礴，如同直插江边态势的假山，往往仿倾斜岩脉，可采取此式，用条石斜插。

5. 斧立式。独峰高耸，险危奇突，立之可观的山景，用上大下小、块石竖置。

---

① 清李渔：《闲情偶寄·山石》，第215页。
② 清李渔：《闲情偶寄·居室部》，第218页。

幽谷是创造园林幽深意境的重要手段之一，园林中常以峭壁夹峙一线天来形成曲折幽静的气氛，又幽谷内婉转曲折，花木陪衬，形成峰回路转又一景的艺术效果。

洞府。有旱洞和水洞之分。特别是水洞，水势涟涓，清意幽新，可以创造出“洞府霏霏映水开，幽光怪石白云生。从中一股清泉出，不识源头何处来”的美好意境。李渔《闲情偶寄》：“洞亦不必求宽，宽则藉以坐人，如其大小，不能容膝，则以他屋联之，屋中亦置小石数块，与此洞若断若连，是使屋与洞混而为一，虽居室中，与坐洞中无异矣。”①

理洞的做法，计成主张：“起脚如造屋，立几柱著实，掇玲珑如窗门透亮，及理上，见前理岩法，合凑收顶，加条石替之，斯千古不朽也。洞宽丈余，可设集者，自古鲜矣！上或堆土植树，或作台，或置亭屋，合宜可也。”② 洞口要与整个山体浑然一体，洞内空间，或凹或凸，或高或矮，或敞或促，随势而理，求其自然，人入洞内，方感到如入自然山洞之中。

蹬道。叠置在浓荫林丛，或类似密林之中，用石板或石子叠置而成的蹬道，人行其中犹如把你引入胜地或奇妙的意境之中。有时在树的盘根错节之处环绕，有时又被峰石挡住，构成一种深邃幽美的境界。环秀山庄水边蹬道犹如蜀道上的栈道（图 2－23）。

土坡叠石，常用散置、屏障和不规则的横列三种形式。

图 2－23　蹬道和洞穴（环秀山庄）

叠石山的造型模式可分四种：一为流云式，如流云舒卷，变幻多姿，宛转飘逸，透漏生奇；二为耸秀式，与流云式有相同要求，但也有不同处，更追求向上高耸的立峰；三为堆垒式，以浑厚质朴、刚健稳重、古拙雄奇、苍劲有力为特色；四为砍削式，与堆垒式有相同要求，但更追求峭壁嶙峋、突兀峥嵘的效果，如刀削斧砍，鬼斧神工。前两式为一类，大多采用玲珑的湖石堆叠，体态莹润奇巧，翠润玲珑，秀骨云姿，静而若动、典雅古趣，具有阴柔灵秀之美；后两式为一类，多用嶙峋的黄石堆叠，具有阳刚雄浑之美。

具体的叠石操作技法，北京“山石张”有祖传的“十字诀”：即“安、连、接、斗、挎、拼、悬、剑、卡、垂”。又有流传的“三十字诀”：“安连接斗挎，拼悬卡剑垂，挑飘飞戗挂，钉担钩榫札，填补缝垫杀，搭靠转换压。”（参见图 2－24）

---

① 清李渔：《闲情偶寄》，第 219 页。
② 明计成：《园冶·洞》，第 218 页。

挑。上大下小，数石相叠。其顶部间一面或两侧上翘或平出，腾空而出，姿如飞舞，又常用单挑、重挑、担挑，造成优美的石景。

飘。挑石的挑头又叠一石。又分单飘、双飘、压飘、过梁飘，挑头点置一石更增加挑的变化，如静中有动的飘云。

挎。一竖一挂，凌空而立，如同悬崖绝壁，造成山水风景的险峻，使人感到有绝岩之美。

斗。拱状叠置，腾空而立，如洞谷又不是洞谷，形体环透，构筑别致。

卡。石体一大一小，如互为烘托，小者又成为主峰的支持，此种庭院一角，坐观静赏，回味无穷。

连。数石搭接叠置，有宾有主，摆布高低，既可一组，也可延伸出去，犹如拔地数仞，又有连绵不断的气韵。

悬与垂。悬与垂凌空倒挂，方能成悬，主峰而立，另侧挂灵巧之石，谓之垂，章法简要却又非常奏效。

透。数石架空叠置，留有环洞，此法有剔透嵌空之妙。

剑。峰石峻拔而立，突兀宛转，又如同拔地而起，如再合理地配以古松花树，常成为耐人寻味的园林小景。

明计成叠石用“等分平衡法”，在悬挑石块时，必须以足够的石块压住后部，为梁柱式传力系统，所成之洞顶与壁界线明显，易失真。清代的叠山名匠戈裕良创“钩带法”，用斗卡悬的方法，利用挤压平稳，为拱券式传力系统，顶壁一气，浑合无缝、纹理一致，宛转多姿，浑若天成。环秀山庄、乾隆花园、小盘谷都用此法。

中国古典园林中的假山精品，都造得盘道逶迤、山势险峻，在咫尺天地里，却具有重峦叠嶂、深壑幽涧之趣。如上海豫园西北的黄石假山，是明代叠山大师张南阳的大手笔，“高下纡回，为冈、为岭、为涧、为洞、

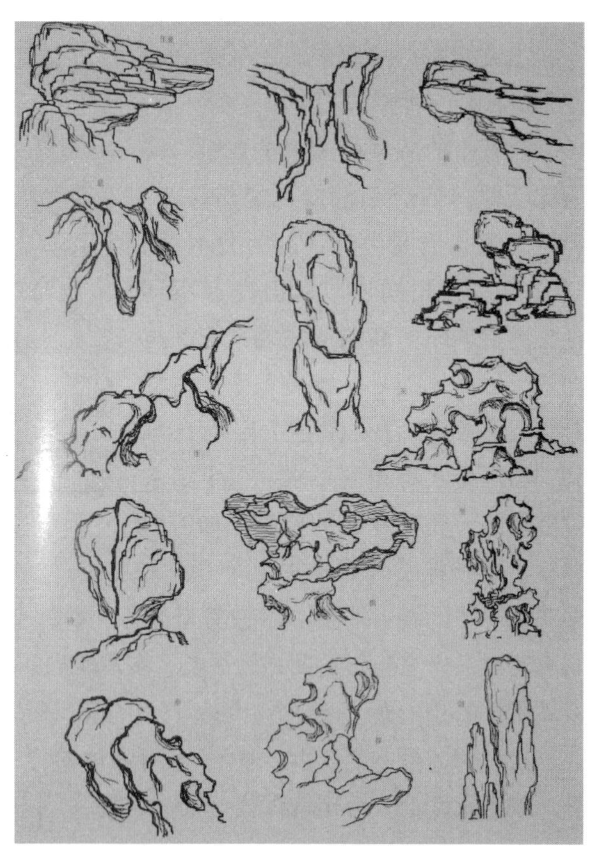

图 2－24　石峰结构基本图式（引自《苏州园林营造录》）

为壑、为梁、为滩，不可悉记，各极其趣。”① 气势磅礴，重峦叠嶂，主次开合分明，根据“山拥大块而虚腹”的画理，用一条曲折、深邃的山涧切入山腹，使之有分有合，形成强烈的虚实明暗对比。山径盘曲，在跨溪涧沟壑处，以危石与飞梁相连，蜿蜒迂回登攀直至山巅平台②。

图 2-25　苏州环秀山庄的湖石假山

苏州环秀山庄的湖石假山是国内第一流的极品（图 2-25），为乾隆年间的叠山名家戈裕良所设计。假山占地仅半亩，分主次两山，池东为主山，池北为次山，主山气势磅礴伸向东南，次山箕踞西北与之呼应，池水缭绕于两山之间。主山又分前后两部分，前山全部用石叠成，看上去峰峦峭壁，内部则虚空为洞，后山临池用湖石作壁，与前山之间形成涧谷，前后山虽分却气势连绵，浑然一体。山上蹊径盘曲，长约六七十米，涧谷长12 米左右，山峰高 7.2 米。既有危径、山洞、水谷、石室、飞梁、绝壁等境界，又有厅、舫、楼、亭等建筑。“山以深幽取胜，水以湾环见长，无一笔不曲，无一处不藏，设想布景，层出新意。水有源，山有脉，息息相通，以有限面积造无限空间；亭廊皆出山脚，补秋舫若浮水洞之上。……西北角飞雪岩，视主山为小，极空灵清峭，水口、飞石，妙胜画本。旁建小楼，有檐瀑，下临清潭，具曲尽绕梁之味。而亭前一泓，宛若点睛。”③ 戈氏运石似笔，挥洒自如，法备多端，为乾隆嘉庆时叠石技法之艺术范本，叠山之法具备：以大块竖石为骨，用斧劈法出之，刚健矫挺，以挑、吊、压、叠、拼、挂、嵌、镶为辅，山洞用穹隆顶或拱顶结构方法，酷似天然溶洞，且至今无开裂走动迹象，果然如戈氏所述：“只将大小钩带联络如造环桥法，可以千年不坏，要如真山壑一般，然后方称能事。”④ 叠石既定，骨架确立，以小石掇补，拼镶对缝，纹理统一，宛转多姿。皴自峰生，悉符画本，其笔意兼宋元山水画之长。诚如陈从周所言：“环秀山庄假山，允称上选，叠山之法具备。造园者不见此山，正如学诗者未见李、杜，诚占我国园林史上重要之一页。”

苏州耦园的黄石假山也堪称杰构。此山用巨大浑厚、苍古坚拔的黄石块叠成耸立的峰体，横直石块大小相间，凹凸错杂，以横势为主，犹如大自然风化的伟力刻下的纹理，气势刚健。一条崖壁如峭的“邃谷”将山分成东西两部分，东为主山，是峰洞

① 明潘允端：《豫园自记》，见应宝时撰、俞樾纂同治《上海县志》卷二八。

② 参刘天华：《画境文心》，三联书店 1995 年版。

③ 陈从周：《苏州环秀山庄》，见《中国园林》，广东旅游出版社 1996 年版第 102～103 页。

④ 见清钱泳：《履园丛话》卷十二“堆假山”条。

洞室假山，山势逐渐增高，临近水面处陡转成悬崖峭壁，直泻而下。西部为副山，较小，自东向西山势渐低，坡度平缓，余脉延及西边长廊，连绵至池边，有余脉不尽之意。绝壁、蹬道、峡谷，加上崖壁间伸出的一枝葛藤萝条，有的攀缘坚石，有的紧缠老树，越发增添了深山林壑之感。刘敦桢教授认为此山和明嘉靖间张南阳所叠上海豫园黄石假山几无差别，或是清初遗构（图2－26）。

图2－26　耦园的黄石假山

春山

秋山

冬山

夏山

图2－27　四季假山（个园）

中国古典园林假山，还刻意追求某种特殊景观，别出心裁，如扬州个园的四季假山为国内惟一孤例，以堆叠精巧著称（图2－27），利用不同的石色石形，分峰叠石，以石斗奇。一部分用黄石叠成，山腹有曲折蹬道，盘旋到顶，是为北派石法；一部分用太湖石叠成，流泉倒影，逶迤一角，是为南派石法。两种石法，象征着山水画的南北宗，统一于一园之内。“春山”在山两侧植以翠竹，竹间树以白果石笋，圆洞门旁侧丛植千竿修竹，点缀以12生肖像形山石，寓意“雨后春笋”、万物复苏，“淡冶而如笑”也；“夏山”以玲珑剔透的太湖石叠成，云头状峻石表示夏云多奇峰，山顶有柏如盖，山下水声淙淙，山腰蟠根垂萝，造成浓荫幽深的清凉世界，符合郭熙所谓的“夏山苍翠而如滴”的特色；“秋山”位于院东，以黄石叠成，拔地而起，峻峭凌云，山道盘旋崎岖，为全园的制高点，面迎夕照，配以红枫，一片象征成熟和丰收的秋色，“明净而如妆”；“冬山”以宣石叠于南墙之北，宣石“其色洁白……愈旧愈白，俨如雪山也”①。部分山头借助阳光照射，光泽耀眼。“雪山”附近的南墙开了四排圆洞，每排6个，称为音洞，因外面是狭巷高墙，阵风掠过洞口，呼呼作响，真有“北风呼啸雪光寒”之感。加上用白矾石冰裂纹铺地，植以腊梅、南天竺烘托、陪衬，尽得岁寒冷趣，真个是“惨淡而如睡”也。

宋杭州西林法惠院中的人造假山雪景。《西湖游览志·南山胜迹》：“西林法惠院，宋乾德三年（962年）建，庆历间（1041~1048年），禅师法言做西轩，激水为池，叠石为山，洒粉峰峦草木之上，以象飞雪。苏子瞻见而爱之，题曰‘雪斋’，秦少游为之记。”苏轼的《雪斋》诗写出了个中真昧：

> 君不见，峨眉山西雪千里，北望都城如井底。春风百日吹不消，五月行人如冻蚁。纷纷市人争夺中，谁信言公似赞公？人间热恼无出洗，古向西斋作雪峰。我梦扁舟适吴越，长廊静院澄如月，开门不见人与牛，惟见空庭满山雪。

宋末私家园林假山，不仅有大到二十多亩的，也有“奇绝”如俞子清侍郎家的假山：

> 峰之大小凡百余，高者至二三丈，皆不事饾饤，而樨株玉树，森列旁午，俨如群玉之圃，奇奇怪怪，不可名状……众峰之间，萦以曲涧，甃以五色小石，旁引清流，激石高下，使之有声，淙淙然下注大石潭。上荫巨竹、寿藤，苍寒茂密，不见天日。旁植名药、奇草、薜荔、女萝、菟丝，花红叶碧。潭旁横石作杠，下为石渠，潭水溢，自此出焉。潭中多文龟、斑鱼，夜月下照，光景零乱，如穷山绝谷间也②。

周密称“盖子清胸中自有丘壑，又善画，故能出心匠之巧”③。可惜，子清侍郎园林在宋时已经变为“荒田野草”，已无从窥其面貌了。

---

① 明计成：《园冶》，中国建筑工业出版社1988年，第232~233页。

② 宋周密：《癸辛杂识·假山》，中华书局，1988年，第14~15页。

③ 同上。

苏州狮子林有1200平方米的主景大假山（图2－28），是元代利用宋时“花石纲”遗留的湖石堆叠而成的，占全园面积的13%，号称假山王国。其所叠假山受到当时叠山艺术水平的局限，叠石技艺比不上明末清初的假山杰构，如假山各洞顶复以条石，其顶平坦，无涡及皱纹，与自然真山不同。在山石造型上也趋于浅俗，审美品位极高者如清沈复认为假山“以大势观之，竟同乱堆煤渣，积以苔藓，穿以蚁穴，全无山林气势”，故“不知其妙”[①]。沈复以是否具备“天趣”这一传统的艺术审美标准来评说，缺乏“天趣”，自然就不妙。但狮子林作为建于元代的早期禅寺，模仿的是佛教圣地九华山，奇峰怪石突兀嵌空。高踞山顶的狮形巨石狮子峰，是群峰之王，形态飞动，而且在80度的高度上，雾天看太阳，还可见到紫气绕狮峰的奇观；含晖峰，似人立，左腋下有一穴，腹有四穴。玄玉峰，又名地肺，状若刀剑划作四玉叶，十分空灵。模拟人体与狮形兽像的诸石峰，象征众僧率领怪异狮兽在对狮子峰顶礼膜拜，渲染创造“净土无为，佛家禅地”的幻想意境。最突出的是假山中有山洞11个，曲径9条，分上、中、下三层，高下盘旋，来回往复，人行其间，如入迷宫，恰似人们从“俗”到成“佛”过程的形象演绎，人们在没有觉悟禅理以前，就如进入了人生迷宫，一片迷茫，上下摸索，左右徘徊，直到走出洞口的一刹那才豁然开朗，象征着对禅理的一种“顿悟”。与近代英国经验派代表培根说的“宇宙在人类理智的眼里好像一座谜宫，哪一面都呈现出那么多的歧路”[②]相近。从这个意义上讲，狮子林的假山洞壑，与禅寺的氛围十分和谐。

图2－28　苏州狮子林大假山

且此山古有“桃源十八景”之说，横向极尽迂回曲折，竖向力求回环起伏，是中国古典园林中堆山最曲折、最复杂的实例之一，《红兰逸乘》说它“玲珑奇险，得蛾眉雁荡景趣”。

三、棋列星布，景石特置

“构石”之风掀起在东晋、南朝的士人园，大多采取“聚石”的方式，宋代艮岳的“阳华宫石林”则为“布列太湖石”，呈“棋列星布”状：

> 入苑经广于驰道，左右大石，皆林立……（石）以神运、昭功、敷庆、万寿

① 清沈复：《浮生六记·浪游记快》作家出版社1996年，第102页。

② 〔英〕培根：《欧洲哲学史简编》上卷。

> 峰而名之。独“神运峰”广百围、高六仞，锡爵“盘古侯”，居道之中，东石为亭以庇之，高五十尺，御制记文，亲书，建三丈碑，附于石之东南 。其余石，或若群臣入侍帷幄，正容凛若不可犯；或战栗若敬天威；或奋然而趋，又若伛偻趋进，其怪状余态，娱人者多矣！……①

石林布局，有主次、呼应，且从布石的相互位置与形象中，反映出封建等级秩序。广泛地将山石置于水畔、路边、树下、墙隅等地。或按所谓“攒三聚五”、“散漫理之”的作法“散置”，仿山岩余脉，或仿山间巨石散落，或似风化后残存岩石，有聚有散、有断有续，主次分明，“石必一丛数块，大石间小石，然后联络。面宜一间，即不一向亦宜大小顾盼。石小宜平，或在水中，或从土出，要有着落。”② 如果山石所在的空间较大，可以将数块山石叠置在一起，以增加体量，称“群置”。

早在南朝梁时，到溉第居“斋前山池有奇礓石，长一丈六尺”③。如果石峰具有完整的构图、秀丽的姿态、古拙奇异的形体，可以成为园林中独立的观赏的“景石”。景石放置时有的特设基座，有的则半埋土中，颇显自然，称为“特置”。园林石峰的叠置，应追求旋律的多变，石峰外形轮廓或高或低，或凹或凸，或透或实，或皱或平，具有强烈的韵律感。石峰有的刚中有柔，有的如行云流水，有的风骨铮铮，有的像人，有的拟物，犹如半抽象、半具象的雕塑，介于似与不似之间，令人百看不厌。景石的设置，必须从园林空间的总体布局、环境背景、石型特点、观赏位置等方面综合考虑，或墙角、或树下、或贴壁、或临池、或当窗、或对户、或迎人、或独立、或伴竹、或友梅、或倚松、或负藤，并无定式。在洞门漏窗之外，宛如尺幅小景；置粉墙白壁之下，俨如山水图画。变化多姿。景石之设置，妙在姿态，重在背景，贵在神韵，高在意境；宜宛转得势，引人遐想；要含蓄有情，耐人寻味；忌过分奇巧，故弄花招，拙劣模仿，搞十二生肖。

“石令人古”④、“奇石尽含千古秀”，石蕴涵着太古的历史意韵，具有“古”的文化品格，反映了文人对史前文化的一种恋旧心理，“古”也就成为中国文人赏石的审美传统。“天地至精之气，结而为石”⑤，石是大自然的精灵，它具有返璞归真的自然美，在天人合一精神的观照下，文人们亲石、爱石、赋石以灵性、以人格，强烈地表现了人和自然的融合。唐白居易对太湖石，“待之如宾友，视之如贤哲，重之如宝玉，爱之如儿孙”⑥，宋代书画家米芾爱石成癖，竟拜石称兄，清郑板桥见到柱石图，想到了陶渊明不为五斗米折腰的傲骨，他们不仅因为它是“万古不败之石”，而且看到了石所特具

① 宋祖秀：《华阳宫记》，见《东都事略》。
② 明龚贤：《画诀》。
③ 《南史·到溉传》。
④ 明文震亨：《长物志·水石》。
⑤ 宋孔传：《云林石谱序》。
⑥ 唐白居易：《太湖石记》。

的外在的和内蕴的品格美。宋明清三代，形成了系统的品赏理论：郑板桥说："米元章（芾）论石，曰瘦、曰绉、曰漏、曰透，可谓尽石之妙矣。"① 清李渔《闲情偶寄·居室部·小山》也说："言山石之美者，俱有透、漏、瘦三字。"宋苏轼认为"石文而丑，一丑字，则石千态万状皆从此出。"郑板桥说米元章"但知好之为好，而不知陋劣之中有至好也"。他说自己尝画之石，乃"丑石也，丑而雄，丑而秀"，清刘熙载《艺概》说："怪石以丑为美，丑到极处，便是美到极处，丑字中丘壑未尽言。"综合古人对景石的品赏，以透、瘦、皱、漏、清、丑、顽、拙为最主要的标准。

透，即玲珑多孔穴，光线能透过，使外形轮廓飞舞多姿，李渔所谓"此通于彼，彼通于此，若有道路可行，所谓透也；瘦，即峰要秀，棱骨分明，李渔所谓"壁立当空，孤峭无倚，所谓瘦也。"皱，外形起伏不平，明暗变化而又富有节奏感，实即同于绘画之皴，指石之表面多皱，如同画笔皴出的纹理。漏，石峰上下左右窍窍相通，有路可通，李渔所谓"石上有眼，四面玲珑，所谓漏也"。"透瘦漏皱"皆就石峰的外部特征而言，而且主要是对太湖石形态的审美评价标准。就石峰的内质特征即其气势意境而言，还有"清丑顽拙"之特征：清者，阴柔之美；丑，奇突多姿之态，它打破了形式美的规律，是对和谐整体的破坏，是一种完美的不和谐；顽，阳刚之美；拙，浑朴稳重之姿。

中国古典园林中的著名景石有：

北京的"青芝岫"（图2-29），安置在颐和园"乐寿堂"前，大石如屏，长三丈，广七尺，色青而润。"青莲朵"，是清长春园中之园"茜园"中所置奇石，现存于北京中山公园内。石为浅灰褐色，着水后呈淡粉色并出现点点白色，如夕阳残雪，并"具玲珑刻削之致"，自然状态如花②，为艮岳遗物。北京还有"青云片"等。广州著名奇石有"九曜石"，在五代后汉主刘䶮的宫苑"九曜园"内，用九块太湖奇石叠成，据《粤东金石略》载："石凡九，高八九尺，或丈余，嵌岩峰兀，翠润玲珑，望之若崩云，既堕复屹，上多宋人铭刻。"另还有"鲲鹏展翅"等。

图2-29　青芝岫（颐和园）

江南的景石数量多、质量也高，具有独特的观赏价值。号称"江南三大名峰"的是"瑞云峰"、"皱云峰"

① 清《郑板桥全集》。
② 清吴振棫：《养吉斋丛录》卷二六。

和“玉玲珑”。童寯《江南园林志》说：“江南名峰，除瑞云之外，尚有皱云峰及玉玲珑。李笠翁云：‘言山石之美者，俱在透、漏、瘦三字。’此三峰者，可各占一字：瑞云峰，此通于彼，彼通于此，若有道路可行，‘透’也；玉玲珑，四面有眼，‘漏’也；皱云峰，孤峙无倚，‘瘦’也。”

原为苏州留园的著名石峰“瑞云峰”（图2－30），峰高5.12米，宽3.25米，厚1.3米。高大且秀润，涡洞相套，褶皱相叠，状如“云飞乍起”。为北宋“花石纲”遗物，石上刻有“臣朱勔进”四字。据明袁宏道记载：“此石每夜有光烛空”，“妍巧甲于江南”①。苏州著名的“留园”三峰：冠云峰、岫云峰、朵云峰，造型意境本于《水经注》中的“燕王仙台有三峰，甚为崇峻，腾云冠峰，高霞翼岭”。冠云峰，也为北宋遗物，“如翔如舞，如伏如跧，透逾灵璧，巧夺平泉”②，高耸如展，极嵌空瘦挺之妙，孤高特立，磊落清秀，阴柔浑朴。高达6.5米，峰顶似雄鹰飞扑，峰底若灵龟昂首，呈“鹰之龟”之形态。朵云峰，多孔多皱，体态宽阔，文理丰富，层棱起伏，空灵剔透；岫云峰，题名取自陶渊明《归园田居》中“云无心以出岫”诗句。雄浑高耸，涡洞相连，颇有奇趣。

上海豫园的“玉玲珑”（图2－31），亭亭玉立，高4米，宽2米，石体内有72孔，四面八方洞洞通窍，一孔注水，孔孔出水，焚香一孔，上下孔孔冒烟，奇巧无比。清诗人陈维成《玉玲珑石歌》称其“一卷奇石何玲珑，五个巧力夺天工。不见嵌空皱瘦透，中涵玉气如白虹……石峰面面滴空翠，春阴云气犹濛濛。一霎神游造化外，恍疑坐我缥缈峰。耳边滚滚太湖水，洪涛激石相撞舂。庭中荒甃开奁镜，插此一朵青芙蓉。”“压尽千峰耸碧空，佳名谁论玉玲珑。焚音阁下眠三日，要看缭天吐白虹。”

杭州的皱云峰（图2－32），现存杭州缀景园，为英石所叠置。英石，产于广东英德县，“色积如铁，具迂回峭折之致”，质稍润，细蕴绵联。峰高2.6米，狭腰处仅为0.4米，形同云立，纹比波摇，如行云流水，十分空灵。

图2－30　瑞云峰

图2－31　玉玲珑

图2－32　皱云峰

---

①　明袁宏道：《园亭纪略》。

②　清俞樾《冠云峰赞有序》。

著名的观赏石峰还有很多：如常熟“虚廓园”的四面厅式的“水天闲冶”庭院中有一湖石名“妙有”，园主曾之撰在记中说：“余营虚廓园，依虞山为胜，未尝有意致奇石，乃落成而石适至，非所谓运自然，妙有者耶，即书‘妙有’二字题其额。石高丈许，皱、瘦、透三者咸备。”现置常熟人民公园内的“沁雪石”，原为元赵孟頫莲花庄园鸥波亭前名峰，为“皱”的代表。表面石纹如海浪相叠，又如雪压琼枝，意境清远。《西湖游览志·南山胜迹》载：“‘一片云石’，在风篁岭上，高可丈许，青润玲珑，巧若镂刻，松磴盘屈草莽间，有石洞，堆砌工致，巉岩可赏。”宋徽宗造御园“艮岳”时，曾命苏州人朱勔负责采办奇石名卉，叫“花石纲”，后事败，朱氏被杀，许多还来不及运走的太湖石遗留在苏州，元代时就被引进园林作为观赏石峰，如元代狮子林有狮子峰、含晖峰、吐月峰、昂霄峰、立玉峰等著名石峰，今苏州留园就有大小石峰30余座。

景石具有的某些外形特征，借助文学题名的启示，还可使人们获得“妙在石头之外”的深层意蕴。清嘉庆年间的留园主人刘恕，酷爱奇石，他收罗湖石十二峰，一一赐以嘉名，分别是：奎宿、玉女、箬帽、青芝、累黍、一云、印月、猕猢、鸡冠、拂袖、鲜掌、干霄。石名与石形大多在似与不似之间。

独立石峰的配置，讲究意境，巧妙配置，自成妙趣。如留园十二峰中的“印月峰”，置于园中部水池东侧，峰石中有一天然涡孔，形如盆口，倒影池中，恰如一轮满月，垂手可掬。园主刘恕特将峰西南的亭子命名为“掬月亭”（今名濠濮亭），并在峰旁亭边垒砌数级石台阶，似乎专为掬月者所用。这轮水中“明月”，无论昼夜朔望、阴晴雨雪，皆可娱目。刘氏不无得意地形容此峰曰：“一隙仅容月，空明洞碧天。凌虚忽倒影，恍若月临川。”清潘奕隽写出了赏峰意境：“我欲乘风到广寒，琼楼矫首路漫漫。何当秋月如珪夜，来看瑶峰上玉盘。”

留园东部书房“还读我书斋”西面天井内，当窗立有湖石“累黍峰”，该峰表面上生有累累黄豆般大小的晶体颗粒，如黍米，大概有“书中自有千钟黍”的内涵，以鼓励子弟们刻苦读书。潘奕隽的诗则写得颇为堂皇：“累累直疑从黍谷，移来或恐是愚公。还须更乞麻姑手，撒与茅檐聊御穷。”

苏州怡园“石听琴室”北窗下，置石两块，均无秀美之姿，也无顽劣之状，但一石直立似中青年，一石佝偻似老人，静静地伫立窗外，似乎正在专心致志地听琴，室内主人弹琴，北廊是取意落涧奔泉的半亭“玉虹”，共同组成了高山流水得知音的意境。这里二石成了室内操琴者的知音，获得了纯粹的人格意义（图2－33）。

北海养心斋水池中有一象征须弥山的奇石，水中有睡莲（图2－34）。须弥山即妙高山，佛典以三个大千世界为一佛土，每一大千世界由无数小世界所构成，每一小世界之中心是一座须弥山，须弥山即妙高山，原为印度神话中的山名，它位于世界中心的金轮之上，顶峰居帝释天，四面山腰为“四天王天”，山周围被香水海包围，佛教把须弥山称为“一小世界”。须弥山世界是佛教世界观中的最小单位。佛国净土即由无数个这样的须弥山世界所构成。佛教以淤泥秽土比喻现实世界中的生死烦恼，以莲花比喻清净佛性，莲花于是成为“佛花”，为佛土神圣洁净之物，成为智慧与清净的象征。而佛教所称莲花正是睡莲。

图2-33　听琴石

图2-34　须弥山

景石与植物配置也遵循一定的原则，如：松下之石宜拙，因为松树挺拔偃蹇，蟠曲质朴，苍老劲健，深沉厚重；宜置粗夯顽拙、雄浑简率之石。梅边之石宜古，因为梅花铁骨铮铮，冰心莹莹，高古典雅，超凡脱俗，宜置婉转险怪、古色古香之石。翠竹修长挺拔，高节虚心，幽声细细，清香脉脉，故宜置颀长瘦削、如笋似剑之石。如留园石林小院洞天一碧东面的小天井里，修竹丛中，有一青灰色的斧劈石，挺拔峭削，名“干霄峰”。

【第三节】

园林理水艺术

我国山水园中的理水艺术，凝聚了历代造园艺术家和匠师的经验，园林中的江湖、溪涧、瀑布等既来自自然，又高于自然，是对自然之水的提炼、概括。理水的原则是：

水面大则分，小则聚；分则萦回，聚则浩渺；分而不乱，聚而不死；分聚结合，相得益彰。水有源头，流随山转；穿花渡柳，悄然逝去。瀑布落泉，涧湾深潭，动静相兼，活泼自然。

理水手法有：分、隔、破、绕、掩、映、近、静、声、活等十种。造园家必须根据主题意境，因地制宜地进行规划，匠心独运地巧妙设计。

一、水体得天然之趣

中国园林中理水的意境和手法，源于自然界的湖、池、潭、湾、瀑、溪、渠、涧等。自然界的水体形态丰富多样，古典园林中的水体，既要师法大自然，又要高于自然，绝对不能对自然水体进行生硬模仿或简单浓缩，而是对自然水体作抒情写意的再创造，大多取其意境的联想。体现"一勺则江湖万里"的"写意"创作原则。如苏州网师园中的彩霞池，以虎丘山的白莲池为蓝本，但并没有完全模仿，它根据"渔隐"的主题，将半亩水面处理得浩森清旷，具有水乡漫漶之感。

苏州拙政园中部的水面，以太湖中的山为模仿对象，但创造的是"海中三神山"的传统主题。园林水体一定要得天然之趣，园林中模仿自然界的水体形式主要有以下样式：

池塘。采用条石、块石或片石砌筑成整齐的驳岸，莳荷花、养鱼，供人观赏。水体比较规整，呈几何型，在自然山水园中很少见，一般筑于寺院、祠堂、会馆、书院、宅邸等建筑群中的庭院间。但庭园中也偶然采用，如苏州曲园的"曲水池"、天平山庄的"鱼乐国"都呈规则型水体。

湖泊。这是古典园林最常见的水型，呈不规则状，驳岸起伏凹凸，岸边垂柳拂水，草披入池，萍藻浮水，湖面贴岸，令人产生浩森荡漾之感。有的湖中建桥、设岛、筑矶滩。如颐和园中的昆明湖、承德避暑山庄的塞湖（图2－35）以及私家园林中大部分水体。

江河。不规则带型分岔水体，蜿蜒曲折，一般以土岸为主，散置自然石块，岸边点缀藤蔓植物，自然朴野，源远不尽，以状写江河景色。如颐和园后山下的河流、拙政园东部曲水、留园西部的"之"字形小河等①。

图2－35　承德避暑山庄塞湖（《避暑山庄与外八庙》）

山溪与谷涧。山溪，指带形曲折的水面与山峦形成的景象。如苏州拙政园西部塔影亭和艺圃南斋小院一带的溪流，岸边全用自然石叠置，造成溪水湍急、冲刷河床、石骨嶙峋的景象。谷，指自然幽谷，不一定有水，如耦园东园黄石假山中的"邃谷"；涧，溪流不断的山涧，如留园"闻木樨香轩"侧的溪涧，涧口设一小岛，增加了水涧的层次和深度（图2－36）；网师园的"槃涧"，叠石不多，用水闸、"待潮"摩崖等，却能造成源头深远、余意无穷的意境。

濠濮。水位较低的狭长水面与山形成的景象。有两山夹岸、水充其中的感觉。耦园东部的假山东侧，临狭窄的水面处叠成悬崖峭壁，驳岸采用的是竖向岩层，在水中倒影的映衬下，更显得高耸，与低水位的池面形成强烈对比，池面高架石板桥，衬托出水体

① 在中国古典园林中，因"江河"容易使人产生船行如梭的世俗奔竞之状，故往往称"海"。

的高深，创造出濠濮景观。视觉上又有高远山水的意趣。

图 2－36　留园“闻木樨香轩”侧的溪涧

瀑布。“水之为声有四：有瀑布声，有流水声，有滩声，有沟浍声”①。园林中都有对自然界瀑布的模仿，以获得既赏心悦目又悦耳的艺术效果。筑于清雍正、乾隆年间的扬州“江氏东园”的人造瀑布，颇得造景设瀑之妙，且具天然之趣：园墙外东北角，墙上置有木柜，下凿深池，可以开闸注水为瀑布，引入俯鉴室；瀑布又“冲过垒石，太湖石石罅八九折，转折处多为深潭，瀑水雪溅雷怒，破崖而下，委曲蔓延，与石争道，胜者冒出石上，澎湃作声，不胜者或伏流尾下，乍隐乍见，至池口始喷泻”。无锡的寄畅园，用黄石假山砌成的“八音涧”，二泉细流，在涧中盘曲跌落，琮琮有声，使人仿佛置身于深山曲谷之中（图 2－37）。李氏的“清华园”，“环池通舟，前后汪洋，直若薮泽。莲芡菰蒲，兼以水稻”，水阁山洞，叠石激水，形如帘，声如瀑。南京“瞻园”在假山坳深处涌出的“普渗泉”，水面宛如明镜；泉水流经“双曲桥”，过“三友亭”、“扇西亭”，越小溪，与西部山水瀑布汇合，泉水流通回环，或分或聚，令人扑朔迷离。苏州环秀山庄西北角假山，利用屋顶雨水，在东南角的假山上于石后设小槽承受雨水，由石隙宛转下泄，流注池中，形成小瀑布景观；苏州狮子林“听瀑亭”旁的人工瀑布，采用水柜蓄水法，山洞中出湖石五迭，下临深潭，水闸一开，形成五迭瀑布。

渊潭。指空间狭窄而深邃的水面。如沧浪亭假山西部的石山坳谷间，在陡峭的石壁下，凿一小池，犹临深渊，称“流玉潭”，石壁上有“流玉”两个篆书摩崖，似乎碧玉般的清泉从山石上源源不断地流入小池，给人以“清泉石上流”的无尽美感。

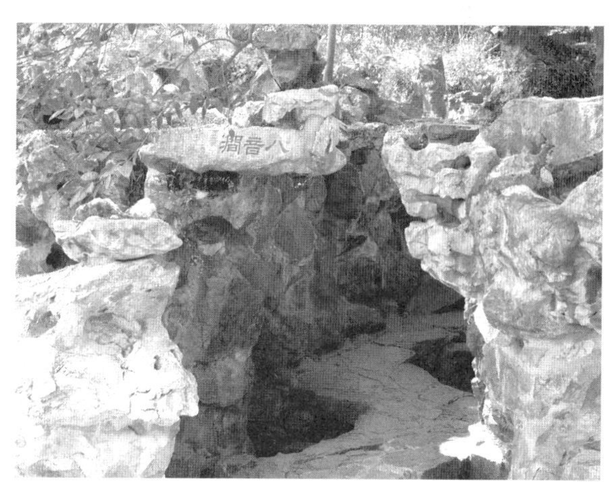

图 2－37　无锡寄畅园“八音涧”

天池。模拟大自然中的天然水池。如绍兴徐渭的青藤书屋，在小天井中凿一蓄水池，方不盈丈，不涸不溢，号为“天池”；苏州残粒园，也

① 清张潮：《幽梦影》。

有一个写意小天池。

源泉。既有对天然源泉的艺术加工，又有模拟自然的创作。如网师园的“涵碧泉”和环秀山庄的“飞雪泉”，都是对天然泉水进行艺术再加工的成果。在地下水位较高的苏州，还往往采用在池底挖井以沟通地下水的办法。今苏州怡园、拙政园、留园、狮子林、吴江退思园等的水池中都挖有井。

为了使园林水体具有天然之趣，池岸的自然处理至关重要。“水本无形，因岸成之”。池岸有石岸、土岸之分，土岸更接近自然，但又极易因雨水冲刷而崩塌，故纯粹土岸较少见，主要采用叠石岸，间以石壁、石矶，或临水建水阁、水廊等，使池岸形态活泼多变，接近自然。

堆叠石岸尽可能不用规则式平石砌齐，而采取岩、矶、滩、浦、堤、岸结合，有高低进退弯曲回环的变化。当岸边建筑物较规则时局部采用，如颐和园、北海。水岸自然处理时有平岸、缓坡、陡坡、石壁之分，分别采取土、石、沙、岩等类型。为了护坡和观赏，岸边可种花木苇草等植物。为了石岸下的稳定，应有基础或基桩。无论溪池，岸线要自然曲折而且富于变化，用屋漏痕笔法划定线型，以乱石、崖壁、岩矶、土坡、沙浦、芦汀、柳岸等多种形式（每处不能同时用太多形式，避免杂乱）因地制宜处理，造成曲折凹凸，纵横交错的形式，这就是造园家所说的“破”。如南京“瞻园”临水池有低平的大石矶两层，中有悬洞，或凹或凸，忽高忽低，岸线变化丰富，充满着自然意趣。沧浪亭外的水岸，用嶙峋的黄石叠成参差错落的驳岸，极富自然之趣，且催人想像。

石矶，是与水体密切联系的一种叠石，模仿的是自然岩石河床，湖岸略凸出水面的景象。在水位不稳定的情况下，往往叠成层层低下的不规则阶梯状，以便在不同水位时都能保持岸边低临水面、湖水荡漾的景象，还可形成一种岩石湖床的矶滩景象，丰富池岸线的空间造型，而且还可以供游人坐石临流、嬉弄碧波。亭、榭、桥、堤、矶岸、月台、汀步等均应尽可能接近水面。岸边应大部分接近水面，或以矶岛伸入水面，注意一个“近”的原则。在岩岸下可有水洞以造成深不可测之幽趣。石上藤萝及岸边垂柳拂水也很有诗意。网师园彩霞池驳岸间以石矶，均用黄石模拟自然山貌水平层状结构叠成，低平开展与主山横向层理造型协调而产生韵律，使之成为岸边“云岗”假山山脚余脉的收头，与池东北侧的黄石山洞成崎角之势，构成均衡（图2－38）。

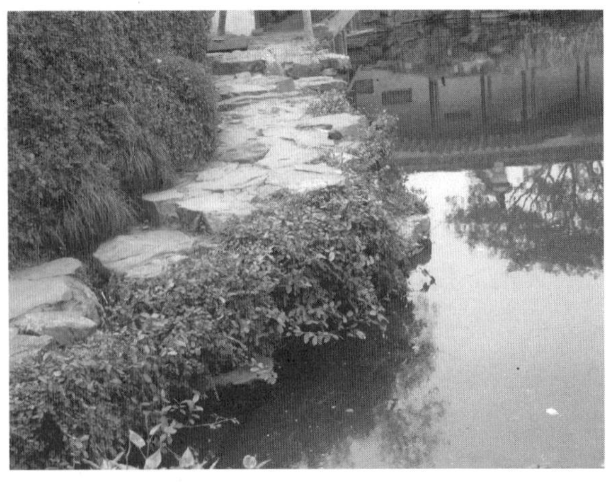

图2－38　驳岸（网师园）

建筑可悬出或浮架水上，别有情趣，宜于赏月。如苏州网师园彩霞池西端的“月到风来亭”，就挑出在水面之上，犹如小岛，在此可欣赏到水面上天光云影共徘徊的无限美景。为了保持池水水位稳定，可设堤闸。不同坡度及材料的岸线交接时应注意自然过渡，天衣无缝，浑然一体。池水四周不同景物（建筑、墙面、山石、树木、花草、矶台、栏杆、石幢、灯塔等）的配置要对应有序，又要变化对比。岸边游路与岸线若接若离，时近时远。

叠石池岸还常常有自然式踏步下达水面，以便于临水，也使池岸形象富于变化，更接近自然。

在中国古典园林中，几乎是无园不水，无水不园，一般来说，以山为主体的园林，水作为从体，多作濠濮、溪流、渊潭等带状萦回或小型集中的水面；在以水为主体的园林中，则水多采用湖泊型，辅以溪涧、水谷、瀑布等，较大的园林往往是多种水体同时存在。

二、大分小聚，水有源头

“大分小聚”，这是理水的基本原则。大型的水面处理，如湖泊、池沼，大都是用天然水面略加改造而成。如杭州的西湖、广东惠州的西湖、北京的三海、颐和园中的昆明湖等。为了不致感到开阔水面的单调感，就要“分”，即将水面分割成大小长短深浅曲折等形状不同的景区。完成分的手段是“隔”，即用堤、闸、桥、廊、亭榭、岛、散石、汀步、矶、树（一棵横斜伸入水面上空的树）、花（荷、菱等）、石幢灯笼（如三潭印月）等。

堤，是用土石等材料修筑的挡水高岸，一般宜直不宜曲，宜短不宜长。堤上植树，疏密相间，高低错落。长堤可设不同类型的桥，桥上还可建亭廊。既分割了水面，丰富了空间层次，增加了空间深度，又丰富了景境色彩。如杭州西湖用苏堤、白堤等划分水面空间，形成不同的水域。承德避暑山庄的“塞湖”则由“如意湖”、“澄湖”、“上湖”、“下湖”、“银湖”、“镜湖”、“半月湖”、“西湖”等八个水面构成，曲折逶迤，层次丰富。其中的上湖、下湖是由标高不同的水域分成的，相连的地方用跨水的“水心榭”桥，桥下因水落差而形成长宽的水幕。扬州瘦西湖，则在桥上建五亭，既分割了水面，又形成极为重要的一景。岛在园林中也是划分水面空间、增加层次、打破水体平淡单调，获得分而不断的艺术效果。如颐和园中的昆明湖占了全园五分之四以上，水面用几处岛屿点缀其间，又以长堤和大小桥梁连结，使湖面空阔又不呆板。西堤六桥是模仿苏轼的西湖苏堤，自万寿山西面的柳桥起，自北而南依次为豳风桥、玉带桥、镜桥、练桥，直到湖的南端界湖桥，贯穿昆明湖的西半部，组成一条长达 5 里的游道，沿堤垂杨拂水，碧柳含烟。水中一岛与万寿山互为对景。岛东岸边，气势雄壮的十七孔长桥伏卧波心，桥南凤凰墩安踞湖中。

苏州最大的水景园拙政园的水体处理是江南园林中的上乘之作。全园水体处理以分为主，富于层次和变化，故全园水体类型丰富，且相互沟通。但还是留出较大的水面，使主次分明。中部的水面约占三分之一，它利用原来的水源条件，开凿横向水池，以聚水为主，水面甚为宽阔，造园家在水中垒土构成东、西、南三座岩岛，都有曲桥相互贯通，居中的“雪香云蔚亭”陡而高，分别用小桥、短堤连接“待霜亭”和“荷风四面”亭，形成不对称的均衡关系。园中水体的灵活处理也创造出了不同的艺术氛围：远香堂南面景区的森郁北面主景区的泓阔，梧竹幽居亭西望的深远，小沧浪水院的静谧，见山楼南岸的疏野，柳阴路曲的婉致，营构出道家“清静”、“自然”“合一”的气氛。

小园的水体聚胜于分，聚的布局使水面辽阔，有水乡漫漶之感。如被誉为“小园极则”的网师园，以水面为主体，水面集中作湖泊型，以显其宽，突出了“网师”、“渔隐”的主题，仅仅400平方米的水面，却给人以湖水荡漾之感。为了刻画湖泊特征，造园者利用了水面最长流向于西北、东南这一对角线布设桥梁及水湾，加大水面的绝对纵深，藏源隐尾，深奥莫测；架设桥梁别具一格，将绘画中“近大远小”的透视原理应用于园中，采用石拱桥加大透视感，造成空间距离较实际状况略大的错觉；黄石池岸皆低临水面，高低凹凸有致，配以石矶、钓台、池边的假山蹬道，洞穴隐现，丰富岸边变化，加大空间距离，以衬托出水广波延、源头不尽之意；沿水建筑及建筑布局上，也采用一离岸一临水，建筑尺度较其他园林的尺度为小，达到“小中见大”，同时，临水建筑的基座采用干栏式或利用山石叠成涵洞式，水流入建筑之下，造成弥漫不尽之意。

孔子曾说：“仁者静。”重视仁义与道德的中国文化传统，使中国人喜欢静观或观静，所谓“万物静观皆有得”、“宁静以致远”、“水令人远”，因此也极大地影响了中国古典园林中的理水手法，即水面均以静赏为主，即使是溪流也处理得悠然蜿蜒，清漪微涟，与西方园林中水景以动态为主恰成鲜明对比。

但中国古典哲学也懂得《易经》所说的“天行健，君子以自强不息”这一规律，所以园林中虽以静为主，也适当有动，颐和园、避暑山庄、北海等大型水面不仅仅是供坐观静赏，而且往往可以开展多种水上活动，如划船、游泳、滑冰、养鱼、植莲、采菱、钓鱼、放烟火、观看彩灯与冰灯等。注意了动静兼顾的布局。例如激流、瀑布、滴泉等，可以产生清音天籁。开设戏台，看演戏、观舞蹈，开辟练兵场、牧场，进行练兵、比武、骑马、打猎等活动。

理水还要讲究掩映。所谓“掩”，就是用山石、树木、建筑、堤桥等掩蔽岸线及水流、水口、水源，造成烟水迷离、菰蒲缥缈，来去悄然、幽邃深隐的效果，甚至深藏不露，不尽尽之；“映”，指的是池面不宜完全掩蔽，宜适当开敞以便倒影天光云影，亭廊桥堤、花木岛屿、山峦矶岸等，以扩大空间，并在夜景中邀月招云。掩映是造成景境层次与深度效果的重要手段。如又长又直的西湖长堤，造园家布置了六座拱桥，利用起拱高度遮掩视线，加上两边垂柳笼罩，摇曳多姿，号称“六桥烟柳”，使“苏堤春晓”一景名不虚传。

“为有源头活水来”，沟通水系，引活水入园，或在池中挖井泉，使池水不断更新，这是中国园林理水的先决条件。选择园址的时候，就已经充分地考虑到周围天然水体形态的优劣，尽可能利用川、泉等天然水体。唐卢照邻在茨山下，“买园数十亩，疏颍水周舍”①，唐许敬宗在《小池赋应诏》② 中说：“爰筑小池，依于胜地，引八川之余滴通三泾之洋泌……”李德裕之平泉庄也是“有虚槛，引泉水，萦回穿凿，像巴峡洞庭十二峰九派，迄于海门”③。宋洪适在《盘洲记》中描写“双溪掖岸，泓汙湾洄，风生文漪，一眄无际，‘芝泉’之所通也。”宋李格非《松岛园记》载，园“自东大渠引水注园中，清泉细流，涓涓无不通处”。明邹迪光的“愚公谷”，园中之水，是引的黄公涧水入园而成的。涧凡三折，有五道堤堰，景物大致在涧的左右上下④。明许自昌的“梅花墅”，用暗渠引水，园内皆水⑤。苏州东山的“曲溪园”，直接引太湖水入园。承德避暑山庄疏通了三条水源：武烈河水、热河泉、山庄山泉。源藏充沛，引水不择流。“人工开凿力求符合自然之理，理水成系，使之动静交呈，由泉而瀑，瀑下注潭，从潭引河，河汇入湖，引池通湖，还刻意创造了萍香泮、采菱渡等野色”⑥。苏州地处江南水网地区，地下水位较高，多有地表水、积水池塘及泉水，故往往可以利用原有的地表水或因低洼处稍加疏浚因水成池，如拙政园、耦园等。不能直接与园外水体连通的园林，则采用池底挖井的方法，使园内地表水与移动的底下水沟通，以改善水质。

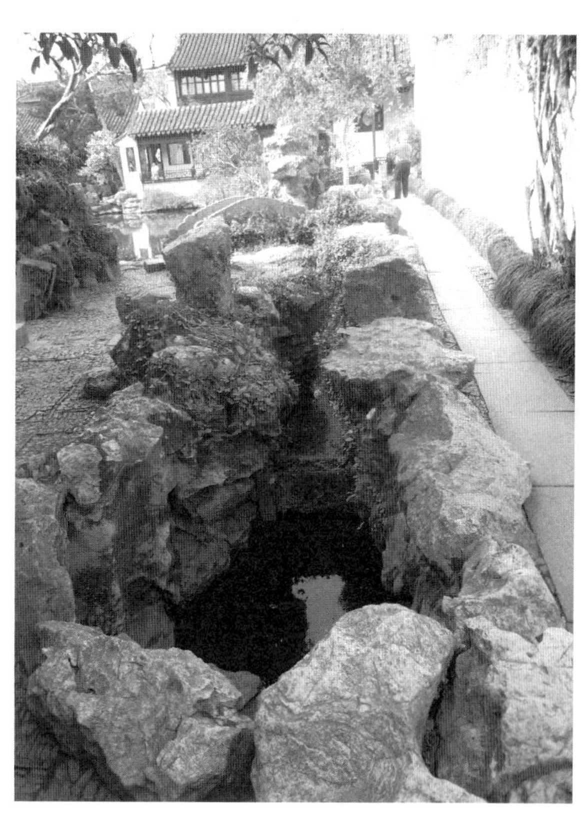

图 2－39　槃涧（网师园）

在园林理水的处理中，除了实际源流的技术处理外，还注意在艺术上对水的源流所作的处理。如设计支流水口以象征水的来源去流，有的延伸为溪涧、濠濮等。最重要的是水口的处理。园林中常采用建筑物和叠石等方法来处理。水口建水榭、水亭、水

① 《新唐书·卢照邻传》。

② 《全唐文》卷一百五十一。

③ 宋王谠：《唐语林》卷七。

④ 明张岱：《陶庵梦忆》。

⑤ 明钟惺：《梅花墅记》。

⑥ 孟兆桢：《避暑山庄园林艺术》紫禁城出版社 1985 年版，第 36 页。

廊、水墙等，其台基处理成内凹悬挑，或取干栏意匠，使水面延伸至建筑物下部，实际上已经是水流的尽端，并不通透，却造成水流不尽之意。苏州鹤园在水口架以小桥，颇有源头深远之意。用叠石做成山涧、石窦之类，以象征水之源头。用涵洞之类处理水口，也可以唤起水流穿越的动态联想。

水的来源和去向均以隐蔽为佳，水流本身也要忽隐忽现，产生深远幽奥效果。建筑与桥梁一般要贴近水面，尺度要与水面大小适应。网师园以曲桥和拱型小桥“引静”分别将西北角的水和东南角的水与大池分开，造成源流不断的样子。特别是“引静桥”分出的一条“槃涧”小溪，小桥桥身仅长2.45米，宽0.92米，岸边立石上刻有“待潮”二字，立石下面水涧有一50公分见方的花岗石小闸门。幽壑窄涧、袖珍小桥、微型闸门，比例匀称。因桥小而不觉涧窄，涧窄而不觉桥小，桥小又衬托出园中彩霞池面之宽阔，虽咫尺之间，水宛如从远方来，泉流铮琮，余意绵绵（图2－39）。

三、山因水活，水随山转

宋郭熙《林泉高致·山水训》云：“水，活物也。其形欲深静，欲柔滑、欲汪洋、欲回环、欲肥腻、欲喷薄、欲激射、欲多泉、欲远流、欲瀑布插天、欲溅扑入地、欲渔钓怡怡、欲草木欣欣、欲挟烟云而秀媚、欲照溪谷而光辉，此水之活体也。”又说：“山以水为血脉，以草木为毛发，以烟云为神采。故山得水而活，得草木而华，得烟云而秀媚。水以山为面，以亭榭为眉目，以渔钓为精神，故水得山而媚，得亭榭而明快，得渔钓而旷落，此山水之布置也。”

郭熙将山水之间相互的依从关系说得最清楚不过了。山水的结合，就是动静的结合，所谓溪水因山成曲折，山蹊随地做低平。颐和园后湖理水，即深谙其妙理。后湖河绕山曲，随形依势，山之坡势舒缓，水面开阔若湖；山之坡势陡峭，则水面收聚如峡，时开时合，有山穷水复曲折幽邃之意趣。沿岸树木荫翳，山石嶙峋，中段为著名的买卖街“苏州街”，仿江南水乡风貌，“苏州河”绕山脚曲折流淌，穿行于河边街市，耳中飘来悠扬婉丽的“评弹”，犹处身在苏州水乡的山塘街，理水可谓“意匠惨淡经营中”，且整个后湖与前山的烟水浩淼形成强烈对比。

苏州环秀山庄“一线天”一景，是以相对夹峙的陡峭山崖与天的分割衬映而形成的景境，给人以一种“天人相与”的崇高美感。

圆明园“上下天光”一景，以伸入湖水上空的两层楼台与碧水相配，营构出可视性极强的上下水天相映相叠的景境，使人们很容易生发水天一色一体的美感。留园中部池水略成方形，为了打破方形水池容易造成的呆板规整感，造园家在池东筑一小岛“小蓬莱”，并架两座曲桥使之与岸相连通，岛、桥将水面分割成两个不同风格的水区：东北向是以清风池馆、濠濮亭、印月峰和青石幢等围合成的幽僻水院；西南向则由高轩楼阁和假山茂林围合成的疏旷浩淼的水面。一池两区，水面显得生动多姿。

水流顺随着山、石、树、屋等直立而体量较大的景物因素环绕，使相互借资，相得益彰。明王世贞在《弇山园记》中介绍筑园之法说："山以水绕，大奇；水能得山相衬，又大奇。因此造园之始，先凿地为池，堆土成山；池愈广，山益高，然后再详加规划，可称独为一家之言。"山与水结合组成各种不同的意境。除了传统的代表道家思想的"一池三岛"模式外，还有如圆明园的"九州清晏"，是在水中置九座小山，这一山水景观象征华夏版图"九州"或称"禹域"。苏州耦园的"山水间"，则象征着高山流水知音和"醉翁之意不在酒，在乎山水之间也"，表现了园主夫妇伉俪深情和林下风范。

图 2－40　秋霞圃野趣

山水结合，加上花木的点缀，就能创造出自然山野的气息。唐杜甫《假山·序》言："一匮盈尺，以代彼朽木……旁植慈竹，盖兹数峰，嵚岑婵娟，宛有尘外致。"① 上海秋霞圃茂树曲水，土山和黄石假山点缀其间，一派野趣（图 2－40）。

第四节

园林建筑艺术

建筑，是人类文化的重要组成部分，是中国园林中不可缺少的组成部分，它保存了大量的文化艺术瑰宝。它是人们审美要求的反映，同时又是封建社会法权的象征。"中国古建筑成型于原始社会后期到春秋战国时期，成熟于秦汉到三国时期，魏晋南北朝时期是中国原有建筑形式吸收佛教建筑时期，至隋唐两代达到高峰。宋元两代为古建筑风格的转变期，明清为渐进期，官式大型建筑完全程式化、定型化，体现在建筑形式中的封建意识已经积淀为一种心理定势。"②

中国古代建筑是一个很独特的体系，它尤其强调人与宇宙、人与社会生活的关系，它不是可以使人产生某种恐惧感的异常空旷的内部空间，而是平易的、非常接近日常生活的内部空间组合，以庭院为单位构成组群建筑；它不是阴冷的石头，而普遍采用的是

① 《杜诗评注》卷一。

② 程裕祯：《中国文化要略》第 208 页。

暖和的木质，普遍采用的是“木构架”；不是让人们去获得某种神秘、紧张的灵感、悔悟或激情，而是提供某种明确、实用的观念情调。它的美学精神可借用宗白华先生的一句话来概括：“于有限中见到无限，又于无限中回归有限。”正是这种美学精神，传达了中国人对“宇宙图案”的奇特感观，创造了古建筑的灵魂。

一、中国园林建筑的功用价值

园林建筑能够满足人们生活活动、感官愉悦的价值，即园林建筑的功用价值。

中国园林所属性质、地域的不同，决定了建筑风格、空间组合形式和色彩的不同。皇家园林建筑体量大、装修豪华、色彩金碧辉煌，表现出恢弘堂皇的皇家气派；江南私家园林建筑轻巧、玲珑、纤细、通透、朴素淡雅，表现出秀丽、雅致的风格。但就园林总体而言，中国园林建筑与欧洲古典园林以建筑为中心、不惜使自然建筑化不同，它在园林中居于次要地位，往往表现出建筑自然化的特点。从局部讲，建筑又往往成为景域构图的中心。这与英国、日本的风景式园林异趣。

园林中单体建筑的实用功能，古人常用“堂以宴、亭以憩，阁以眺、廊以吟”概言之。它们可以单独构成景点和用作实用建筑物。

园林建筑都采用木构架结构方式和运用屋顶、柱廊、台基三个部位组合而成，其单体建筑类型十分丰富：

厅堂。用长方形木料（即扁作）做梁架的称厅；用圆木料做梁架的称堂。厅者，“取以听事也”。用来会客、宴会、行礼、观赏花木。以外观分，有大厅、四面厅、鸳鸯厅、荷花厅、花篮厅、花厅等类型（图2－41）。《园冶·屋宇》：“古者之堂，自半已前，虚之为堂。堂者，当也。谓当正向阳之屋，以取堂堂高显之意。”

轩馆。《园冶·屋宇》：“轩式类车，取轩轩欲举之意，宜置高敞，以助胜则称。”轩的样式，类似古代的车子，取其空敞而又居高之意（参见图2－42）。适宜建于高旷之处，对于景境有利，便为相称。这是南方园林建筑的特有形式，三面敞开，精致轻巧，产生轩昂高爽之感。如留园的“闻木樨香轩”、“小山丛桂轩”等。《园冶·屋宇》：“散居之居曰馆，可以通别居者。”意即暂时寄居之所曰馆，亦可通往另一个住所。馆的规模大小不一，朝向不定，和一小组建筑群联在一起，一般馆前皆有宽大的庭院。拙政园的卅六鸳鸯馆和十八曼陀罗花馆北临广池，南筑高墙封闭，四角设置耳房为出入口，形体独特，为国内孤例。

图2－41　狮子林花篮厅剖面图（引自《苏州园林营造录》）

图 2－42　拙政园的满轩立面图（引自《苏州园林营造录》）

斋台。《园冶·屋宇》云："斋较堂，惟气藏而致敛，有使人肃然斋敬之意。盖藏修密处之地，故式不宜敞显。"斋不同于堂之处，在于斋要位于园林僻静之地，不应显敞，便于人们聚气敛神。斋，也称山房。台，《园冶·屋宇》："《释名》云：'台者，持也。言筑土坚高，能自胜持也。'园林之台，或掇石而高上平者；或木架高而版平无屋者；或楼阁前出一步而敞者，俱为台。"筑土垒石为台，台高而平，不尚华丽，简雅为主，有的可登高瞭望，如虎丘的"望苏台"、拙政园雪香云蔚亭前平台；有的位于厅堂前面或临水处用花岗石砌筑的平整地面，围以细而短的石柱低栏的露台，如拙政园远香堂北面平台和留园涵碧山房北面的平台。

楼阁。《园冶·屋宇》云："《说文》云：'重屋曰楼。'《尔雅》云：'陕而修曲为楼。'"用作登高望远，多设于园的四周或半山山水之间，一般做两层。如拙政园的"见山楼"、留园的"冠云楼"、沧浪亭的"看山楼"、豫园"观涛楼"等。阁，《园冶·屋宇》云："四阿开四牖。"即四坡顶而四面皆开窗的建筑物，造型比楼轻盈，可登临以望远。如拙政园的"浮翠阁"、虎丘的"冷香阁"、留园的"远翠阁"、狮子林的"问梅阁"等。颐和园万寿山上的佛香阁，连台基高达 41 米，是全国现存最高的楼阁。

榭舫。《园冶·屋宇》曰："《释名》云：'榭者，借也。借景而成者也。或水边，或花畔，制亦随态。"形式灵活多变：在水边称水榭，建筑基部半在水中，半在池岸，也称水阁，临水立面开敞，设有栏杆。如留园的"活泼泼地"、拙政园的"小沧浪"、"芙蓉榭"，网师园的"濯缨水阁"、耦园的"山水间"等。舫，古称两舟相并为舫，外观似旧时官船，俗称旱船，又名不系舟，多建于水际，供人在内游玩宴饮，观赏水景。分头舱（俗称纱帽顶）、中舱、尾舱三部分。头舱气势轩昂，颇有气魄，实为一个开敞的轩廊；中舱内施一堂隔扇，分作内外两舱，顶为两披式，两旁置和合窗，光线充足，实为水榭；尾舱两层，歇山顶状若飞举，实为楼阁；船头为台；仿跳板的石条为桥。舫实际上成为台、榭、轩、楼、桥五种建筑的组合体。如拙政园"香洲"（图 2－43）、怡园的"画舫斋"、颐和园的"清晏舫"、承德避暑山庄的"云帆月舫"等仿船式的组合建筑。最早是宋欧阳修在衙署中建的如舟之居，题"画舫斋"，后来，这类建筑在私家园林里十分普遍，而且意境深邃，在艺术上达到神似境界①。

① 参拙著《静读园林·江湖处处范公船》，北京大学出版社，2005 年，第 236 页。

廊桥。《园冶·屋宇》云："廊者，庑出一步也，宜曲宜长则胜……随形而弯，依势而曲。或蟠山腰，或穷水际，通花渡壑，蜿蜒无尽。"变化多端地将房屋山池联成统一的整体，它是建筑群间独立有顶的通道，炎热的夏天可以遮阳，雨天可以躲雨，具有分景隔景作用，又是组织动观、静观的重要手段。廊有沿墙走廊；有循假山或土山按地形高低起伏的爬山游廊，轻巧灵活，别具自然之趣；有两边不沿墙或不贴靠其他建筑物、左右前后都可看景的空廊；有低临水面的水廊，"浮廊可渡"，如卧虹临水，景色优美，如拙政园倒影楼与宜两亭之间的一段游廊；有分上下两层的楼廊，如拙政园"见山楼"侧的两层游廊，扬州何园楼廊（图2－44）；也有两面空廊的双廊，也称复廊，如沧浪亭的"面水轩"到观鱼处的一段游廊，怡园的"锁绿轩"到"南雪亭"一段的游廊，均由两条并行的游廊组成，中间隔以漏窗花墙，以扩大空间，增加景深。颐和园前山环湖有一条273间、728米的长廊，东起邀月门，与乐寿堂相连，前经排云殿，廊中错落着留佳亭、对鸥舫、寄澜亭、秋水亭、鱼藻轩、清遥亭等建筑，西抵石丈亭。宛如一条金碧辉煌的带子，将颐和园前园千姿百态的建筑缩结在一起，游人既可欣赏昆明湖壮阔浩淼、水天一色的景象，又可细细品味长廊梁枋上画的风景人物故事"苏式"彩画，不仅是中国古典园林长廊之最，而且也是世界长廊之最，1990年收入了英国《吉尼斯世界大全》（图2－45）。

图2－43　香洲（拙政园）

图2－44　楼廊（何园）

图2－45　长廊（颐和园）

桥是园林中十分常见的单体建筑，种类颇多：贴近水面的曲桥或平桥；单孔石拱桥，如狮子林"问梅阁"山崖下的石拱桥、网师园云岗下的"引静桥"等；拙政园的"小飞虹"桥，是上面盖以屋顶的廊桥；高高飞架在重岩复岭峭壁上的是质朴自然的石梁，如环秀山庄假山上的飞梁；池边横石为桥，如秋霞圃的涉趣桥；在池水狭窄处，则用步石，又叫汀步，即古之鼋龟。如环秀山庄的涧谷中的步石。园林之桥仪态万方。

亭，《园冶·屋宇》：“《释名》：‘亭者，停也。人所停集也。’”是供人停下集合的地方。“随意合宜则制”，是为园林缀锦点翠的开敞的小型建筑。亭还有半亭和独立亭之分，半亭一般附建于两边长廊或靠墙垣的一面。如拙政园的“别有洞天”、狮子林的“真趣”等，同围廊组成不可分割的整体。扇亭是半亭的特殊形式，平面屋面均似折扇，多设在景区的转角处，如拙政园的“与谁同坐轩”等。狮子林的“扇亭”位于爬山廊西部和南部的转角处，设亭切角成圆，亭东留出一小块空间，植芭蕉、竹子，夏日傍晚，可接受来自东、西、北三面的凉风，挡住了南面的暖风，因为长廊和围墙回风的缘故，扇亭中风声大作，亭名与亭景丝丝入扣，若登亭抚琴，蕉声和曲，不啻天上人间，实为妙构（图2-46）。

佛塔是随着佛教传入中国以后才出现的，几乎成为寺庙的标志性建筑。中国寺庙园林中的塔，开始时是模仿印度佛教建筑中塔的形制，原朴意味十分浓烈。上细下粗，在印度起源于对生殖器的崇拜，开始是非中空的生殖器形石坊，后来才分出外壳和核心，变成了塔①。佛教完成中国化改造之后，中国寺庙中的塔在结构、用材、配置及装饰上都带上了浓重的中国色彩。塔的形制多样，可登临的空心塔、楼阁式木塔以及密檐式、亭阁式、覆钵式、金刚宝座式、花式、过街式、门式、多顶式、阙式、圆筒式、钟式、球式、高台式、经幢式等相继出现。塔在私家园林作为点缀物，经幢式比较多，也有楼阁式、金刚宝座式等（图2-47、2-48）。

图2-46 狮子林“扇亭”

图2-47 苏州拙政园石幢

图2-48 上海古猗园普同塔

① 〔德〕黑格尔《美学》第三卷上册。

二、中国古典园林建筑的审美价值

园林建筑蕴涵丰富的文化意义，建筑与山水花木结合，创造出的千姿百态的园林景境，陶冶人们身心、激发人们聪明才智，均属于内在价值，也即精神功能。园林山水园部分的建筑大多采用杂式建筑样式，更注重它的内在价值；而在皇家园林的宫廷区和私家园林住宅区都采用礼式建筑样式。

中国传统建筑的审美价值是和中华民族的传统礼乐文化紧密相关的。礼乐相辅，情理相依。理和礼属于伦理政治规范，是强制性的，乐和情则属于审美情趣，是自愿性的，即皈依性的。上古的人们，对天高地厚、昼明夜晦、星辰转移、旱荒洪水、风雨雷电等自然现象表现出敬畏与崇拜，他们从自然界的这些客观现象中感受到了超人的巨大体量，并施之于建筑行为中，化体量为尊严与崇高，所以，体量便成为建筑艺术中一个至关重要的感情传递形式。马克思说过："巨大的形象震撼人心，使人吃惊……精神在物质的重量下感到压抑，而压抑之感正是崇拜的起点。"① 建筑中尊卑有序、贵贱有别的"礼"，首先就反映在建筑的等级的量上，"非壮丽无以重威"②，运用建筑和建筑所驾驭的巨大院落空间，创造出强烈浓重的威严气氛。在封建宗法制度下的中国古建筑，由造型到色彩、从室外铺陈设置到室内装饰摆设，都被赋予了秩序感，包含了社会的、伦理的、宗教的以及技术内容的秩序美，大大加深了建筑美的深度和广度。

园林建筑的物质外壳的内部有丰富的精神蕴藏，如亭、堂、馆、轩斋等，更多地是充当一种在文化礼仪及习俗上与"天地"及"先祖"沟通交流的物质媒体。而台的祖形是"灵台"，主要功用是祭奠天地祖宗。园林中的宫殿，以"巨丽"为特点，讲求儒家"天人合一"所倡导的"顺天理，合天意"的礼制——仪轨，强调中轴线意识及"天定"的尊卑等级秩序，反映的是唯我独尊的文化心理，适应了统治万民的政治需要。建筑一旦违背封建社会的礼仪制度，就要论罪。据《嘉庆实录》记载：当年和珅罪状第十三款说："昨将和珅家产查抄，所盖楠木房屋，僭侈逾制，隔断式样，皆仿宁寿宫制度，其园寓点缀，与圆明园蓬岛瑶台无异，不知是何肺肠。"当然，园林建筑更重要的是为了审美的需要。为了得到和丰富对于空间美的感受，以赏心悦目。

布局美。由于中国古典园林多功能的特点，使园林建筑呈现出严格对称的结构美和迂回曲折、趣味盎然、模拟接近自然的自然美两种形式。

皇家园林中的宫殿建筑和私家园林中的住宅建筑、寺庙建筑在设计上多取方形或长方形，在南北纵轴线上安排主要建筑，在东西横轴线上安排次要建筑，以围墙和围廊构成封闭式整体，展现严肃、方正，井井有条。是古代封闭性的思维模式和小农经济意识在建筑中的反映。《老子》有"万物负阴而抱阳"之说，但先秦时期还没有确立以面南

---

① 《马克思全集》第五卷。

② 汉司马迁：《史记·高祖本纪》。

为尊的意识，随着对皇权的推崇和神圣化，才逐渐肯定明确起来。儒家强调的“三纲五常”伦理哲学，从汉代的董仲舒到宋代理学，越来越严密，建筑格局上的“阳尊阴卑”等级秩序的强调也越来越严格，位尊者处于中央地位，面东西者次之，面北者最低。四合院以离（南）、巽（东南）、震（东）为吉方，东南最佳。大门为气口，除居吉方外，还须朝向山峰、山口、水流，以迎自然之气。宫殿、坛庙、官署、士大夫宅第之类，都受到封建礼教的约束，为儒家的伦理思想所支配：园林宫区的格局，包括结构、位序、配置皆必须依礼而制，如“静明园”整体布局平面呈现的是非规整非对称状，但它的建筑“东岳庙”、“圣缘寺”、“含晖堂”、“书画舫”等呈中轴线对称意识；颐和园中的“谐趣园”整体布局不对称，但“涵远堂”、“知春堂”、“澄爽斋”、“湛清轩”、“知春亭”等强调中轴线意识；私家园林的住宅部分亦如此。如苏州拙政园住宅部分位于山水园的南部，分成东西两部分，呈前宅后园的格局。住宅坐北面南，纵深四进，有平行的二路轴线，主轴线由隔河的影壁、船埠、大门、二门、轿厅、大厅和正房组成，侧路轴线安排了鸳鸯花篮厅、花厅、四面厅、楼厅、小庭园等，两路轴线之间以狭长的“避弄”隔开并连通。住宅大门偏东南，避开正南的子午线，因这是封建皇权与神权专用。中国的寺庙园林建筑与宫殿和住宅建筑同构，有别于古印度的宗教建筑体系。如杭州黄龙洞园林，整体布局非对称，但园中建筑如山门、前殿、三清殿等则严格地遵守规则对称的中轴线标准。这类建筑格局，显得均衡、整肃、对称、协调。有典雅庄重之美。

与儒家的均衡对称相反，中国古典园林山水园部分则遵循追摹自然的原则，返璞归真，呈现出来的是不规则、不对称的布局。环境空间的构成手法灵活多变，藏露旷奥、疏密得宜、曲径通幽、柳暗花明，令人目不暇接。潇洒超脱、逸趣横生。追求天趣是中国古典造园艺术的基本精神，把自然美与人工美高度结合起来，将艺术境界现实的生活融合为一体，形成一种把社会生活、自然环境、人的情趣和美的理想都水乳交融在一起的可居、可游、可观的现实的物质空间。

虚无之美。这是古建筑具有的文化美学内涵，中国文化重视虚无之美，所谓“实处之妙皆因虚处而生”（蒋和）。“赖有高楼能聚远，一时收拾与闲人”①，《园冶·园说》：“轩楹高爽，窗户虚邻；纳千倾之汪洋，收四时之烂漫。”张宣题倪云林画《溪亭山色图》云：“江山无限景，都聚一亭中。”苏轼《涵虚亭》诗：“惟有此亭无一物，坐观万景得天全。”“常倚曲栏贪看水，不安四壁怕遮山。”以上诗句都说明了楼台亭阁的审美价值在于通过这些建筑本身，可以欣赏到外界无限空间中的自然景物，使生意盎然的自然美融于怡然自乐的生活美境界之中，建筑空间与园林风景互相渗透，人足不出户，就能与自然交流，悟宇宙盈虚、体四时变化，从而创造一个洋溢着自然美的园林“生境”。

造型美。园林建筑作为一种广义的造型艺术，偏重于构图外观的造型美，并由这种

---

① 宋苏轼：《单同年求德兴俞氏聚远楼诗》。

静的形态美构成一种意境，给人以联想。特别是建筑的曲线美。在未经人们改造过的自然界本来就没有直线，矩形空间和构成空间的各种实的面多是平平整整，形成许多笔直的线条和棋盘状的平、立面网络，体现的是人对自然的征服，与自然亲和的中国园林建筑到处可见的是它们造型本身呈现的曲线美。朱光潜在《文艺心理学》中说："同是一样线形，粗细长短曲直不同，所生的情感也就因之而异，……曲线比较容易引起快感，这是大多数人所公认的。"荷迦兹《美的分析》中也指出："曲折的小路、蛇形的河流和各种形状，主要是由我所谓的波浪线和蛇行线组成的物体"，是最美的线，"它引导着眼睛作一种变化无常的追逐"，使人感到愉悦。曲线之所以美，还在于它具有流动美、动态美，起伏不停波浪式地向前，舒展自如，毫无局促之感，令人感到自由自在。更符合人心理上的节奏。园林建筑房顶采用举折和房面起翘、出翘，形成如鸟翼舒展飘逸的檐角和屋顶各部分的优美曲线，生动流丽，轻巧自在，"如鸟斯革，如翚斯飞"，呈现动态美。有的屋脊上还起伏着庞大的雕龙的身体，这龙体的头、身、尾、爪均呈曲线形，仿佛在游动、飞腾。园林中的游廊特别是高低起伏的爬山廊、波形廊，造型轻灵，蜿蜒无穷，如长虹卧堤，景色宜人。园林中千姿百态的桥，曲线优美的拱桥，石拱如环，矫健秀巧，有架空之感，廊桥则势若飞虹落水，水波荡漾之时，桥影欲飞，虚实相接。园中习见的梁式石桥，有九曲、五曲、三曲等，蜿蜒水面，其美感效果，一可不断改变视线方向，移步即景移物换，扩大景趣，令人回环却步；二因桥与水平，人行其上，恍如凌波微步，尽得水趣；三因桥身低临水面，四周丘壑楼阁愈形高峻，形成强烈的对比；四有的曲桥无柱无栏，极尽自然质朴之意，横生野趣。以上效果，皆桥体自身的造型所致。园中小亭，造式无定，自三角、四角、五角、梅花、六角、横圭、八角至十字，苏州拙政园有"笠亭"、环秀山庄有"海棠亭"等，风韵多姿、典雅秀丽，亭顶多用歇山式或攒尖式，呈抛物线状，亭柱间不设门窗，而设半墙或半栏，秀丽精致。有人称亭子为园林山水诗中的"诗眼"，它使全诗充满盎然生机，趣味无穷，有"揽景会心"之妙。园中云墙的砖砌月洞，工艺精细，拱券轻薄，顶部作波浪形，状如云头；底部依山起伏，墙身呈弧形，蜿蜒曲折，宛如轻罗玉带。园林中的窗户、门洞，呈现出多种形状的图形，有几何物体和自然形体两类。几何形体的图案多由直线、弧线和圆形等组成，卍字、定胜、六角景、菱花、书条、链环、橄榄、冰纹等全用直线；鱼鳞、线纹、球纹、秋叶、海棠、葵花、如意、波纹等全用弧线，而卍字海棠、六角穿梅花和各式灯景等，为两种以上线条构成。还有的四边为几何图案，中间加图画，线条简洁、流畅，富有立体感。

自然形体的图案，取材自花卉、鸟兽、人物故事等，如松、柏、牡丹、梅、竹、兰、菊花、芭蕉、荷花、佛手、桃、石榴等为花卉题材；狮子、老虎、云龙、蝙蝠、凤凰和松鹤、柏鹿图等为鸟兽题材；人物故事多以小说传奇、佛教故事和戏剧中的某些场面为题材。同一个园林中的漏窗互不雷同，苏州沧浪亭漏窗有 108 式，留园长廊有 30 多种漏窗。园林中的洞门形式也是丰富多彩的，有圆、横长、直长、圭形、长六角、正

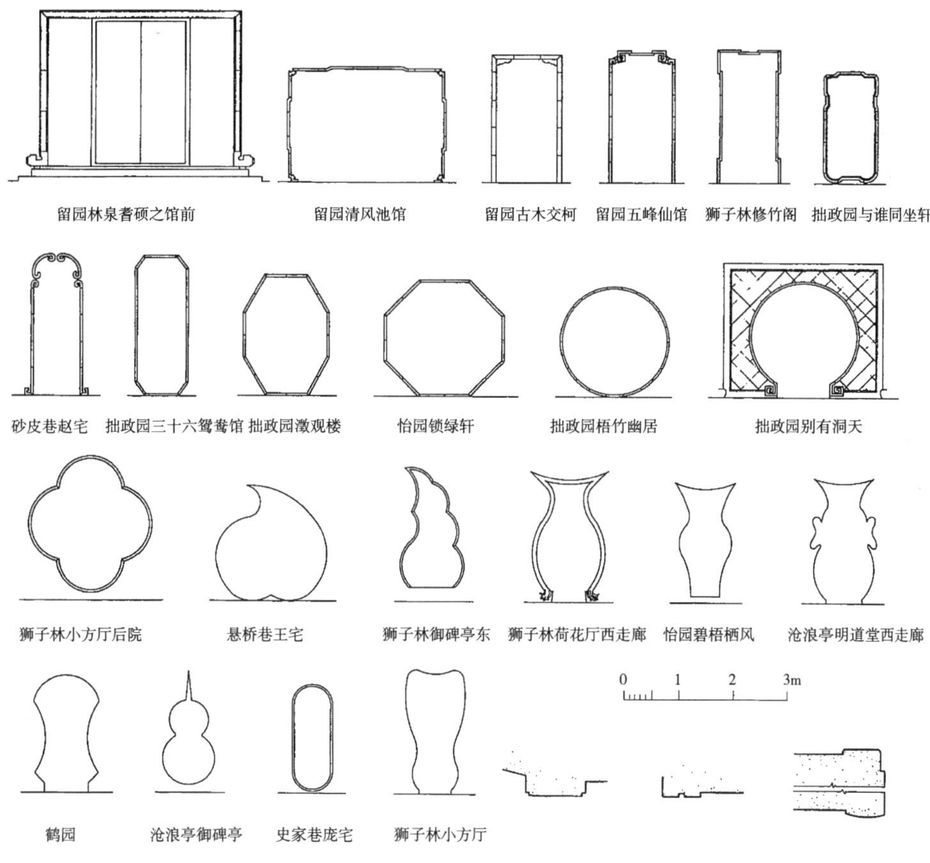

图 2－49　各式洞门洞窗（刘敦桢：《苏州古典园林》）

八角、长八角、定胜、海棠、桃、葫芦、贝叶、汉瓶等形式（图 2－49）。从线条上来看，有规律的造型线条，会形成特定的和谐、比例、对称等美学上的特征，就成为具有审美价值的美的线条。

韵律美。园林建筑不仅在造型艺术上的巧妙与精致中表现出它的美，而且还在于它的形式美给予人心的涵养与陶冶以极大的影响。艺术效果和音乐一样，“建筑是一种凝固的音乐”，这是德国大诗人歌德的名言。因为“建筑所引起的心情很接近音乐的效果”。丰子恺先生曾以希腊帕特神庙（祭雅典娜女神的神庙）为实例说明上述论点。这殿堂全部用世间最优良的大理石和黄金、象牙造成，全部不用水泥和钉子，概用正确精致的结合法，天衣无缝，可谓尽善尽美，美术史上称之为“世界美术的王冠”，丰子恺先生说：“人民每天瞻仰这样完美无缺的美术品，不知不觉之中，精神蒙其涵养，感情受其陶冶，自然养成健全的人格。这种建筑，岂非有音乐一样的效果么?”[①] 中国园林建筑“它不是以单个建筑物的体状形貌，而是以整体建筑群的结构布局、制约配合而取胜。非常简单的基本单位却组成了复杂的群体结构，形成在严格对称中仍有变化，在多

① 丰子恺：《艺术与人生》。

样变化中又保持统一的风貌。……这种本质上是时间进程的流动美……体现出一种情理协调、舒适实用、有鲜明节奏感的效果，而不同于欧洲或伊斯兰以及印度建筑。”① 伊东忠太也说：“中国建筑之美，为群屋之联络美，非一屋之形状美也，主屋、从屋、门廊、楼阁、亭榭等，大小高低各异，而形式亦不同，但于变化之中，有一脉之统一，构成浑然雄大之规模。”② 园林建筑是通过错落有致的结构变化来体现节奏和韵律美的。中国组群建筑，小至宅院、大至宫苑均有核心部位，主次分明、照应周全，其理性秩序与逻辑有起落，由正门到最后一座庭院，都像戏曲音乐一样，显示出序幕、高潮和尾声，气韵生动，韵律和谐。叔本华《艺术特征论》曾这样说：“如果从平面看，它是‘阁楼廊楼阁廊’的排列，这就是音乐中的3/4拍子；从垂直方向看，它又是台、栏、柱、望板、台、柱、望板的叠起，这不也是音乐节奏吗？只不过更像4/4拍子，这种节奏感和韵律美，称之为音乐美。”园林建筑空间的组合的确和音乐一样，是一个乐章接着一个乐章，有乐律地出现的，它常用不同的形状、大小、敞闭的对比、阴暗和虚实等不同，步步引入，直到景色的全部呈现，达到观景高潮后遂再逐步收敛而结束，这种和谐而完美的连续性空间序列，呈现出强烈的节奏感和乐律感。这方面，苏州留园的建筑堪为佳例。从留园门庭到“古木交柯”须通过重重过道，由暗而明、由窄而阔不断变化，从一个空间走向另一个空间，长达50米的夹弄，因漏窗、青条石、湖石花坛和门窗洞等建筑小品的设置，和空间大小、方向和明暗的对比，抑扬顿挫，显得空间组合甚为丰富。在一路小起伏、小转折、快频率和快节奏的变化之后，到古木交柯“节奏始缓”。再从“古木交柯”到“绿荫”，虽近在咫尺，但人们通过“古木交柯”西门窗口望去，却见“绿荫轩”、“明瑟楼”有层层深远和空间不尽之感。继而又通过连续的空间将人引至“明瑟楼”和“涵碧山房”，再几经转折而至“五峰仙馆”，最后再经过五次曲折，到达全园的东南角，“石林小院”小空间组群作为结束。同样，从“曲溪楼”到“林泉耆硕之馆”，也全为大小不同、景色各异的建筑庭院空间，彼此之间的联系有串联、并列、相套、变幻而又多样。以上建筑空间序列的变化特征，诸如变化大小、对比强烈等与音乐音素的强弱、高低、缓急、距离、间歇等确有着共同的韵律。

意境美。中国园林抒情写意的艺术个性，赋予园林单体建筑以丰富的文化内涵，显得意境隽永，展示了一种理想美的人生境界。往往是通过文学命名来突出的，如苏州耦园主体建筑名“城曲草堂”，取唐李贺的《石城晓》诗“女牛渡天河，柳烟满城曲”之意，以抒写园主夫妇不羡慕城中华堂锦幄，而甘愿在城弯草堂白屋过清苦生活的美好感情，园中“听橹楼”和“魁星阁”是由阁道相通的两座小楼，一楼一阁，互相依偎，恰似一对佳偶，与“耦”合意。同样是旱船，在私家园林、皇家园林和寺庙园林所揭示的内涵却不同，耐人咀嚼。私家园林的旱船，或名“不系舟”，取自《庄子·列御

① 李泽厚：《美的历程·建筑艺术》，文物出版社1982年第64页。

② 〔日〕伊东忠太《中国建筑史》，上海书店1984年第48页。

寇》，象征精神绝对自由、逍遥的人生，若漂浮不定没有拴系的小船，宣扬具有哲学意味的超功利的美的人生境界；或曰“涤我尘襟”，反映隐逸出世、洁身自好的清高意趣；或称“闹红一舸”；或取宋欧阳修意“所以济险难而非安居之用”叫“画舫斋”；或径以“少风波处便为家”、“不波小艇”等呼之，视官场为险途，表示明哲保身。反映了封建士大夫们的价值理想。颐和园的旱船“清晏舫”，取“水能载舟，亦能覆舟”之意，“清晏”，表示国泰民安，顺从帝皇之心，有颂圣意味。寺庙园林中的旱船，则有超度众生到彼岸世界去的宗教含义。如苏州天池山寂鉴寺旱船，取佛教“慈航普度众生”之意，同时寓《庄子》藏舟于壑之画意。

扇子，自古就有“善”和“扇扬仁风”的含义，相传晋代文学家袁宏得官上任前，谢安在袁宏赴任前赠送给他扇子一把，并说：“愿君多施仁政，扬仁义之风。”宏心领神会，马上应声道：“我一定发扬您的仁风，去抚慰那里的百姓。”折扇为日本人根据蝙蝠翅膀的开阖发明的，故称“倭扇”、“蝙蝠扇”，有“福”意。颐和园乐寿堂西的小庭园内有一栋小小的扇面殿“扬仁风”，殿前地面用汉白玉石拼成扇骨形；凹进的扇面墙恰似汉字“风”的“几”旁。建筑之巧，令人称奇（图2－50）。北海扇面亭延南熏，取《孔子家语·辨乐》等书引述的虞舜作五弦琴，歌《南风》的传说，蕴涵帝王像舜那样关心黎民百姓，“扇披皇恩，体恤民心”的意蕴。标榜如舜之德的意思。“延南熏”正面墙凹进，恰似汉字“风”，整体观亭似一把折扇。亭前是青石地面，形状如折扇的骨架。

图2－50　“扬仁风”（颐和园）

古猗园中傲然于山巅的方亭，飞翼凌空，色调柔和瑰美，三角高翘的戗角均塑有高举的拳头，独缺东北一角，名为缺角亭，建于20世纪30年代“九·一八”事变之后，以志不忘东北沦陷，并表示反抗侵略和收复失地的决心。今人瞻仰此亭，便能“居安思危励精图治，盘游有度好乐无荒”（图2－51）。

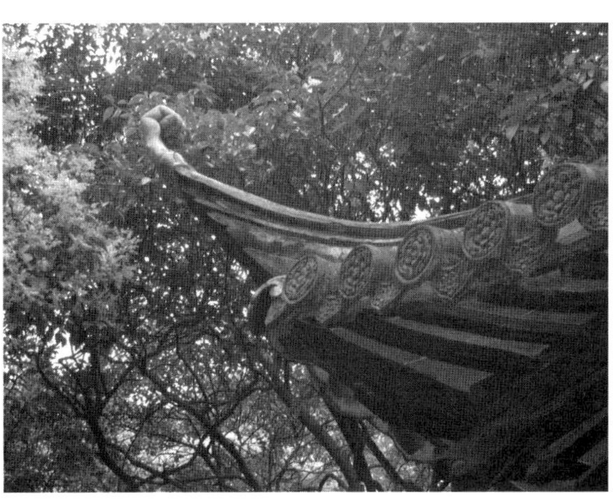

图2－51　缺角亭拳头戗角（古猗园）

文化美。桥，除了它的实用性

外，还是人生戏剧的各种转折中最富特征的文化装置，具有双重的象征意义，既可象征人生道路上的难关，也象征走上通途的希望和机遇，所以是危险与希望的丛生之途。

亭因为可供文人雅士品茗弹琴、饮酒赋诗、观景赏心，遂逐渐成为风雅的象征。亭以圆法天，以方象地，以八卦数理象征阴阳象征秩序。

宗教建筑如佛寺、石窟、道观、伊斯兰清真寺、基督教教堂等，不管是本土宗教还是外来宗教，建筑结构和式样上都有“中国化”的特点，它们都模仿木结构殿堂，有的还有大屋顶。殿堂的天花板上往往绘有彩绘和藻井图案。中国石窟多达几百处，它们是集建筑、绘画、雕刻等艺术于一炉，是一组综合性的艺术群体，仅莫高窟的壁画就多达45000多平方米，彩塑2415尊，成为举世闻名的古代艺术宝库。塔的具体形态中寓有的佛教义理，给人以不尽的余味，如其形制以正四边形、正六边形、正八边形及圆形为多见，正方为地之象征、圆为天的象征，且有圆寂、圆遍、圆满无缺、团圆、圆融诸意；四边契合佛教中“苦、集、灭、道”四圣谛说的教义；正六象征“六道轮回”、“六根清净”的佛性；正八，符合“八正道”、“八不中道”、“八相”等说教；正十二，合“十二因缘”之说。屋檐数采用奇数制，奇，即阳，也即乾，指天，佛与天近，象征天国之神。

第五节 “精而合宜”、“巧而得体”

中国建筑向来重视与环境的协调，人工与自然融为一体。所谓“危楼跨水，高阁依云”，置亭阁于山间，筑楼台于溪畔，会使山光水色更富有生气和魅力。黑格尔曾说：“园林艺术不仅替精神创造一种环境，一种第二自然，一开始就用完全新的方式来建造，而且把自然风景纳入建筑的构图设计里，作为建筑物的环境来加以建筑的处理。”① 中国的风水学说最热衷追求的审美理想是求取自然天地与人的亲和浑一。其堪舆工具“六壬盘”——风水罗盘，时空合一的相卜占地工具，是将天人合一思想模式化和仪轨化，它共分四个堪舆阶段：“觅龙”，依地理山形之脉，确定其中最佳段脉；“察砂”，察考龙脉四周的小山、屏障；“观水”，审视宅基龙脉附近的水势；“点穴”，确定宅基的范围。几乎容纳了整个天地自然。实际上是一种选择和利用自然地形构成理想环境的理论。该理论讲究聚气，不耗散、不冲破、不泄漏；如有不利之处，即采用补救之法，以趋吉避凶。它所追求的是环境的回合封闭和完整均衡、背阴向阳、清爽高敞，是一种环

① 见〔德〕黑格尔：《美学》第三卷上册，商务印书馆1984年版。

境心理学，所追求的，实质上是心理上的满足，一个完整、安全、均衡的世界。企图利用天然地形来为意愿中的环境构图。

早在东晋时代，士人构屋就有因地置屋的习惯。许询好泉石，清风朗月，“隐于永兴西山，凭树构堂，萧然自致”①。谢灵运园，在“西南岭，建经台；倚北阜，筑讲堂；傍危峰，立禅室；临浚流，列僧房。对百年之高树，纳万代之芬芳，抱终古之泉源，美膏液之清长”②。避暑山庄的120余组风格各异的古建筑，融入了塞北这块天然的山水胜地，如在绿草如茵的草原区的东部边缘，坐落着“春好轩”、“永佑寺”、“嘉树轩”、“澄观斋”等数组建筑，有的是依树建轩、有的布置花卉与周围环境气氛相协调。山区的四十余组建筑散点于山水环境中，更是“依岩架屋，曲廊上下，层阁参差。翠岭作屏，梨花万树，微云淡月时，清景尤绝”③。

乾隆《塔山四面记》碑说：“室之有高下，犹山之有曲折，水之有波澜，古水无波澜不致清，山无曲折不致灵，室无高下不致情。然室不能自为高下，故因山以构室者，其趣恒佳。”《热河志》载，山庄“北岭多枫，叶茂而美荫，其色油然，不减梧桐芭蕉也”，盛夏枫林，“浅碧浓青，远迩一色；深秋，轻霜乍染，万叶皆赪，锦树分丛，丹霞竞彩”，与苍岩翠嶂相间，佳景天成。枫林掩映着一座设计精美的庭园——青枫绿屿。它位于平原与山区接壤处，地形类悬谷。可谓因山构室、悬谷安景的佳例。与此类似的建筑，孟兆祯先生在《避暑山庄园林艺术》中列出了许多：如山怀建轩——山近轩；绝巘座堂——碧静堂；沉谷架舍——玉岑精舍；据峰为堂——秀起堂等。

园林中的一切个体建筑应与周围山水、建筑景致相和谐，要相映成趣、珠玉生辉。山阴的兰亭只有与周围的崇山峻岭、茂林修竹融为一体时，人们才能“游目骋怀”，“极视听之娱”。如“因山构亭”这一传统的造景手法。在古代文化中，山和亭都被看成大自然精气吐纳之地，是人与自然做精神交流的传统场所。尊重山地的自然性、与山地取得和谐，有“因势、随形、相嵌、得体”八字方针。

“因势”，顺应山地状态和趋势，“随形”，选用与基地形状趋势一致的亭，并顺势构建：如拙政园在一凸形地基上建凹形扇面亭、颐和园扬仁风在凹形地基上建凹形扇面亭，均是适地随形之举。“相嵌”是亭地相融的一种有效手段，使人不经意间难分彼此，就如“从地里生长出来一样”。青城山步桥雨亭利用原有两株楠木树作为亭柱，使亭和地有机结合。“得体”，指亭与环境有合适的尺度和比例，如苏州怡园的“螺髻亭”，巧立于湖石假山的山洞之上，小巧精致，亭檐举手可触，亭周环以花卉，犹如美人正拈花微笑。亭外池岸曲折、峰回路转、姿态万千，一切景物都回旋变化于咫尺之内，既与环境相称又富于媚趣。避暑山庄棒锤峰落照亭，兼用放大构件尺寸和增加间数

---

① 唐许嵩：《建康实录》卷八。

② 南朝宋谢灵运：《山居赋》，见《宋书·谢灵运传》。

③ 清和珅、梁国治编：《热河志》。

的方法来增大体量，从而较好地起到了控制空间的作用。

如网师园水池四周的建筑比例均适度，以造型轻巧、玲珑空透为特点：竹外一枝小轩、射鸭小廊、濯缨小阁、贴水小曲桥、袖珍的拱形引静桥和池岸小石矶等，使仅有半亩的水面显出汪洋和广阔。

园林中的建筑小品也必须与周围的艺术氛围相一致。如园林中用条石或湖石制作的踏步，应与厅堂的环境协调。如留园荷花厅北是石铺平台，用石板踏步；狮子林燕誉堂前和留园五峰仙馆前都有峰石植物，故踏步则用湖石叠砌，古称"涩浪"，作为过渡。连阴沟盖头这些极不起眼的建筑小品，在苏州园林里也做得精雅得体。如网师园的阴沟盖头，分布于天井、庭园的四角，略低于周围铺地，以利于排泄雨水，位置得宜；盖头是用黏土烧制呈青灰色，造型各异，上面镂塑有简洁的图案，如套钱、海棠、定胜、如意等，盖面中间留有多眼排水小孔，造型洗练、古朴典雅。与鹅卵石花街铺地相衬，色调和谐。

园林中的"花街铺地"，是化腐朽为神奇的妙构，用的是卵石、碎砖、碎的瓷片等废料，组合成图案精美、色彩丰富的地纹。纯用砖瓦，组成席纹、人字纹、间方、斗纹；用砖瓦为图案界线，镶以各色卵石及碎瓷片，可组成六角、套六角、套六方、套八方等图案；以砖瓦、石片、卵石混合砌的有海棠、十字灯景、冰裂纹等；以卵石与瓷片混砌的有套线、球门、芝花等；以色彩鲜艳的瓷片铺成动植物器物图案。如"暗八仙"、"五福（五蝙蝠）捧寿（松鹤）"、"六（鹿）合（鹤）同（桐树）春"。有的以地面铺地为环境背景，创造出图案之外的意境和韵味。如计成在《园冶·铺地》中说的："废瓦片也有行时，当湖石削铺，波纹汹涌；破方砖可留大用，绕梅花磨斗，冰裂纷纭。"用废瓦片削铺成波浪纹地面，有助于造成峰石立于"波涛汹涌"之中的意象，给人以山水的联想；在栽梅花的庭园，用破方砖磨斗成冰裂纹地面，老梅似傲寒于"冰裂纷纭"之中，给人以晶莹高洁之感，造成冷艳幽香的境界。拙政园"玉壶冰"前庭院铺地用的是冰雪纹，与馆格扇冰裂花纹以及题额丝丝入扣；网师园"潭西渔隐"庭院铺地为渔网纹，与"网师"相恰。拙政园"海棠春坞"地面上用青、红、白三色大小卵石铺砌成卍字海棠图案，与书卷型砖额"海棠春坞"、院内所植海棠相谐，令人如置身于海棠丛中。狮子林的"问梅阁"中，门窗和地面上也则全为梅花。张世芸《紫禁城内御花园的"石子画"》一文谈故宫御花园"花街铺地"，石子甬路由五色匀称的石子缀成一幅幅生动的画面，其中有花卉、人物、博古、建筑、飞禽、走兽、吉祥图案等700多幅。有两种做法：一种是用砖雕成花纹，经过磨光；一种是以瓦条组成花纹，都是在花纹的空间填镶石子，铺缀成各种图案的。这些图案的形式极为多样，有七巧图、什样锦、博古、带形画等等。其中有很多也是吉祥图案。如"功名富贵"、"连中三元"、"榴开百子"、"五子登科"、"平安如意"、"三羊开泰"、"五福捧寿"、"杏林春燕"、"平升三级"、"麟鹿同春"等，和私家园林同调。

中国的寺庙园林往往与名山胜水的"佛性灵气"融合，建筑上往往依山就势，高低错落，把人文景观融化于自然景观，给人以丰富的美感。当然，作为宗教建筑，也要尽力体现信仰追求，如佛寺山门外常常见到的台阶，有53级的，暗喻“五十三参，参参见佛”；有108级的，比喻世间的108种烦恼，走完这些台阶，烦恼也就清除了。

一、建筑装饰艺术

中国古典园林建筑艺术和黑格尔曾赞誉的古希腊建筑艺术一样，其特征在于既有彻底的符合目的性，而又有艺术的完美，既高尚素朴而又装饰得很轻巧美妙。建筑装修，就是选用各种材料，对建筑物进行不同手法的装饰和点缀，使之更加精致、完美，更富有艺术魅力。建筑装修受到信仰、审美观念、风土人情等多种因素的影响，而且这种装修是全方位的，从上到下、从里到外、从房顶到地面以及墙壁、门窗，无一处不是精心安排的，它是中国古典园林艺术的重要组成部分。

园林建筑装修选料考究，木料有楠木、黄杨木、银杏木、杞梓木、红木等上等木料，髹饰通常露出木纹本色，也有髹以栗褐、重枣、乌黑、蕉黄诸色，形成色泽变化。石质有青石、花岗石、大理石、玉石等。清末以来，又有螺钿、珐琅、漆雕、镶嵌等形式。

园林建筑屋檐下部外表的各种装饰的做法和形式，称为外檐装修，诸如库门、将军门、墙门、门额、长窗（隔扇）、半窗半墙、地坪窗（勾栏槛窗）、和合窗、砖框花窗、栏杆、鹅颈椅、雀宿檐、门景等。室内装修称内檐装修，如屏门、挂落、横风窗、纱槅、博古架、飞罩、落地罩等。轻便灵活，既起到建筑内部分隔空间的作用，更能体现建筑艺术的精美典雅和丰富深厚的文化蕴涵。

中国建筑的装饰，在世界上可以说无与伦比，伊东忠太说，“世界无论何国，装修变化之多，未有如中国建筑者。”他举了窗的例子，说“日本之窗，普通为方形，至圆形与花形则甚少，欧罗巴亦为方形，不过有圆头或尖头等少数种类耳，中国则有不能想像之变化，方形之外，有圆形、椭圆形、木瓜形、花形、扇形、瓢形、重松盖形、心脏形、横波形、多角形、壶形等”①。中国建筑装饰始自先秦时代，《论语》中有“山节藻棁”之句，又《春秋·庄公二十三年》：“秋，丹桓宫楹。”《庄公二十四年》：“春，王三月，刻桓宫桷。”柱子漆成红色，方形的椽子雕着花纹。《国语·鲁语》记载“匠师庆谏庄公丹楹刻桷”，也有“庄公丹桓宫之楹，而刻其桷”的记载，说明春秋时代之建筑，已经精巧华丽，雕纹精美，木雕采用线刻、凸雕、透空雕等多种雕刻手法。

《荀子·礼论》篇提出：“礼者，以财物为用，以贵贱为义，以多少为异，以隆杀为要”，“故为之雕琢刻镂黼黻文章，使足以辨贵贱而已，不求其观。”装饰成为“辨贵

① 〔日〕伊东忠太：《中国建筑史》，上海书店1984年版。

贱”的标志，故皇家园林建筑的装修，多富丽堂皇。汉赋中描写皇家宫苑的精美装饰，诸如“金铺玉户”、“重轩镂槛”、“雕梁画栋”等，则极尽藻饰之能事。汉武帝时代张骞通西域以后，结束了纯汉族艺术的时代，传来了西域艺术，汉明帝时代，随着印度佛教的传入，佛教艺术开始传入中国，给予中国建筑装饰以较大的影响。

园林建筑装修，展现了古代建筑艺术家的精湛技艺，也体现了中国传统文化心理。

首先是祈吉心理。它几乎贯穿在整个园林建筑的装修图案或雕塑中。园林中的装饰图案或雕塑等装饰花样有动物、植物、自然物、几何文、传记的花样、文字、器具等多种类型。都是用借形寓意、谐音寓意等手段，传情达意，表现人们的美好的生活理想、愿望、审美情趣等诸多文化信息。这些图案或雕塑，在人们的眼里自然都是吉祥物。表达了人们对福、禄、寿、喜、财的祈求。

早在远古时代，我们祖先就利用与生活息息相关的符号、图画作为精神寄托，图腾就是最初的特殊的吉祥物。图腾一词原是美洲印第安鄂吉布瓦人的方言，意思是“我的亲属”。图腾的亲属观念是最早最基本的观念，在一种图腾符号下是一家人，进而把原始个体合成氏族，吉祥图腾符号是成为一个民族最初凝聚力的标志。原始人把自己与图腾祖先联系起来，认为人是从图腾来的，所以图腾是恩神、保护神，是吉祥的寄托。如鸟图腾主要是基于它的飞翔本领、鱼图腾主要是基于它的游泳本领和繁殖能力、青蛙则鉴于风调雨顺的需要，霍比印第安人崇拜猫头鹰，认为它对桃树有好的作用，鄂吉布瓦印第安人把鹰和松鼠列为他们的图腾，是因为这两种动物是作为各自栖息的铁杉树和雪松的象征，他们对松鼠的兴趣，实际上是对某种树木的兴趣。图腾崇拜是神话意识和社会意识的混合物。后来又发展到对动植物、天体的崇拜。从岩洞、地底下考古发掘出的木石刻到自然打制成的“日”、“月”、“熊、虎、鹿”这些动物、天体符号或与生存食物有关的图画可以看出，这些图像能帮助人类面对严酷的大自然，所以是一种信心、力量和希望的吉祥物。最早的原始人类身上的装饰有两种：一种是固定的，如纹身、割痕、耳鼻唇饰；一种是不固定的或半固定的，如穿戴、悬挂、绘身。最初的追求是物质生产和自身繁衍，因此佩戴的兽牙、羽毛都是吉祥装饰，还用黄、红土涂抹身体（后发展成纹身）也是吉祥祈福。澳大利亚人参加战斗绘红色。红色象征威武、勇敢，牙齿还是生命力与男子勇武的象征。这些能帮助人类战胜困难、创造生活的东西都是祥瑞的。

祥瑞动物发端与原始社会的图腾崇拜，某些动物的秉性，与人类的追求和信念契合，由是经过不断地对其丰富和美化，早在先秦时期，就有“四灵”之说，《礼记·礼运》篇曰：“麟、凤、龟、龙，谓之四灵。”其中除了“龟”是实有动物外，其他三种灵物多是由远古图腾崇拜演变而成的理想动物，反映中华民族追求和平、幸福、吉祥、长寿的文化心理。

“龙”是以“蛇”为图腾的华夏族吸收了其他氏族的图腾，如虎、牛、马、羊、鹿、鹰等，逐渐演化而成的联合性图腾，它具有能幽能明、能细能巨、能短能长的神性。在汉代，龙的精神、气质和形态已经基本定型："角似鹿，头似驼（亦作马）、眼似鬼（亦作虾）、项似蛇、腹似蜃、鳞似鱼、爪似鹰、掌似虎、耳似牛。"① 即所谓"龙身九似"。龙，成为一种永不衰竭的精神力量，充满动感和美感，是人民信仰、追求和理想的象征。中华儿女都称自己为"龙"的传人，由于远古时代的领袖坐骑为龙，黄帝乘龙而升天。汉高祖刘邦据说是其母与蛟龙遇合而生，故其长得"隆准而龙颜，美须髯"②，于是，历代封建帝皇自命"真龙天子"。龙，成为皇家园林中随处可见的装饰。

凤，是远古时代鸟图腾的融合与神化，她基本形态是：锦鸡头、鹦鹉嘴、大鹏翅、孔雀羽、仙鹤足，五彩斑斓，仪态万方。凤本为雄性，与雌性的凰相匹，所谓凤求凰。后来凤成为龙的雌性配偶，成为鸟中之王，凤被人们看作仁义道德和天下安宁的象征。建筑装饰中，常见的有"龙凤呈祥"、"百鸟朝凤"、"丹凤朝阳"等图案。含有诸多的吉祥意义，这类图案早在秦阿房宫的瓦当上就有。

麟，《史记索隐》称："雄曰麒，雌曰麟，其状麇身、牛尾、狼蹄，一角。"《春秋感精符》"麟一角，明海内共一主也"、"麒麟生，和平合万民"、"德及幽隐，不肖斥退，贤者在位则至"。麒麟，是按中国人的思维方式将许多人们珍爱的实有动物复合构思所产生、创造的动物，体现了中国人的"集美"思想。它被古人视为神兽、仁兽，主太平、长寿，能活两千年。能吐火，声音如雷。"有毛之虫三百六十，而麒麟为之长"。

鹿，古人认为是"纯善之兽"，"道备则白鹿见"，是善良和道义的象征。

龟，能负重、长寿、预知吉凶。"龟者，神异之介虫也，玄采五色，上隆象天，下平象地"、"左睛象日，右睛象月，知存亡吉凶之忧"。汉以"龟龙"比喻人中英杰；传说它"生三百岁，游于蕖叶之上，三千岁尚在蓍丛之下"，故成为长寿之动物，人以"龟龄"比喻长寿。汉后"龟钮"作为官印的代称。

狮子是佛教传入的产物，狮子生于非洲和亚洲的西部，它的吼声很大，有"兽王"之称。佛教中比喻佛说法时震慑一切外道邪说的神威叫"狮子吼"③。佛教视狮子为"勇猛精进"，寓意神圣、吉祥。据历史记载，第一只狮子是月氏献到汉皇朝的，那是在公元 87 年，而最早作为仪饰迟至南朝的梁代。后来，狮子逐渐成为众多建筑物及园林点缀的美的使者和法权象征。民间狮子被称作守护神，可镇百兽，作辟邪。

留园"佳晴喜雨快雪之亭"内堂板上雕刻着狮子、老虎、猿猴、犬、羊等动物，异常生动。

皇宫殿顶用各种动物为饰物称"吻兽"或"瑞兽"，数量表示宫殿的级别，除故宫太和殿为十个，其余的皆为奇数，最多 9 个。正脊两端一对称"鸱吻"，为可灭火的海鱼。四条屋脊上的小动物，除了第一个是骑凤仙人外，全是动物：象征和谐、祥瑞的

---

① 宋罗愿《尔雅翼》、郭若虚《图画见闻志》。
② 汉司马迁《史记·高祖本纪》。
③ 见《维摩经·佛国品》。

龙、凤，象征勇猛的狮子、吉祥的海马、天马，可以灭火的押鱼、刚勇的狻猊，正义的獬豸、斗牛、行什（猴子）。总之，象征着吉祥安定、消灾灭害、主持正义、剪除邪恶等，是人们文化心理的反映。慈禧所住的颐和园乐寿堂前，放置着铜铸的梅花鹿、仙鹤和大瓶，取其谐音“六合太平”之意（图2－52）。明代以鸟兽作为官袍的“补子”，以别官衔。龙为皇帝专用，文职官用鸟类，武职官用兽类。

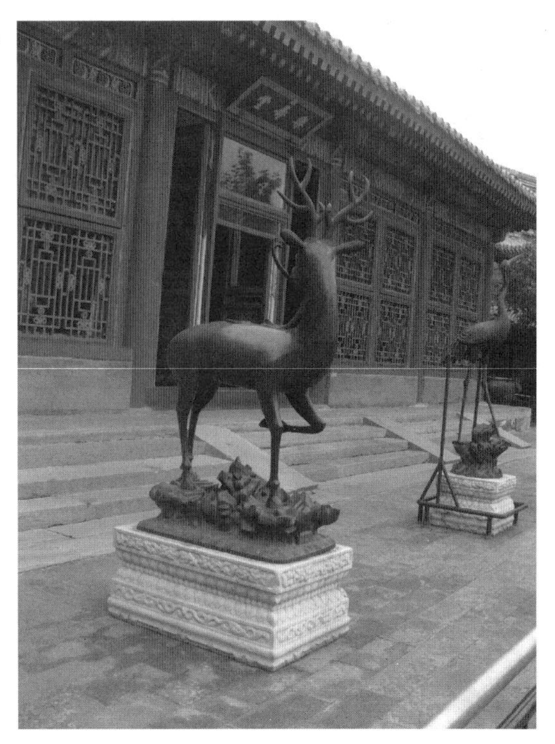

图2－52 “六合太平”（颐和园）

植物系之花纹，占南北朝时代花纹最重要的部分，大多属于忍冬藤系统。江南私家园林中木雕和砖刻中花纹图案，用绵绵蔓草的很普遍。“蔓”的读音在吴语中与“万”相接近，可以暗示福禄绵绵，或万世流芳；苏州东山春在楼门楼两旁围墙高处四扇漏窗图案是纡丝、瑞芝、藤景、祥云，寓意“福寿绵长”；围墙用板瓦筑“百花脊”、“果子脊”，寓意“花开四季，富贵长春，百果结子，多子多孙”。

天文地理之花纹，有飞云、山脉、流水、日、月、北斗星、雪花、火等。

几何式之花纹与锯齿文卍形纹，卍原为古代一种宗教标志，是释迦牟尼三十二相之一，即“吉祥海云相”，被认为是太阳或火的象征。因为它的构图容易相连续，灵活而富于变化，被广泛地运用到廊轩挂落的图案中。圆明园有“万方安和”建筑，取其吉祥平安之意。据乾隆《圆明园四十景图咏·万方安和诗序》：“水心架构，形作卍字，略约相通，遥望彼岸，奇花缬若绮绣……此百尺地宁非佛胸涌出宝光耶!”

有的以象征“福、禄、寿”的天上三吉星人像雕塑，寓意“三星高照”（图2－53、图2－54），以表达对幸福、吉利、长寿的祝愿。另外还有“八仙过海”、“西王母拜寿”、“和合二仙”、“牛郎织女”、“刘海戏金蟾”等传说故事。器具纹样中，或为宝

图2－53 三星高照泥塑（狮子林）

图2－54 三星高照（台北关渡宫）

物、或为钱文，或为文房器具类，常画于小壁及喇嘛教堂宇之栏间，所谓喇嘛八宝，即八种佛具，即盖、鱼、蛛、华、罐、伞、长、轮。“暗八仙”即“八仙”手中所持的八件“法器”：葫芦、剑、宝扇、鱼鼓、笛子、阴阳板、花篮和荷花，有笔绘者，有雕刻者，含有一种祝福与信仰、消灾灭害之意。

其次，建筑装修还兼有传统思想教育熏陶的作用。如装饰图案中的传记花样，乃将古代事迹，形之于绘画或雕刻而连用于建筑之装饰者，如苏州春在楼大厅檐口6扇长窗的中夹堂板、裙板及12扇半窗的裙板上，雕刻了香山帮所传的二十四孝图：怀橘奉母、咬指心痛、亲尝汤药、鹿乳奉亲、弃职寻亲、为亲涤器、闻雷跪墓、哭竹生笋、刻木事亲、戏彩娱亲、负亲逃难、单衣顺母、孝感动天、拾椹供母、人号圣童、升堂乳姑、文王问安、卧冰求鲤、尝粪忧心、为母埋儿、佐舜掌文、卖身葬父、搤虎救父、负米养亲。或为历史的事迹，或为荒唐之传说①。

利用传统戏文的内涵或历史人物的生平，间接传达出人们的理想和愿望。如苏州网师园“清能早达”大厅前的砖刻门楼为清乾隆年间制成。高约6米，雕镂幅面3.2米，全用磨砖构成。雕刻精细。砖额两旁兜肚是“文王访贤”、“郭子仪拜寿”戏文雕刻图案，下饰三“寿”字，额上下点缀蔓草、祥云、蝙蝠、莲藕、钱币等多种图案。两侧为狮子滚绣球等雕刻图案。这些雕刻和吉祥图案，象征德贤齐备、福禄寿三星高照等寓意。“文王访贤”说的是周文王访得姜子牙之事，文王是儒家心目中的大德之君，姜子牙是足智多谋，尤多兵权奇计的大贤之人，文王访贤就意味着暗示园主的德贤齐备。“郭子仪拜寿”图案，郭子仪为唐玄宗时的朔方节度使，在勘平安禄山、史思明之乱中，立功第一，后又与回纥会军，大破来犯的吐蕃，以一身而系时局安危者二十年，累官至太尉、中书令，封汾阳郡王，号“尚父”，世称郭汾阳，亦称郭令公，他寿85。八个儿子、七个女婿都为朝中命官，堪称“大富贵，亦寿考”。故这一历史人物故事寓意“福寿双全”。

春在楼书房的12扇半窗和8扇长窗的裙板上刻有古人苦读、少年登科的二十八贤传说掌故：《对日远近》、《座中颜回》、《万寿无疆》、《请面试文》等；夹堂板上刻有《道途磨杵》、《与圣贤对》、《不顾羹冷》、《囊萤夜读》、《随月读书》等图案。连红木壁橱的门上也用篆、隶、真、草等各式书法字体，写上勉励努力读书的词句。

第三是创造书卷气和浓浓的文化氛围。古代有极其尊重文字的风习，被辜鸿铭称为高度优雅的汉语，更是“一种心灵的语言、一种诗的语言，它具有诗意和韵味”②，加上汉字形体的优美传神，早在东周以后就有有意识的书法，“书史之性质变而为文饰，如钟镈之铭多韵语，以规整之款式镂刻于器表，其字体亦多作波磔而有意求工……其效用与花纹同。中国以文字为艺术品之习尚当自此始”③。“随体诘诎”的篆文有着强烈的

① 香山帮所传二十四孝无“肩枕温衾”、“恣蚊饱血”、“涌泉跃鲤”，而有“文王问安”、“人号圣童”和“佐舜掌文”三则。

② 辜鸿铭：《中国人的精神》，海南出版社1996年，第106页。

③ 郭沫若：《青铜时代·周代彝铭进化观》，人民出版社1954年版。

实用装饰功能，诗意和韵味又使其超越了文字形体本身，意义更耐涵咏。建筑物的瓦当上也往往刻有文字，如汉瓦上刻有“长乐未央”、“长乐万岁”、“长生无极”、“千秋万岁”、“长生未央”、“延寿万岁”、“永奉无疆”、“亿年无疆”、“延年益寿”、“宜当富贵”等字。汉上林苑中的白鹿观之瓦，瓦上刻鹿二（以图文代文字“禄”），并有“甲天下”三字铭，字和形合一，表示“鹿（禄）甲天下”。有的文字内容往往与其他自然物像的寓意、谐音等共同表达吉祥之意。有表面为文字而实际已经化为一种花纹者，如寿福、喜等吉庆文字，变化为种种式样，或于器具、或于建筑部件，与其他花纹相伴用之。衬托、美化着华丽庄严的宫殿建筑。中国园林向来有“崇文”传统，以苏州园林为代表的江南私家园林更是突出。建筑物上点缀各体文字司空见惯。留园门厅悬著名书法家顾廷龙书“吴下名园”额，大型玉石镶嵌的漆雕屏门上刻有“留园全景图”，背面为晚清朴学大师俞樾撰、著名书法家吴进贤书《留园记》。有“江南第一厅堂”之称的留园楠木厅，正中四扇红木银杏屏门，南刻晋王羲之的《兰亭集序》全文，北面刻唐孙过庭的《书谱》180 字。纱隔东南角红木落地圆心字画插屏的正面，写有唐刘禹锡《陋室铭》全文。退思园“退思草堂”北厅有元越孟烦《归去来》拓片，为国内孤本（图 2－55）。至于建筑物上悬挂、镌刻的匾额楹联和砖刻、摩崖、书条石等，成为园中不可或缺的典雅装饰品，使园林充满了氤氲的文气，后文还将详细评述。退思园九曲回廊则用李白的诗句“清风明月不须一钱买”直接镶嵌在九个漏窗中，狮子林有“古琴、棋盘、函装线书、画卷”四个漏窗，称为“四雅”，更为别出心裁。

图 2－55 赵孟烦书（退思园）

古典名著雕刻图案也为园林增添了文学色彩，如《西厢记》、《三国演义》戏文图案。如留园《西厢记》戏文图案、春在楼大厅刻有《三国演义》中的故事图案 45 幅，画面刻画了武战人物大气磅礴的气势和威武的神态，人物的上半身大于下半身，且人大马小，以突出武战人物的形象，注重人与马的动势和谐，以突出武战人物的精神气质；并缩小背景，用特写手法雕凿三五人的交锋，以使构图饱满，这是苏州香山帮建筑装饰简洁浑厚、大刀斧凿手法的一大特色。文化名人风雅韵事雕刻，则增加逸趣。如留园“活泼泼地”室内堂板、裙板上刻有林和靖《放鹤图》、苏轼《种竹图》、周敦颐《爱莲图》、倪云林《洗桐图》等。

园林中有些建筑部件除了法权象征以外，实际上也起装饰作用。如照壁，除了具有维护建筑内部私密之功能外，更有极强的装饰功能，像北海的九龙壁，通过对栩栩如生的飞龙的刻画，在整个审美视域上给人们提供了一种神圣超然的联想余地。龙在中国传统文化中本身就有“天”、“神”、“皇”的象征意味，《周易》乾卦九五有：“飞龙在天，利见大人。”可见，照壁还承接和标志着中国传统文化意绪。门楼，因其“象城堞有楼以壮观也，无楼亦呼之”①。如避暑山庄的“丽正门”、西苑永安寺山门，是楼阁在建制与功能上的伸延，更具装饰功能。牌楼为中国传统建筑之一绝，在海外作为中华的象征矗立在华侨聚居之地，它是一种具有突出文化标示功能的纪念性建筑，往往是通过对历史上出现的具有楷模意义的人或事的纪念，来感召后人。在园林中，除了残存有神圣的文化遗韵外，更有一种客观的装饰功能。

古塔上那种或圆、或尖、或其他形状的塔刹，专用以表示崇尚高大意向，塔刹上贯套的圆环，佛家称“相轮”，取圆寂、涅槃之意和圆融、高显、说道、瞻仰等复杂的佛性内容，有九轮、十三轮、二十一轮、三十轮之多。

江南园林厅堂楼轩中还往往有雕镂得十分精美的落地罩，如苏州耦园“山水间”的落地罩，雕有“岁寒三友”图，与建筑寓意“高山流水知音”相得益彰。拙政园“留听阁”挂落，雕有“岁寒三友”和“喜鹊登梅”图，是近代雕刻名家赵子康的佳作，刀法精炼、造型生动，所刻禽鸟栩栩如生。既是精美的艺术品，又具有深厚的文化蕴含（图2－56）。

图2－56 留听阁“喜鹊登梅”飞罩（拙政园）

二、园林室内家具与陈设艺术

中国古典园林注重室内家具与陈设，是园林中不可或缺的审美对象，是中华民族文明的象征。

---

① 明计成：《园冶》，中国建筑工业出版社1988年。

园林家具被称为“屋肚肠”，可见其重要。各个历史时期家具品类和风格，是该时期政治、经济、民俗文化的反映。古代席地而坐，家具除筵、席外，都为低矮的几案和床榻，在室内尚未有固定的位置。许多家具，仅仅是为满足社会礼仪的要求而陈设的，商周时期禁与俎陈设的规范和制度就是所谓“席主人于作阶上西面，尊宾于席之东，两斯禁”，“铺筵席，陈尊俎，列笾豆”；秦汉到隋唐，室内陈设主要有帏帐、床、几、案与屏风等，居室大多以床榻为中心，白居易的草堂中“设木榻四 ，素屏二，漆琴一张，儒道佛书各三两卷”①，宋元时期随着垂足而坐的新的生活方式的出现，家具形制发生了变化，促使两宋以后居室陈设的内容和形式发生新的变化，也为明清园林的家具和陈设奠定了传统的基础。

家具的艺术风格具有鲜明的时代特色。如元代蒙古人性格纯朴豪放，追求古朴实用，故家具敦厚结实、线条粗放；明代传统文化达到了自唐以来第二次鼎盛，线条明快流畅，如行云流水；清代康、乾盛世，人多闲暇，对家具工艺追求较高，力求尽善尽美，故家具精雕细刻，做工最为考究。今存的中国古典园林家具主要有明清两种式样，是当时文学艺术、工艺美术水平的体现。明式家具，具有简（造型简练，收分有致）、线（线条为主，不尚华丽）、精（精雕细作，结构适用）、雅（典雅素净，和谐大方）的特色。外形质朴舒畅，线条雄劲流利，结构比例和谐，色彩沉着古朴，触感滑润舒适，气质古朴高雅。如苏州拙政园“见山楼”和上海豫园玉华堂的明式家具。清式家具的造型厚重。形体庞大，精雕细刻，装饰华丽，有的镶嵌大理石、宝石、珐琅和螺钿，反映出清代追求奢侈华贵的审美倾向。用的都为名贵的木料所做，大多为红木、紫檀木、楠木、花梨木等，质地坚硬，木纹美观。

家具及陈设满足居住使用和审美的需要，书斋、厅堂、卧室、亭台、楼阁，各有品位，风格和园林建筑相协调。皇家园林室内陈设富丽堂皇，是皇权的象征。私家园林则追求古雅、书卷气和人文气息。家具种类主要有：几案，诸如天然几、茶几、花几、供桌、琴桌、壁桌等；桌类，如圆桌方桌、半圆桌等；椅子类，有太师椅、靠背椅、官帽式椅等；凳子，如方凳、圆凳（海棠、桃式、梅花、扇形）等，常与圆桌相配使用，凳面常用花梨木或大理石镶嵌状鼓，称“墩”，有木、瓷两种，墩上罩以锦绣，称“绣墩”，多放卧室、书房、亭榭中；榻，状床，三面有靠屏，榻中设矮几，将榻分为左右两部分，矮几上放茶具等物。“古人制几榻，虽长短广狭不齐，置之斋室，必古雅可爱，又坐卧依凭，无不便适。燕衎之暇，以之展经史、阅书画、陈鼎彝、罗肴核、施枕簟，何施不可”②，以古雅精丽为上。

园林中非常忌讳“目不识古，轩窗几案，毫无韵物”，“韵物”主要指除了日用品之外的具有极高文化品位的器具陈设。园林中的大件摆设主要有博古架、书架、琴砖、

---

① 唐白居易《庐山草堂记》。

② 明文震亨《长物志·几榻》。

古琴、大立钟、自鸣钟、香炉等；小件摆设主要有瓷器、铜器、玉器、供石、盘、盒、箱、合及木雕小品等。“琴为古乐，虽不能操，亦须壁悬一床”①。

文震亨说：“位置之法，繁简不同，寒暑各异，高堂广榭，曲房奥室，各有所宜，即如图书鼎彝之属，亦须安设得所，方如图画。云林清秘，高梧古石中仅一几一榻，令人想见其风致，真令神骨俱冷，故韵士所居，入门便有一种高雅绝俗之趣”②。又说：“室庐有制，贵其爽而倩、古而洁也；花木水石禽有径，贵其秀而远，宜而趣也；书画有目，贵其奇而逸，隽而永也；几榻有度，器具有式，位置有定，贵其精而便、简而裁、巧而自然也”③。这是一个总的原则。在不同的建筑物内家具及陈设内容有所不同，但都具有生活气息、文人气息和高雅绝俗之趣。家具及陈设除了实用性外，主要追求博古、典雅。

楼厅陈设，《花镜》载如下：

> 楼开四面。置官桌四张，圈椅十余，以供四时宴会。远浦平山，领略眺玩。设棋枰一、壶矢骰盆之类，以供人戏。具笔、墨、砚、笺，以备人题咏，琉璃画纱灯数架，以供长夜之饮。古琴一、紫箫一，以发客之天籁，不尚伶人俗韵。

代表了明清士大夫的风尚。江南私家宅园是中国古典园林后期发展史上的一个高峰，其家具及陈设艺术可以作为中国古典园林家具及陈设艺术的典范。明清时期的厅堂都是园主宴请宾客、婚丧喜庆、家族议事的主要场所，家具陈设主要为功能服务，表现出世俗相沿袭的程式化，反映出礼俗色彩和浓厚的生活气息。苏州网师园大厅，正面白色屏板的顶上，悬挂着的匾额，是用淡黄色银杏木作底板、黑字行书，其下正中悬挂中堂，左右配置对联，为清代以来一贯形式。大厅前两根立柱上的抱柱联白底隶书。原陈放成堂的晚清红木家具：中间天然几，几前为大供桌，前为大八仙桌，左右各置一“独座”。沿中轴线两旁柱间采用“独座”与茶几组合，两两相对相背排列成八椅四几，前两立柱间放有两只坐凳。左右开间靠墙壁各摆两张八仙桌，四把椅子。东西两壁面悬挂对称式的大挂屏。天然几上常常陈放插屏、供石、瓷瓶和青铜器等。供桌主要用于在庆典或祭祀时摆放扦烛和香炉，八仙桌则用以陈放各式供品。桌前还可放“拜凳”，以便施跪拜礼。梁柱下悬挂 8 至 12 盏红木大宫灯，主要作装饰用，因旧时照明一般用立地的“满堂红”灯架，移动方便。这座大厅陈设，形象地体现了传统居室文化的严正性、规范性和持久性，它作为一种社会的物质形态而凝固着一个民族的艺术和文明。

庭园部分的厅堂陈设则与庭园的自然式布局相协调，注重舒适、自在和简朴，以反映士大夫文人“无事忧心，自乐逍遥”的超然心态。花园里堂室坐几的款式，《花镜》

---

① 明文震亨：《长物志》第 296 页。

② 明文震亨：《长物志·位置》第 347 页。

③ 明文震亨：《长物志·序》。

也作了详细的说明：

> 堂前设长大天然几一，或花梨，或楠木，上悬古画一。几上置英石一座，东坡椅六，或水磨，或黑漆。室中设天然几一，宜左边东向，不可迫近窗槛，以避风日。几上置就端砚一、笔筒一、笔规一、古窑水中丞一。古人置砚俱在左，以其墨光不闪眼，且于灯下更宜。清烟溦墨一、画尺一、镇纸一、好腾瓶一，又小香几一，上置古铜炉一座。香盒一，非雕漆，即紫檀，白铜匙柱一副，匙柱瓶一。左壁悬古琴一，右壁挂剑一，拂尘帚一。园中切不可用金银器具，愚下艳称富尚，高士目为俗陈。

精心选择、陈设这些物品，成为清雅文士生活中不可或缺的一部分，在这种传统的文化氛围里，净心澄怀，闲来吟风弄月，感到精神的极大满足，所谓竹几当窗，拥万卷，列百城，南面王不与易此。如拙政园中部主厅“远香堂”，为四面厅形式，四周是透空的长窗，可环视观景。堂内只在中央地位配置座椅和茶几，四角设置花几作点缀，花几随季节供设鲜花和盆景，与室外山水花木融合。室内空间透空、明净、疏朗。

园林书斋小馆的陈设，更强调物质文化的人性表达。“书斋宜明静，不可太敞”①。从高濂对书斋陈设的具体描述中可看出，明代书斋中的家具很单纯，仅为长桌一、榻床一、滚脚凳一、床头小几一、云林几一、书架一，余则为古砚、旧古铜小注、旧窑笔格、笔洗、笔筒等文具，还有古铜花尊、哥窑定瓶，壁间挂古琴一、画一。《花镜》强调书架、书柜应放在向明处，以储图史，然亦不可太杂似书肆样。清代的书斋精品留园书房“揖峰轩”的周围环境和室内陈设堪称典范：它是一个半封闭的园中园，揖峰轩南小院四周围以曲廊，庭院中“独秀峰”、“晚翠峰”、“段锦峰”、“干霄峰”等秀美多姿，石笋娇立，青藤蔓绕。小院东廊壁上嵌有清刻《大唐三藏圣教序》正楷书条石 12 块。南廊设一小屋“石林小院”，小屋内有石桌、鼓凳，可下棋品茗。正南和左右两侧都辟有洞窗，窗外老书、石峰、芭蕉、竹子，组成一幅幅蕉叶图、竹石图和古木紫藤图，南墙洞窗两侧悬清著名书画家陈老莲对联“曲径每过三益友，小庭长对四时花”。揖峰轩书斋外观两间半，实为一间半，揖峰轩内东头摆一张红木藤面的精致的贵妃小榻，壁悬四季花鸟小挂屏 4 块，榻上嵌有 40 块大理石大挂屏一幅，之间一石似有一老者，题款“仁者寿”，两旁石上书对联：“汉柏秦松骨气，商彝夏鼎精神”，底下 7 块大理石用蝇头小楷书陶渊明《归去来兮辞》全文。正中八仙桌，左右备太师椅，便于文友相互切磋；七巧式的棋桌，可啜茗对弈，加上几只瓷礅。西端靠墙的红木琴桌上置古琴一架，两侧墙上悬挂郑板桥所书对联一副：“蝶欲试飞犹护粉，莺初学啭尚羞簧。”斋北粉墙上辟三个以高级的红木制作成精致的菱花窗，窗栏外利用小空间栽疏篁几枝、湖石数块，设计成一幅幅别致的竹石画品。斋南是一排落地的红木菱花门窗，上有精美

① 明高濂：《遵生八笺》。

的雕刻图案。书斋内外，宁静雅洁、古拙清幽，花木、石峰、书条石、建筑、陈设，形成浓厚的艺术氛围，蕴藏着深邃的文化内涵。

敞亭台榭，不避风雨，不可用佳器，须得旧漆、方面、粗足，古朴自然者置之。如果是露坐，则宜湖石平矮者，散置四傍，其石墩、瓦墩之属，俱置不用，尤其不可用朱架架细料方砖于上。

书画文玩陈设。收集古器，多蓄法书、名画、古琴、旧砚，摩玩舒卷，罗列布置，营造优雅的艺术气息，是士大夫文人直至封建帝王知识和风雅的象征，“所藏必有晋、唐、宋、元名迹，乃称博古”①。“古”，历史文化积淀深厚，古书画、古瓶、古化石等；“雅”，知识含量大，雅石、雅供、雅藏、雅趣等。

园林是他们读书、赏画、吟唱、玩古的场所，对这些物品的陈设也分外注意。李渔的《闲情偶寄》中有专论，叫《器玩部位置》，他总结出的经验是：“位置器玩与位置人，同一理也……安器置物者，务在纵横得当……他如方圆曲直，齐整参差，背有就地立局之方，因时之宜之法……”，并提出了“忌排偶”和“贵活变”的原则。

商鼎周彝、秦砖汉瓦为代表的古铜器具，乃是古代文明的象征，“大者陈于厅堂，小者置于斋室”、“若汉之编钟，小而有韵者，颇宜书斋清响”，“轩辕球镜，可作卧榻前悬挂，未必远邪，聊取意耳”②。书画陈设，“大者悬挂斋壁，小者则为卷册，置几案间”，“广厅高堂，宜挂大幅，小斋矮屋，则挂短联小景。要求异、雅、少而精，主要目的是为了赏玩和创造艺术境界和氛围。匾额、楹联、挂屏等，往往集自然美、工艺美、书法美和文学美于一身，如南方园林中陈设的嵌大理石的挂屏，在神奇般的变幻中增添了无穷无尽的抽象美。上面大都有诗文题刻，如留园“林泉耆硕之馆”东西两壁挂有红木大理石挂屏四件，写有宋黄庭坚的《跋东坡水陆赞》语，大理石山水画题款为：1、“江天帆影”，款署“王摩诘有此图，一望千里，诚令人心胸旷爽耳。钱塘丁敬”；2、“白云青嶂”，款署“东坡居士题古氏屏句，敬身”；3、“万笏迎曦”，款署“丙戌夏四月于曲池草堂。以白居易能否合理。丁敬”；4、“峻谷莺迁”，款署“黄山谷游茸紫庵石壁有此句，此石形神理得，因以题之。丁敬。”西角有落地的大理石插屏，上镌有诗歌：“古径访仙踪，青山几万重。旧时宋柏在，曾受汉皇封。”馆北大理石插屏摆件题跋曰：“春谷烟迷”，款署“戊戌夏六月消暑于寒碧山庄，以黄山谷题石句以志之。曲园居士。”挂屏上大理石具有自然纹理，诗文题款对这些纹理画面进行了诗意的描写，给人以无尽的美的联想。书画挂件的色彩与建筑物的色调相一致，金碧辉煌的皇家园林，往往采用浓丽的暖色，私家园林则大多采用冷色，与建筑物的灰色调相协调。

留园“仙苑停云”额下粉墙上嵌有“古鳕鱼化石”，中间小鱼数尾，身长数寸，头大尾窄，清晰可辨，这是生存于两亿年前深海中的化石。

---

① 明文震亨：《长物志》第 135 页。

② 明高濂：《遵生八笺之五 · 燕闲清赏笺》。

留园“林泉耆硕之馆”北厅正中刻冠云峰图，屏风前红木天然几上摆灵璧石峰，圆光罩将中间屏门与两侧的银杏木长窗花鸟屏刻连成一体。大理石插屏、古青铜器，八角窗下置红木藤面炕床。南厅正中屏门刻俞樾撰书《冠云峰赞有序》，屏门前置红木藤面炕床，两旁放五彩大花瓶，红木花几上供放四时鲜花。厅内廊下高悬古雅的红木宫灯，南北两面落地长窗裙板和半窗堂板上分别刻着渔樵耕读、琴棋书画、古装戏人物、飞禽走兽等图案、东西两墙壁上的红木大理石字画挂屏，为室内增添了不少雅趣。

拙政园旱船“香洲”，中悬一方大镜，将“倚玉轩”一带的景色摄入。上挂张辛稼书“烟波画船”四字匾，书法佳妙，景色优美。左右厢挂郑板桥所画竹屏，后舱壁上有谢孝思书吴梅村《拙政园山茶花歌》刻屏。

园林的盆供摆件陈设。主要指“盆景”、“瓶花”、“供石”等。

园林摆件离不开清雅可爱的盆景，其中，树桩盆景，浓缩山林风光于几案间，凝聚了大自然的风姿神采；水石盆景，缩名山大川为袖珍，“五岭莫愁千嶂外，九华今在一壶中”。中国的盆景艺术孕育于东汉，成于唐代、盛于明清，融园艺学、美学、文学、绘画等艺术于一炉，在漫长的发展过程中，形成了许多流派，诸如扬州派、苏州派、上海派、岭南派、四川派等。《史记·五帝本纪》中就有“怪石”贡品，《周礼》中记载周公将玉雕陈列在神台上，汉张良供奉谷城山下的黄石[①]，三国东吴有观果盆景[②]，作为宫廷装饰和观赏的盆景在唐代已经十分盛行。《考槃余事·盆玩》篇：“盆景以几案可置者为佳，其次则列于亭榭中物也。”历代帝王酷爱盆景者甚多，如宋孝宗、宋徽宗、清康熙皇帝等。圆明园、颐和园、承德避暑山庄等皇家园林中陈列的盆景不计其数。

胆瓶贮花，可以随时插换，也是厅堂斋室的高雅陈设。明袁宏道认为，花快人意者凡十四，“明窗净几，古鼎、宋砚、松涛、溪声、主人好事能诗，门僧解烹茶，蓟州人送酒，座客工画，花卉盛开，快心友临门，手抄艺花书……”[③] 即使是“枫叶竹枝，乱草荆棘，均堪人造。或绿竹一竿，配以枸杞数粒。几茎细草，伴以荆棘两枝，苟位置得宜，别有把玩之趣”[④]。瓶花“堂屋宜大，书室宜小。贵铜瓦，贱金银，忌有环，忌成对”[⑤]。堂屋“以铜汉壶大古尊垒，或官哥大瓶如弓耳，直口敞瓶，或龙泉蓍草大方瓶，高架两旁，或置几上，与堂相宜”；书斋插花，则“宜短小，以官哥短瓶，纸槌皮革、鹅茎瓶……等”。袁宏道也说：“置瓶，忌两对，忌一律，忌成行列，忌以绳束缚。”他提倡“参差不伦，意态天然，如子瞻之文随意断续，青莲之诗不拘对偶”[⑥]。也忌雕花妆彩花架和置放在当空几上。瓶中所插之花大小、多少也必须相宜，文震亨认为“花宜瘦巧，不宜繁杂，若插一枝，须择枝柯奇古，二枝须高下合插，亦止可一二种，过多便

---

① 汉司马迁：《史记·留侯世家》。

② 晋嵇含：《南方草木状》。

③ 明袁宏道：《瓶史·鉴戒》。

④ 清沈复：《浮生六记》。

⑤ 明文震亨：《长物志》第352页。

⑥ 明袁宏道：《瓶史·宜称》。

如酒肆；惟秋花插小瓶中不论”①。插花还须与瓶体形状大小相称，假如瓶高二尺，肚大下实者，花出瓶口二尺六七寸，须折斜冗花枝，辅撒左右，覆瓶两旁之半，则雅。若瓶高瘦，却宜一高一低双枝，或屈曲斜袅，较瓶身少短数寸，似佳。总之，瓶花安置得宜、姿态古雅、花型俏丽、色彩浓淡相宜，则可使厅堂斋室，增添无尽的幽人雅士之韵。

文人爱石、友石、赏石。因为“石体坚贞，不以柔媚悦人，孤高介节，君子也，吾将以为师；以性沉静，不随波逐流，然扣之温润纯粹，良士也，吾乐以为友”。将其供之厅堂，以示高风亮节，置之几案之间，以示孤芳自赏。厅堂供案上摆设的石品，造型奇特，坚固稳定，是家业固实的象征。网师园“看松读画轩”中陈列着两樽像两段木墩状的硅化木化石，据测，乃1.5亿年前之物，因其年代悠久，具有永恒的象征意义，故帝皇作为帝业万世永继的吉祥物放在皇家园林里，北京中南海的瀛台和承德避暑山庄都有此物。供石中有一种“音石”，扣之音色清瞿，声响如磬，大都安置在书斋画室内，配置精美的红木石架。苏州拙政园辟有“雅石斋”，陈列太湖石、灵璧石、大理石、松花石、菊花石、水冲石、昆石等10多个品种的观赏石80多块，千姿百态，琳琅满目。上海古猗园也辟有玩石斋。真所谓“石不能言最可人”。

中国古典园林的厅堂斋馆中，凝聚了丰富完美的中国精雅文化艺术体系，充分展示了中国民族的审美心理、文化素质和文化传统精神。

【第六节】

园林植物的选配艺术

花木是构成园林的重要因素。“寻常一样窗前月，才有梅花便不同”。中国园林花木品类丰富，有观花、观果、观叶、荫木藤蔓、竹、香花、草本与水生植物等多种类型。在适时适地的前提下，处理好常绿与落叶、乔木与灌木的搭配，树木参差蟠根镶嵌于石缝，低山不栽高树，小山不配大木，达到轮廓起伏、层次变化、明暗对比等艺术效果。在对园林花木的处理上，中国古典园林不像古代的欧洲人那样过多地用理性及秩序去干预，而是不仅注重保持花木的原朴的“天造”风格，更注重在山、水、建筑、人、天、地相契相合的气氛中，赋予花木一种精神性的“合一”色彩。花木都采取自然式种植、刻意追求“疏林欹倒出霜根”、“苔痕上阶绿，草色入帘青”的天然境界。

在中国传统文化中，花木又是人们寄寓丰富文化信息的载体，托物言志时使用频率

① 明文震亨：《长物志》第352页。

很高的媒介。所以，园林花木具有功用价值、内在价值和历史文化价值。

一、园林花木的功用价值

园林花木是营构自然美、创造山花野鸟之间那种朴野撩人气息的不可或缺的物质材料，所谓无花不成景，无绿不成园，具有它的实用功能。建筑考古学家杨鸿勋在《江南古典园林艺术》一书中提出了园林花木具有的九大造园功能，基本上概括了花木在园林中的实用价值，它们是：

1. 隐蔽围墙、拓展空间。如植物的垂直绿化具有独特的艺术效果，它可以柔化墙面，隐蔽不美观的墙体和有碍观瞻的构建物，提供私密性空间。如隐约周墙的藤萝、修柯戛云。

2. 笼罩景象，成荫投影。提供绿荫，留园有绿荫轩，吸收紫外线，防止、减少眩光和辐射热等，改善小气候。

3. 分隔联系，含蓄景深。“曲径通幽处，禅房花木深。”花木在此，创造出幽深之景。清沈复游览江南名园海宁安澜园时，见到“池甚广，桥作六曲形，石满藤萝，凿痕全掩，古木千章，皆有参天之势，鸟啼花落，如入深山。”袁枚称其“擎天老树绿槎枒，调羹梅也如松古”①。大树形成了园内主要的风景画面。

4. 装点山水，衬托建筑。如避暑山庄山岳区景点“山近轩”，在山庄松云峡中部、南坡半山腰，坐东北朝西南，是山庄苑中大型的山地园林之一。乾隆诗曰“草房虽不古，而松与古之……”水中的水生植物，可以使水面生动活泼，丰富多彩，为园林景色增添情趣，净化水体，增进水质的清凉与透明度。如荷花可以造成“接天莲叶无穷碧，映日荷花别样红”、“棹动芙蓉落，船移白露飞”的意境。

5. 陈列鉴赏，景象点题。春兰、秋菊、水仙、菖蒲被称为花中“四雅”，是园林陈设所用盆景、瓶花的重要观赏花卉。

6. 渲染色彩，突出季相。陈淏子在《花镜》中形象地描写了园林花木随着季相时序之变化，呈现出的美丽色彩。三春乐事：“梅呈人艳，柳破金芽。海棠红媚，兰瑞芳夸。梨梢月浸，桃浪风斜。”夏天为避炎之乐土：“榴花烘天，葵心倾日，荷盖摇风，杨花舞雪，乔木郁蓊，群葩敛实。篁清三径之凉，槐荫两阶之粲……”清秋佳景：“金风播爽，云中桂子，月下梧桐，篱边丛菊，沼上芙蓉，霞升枫柏，雪泛荻芦。晚花尚留冻蝶，短砌犹噪寒蝉……”寒冬之景：“枇杷垒玉，蜡瓣舒香，茶苞含五色之葩，月季逞四时之丽……且喜窗外松筠，怡情适志。”园林色彩增加构图意趣，颜色影响感情和空间距离的变化，如红色给人以热情兴奋和活力感，白色呈纯洁和悠闲淡雅的气氛，绿色有宁静舒适感和欣欣向荣的生命力、暖色具有“趋近”的感觉，冷色具有“远离”的趋势等。

---

① 清袁枚：《安澜园》。

7. 表现风雨，借听天籁，创造园林“声景”。诸如松涛竹韵、桐雨蕉霖、残荷听雨、柳浪闻莺、高槐蝉唱、苔砌蛰吟等，都是天籁之音。沈周《听蕉记》说：“夫蕉者，叶大而虚，承雨有声……蕉静也，雨动也，动静戛摩而成声……”苏州拙政园有“听雨轩”，轩周围植竹子、芭蕉、梧桐树，轩南小池中有睡莲，因取唐李中“听雨入秋竹”诗意名之；拙政园“留听阁”，取唐李商隐的“留得枯荷听雨声”；拙政园的“听松风处”、怡园的“松籁阁”、避暑山庄的“万壑松风”，则专为听松风而设的景点。都是借助植物造景的佳例。

8. 散布芬芳，招蜂引蝶。前面我们已经讲到园林花木有净化空气的作用，花的香气具有杀菌作用，还有降低噪音、吸尘、防风、防止水土流失、减少地表径流、吸收雨水等物理功能，创造生气勃勃的园林“生境”，招来自然界的飞禽，花香鸟语。

9. 根叶花果，四时清供。在大型园林中，它还具有不容忽视的经济价值。早在汉代的“上林苑”中，39 种植物中就有 17 种果树，包括卢橘、黄甘、枇杷、沙棠、留落（石榴）、杨梅、樱桃等，它们除了装点园景外，鲜果可以采食；西晋石崇的“金谷园”里，也有“众果竹柏药草之属”，自然具有经济实用价值；宋代的私家园林里，还有“时果分繄，嘉蔬满畦，标梅沉李，剥瓜断壶，以娱宾客，以酌亲属”[①]。清康熙时的避暑山庄，还有大片的农田和果园、菜圃、瓜地。

计成《园冶》中描述过花木的造景：“梧阴匝地，槐荫当庭；插柳沿堤，栽梅绕屋；结茅竹里……夜雨芭蕉……晓风杨柳。”营造出舒适宜人的自然环境。

二、园林花木的内在价值

游人徜徉园中，在赏心悦目之时，会产生“心中之又一境界”，即意境。人们常常借园林花木的自然属性比喻人的社会属性，倾注花木以深沉的感情，表达自己的理想品格和意志，或象征吉祥，或将花木“人化”，视其为有生命、有思想的活物，以寓人格意义。所谓“一花一草见精神”。使园林花木形神兼备，立意高远。并以此作为园林及景点的主题意境。如“药圃”、“个园”、“离赍园”、“香草居”、“香洲”等俯拾皆是。

士大夫文人早就赋予植物以个性、人格属性。我国最早的诗歌总集《诗经》，在用比兴手法咏志、抒情时，引用了 105 种花木。其中，以植物喻人寄情的近 20 篇。或被比喻为正面形象加以歌颂，或作为反面典型予以鞭挞、讥刺；或因人及物、反过来因物及人，在植物身上寄托美好的愿望和企求。这些植物已经渗透着人们的好恶和爱憎，成为某种精神寄托，因而是“人化”的植物。《诗经》中的人化植物方面的美感意识，影响深远，并成为文化领域中的优良传统。屈原的《离骚》以香草比喻君子，作为人格高洁的象征，反映了当时人们的自然美意识。自宋以来，在花谱、艺花书籍以及对植物的诗赋杂咏中，都写出了人们在观赏花木时引起的思想情感，从而可推想古人在园林中

① 宋朱长文：《乐圃记》。

组织植物题材和欣赏的意趣。在中国古典园林中，人们往往借花木的自然属性，比喻人的社会属性，故许多花木在人们的眼中，它们又各含特殊的文化意义：

松柏，耐寒、常青，予以抗击环境变化、保持本真、坚强不屈的品格。《礼记·礼器》："其在人也……如松柏之有心也……故贯四时不改柯易叶。"孔子的"岁寒，然后知松柏之后凋也"的著名格言，《庄子》言"天寒既至，霜雪既降，吾知松柏之茂"，"松柏为百木长也而守宫阙"，为长生的象征。据传，晋荥阳郡南石室，室后有孤松千丈，常有双鹤，绕松而翔，有夫妇在石室隐居，年岁数百，死后化为双鹤，故有"松鹤延年"之说。但文人笔下则更多地赞美"松柏有本性"[①] 的傲岸品格。

竹，秀逸有神韵，品格虚心能自持，品德高尚不俗，生而有节，视为气节的象征。《礼记·礼器》："其在人也，如竹箭之有筠也。"《诗经·淇奥》："瞻彼淇奥，绿竹猗猗。"上海古猗园因此得名。文人欣赏竹的秀美和高尚，王徽之"不可一日无此君"，唐张九龄咏竹，称"高节人相重，虚心世所知"[②]。宋苏轼"宁可食无肉，不可居无竹"，元杨载《题墨竹》："风味既淡泊，颜色不妩媚。孤生崖谷间，有此凌云气。"淡泊、清高、自持、正直，是中国文人的人格追求。

梅花有"花魁"之誉，她花姿秀雅，风韵迷人，品格高尚，节操凝重。耐严寒，报早春，有清香，花开五瓣，人称"梅开五福"，其相吉祥。自宋人开始，文人爱梅赏梅，蔚为风尚。王安石赏其耐寒："墙头数枝梅，凌寒独自开。"陆游美其节操："零落成泥碾作尘，只有香如故。"林和靖爱其神姿风韵："疏影横斜水轻浅，暗香浮动月黄昏。"苏轼赞美梅竹石云："梅寒而秀，竹瘦而寿，石丑而文，是为三益之友。"[③]

牡丹为"百花王"，雍容华贵，唐王公贵族以观赏牡丹为热，李正封有"天香夜染衣，国色朝酣酒"诗句咏之，故有"天香国色"之誉。《本草纲目》："群芳中以牡丹为第一，故世谓为'花王'。"至宋代已经有"魏紫"、"姚黄"等近百种品种，明王象晋的《群芳谱》中记载180余个品种。相传唐武则天曾于寒冬季节下令百花开放，惟独牡丹不畏强权，没有开花，被贬洛阳，精神为人所敬。

芍药为花中宰相，花大色艳，形态富丽、香浓，堪与牡丹媲美："多谢化工怜寂寞，尚留芍药殿春风"，殿春风的品格受人钦敬。

月季为花中"皇后"，"惟有此花开不厌，一年长占四时春"（苏轼），四季花艳，月月留春，青春永驻。

荷花为花中"君子"，宋周敦颐《爱莲说》犹一曲不朽的"莲花颂"，从此，荷花被定格在"君子"的位子，"香远益清"成为它的品格特征。被推为六月花神，并将农历6月24日作为荷花的生日。

水仙为凌波仙子，"莹浸玉洁，秀含芳馨"，相传为舜妃子娥皇、女英的灵魂化成，

① 魏刘桢：《赠从弟》。

② 唐张九龄：《和黄门卢侍郎咏竹》。

③ 宋罗大经：《鹤林玉露》卷五。

娟娟不染尘俗之气。

吊兰为绿色仙子，叶根似兰，茎横伸偃卧，叶悬垂披拂，弯曲下垂的细茎端部着生的小植枝在微风中翩翩起舞，婀娜多姿，别具情趣。

兰花不仅誉为“花中君子”，而且还被尊为“香祖”。她素而不妖，娟秀典雅，花香清冽，春深时节，幽岩曲涧，窈然自芳。

海棠为花中神仙，窈窕春风前，嫣然一笑竹篱间，有超越百花的姿色一枝气可压千林。

杜鹃为花中西施，又附丽了一个凄婉的传说：相传蜀帝蒙怨死后，化作一只杜鹃鸟，日日啼叫诉冤，嘴角的血滴落在杜鹃花上染红了杜鹃花。此后，杜鹃花也成为人们恋乡思亲的情感寄托。

菊花为花中“隐士”，晋陶渊明辞官归田后，“采菊东篱下，悠然见南山”，被后世文人称为“隐逸之宗”、九月菊花花神。陶渊明不为五斗米折腰的傲岸骨气和菊花“拒寒色不移”的品性，已经交融为一，真如《红楼梦》中林黛玉所咏：“一从陶令评章后，千古高风说到今。”国色天香人咏尽，丹心独抱有谁知？宋朱淑真《黄花》“宁可抱香株上老，不随黄叶舞秋风”。《花镜・菊花》称“菊有五美：圆花高悬，准天极也；纯黄不杂，后土色也；早植晚发，君子德也；冒霜吐颖，像贞质也；杯中体轻，神仙食也。”是对菊花意态的比拟。

根据花木的生态习性、同音或谐音等，往往赋予花木以特定的象征意义，如：

古树具有古的文化品格，常常被看作民族、江山的象征，如《论语・八佾》：“哀公问社于宰我，宰我对曰：‘夏后氏以松，殷人以柏，周人以栗。”松、柏、栗遂成夏后氏、殷、周的社稷之木。《楚辞・哀郢》：“望长楸而太息兮，涕淫淫其若霰。”人们常常以“桑梓”隐指故土等；椿（香椿）作父亲大案代词、萱（萱草）为母亲大案另称。

兰花象征友谊；橄榄象征平安；紫薇、榉树比喻达官贵人；石榴寓意多子；萱草意含忘忧；紫荆象征同心、团结；樗栎喻庸才；杞梓喻能人；毛白杨象征坚忍不拔、奋发向上；火棘表示大公无私、刚正不阿；竹子表示虚心有节、清秀潇洒；璎珞柏、垂枝柏象征哀悼伤怀；桂花比喻流芳百世；梅花比喻生活火红；红梅比喻成功来自艰辛；松柏比喻长寿、坚贞；桃李喻学生；甘棠喻能臣等。

有些植物的组合组成含义深永的意境，如玉兰、牡丹比喻玉堂富贵；海棠、棠棣之花比喻兄弟和睦；松、竹、梅为岁寒三友；梅、竹、兰、菊为四君子；荼蘼、茉莉、瑞香、荷花、岩橘、海棠、菊花、芍药、梅花、栀子为韵、雅、殊、静、仙、名、佳、艳、清、禅“十友”；宋代的张敏叔以十二花为十二客，它们是：牡丹，赏客；梅花，清客；菊花，寿客；瑞香，佳客；丁香，素客；兰花，幽客；莲花，静客；茶花，雅客；桂花，仙客；蔷薇，野客；茉莉，远客；芍药，近客。成为文人画家笔下的诗画题材。清代的张潮将植物与人一一对应称“知己”：

菊以渊明为知己，梅以和靖为知己，竹以子猷为知己，莲以濂溪为知己，桃以避秦人为知己，杏以董奉为知己，……荔枝以太真为知己，茶以卢仝、陆羽为知己，香草以灵均为知己，莼鲈以季鹰为知己，蕉以怀素为知己，瓜以邵平为知己……①

有些植物含有特殊文化意蕴，如“闻木樨香轩”、“无隐山房”、“小山丛桂轩”等园林意境，取自禅宗公案故事，宋黄庭坚将木樨的香味作为悟禅的契机，“木樨香”成为三教教门中常用的典故；宋代周敦颐筑室庐山莲花峰下小溪上，取“濂溪自号”，写了情理交融、风韵俊朗的《爱莲说》，云：“水陆草木之花，可爱者甚蕃，予独爱莲之出淤泥而不染，濯清涟而不妖，中通外直，不蔓不枝，香远益清，亭亭净植，可远观而不可亵玩……莲，花中君子也。”将莲花的高情韵致与佛学的因缘联系起来，构成了“远香堂”、“濂溪乐处”等园林景点意境。

普通的柳树蕴涵的文化意义也颇为深厚。它不择肥瘠，对环境有很强的适应能力，是生命力的象征，又为春的使者；它婀娜多姿，风流可爱，“柳”与“留”谐音，表示依恋：《诗经·采薇》中就有“杨柳依依”的著名诗句，“柳”之“依依”可人，折柳送别，表示难舍难分；柳也是家庭和家乡的象征：《诗经·东方未明》：“折柳樊圃。”李白“此夜笛中闻《折柳》，何人不起故园情。”《折柳》曲子是描写故园之情的。为了安慰游子，客舍旁植柳，“客舍青青柳色新”②，以营造客至如归的氛围。以上这些对天时、气候的依赖、对土地的依附，积淀了“安土重迁的民族心理，重情、重礼的农耕文化特点，宗法血缘制度进一步把孝道和人情铆在人的心灵最深处。柳还有“陶家柳”、“武昌柳”之特称，前者因陶渊明写有《五柳先生传》，故泛指隐士居处环境；后者指陶侃在武昌所植官柳，指勤于公事。古人认为柳有辟邪作用，《苏氏演义》载：“正旦取杨柳枝著户，百鬼不入家。”

清人有所谓“梅令人高，兰令人幽，菊令人野，莲令人淡，春海棠令人艳，牡丹令人豪，蕉与竹令人韵，秋海棠令人媚，松令人逸，桐令人清，柳令人感”之说③。

三、园林花木的配置

园林花木的取材，涉及多方面的因素，有民族的、地域的、文化的和自然、气候以及植物生长特性等。一般来说，选择的植物品种根据“适时适地”的林业原则，以“乡土”树种为主，不求异花奇木。注重传统的民族特色，如古典园林中一般不采用从国外引进不久的雪松等。因地制宜，根据植物生长习性所要求的环境特点，选择适宜的

① 清张潮：《幽梦影》，见《明清名家小品精华》，安徽文艺出版社1996年版第753页。

② 唐王维《送元二使安西》。

③ 清张潮：《幽梦影》。

品种，如松树，苏州以黑松和白皮松为好。植物种植配置的地点，则也必须根据具体植物对日光、热量、水分等自然需要，加以合理配置。如《花镜》说："花之喜阳者，引东旭而纳西晖"，"花之喜阴者，植北苑而领南熏"。牡丹香花向阳斯盛，须植于厅楼之南的开旷之地；而光线较暗淡的小庭院里，因为只能依靠南墙反射的漫射光，所以只好种植芭蕉、慈孝竹、八角金盘、桃叶珊瑚、忍冬、虎而草等耐阴植物。"芭蕉分翠，忌风碎叶，宜栽墙根屋角"①。总之，植物配置，要符合功能上的综合性、生态上的科学性、风格上的民族性与地方性、配置手法上的艺术性。下面，主要从文化心理学、文学意境、画学原理等角度，谈谈古典园林植物配置的艺术原则。

从文化心理学角度看，园林中的植物的配置讲究吉祥如意。植物组合要寓意吉祥。建筑物主题与植物配置相一致，如颐和园"乐寿堂"，前后庭院遍植玉兰、海棠和牡丹，寓意"玉堂富贵"。苏州狮子林燕誉堂，庭院置有花台、石笋、牡丹丛植，并夹峙两株木兰，每到春天，构成一幅华丽的立体图画，其题意为"玉堂富贵"（图2－57）。苏州网师园"清能早达"大厅南庭院植两株玉兰。后庭院植两棵金桂，合"金玉满堂"之意。南方住宅前后所植树木，有"前榉后朴"的习惯，"榉"，即中举，"朴"即仆人，中举，荣华富贵，就有仆人伺候。植物名的读音、形态、色彩要吉利，如忍冬，又叫"金银花"，花为金黄色和白色；枇杷，色黄如金，有"摘尽枇杷一树金"之说，均为大吉大利之物，园林中种植较多。反之，银杏树，却因又名"白果"而不讨口采，园主不爱种。紫藤树，有攀附向上之势，还有"紫气东来"的寓意，庭院中常见。苏州拙政园有文徵明手植古藤，就种在住宅庭院内。苏州留园五峰仙馆前的厅山上植松，松下有从假山东的"鹤所"中出来的仙鹤，组成一幅意味深长的"松鹤长寿图"。

图2－57 玉堂富贵（狮子林）

静赏有诗情，这是古典园林植物配置的重要原则。古人栽植花木，常常从历史上积淀的审美经验中，借鉴古典诗文的优美意境，创造浓浓的诗意。令人玩味无穷。明代的陆绍珩在《醉古堂剑扫》卷七中说："栽花种草全凭诗格取裁。"园林的景点题名往往取自古典诗文，植物配置要符合景点主题，以增添诗意。园中咏景题额反映了设景的目的，《园冶》："开林须酌有因，按时架屋。"植物是时变的，景境须"因时"，从而获得最佳的观赏效果。也就可以达到园主所追求的"一年无日不看花"了。咏景额中有许

① 陈从周《续说园》。

图 2-58　留得枯荷听雨声

多是根据反映四季植物景色的诗文命名的，如苏州怡园，冬有赏梅花的南雪亭，取杜甫《又雪》“南雪不到地，青崖粘未消”诗意。“雪”指梅花；秋天赏桂花，金粟亭匾“云外筑婆娑”，撷唐韩愈《月蚀》诗“玉阶桂树闲婆娑”之意，夏有赏荷花的“藕香榭”，取杜甫“棘树寒云色，茵蔯春藕香”诗意。同一植物，在不同的环境中因时因地，形成了不同的氛围，造成特定的意境，使游者情景交融，引发审美联想，领悟其妙境。如同一种荷花，在夏日，则荷风扑面，香远益清（拙政园“远香堂”），感发诗兴，“冷香飞上诗句”（避暑山庄“冷香亭”）；秋天，则取唐李商隐《宿骆氏亭寄怀崔雍崔衮》诗中的“秋阴不散霞飞晚，留得枯荷听雨声”诗歌意境（拙政园“留听阁”）（图 2-58），为园居生活提供丰富多彩的审美对象。

由于花木蕴涵丰富的文化内涵，园主往往通过诗文题名，将自己的人格理想、情节操守等文化信息透露出来。如园林中有许多以松、竹、梅为主题的景点，诸如“得真亭”、“听松风处”、“松籁阁”、“万壑松风”、“四时潇洒亭”、“锄月轩”、“岁寒居”等。

坐观有画意，植物配置符合国画的原理和技法。

园林植物以形姿有画意者为上选。植物以古、奇、雅、色、香、姿为上选，特别是古、奇，形态古拙、奇特，富有画意。如苏州邓尉山司徒庙里的“清奇古怪”四枝古树，画意横生。宋代开始，人们品赏梅花，有“横斜、疏瘦、老枝奇怪”的“三贵”之说，实际上是用品画的标准来品梅花，以有无画意为取裁标准。在古典园林中一般不植几何形树种如雪松等，不入画意是原因之一。

植物配置讲究以少胜多，深得写意山水画之神韵，王维《山水诀》云：“咫尺之图，写百千里之景，东西南北宛尔目前，春夏秋冬写于笔下。”中国古典园林中除了大型的皇家园林，植物很少丛植，小型园林大多以散植为主，如拙政园“海棠春坞”小院，一共才植两株海棠花。枇杷园也只有 10 几株枇杷。

植物配置符合画理。韩拙论一年四季所画的植物基本形貌是“春英、夏荫、秋毛、冬骨”①，春天叶细而花繁，宜种迎春、连翘、紫荆、绣球等花；夏天叶密而茂盛，宜植广玉兰、枫杨树；秋天叶疏而飘零，宜种枫、乌桕、柿树；冬天叶枯而枝槁，落叶树

① 宋韩拙：《山水纯全集》。

为主。画理谓“宾者皆随远近高下布置”，丛植的植物，都是俯仰有姿、主宾分明，株间高下相间，距离不一。树木往往种在山腰石隙之中，参差蟠根镶嵌于石缝，“林麓者山脚下有林木也”、“林峦者山岩上有林木也”①，低山不栽高树，小山不配大木，避免喧宾夺主，对面积小，但非得在山颠配置树木者，也是用峰石将树根遮住，符合“远树无根”之画诀。树姿耸立而凌云的高树，或培养成“欹斜探水“状的悬崖式景观②。避暑山庄万壑松风长松环翠，壑虚风度，如笙镛迭奏声，不数西湖万松龄也。万壑松风诗序。此景直接以北宋画家巨然的万壑松风图为艺术蓝本。在楼阁庭园等小空间点缀的花木，或以白壁为纸，花木为绘，如留园的“花步小筑”，一株爬山虎苍古如蟠龙似地攀附在粉墙上，天竺、书带草伴以湖石、花额，似一帧精雅的国画；或“窗虚蕉影玲珑”、“移竹当窗”，使窗前、门外都有花木成景，如李渔所说的“尺幅窗”和“无心画”，以替代屏条、立轴。这种景观在园林中俯拾皆是。荆浩的《山水赋》说：“楼台树塞。”园林中的亭阁楼台必有树木相衬，“好花须映好楼台”。

根据园林景点主题配置植物，创造园林意境。如“深柳疏芦”配置在“江干湖畔”，成为江南水乡风貌；拙政园“劝耕亭”旁几枝芦苇摇曳，给人以乡野之感。清圆明园的“武陵春色”是依晋陶渊明的《桃花源记》的艺术意境为造景依据，曲折的溪流和湖泊将四周环水的岛屿，分成形状不同的三块，创造出幽僻、深邃的意境，具有山林隐逸之意。并植“山桃万株，参错林麓间。落英缤纷，浮出水面。或朝曦夕阳，光炫绮树，酣雪烘霞，莫可名状”③，是桃花源的艺术再现。至于以植物为观赏主题的景点，都配置相应的植物，圆明园“杏花春馆”，“环植文杏，春深花发，烂然如霞”；避暑山庄“梨花伴月”，则有梨花万树；拙政园“十八曼陀罗花馆”，植山茶花十八株；网师园“殿春簃”种芍药，等。

古人对植物的配置，还颇能体现传统的“五行”与四季方位观念的融合，经典的园林中如今还约略可见，如以有“境界”著称的网师园中部环池区的建筑和植物配置，可静赏朝夕晨昏的变化，留连春夏秋冬四季景物，池东五行属木，春天的象征，有射鸭廊、空亭、住宅界墙等建筑。池东为住宅界墙，粉墙若屏，前障以小型黄石狮形假山、蟠曲而上的紫藤、攀缘于白色界墙上的木香等，破除了墙面的僵直平板感，处处为一幅幅无上粉本。射鸭廊前池畔，春日，迎春花低枝拂水，虬曲的枝头红梅俏，紫藤爬满了狮形假山，木香垂直满粉墙，春色一片烂漫。池南，五行属火，夏天的象征。西南的濯缨水阁基部全用石梁柱架空，池水出没于下，水周堂下，轻巧若浮，幽静凉爽，为夏日观戏纳凉之处；池西，五行属金，象征秋天，有“月到风来亭”，赏秋月；池北，五行属水，则为冬天的象征，主植白皮松、柏树。看松读画轩隐于后，轩前松柏若虬，高十余米，为全园最高物，树龄都有八百多年的古松、古柏，冬日雪后是一幅雪松图；看

---

① 宋韩拙：《山水纯全集》。

② 清唐岱：《绘事发微》。

③ 清乾隆：《御制诗序》。

图 2－59　五行配植（网师园）

松读画轩旁修廊一曲与竹外一枝轩接连，取苏轼《和秦太虚梅花》“江头千树春欲暗，竹外一枝斜更好”，梅花是春的信使，此轩东头紧挨着射鸭廊，小巧空灵，从池南望去，宛似船舫，盘曲的冬梅正在射鸭廊前，月白风清之夜，即得暗香浮动、篱落横枝的画意。轩址的位置，恰似冬到春的一个过渡（图 2－59）。

园林中的古树名花往往与历史名人有关，承载着不可替代的文化信息，充满了历史文化风韵，具有特殊的历史文化价值和观赏价值，它们是活的文物，往往构成独立的景点。

如相传为中华民族的共同祖先轩辕黄帝手植的黄陵“轩辕柏”，具有 5000 年历史；武汉晴川阁禹王庙传为大禹手植的“禹柏”；山东莒县定林寺内的“银杏寿星”，高 24.7 米，腰围 15.7 米，春秋时期鲁公子莒在此杀鸡会盟，挂牺牲于上，树龄达 2500 年以上，郭沫若称“银杏为东方的圣者，中国人文有生命的纪念塔”；曲阜孔庙大成门内的“先师手植桧”，挺拔苍翠；拙政园有明文徵明手植紫藤，400 多年了，主干胸径 22 厘米，至今依然郁郁葱葱，花时璎珞流苏，垂串紫玉。题款曰“蒙茸一架自成林”，堪为生动写照。有的还附丽许多掌故传说，曾被历史名人予以特殊的命名，如北京潭柘寺银杏被清代皇帝命名为“帝王树”；承光殿后庭的白皮松，树干碧白交织，纹理清秀，乾隆封为“白袍将军”；那棵括子松，树冠亭亭如盖，也因乾隆曾于树下纳凉，而被封为“遮荫侯”；此外香山碧云寺的“听法松”等。既能使人产生怀古的幽思，又可获得审美快感。

古树名木不仅具有历史文物价值，而且，因为时代久远，饱经风霜，大都具有奇特的形象，耐人观赏。如网师园里的古柏，是南宋万卷堂遗物，已经历了 800 多个春秋了，顶梢早枯，饱经历史沧桑，但 3 根侧枝却枝叶扶疏，依然葱郁，给人以勃勃生机。最典型的是苏州邓尉庙里的四枝汉柏，相传为东汉大司徒邓禹手植，历劫磨难，仍势极蟠曲，风姿各异，乾隆皇帝南巡至此，大为叹服，题为“清、奇、古、怪”：清者，“一株参天鹤立孤，倔强不用旁株扶”①，干体挺拔，群枝四垂，碧郁苍翠；奇者，“一

① 清孙原湘：《司徒庙古柏》。

空其腹如剖瓠，生气欲尽神不枯”①，主干折裂，一空其腹，但顽强不屈；古者，“一株卧地龙垂胡，翠叶却在苍苔铺”② 周身皱纹盘旋而上，如百索绕躯，古朴庄重，粗犷憨厚，其冠遭雷击断，落地生根，复为两株，株繁叶茂，生机盎然；怪者，“其一横裂纹萦行，瘦蛟势欲腾天衢”，被雷一劈为二，一株卧地三曲，形如强弓，一株伏地昂首状若蛟龙。四株古柏，状如一幅幅立体的画。天坛的“九龙柏”，主干自下而上有许多条交错突出的凹凸纹理，状如许多蛟龙盘绕，这种树木本身因细胞的裂变不均匀造成的病理现象，竟成了植物景象中的世界一绝；北海团城的“探海松”，枝干向西屈卧，树冠擦过雉堞下倾，俯瞰着太液池，饶有画意。

【小　结】

中国古代文人，大多缺乏研究科学的兴趣，他们几乎将全部聪明才智倾注于文学，日本学者甚至称我国为“文学国家”。数千年来，文人以“山水为地上之文章”，谋划营构园林，从崇尚真山大壑、深岫幽谷的秦汉自然主义到晋唐以来流行的小园乖巧、拳石丛攀的浪漫主义审美趣味，逐渐被以山水画与山水诗的意境为目标、追求和再现自然风景美的文人小园所代替，构成“山崖一角”、“似有深境”的园林艺术境界。中国文人与中国工艺大师们历经数千年不懈的探索、积累，共同努力，终于使中国的造园艺术达到炉火纯青的境界：意境高远、格局精雅、艺术内涵深厚博大，技艺精湛，达到“虽由人作，宛自天开”的“天工”化境。园林学家童寯不无自豪地说：“惟吾国园林，多依人巧天工，有如绘画之于摄影，小说之于史实。”③

① 清孙原湘：《司徒庙古柏》。

② 同上。

③ 童寯：《江南园林志》，第43页。

第三章 中国园林综合艺术论

中国古典园林艺术是一门综合艺术，它涉及的学术领域十分深广，诸如文学、哲学、美学、绘画、戏曲、书学、雕刻、建筑、花木种植等。其中，与园林艺术关系最为密切的是中国古典诗文、“画中有诗”的中国文人画和书法艺术，中国古典园林，享有凝固的诗、立体的画的盛誉。

第一节 中国古典诗文与园林艺术

陈从周教授曾精辟地论述过园林与中国古典文学的关系：

> 中国园林与中国文学盘根错节，难分难离。我认为研究中国园林，似应先从中国诗文入手，则必求其本，先究其源，然后有许多问题可迎刃而解。如果就园论园，则所解不深①。

这是深谙中国园林艺术渊源的不刊之论。从唐宋乃至明清的写意山水园，多为著名的文人书画家所构思创作，园中以诗情画意为尚，以文学的意境为宗：具有文学内涵的园林命名、富有文采韵致的景观题名、文采飞扬的名人园记、中国文学名著中描绘的精美绝伦的园林……中国古典园林笼罩着文学的光辉，飘溢着中国古典诗文的馨香。

一、构园之本——中国诗文

中国古典园林是立意深邃的“主题园”，置景构思，大多出于诗文。中国文学史上许多著名文学家的思想和诗文意境，成为古典园林及园中景点立意构思的主要艺术蓝本，即造景依据。

庄周派思想作为封建士大夫思想建构的重要精神支柱，在园林创作中起着难以估量

---

① 陈从周：《中国诗文与中国园林艺术》，见《中国园林》，广东旅游出版社 1996 年版，第 239 页。

的作用。如：

“一枝”园，取《庄子·逍遥游》：“鷦鷯巢于深林，不过一枝。”后代文人表示寡欲知足时，常比喻为栖身之地。晋张华《鷦鷯赋》：“其居易容，其求易给，巢林不过一枝，每食不过数粒。”杜甫云“强移栖息一枝安”①，曾巩云“一枝数粒身安稳”②，清方文说“小楼暖可居，他日借一枝 ”③。

“壑舟”园，取《庄子·大宗师》：“夫藏舟于壑，藏山于泽，谓之固矣。然而夜半有力者负之而走，昧者不知也。”后以“壑舟”比喻在不知不觉中事物不停地发生变化。

“芥舟”园，取《庄子·逍遥游》：“覆杯水于坳堂之上，则芥为之舟，置杯焉则胶，水浅而舟大也。”芥即小草，后比喻“小舟”，李渔筑小园名“芥舟”，极称园之小。

至于园林景点构思采用《庄子》书中意境的更是举不胜举，如苏州拥翠山庄的“抱瓮轩”，出《庄子·天地》篇，子贡见老人抱瓮灌园，用力甚多而见功寡，就劝其用机械汲水，老人认为这样做了人就会有机心，故羞而不为。后以比喻安于拙陋、弃绝机心、心闲游天云的淳朴生活。其他如“濠濮亭”、“濠濮间想”、“集虚斋”、“虚白堂”、“至乐亭”、“安知我不知鱼之乐”、“鱼乐国”、“知鱼”等撷自《庄子》文中语言及意境的俯拾皆是。

开创中国田园诗流派的诗人陶渊明，号为“古今隐逸诗人之宗”④，他的思想以及诗歌辞赋对中国园林的意境构思产生了巨大影响，陶渊明生活于晋与刘宋之交，看惯了乱，看够了篡。在任彭泽令八十一天以后，毅然告别官场，返归田园，“静念园林好，人间良可辞”⑤，洁身守志，追求纯真和质朴，诗亦情真意真，冲淡高古。《归园田居》诗五首和同时写下的《归去来兮辞》，是他告别官场的宣言书，在诗辞中，他畅舒心怀：“少无适俗韵，性本爱丘山……开荒南野际，守拙归园田。方宅十余亩，草屋八九间。榆柳荫后檐，桃李罗堂前。……久在樊笼里，复得返自然。”⑥ 无限欣喜，极写回归自然之后、身心俱适，“ 觉今是而昨非……三径就荒，松菊犹存。携幼入室，有酒盈樽。引壶觞以自酌，眄庭柯以怡颜。倚南窗以寄傲，审容膝之易安。园日涉以成趣，门虽设而常关……云无心以出岫，鸟倦飞而知还……抚孤松而盘桓……悦亲戚之情话，乐琴书以消忧……怀良辰以孤往，或植杖而耘耔。登东皋以舒啸，临清流而赋诗。”自此，他过起了为士大夫歆羡的躬耕读书生活，“晨兴理荒秽，带月荷锄归”⑦；他陶醉于质朴的生活之中，“群鸟欣有托，吾亦爱吾庐。既耕且已种，时还读我书”⑧；他志趣高雅，

---

① 唐杜甫：《宿府》。

② 宋曾巩：《次道子中书问归期》。

③ 清方文：《庐山·玉帘泉》。

④ 南朝钟嵘：《诗品》。

⑤ 晋陶渊明：《庚子岁五月中从都还阻风于规林之二》，见《陶渊明集》，中华书局 1979 年版第 72 页。

⑥ 晋陶渊明：《归园田居》其一，见《陶渊明集》第 40 页。

⑦ 晋陶渊明：《归园田居》之三，见《陶渊明集》第 42 页。

⑧ 晋陶渊明：《读山海经》其一，见《陶渊明集》第 133 页。

“春秋多佳日，登高赋新诗”①，闲时和诗友们“奇文共欣赏，疑义相与析”②。平时，他心境澄澈悠闲，虽然是“结庐在人境，而无车马喧。问君何能尔？心远地自偏。采菊东篱下，悠然见南山。山气日夕佳，飞鸟相与还”③，憧憬着“桃花源”④ 的理想社会。

图 3－1　夕佳亭（颐和园）

图 3－2　夕佳亭（日本金阁寺）

上述诗文反映出来的陶渊明的审美情趣、人格理想，对中国园林意境产生了巨大而深远的影响，成为许多园林构园的主题意境。从主题园名看，苏州就有“归田园居”、“五柳园”、“耕学斋”、“三径小隐”等；扬州有“寄啸山庄”、“耕隐草堂”、“容膝园”等；另外，南浔的“觉园”、上海的“日涉园”、苏州、海盐的“涉园”、常熟的“东皋草堂”、杭州的“皋园”、广东的“人境庐”等。宋代“苏门四学士”之一的晁补之，被贬回家后，筑“归来园”，仰慕陶渊明的品性，园中的楼台亭阁尽量用陶渊明诗文中的语言，以园景为园主精神之写照。至于摄取陶渊明的诗文意境融入园中各种景物形象之中，更是不胜枚举。明代顾大典的“谐赏园”，全园构思以陶渊明隐逸思想为内涵，园中“载欣堂”、“静寄轩”等景点，就是以陶渊明上述诗文为设景依据的。圆明园的“武陵春色”、留园西部山水林木风光，是陶渊明《桃花源诗及记》的理想再现。原拙政园的入口处理，是武陵渔人找到桃花源的物化，拙政园及狮子林的“见山楼”，取“采菊东篱下，悠然见南山”诗句意境，园内诸多景物，以及它们与园外天地宇宙大自然的融合关系，使园林审美者从静中无意得之，身临其境，忘记自身存在的境界；狮子林五松园砖刻“怡颜”、“悦话”，则取“庭柯以怡颜”，“悦亲戚之情话”；耦园的“无俗韵轩”，取“少无适俗韵”诗意，而“吾爱亭”则取“吾亦爱吾庐”意；留园“还我读书处”、半园的“还读书斋”，取“既耕且已种，时还读我书”句；留园“舒啸亭”取“登东皋以舒啸”；颐和园和日本金阁寺的“夕佳亭”都取“山气日夕佳”意境（图 3－1、图 3－2）；颐和园的“湖山真意”和网师园殿春簃“真意”砖刻门宕，也使人想到陶诗“此中有真意，欲辩已忘言”的高远诗境和深邃哲理。所以，用“闲静轩窗靖节诗”说明陶渊明诗文与园林的关系，不

① 晋陶渊明：《移居》其二，见《陶渊明集》第 56 页。
② 晋陶渊明：《移居》其一，见《陶渊明集》第 56 页。
③ 晋陶渊明：《饮酒》其五，见《陶渊明集》第 89 页。
④ 晋陶渊明：《桃花源诗及记》，见《陶渊明集》第 165 页。

无道理。

晋王羲之、谢安、许询、支遁等四十一人于会稽山阴之兰亭，饮酒赋诗，王羲之写下千古传诵的《兰亭集序》，文中描绘了文人们大规模集会的盛况，流觞曲水，吟咏其间。“崇山峻岭，茂林修竹”的自然胜景，和流觞所需曲水，水畔进行“文字饮”的形式，成为中国古典园林中建园置景的蓝本。隋炀帝曾建“流杯殿”，圆明园有“坐石临流”，中南海有“流水音”，故宫乾隆花园有“禊赏亭”（图3-3），潭柘寺有“猗玗亭”，恭王府有“流杯亭”等。

图3-3　禊赏亭（乾隆花园）

江南也很多，如苏州东山的“曲溪园”，利用其地“有崇山峻岭，茂林修竹”，再于流泉上游拦蓄山洪，导经园中，再泄入湖中，造成“清流急湍，映带左右，引以为流觞曲水”的实景。《园记》诗云：“五湖烟水称幽居，吮毫时作右军书；短筇花径行随月，小艇林荫坐钓鱼。”道出了筑园之匠心。苏州园林中还有会意“流觞曲水”的景点，如留园的“曲溪”楼，曲园的“曲池”、“曲水亭”、“回峰阁”等均取“曲水流觞”之意。上海青浦县清代有“曲水园”。

园林中，以历代诗文意境设置的景点不胜枚举。仅以唐宋为例，略举一二：

颐和园后山“看云起时”景点，用王维著名诗句“行到水穷处，坐看云起时”的意境；颐和园“云松巢”景点，用李白“吾将此地巢云松”诗意；传说凤凰栖宿于碧绿青翠的梧桐树上，隐藏在宽阔的梧桐叶中。杜甫诗云：“碧梧栖老凤凰枝”，怡园主人以此诗意在园内筑“碧梧栖凤”榭。榭北面小院中植梧桐、凤尾竹，榭南面院中，点缀假山，植山茶、紫薇、梧桐等植物。微风吹来，梧叶沙沙引凤来，碧梧萧萧接栖凤，有“新桐初引，么凤迟来，徒倚绿荫，渺渺乎于怀”之乐。拙政园“留听阁”用李商隐“留得枯荷听雨声”诗意造景；嘉兴烟雨楼的“楼台烟雨堂”出自杜牧“南朝四百八十寺，多少楼台烟雨中”（图3-4）诗意等等。

图3-4　烟雨楼（嘉兴）

用同一个作者的诗词命名园内各景点，园中弥漫着该作者的诗意，别有趣味。南宋岳珂所筑“研山园”，因园址为酷爱奇石的米芾“海岳庵”遗址，即以奇石“研山”为园名，且园中景点均以米芾诗文中的妙语题写，诸如“抢云”、“宜之”、“春漪”、“英光”等，独辟意境，迥出尘表，书写的字迹亦都临摹园主收藏的米芾书迹。

退思园水园笼罩着宋代词人姜白石词的艺术氛围，水园中有三处景点意境是从姜白石《念奴娇·闹红一舸》一词化出，全词及序是这样的：

予客武陵，湖北宪治在焉。古城野水，乔木参天。予与二三友，日荡舟其间，薄荷花而饮。意象幽闲，不类人境。秋水且涸，荷叶出地寻丈，因列坐其下。上不见日，清风徐来，绿云自动。间于疏处窥见游人画船，亦一乐也。朅来吴兴，数得相羊荷花中。又夜泛西湖，光景奇绝。故以此句写之。

闹红一舸，记来时，尝与鸳鸯为侣。三十六陂人未到，水佩风裳无数。翠叶吹凉，玉容销酒，更洒菰蒲雨。嫣然摇动，冷香飞上诗句。日暮，青盖亭亭，情人不见，争忍凌波去。只恐舞衣寒易落，愁入西风南浦。高柳垂阴，老鱼吹浪，留我花间住。田田多少，几回沙际归路。

词序所描写的“薄荷花而饮。意象幽闲，不类人境。秋水且涸，荷叶出地寻丈，因列坐其下。上不见日，清风徐来，绿云自动”，俨然一幅幽雅闲远的风景画。词中的荷花成为姿态袅娜的美女，她的微笑弥漫着高洁的情调和清新的气息，从而激发了词人的诗兴。荷花的零落，犹美人迟暮，实乃词人自伤情怀。以景结情，给人留下不尽的余意。全词构成的冷寂清远的意境和含蕴的画面，正是退思水园的艺术境界：

水园月洞门题额“云烟锁钥”，正是对这个贴水临波水园景色的艺术概括：池水终年澄碧，亭台楼阁如浮水面，似乎随波荡漾，烟笼雾罩，朦胧凄清，恰似白石词的情调。

“水香榭”悬挑水面，既可俯视水中倒影，又可下看游鱼。特别是在夏日，绿荫荷香，“嫣然摇动，冷香飞上诗句”，令人尘襟一洗，邈然有遗世之想。

图3-5　菰雨生凉轩（退思园）

轩名“菰雨生凉”（图3-5），从词中“翠叶吹凉，玉容销酒，更洒菰蒲雨”拈出。此轩背临荷池，原轩周植荷花菰蒲，芦苇摇曳，轩南植芭蕉棕榈，夏秋季节，轩内凉风习习，荷香阵阵，这时已经有“冷香飞上诗句”的妙趣了，更何况阵雨突至或者细雨淅淅之时，那荷叶、菰蒲、芦苇、芭蕉、棕榈都成了奏乐的琴键，充满了天籁之音。

石舫径称“闹红一舸”（图3-6），取的是《念奴娇·闹红一舸》词上阕的意象：荷花盛开的时候，几只鸳鸯在荷叶间嬉戏，那无数的荷花荷叶，似玉佩，似罗衣，在清风绿水间摇曳，碧绿的叶子散发着凉爽的气息，美玉般的花朵，带着酒意消退时的微红。这时，如果有一阵密雨从丛生的菰蒲中飘洒过来，荷花优美地舞动着腰肢。此时，诗人薄荷而饮，诗兴勃发，诗句上顿时染上了一股迷人的冷香。此石舫似船非船，船身由湖石托起，半浸碧波，夏秋之际，荷花绕舟，列坐舟中，清风徐来，绿云自动，耳闻水声潺潺，确有“意象幽闲，不类人境”之感。

图3-6　闹红一舸（退思园）

为什么园主对姜白石词特别青睐呢？其一、欣赏姜白石的人品和襟怀，暗示自己的襟怀。白石生活在南宋后期，一生未曾做官，无奴颜媚骨，狷介孤高，自论书法，“一须人品高”，襟怀洒落，范成大称他“翰墨人品皆似晋宋之雅士”[①]；其二、崇拜姜白石绝世才华，效尤其风雅情趣。姜白石具有深厚的文艺修养，诗、文、词、字，皆为当时名公所推赏，又精通古乐，深得风雅之致，生活情趣和艺术情趣趋向“醇雅”，词多山林雅趣，多发思古之幽情，即使艳情，写得也极雅；其三、与姜白石产生某种心灵的共鸣。姜白石才情卓特，却终身困踬，死时“除却乐书谁殉葬？一琴一砚一《兰亭》”[②]，生活给他心灵烙下了深深的“伤痕”。加上整个南宋后期，是个有着多重“伤痕”的时代。白石善于将他心灵的“伤痕”通过“骚雅”、“清空”的笔调出之，他精于审音度曲，继承周邦彦的传统，音韵谐美，语言凝练，又不流于浮艳。出现在姜白石词中的花木，已经是经过他的思想过滤过后的“人化”了的自然物了，它们身上“反照”出作者的某些内心世界，也隐然有着时代和他自己的“伤痕”。如他不喜欢妖桃艳杏，喜欢冷艳梅花、偏好“冷香”、“疏淡”等“冷色”字面，词境浸染着一种寒冷的气氛，形成“幽韵冷香”的独特风格。园主任兰生为官一方，被弹劾，贬退回乡，心灵同样遭受伤害，心理也极不平衡，需要精神抚慰，月洞门的另一门宕额称“得闲小筑”，是着重于人的精神世界的。这个“闲”意味着和苏轼一样，可以对一张琴、一壶酒、一溪云、一卷书，宁心养神了。实际上是以道家思想来抚慰自己受伤的心灵。他的“退思”当然是很不得意的。从“退思”出典看，主人隐隐以晋荀林父自比，林父打了败仗，

① 宋周密：《齐东野语》卷十二。
② 宋苏泂：《到马塍哭尧章》。

按惯例应以死抵罪，士贞子在晋君面前称扬林父说："林父之事君也，进思尽忠，退思补过，社稷之卫也。"① 任兰生认为自己是"社稷之卫"，"闲"退故里，也是怀才不遇。因此，幽寂冷清的白石词引起他思想的强烈共鸣。

有的园林造景设计是集多篇诗文意境而成，最典型的是天平山庄的构园置景。张岱《天平山庄》记道：

> 山之左为桃源，峭壁回湍，桃花片片流出；有孤山，种植千树；渡涧为小兰亭，茂林修竹，曲水流觞，件件有之。

山左之桃源设计，乃取陶渊明《桃花源记》及诗的意境，今存"桃花涧"。昔时，涧边桃树成林，暮春时节，桃花盛开，"桃花逐流水，未觉是人间"，令人恍如置身于桃源仙境。孤山，拟取北宋诗人林逋隐居植梅之地——杭州西湖孤山。林逋，恬淡好古，不慕荣利，于孤山结庐隐，居二十年不入城市，一生不娶，惟喜梅养鹤，有"梅妻鹤子"之称。所写《山园小梅》诗，乃千古传诵的咏梅绝唱。小兰亭，自有东晋王羲之等文人会稽山阴兰亭雅集的遗韵。

中国园林起源时就有对神话世界的模拟，随着神话的"仙化"和道教的兴起，海中仙山的传说故事成为园林造景的重要依据。《史记·封禅书》中描写了海上三神山，即蓬莱、方丈、瀛洲，是古人幻想中的所谓神仙起居出没的环境。这"一池三岛"的幻想境界被造园艺术家们作为传统布局落实到了园林造景之中。如明西苑万岁山即今北海琼华岛、广寒殿左右小亭"方壶"、"瀛洲"、清代"一壶天地"、"小灵丘"等，颐和园前湖及岛屿都是象征传统中的海上仙山的。拙政园中部那池水中坐落的三座岩岛：荷风四面、雪香云蔚、待霜，即脱胎于此（图3－7）。狮子林湖中小岛和留园的湖心小岛均名之曰"小蓬莱"，留园园主明确其意，署云："西园小筑成山，层垒而上，仿佛蓬莱烟景，宛然在目。"台湾林本源园林中的海上三神山已经高度写意化（图3－8）。佛教传说和礼佛建筑亦为园林一景。颐和园万寿山后山的"须弥灵境"、"四大部洲"、北海西方佛界（西北岸"小西天"、"观音殿"、西方梵境、万佛楼等）则全为礼佛建筑。

图3－7　海上三仙山（拙政园）

---

①《左传·宣公十二年》。

历代高人雅事、文学典故，也是园林置景的一个重要依据。宋代文人造园，特别喜欢用古人故事，以司马光的“独乐园“为例：

图3-8 海上三神山（林本源）

> “读书堂”取汉董仲舒专心读书，“下帏讲诵……三年……不观于舍园”之意，“钓鱼台”以切汉严子陵富春垂钓之故实；“采药圃”借汉韩伯休“常采药名山，卖于长安市，口不二价”的佳话而设；“种竹斋”融晋王子猷暂时借居也要种竹，“何可一日无此君?”的千古韵事而造；“见山堂”为晋陶渊明《饮酒》诗“结庐在人境，而无车马喧，……采菊东篱下，悠然见南山”的意境而筑；“弄水轩”取唐杜牧《池州弄水亭》诗意而建；“浇花亭”寓唐白居易韵事而造①。

后代文人雅士构园，也相沿成习。诚如明代文学家张岱所感叹的：“地必古迹，名必古人，此是主人学问也。”② 承德避暑山庄“小许庵”，说的是尧帝访贤的典故：许由为上古高士，拥义履方，隐于沛泽。尧帝走访他，并欲让位于他，许不受，便遁耕于箕山之下、颖水之阳。尧又欲召他为九州长，许由不愿听，并在颖水边洗耳以示高洁。许由挚友巢父牵牛饮水过此，了解情由后，把牛牵走，以示不喝脏水。

有的景点是仿古人雅兴而设。如梁朝丹阳陶弘景，道教领袖，人称“玄中之董狐，道家之尼父”③，时人称他“张华之博物、马钧之巧思、刘向之知微、葛洪之养性，兼此数贤，一人而已”④。他栖隐山林，然梁武帝时时以国事诏问，时称“山中宰相”。《南史》本传说他“特爱松风，庭院皆植松，每闻其响，欣然为乐。有时独游泉石，望见者以为是仙人”。既似仙气十足的隐士，又是不上朝的公卿大员，很为后之士大夫所折服。苏州园林中有以他的爱好所置的景，如怡园“松籁阁”、拙政园“听松风处”。承德避暑山庄也有“万壑松风”等。

模仿心仪的古人行为所设景点，如东晋谢安这位“江左风流宰相”，他完全继承王导“镇之以和静”的做法，力求各大族势力的平衡，使东晋王朝出现了前所未有的和睦景象。他自幼风神秀彻，爱散发岩阿，陶情丝竹，欣然自乐。寓居会稽时，与王羲之、许询、支

① 宋司马光：《独乐园七题》。
② 明张岱：《天平山庄记》。
③ 宋贾嵩：《华阳隐居传序》。
④ 南朝梁萧纶：《陶隐居碑铭叙》。

遁等人游，出则渔弋山水，入则言咏属文，无处世意，性好音乐，于土山营墅，楼馆林竹甚盛，每携众多子侄往来游集，肴馔亦屡费百金。闲居会稽东山，家蓄声乐，驰名一时。确为一个不拘礼法，自成风气的宰相。留园原主人在“林泉耆硕之馆”南筑戏台，家蓄声伎，备丝竹之乐。他追慕谢安之风流，故在今南门门楼上砖刻“东山丝竹”，使人联想到谢安当年闲居会稽东山时的风流逸韵。“东山丝竹”同样成为雕刻题材，图3－9是台北关渡宫内的“东山丝竹”石雕。

颐和园有一条用叠石构成的石涧，苔径缭曲，护以石栏，寻幽无尽，用唐李贺寻诗的故事，称“寻诗径”。《唐诗纪事》：“李贺每旦出，骑弱马，从小奚奴，背锦囊，遇所得赋诗，书投囊中。”

图3－9 “东山丝竹”石雕（台北关渡宫）

松江清顾大申的私园“醉白池”，是园主仰慕唐代诗人白居易晚年醉酒吟诗的风度而造，以池为主，环池布景。

爱石成癖、被人视为“米颠”的宋书画艺术家米芾，据《宋史·米芾传》载：“无为州治有巨石，状奇丑，芾见大喜曰‘此足当吾拜。’具衣冠拜之，呼之为兄。”颐和园的“石丈亭”、苏州怡园的“拜石轩”等均本此典。

宋理学家周敦颐隐居濂溪，植荷花，并写出了脍炙人口的《爱莲说》一文，成为圆明园“濂溪乐处”、“映水兰香”、承德避暑山庄“香远益清”、拙政园“远香堂”等景点的依据。

颐和园的“邵窝殿”、苏州耦园的“安乐国”都是以宋理学家邵雍隐居之所命名的。邵雍居处有两处，一在河南辉县苏门山百源上，一在河南洛阳县天津桥南，均名“安乐窝”。《宋史·邵雍传》载：“雍岁时耕稼，仅给衣食，名其居曰安乐窝。”乾隆诗称“两字题楣慕古修，仁者安仁智者智，百源仿佛昔曾游”，明确为仰慕邵雍所题。

据《罗湖野录》载“苏门四学士”之首的黄庭坚：“黄鲁直从悔堂和尚游，时暑退凉生，秋香满院，悔堂曰‘吾无隐，闻木樨香乎？’公曰：‘闻。’悔堂曰：‘香乎？’尔公欣然领解。”悔堂禅师启发黄庭坚脱却知见与人为观念的束缚，体会自然本真，生命的根本之道就如同木樨花香自然飘溢一样，无处不在，自然而永恒。借物明心的理趣和用语意语言来暗示精深微妙境界的表达方式，为后代文人所喜爱。留园“闻木樨香轩”（图3－10）、苏州“渔隐小圃”中的“无隐山房”都本于此。

丰富的人文景观。有的是历史文化的实物留存。它们可以使游人的联想和想像超时空地奔驰，以赞叹人类文明的灿烂结晶，启示对未来的无限信心。如：古朴的沧浪石亭，使人油然想起北宋诗人苏舜钦坎坷短暂的一生，想起“与之从”的“一时豪俊”，想起当年的文坛主帅欧阳修的《沧浪亭》长诗。又如怡园“坡仙琴馆”，因园主珍藏了北宋大文学家苏东坡监制的玉涧流泉古琴而置的景。为了突出“琴”，这里还同时构筑“石听琴室”，琴室北窗下置二峰石，似在俯首听琴，北置玉虹亭，取宋陆游诗句“落涧奔泉舞玉虹”意。这样整个景区为：室内主人弹琴，室外二石听琴，内外呼应，面对落涧奔泉，烘托出高山流水得知音的意境。

图 3－10 闻木樨香轩（留园）

中国古典诗文成为园林“文心”，园中景致也洋溢着这些诗文意境，这就把诗意带进景中，使景的意蕴更深永；也把优美的景带进诗里，使诗文形象更丰富、更精妙。清叶燮《已畦文集》卷八《赤霞楼诗集序》中讲到诗画汇通时说：“画者形也，形依情则深；诗者情也，情附形则显。”这同样适合于园林景观与诗文的关系。加上园林中大量摄取文学家高人雅事置景，所以徜徉园中，细细咀嚼玩咏，犹穿行徜徉于古代诗文之中，给人以无尽的回味和永久的魅力。

二、园林景观的诗化——文学品题

中国园林中的文学品题指的是厅堂、楹柱、门楣上和庭院的石崖、粉墙上，留下的历代文人墨迹，即匾额、楹联和摩崖。它们是建筑物典雅的装饰品、园林景观的说明书，也是园主的内心独白。它透露了造园设景的文学渊源，表达了园主的品格心绪，是造园家赖以传神的点睛之笔。它将园林景观意境作了美的升华，是园林景观的一种诗化，成为不可多得的艺术珍品，具有很高的审美价值。文学品题与景观空间环境相融合，已经成为中国古典园林艺术的有机组成部分，也是中国古典园林独特风采。

中国建筑用匾，最早见于南朝宋羊欣《笔阵图》，言“前汉萧何善篆籀，为前殿成，覃思三月，以题其额，观者如流”。《世说新语・巧艺》篇中记载了曹魏时期韦仲将登梯题榜。但题额有深刻的寓意、鲜明的文学形象则始于中唐以后。如白居易题“虚白堂”、“忘筌亭”等采撷自《庄子》语以见志。宋代题额多撷历代诗文名篇、名句之意而成。石峰题字也于此时大量出现，宋徽宗在艮岳石峰上题了很多字，后遂蔚为风气，颐和园“青芝岫”上除刻有乾隆题字、题诗外，还刻有大学士汪由敦、大臣蒋溥、钱陈群等人的题字，诸如“玉英”、“太青”、“湖芝”、“石岫”、“莲秀”等。明代书画艺术大师董其昌曾说：“大都诗以山川为境，山川亦以诗为笔。名山遇赋客，何异贤士遇知己，一入品题，情貌都尽。”楹联是从古典诗词发展而来的，源于五代的桃符，发展于宋代，普及和兴盛于明清两代。元代楹联已经悬于殿堂、酒楼，但作为园林建筑的美化和装饰艺术记载较晚。明代计成《园冶》和文震亨的《长物志》中都不见论述，直到清初李渔的《闲情偶寄》中才列《联匾第四》专篇，论及“大书于木”、“匾取其横，联妙在直”的楹联。乾隆间盛极当时的扬州园林，就凡是建筑物都有楹联①。用悬匾挂联的形式，在建筑艺术上，不仅有重点的标志作用，而且已经成为界定室内视觉空间的特殊手段之一。园林文人品题成为构成中国园林诗画艺术载体的重要组成部分。

（一）匾额

匾和额本是两个概念，悬在厅堂上的为匾，嵌在门屏上方的称额，叫门额。后因两者形状性质相似，所以习惯上合称匾额。中国古典园林中的匾额题刻（包括砖刻、石刻、摩崖等）主要被用作题刻园名、景名，陶情写性，借以抒发人们的审美情怀和感受，也有少数用来颂人写事的。它是一种独立的文艺小品，内容涉及形、色、情、感、时、味、声、影等，读之有声，观之有形，品之有味。而且，这些匾刻，大都撷自古代那些脍炙人口的诗文佳作，这些优美的诗文能引发游人的诗意联想，显得典雅、含蓄、立意深邃、情调高雅。它融辞、赋、诗、文意境于一炉，使诗情画意系于一词。

首先在于帮助游人将视野、思路引向外在的广阔空间，使物景获得“象外之境、境外之景、弦外之音”，进一步向精神空间升华，从而产生一种特殊的审美享受——艺术意境，使小小的建筑物获得了灵魂，有了生气，人们涵咏其中，在有限的空间中看到了无限丰富的空间内涵。如网师园中一座单檐歇山卷棚顶的造型轻巧舒展而又飘逸的四面厅，悬一块“小山丛桂轩”匾额，它将人们的视线引向轩南湖石叠砌的小山和山间的桂树上，想到浓香四溢的金秋，或更进一步想到淮南小山《招隐士》赋的意境，从而通过实景见出空灵。留园楠木厅悬有清代著名金石学家吴大澂篆书匾额“五峰仙馆”，人们也会不由自主地把注意力放到厅南的湖石峰峦上。这是写意的庐山五老峰。庐山，莽苍苍，树茫茫，山峦云遮雾绕，在古人心目中，是隐士和仙人的乐园，非凡夫俗子之居所。五老峰，岩削立，高峻挺拔，远望如五位老人端坐在那里静赏云光山色，他们的背后连成一片，像一枝巨大的芙蓉，伸向鄱阳湖的万倾烟波。五老峰的俊伟诡特，引起无数文人墨客的向往。李白《望庐山五老峰》诗赞美了它的秀色：“庐山东南五老峰，青天秀出金芙蓉。九江秀色可揽结，吾将此地巢云松！”希望遁迹此山。诗文题额牢固地把握住了厅前景象特征，调动人们的艺术想像加以深化，孕育出耐人品味的意境，激起人们思想的遨游，涵咏乎其中，神游于境外。

匾额往往亦为游人点出景观的美学特点，将自然景观艺术化。由于文学题名的藻绘点染，赋形铺采，可“使游者入其地，览景而生情文”，游移的景观意境得到了凝固，便于为更多的人明确其经营的旨趣，与游观者进行一番审美交流，使更多的人把握其表现的境界，从而可获得绵绵无穷的深永意蕴。如承德避暑山庄“南山积雪”、“锤峰落照”、“西岭晨霞”，都是指导游者欣赏远借之天景的。康熙《南山积雪诗序》云：“山

① 见清李斗：《扬州画舫录》。

庄之南，复岭环拱，岭上积雪经时不消，于北亭遥望，皓洁凝映，晴日朝鲜，琼瑶失素，峨眉明月，西崑阆风，差足比拟。”圆明园“上下天光”，同样是观赏那上下天光一色、水天上下相连、一碧万顷的湖天风光的。避暑山庄“月色江声”、网师园“月到风来”旨在观赏月色笼罩下“月到天心处，风来水面时”的朦胧美；有专赏天光云气、朝辉夕阳引起的虚幻的风景信息的。水底观山形，依然千岩万壑，拙政园“倒影楼”，欣赏“楼台倒影入池塘”的影景，颐和园“玉琴峡”、耦园“听橹楼”欣赏声景，避暑山庄“曲水荷香”、狮子林“双香仙馆”、沧浪亭“闻妙香室”欣赏香景，拙政园“绣绮亭”、沧浪亭“翠玲珑”欣赏色景等。也有专赏植物风姿的，如赏竹子的潇洒可爱，怡园“四时潇洒亭”；赏梅花的欹曲之美，网师园的“竹外一枝轩”（图3－11）；赏梅之倩影、闻梅之幽香的，有狮子林的“暗香疏影楼”等。

图3－11　竹外一枝轩（网师园）

更有不少催人遐思的写意式的抽象题咏：如神似舫舟的建筑物，拥翠山庄的“月驾轩”、沧浪亭的“陆舟水屋”、避暑山庄的“云帆月舫”；犹如彩虹的桥亭，耦园的“宛虹杠”、拙政园的“小飞虹”、“虹亭”等。

以上匾额，点出了虚、实、或虚实相济的园林欣赏空间的主题，为风景传神写意，对游人起着一种“导读”作用。

匾额蕴涵着创作者的思想感情、审美意趣和人生态度，是他们思想情感的艺术升华，给人以审美快感。

1. 哲理美

留园书房额“汲古得修绠”、林本源园林的“汲古书屋”，语出《荀子·荣辱》：“短绠不可以汲深井之泉，知不几者不可与圣人之言。”短绳难以汲取深井之水，故韩愈将其比之于钻研古人学问：“汲古得修绠”，汲取深井之水需要用长绳子，汲取古人深邃的学问，也必须找一根长绳子。

“集虚斋”（网师园）是富于道家思想色彩的读书养心之所，出自《庄子·人间世》，庄子认为要用专一的意志去排除感觉经验和理性思维，因为运用感觉经验和理性思维的目的都在于主动地认识世界，通过这样的途径是不可能获得真知的，真知只能靠专一的意志排除思虑的过程中自然获得。意志的动力是气，即人的原始生命力，“气也者，虚而待物者也；惟道集虚，虚者，心斋也”。只有修持真道，才能至虚静空明的境界，才能使自己成为真而不伪、善而不伐、美而不骄的人，也就是真善美统一的人，完全保持了自己自然本性的人。

圆明园“坦坦荡荡”，取《易经》“履道坦坦”和《尚书》“王道荡荡”，表达帝王观鱼时的愉悦坦荡的心态。

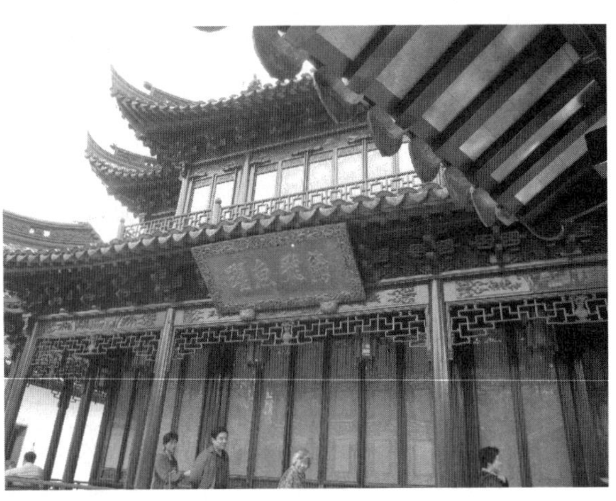

图 3－12 “鸢飞鱼跃”（豫园）

圆明园“鱼跃鸢飞”、上海豫园“鸢飞鱼跃”（图 3－12）、留园“活泼泼地”，都是讲天机活泼，怡然自得的心理。《诗经·大雅·旱麓》：“鸢飞戾天，鱼跃于渊。”佛教徒称悟佛禅境界，《景德传灯录四·无住禅师》：“真心者，念生亦不顺生，念天也不依寂……活泼泼平常自在。”《朱子语类》称鸢飞鱼跃恰似禅家云“青青绿竹，莫非真如；粲粲黄花，无非般若”之语。理学家也将鱼跃鸢飞这类充满天真的自然生机的景象，视为宇宙本体与表象之间必须具有的境界，从中可以见出“天理流行”之妙，感受到永恒而和谐的宇宙韵律。

2. 理想美

有政治理想，如颐和园排云殿后檐额“天乐人和”，取《庄子·天道》：“与人和者，谓之人乐；与天和者，谓之天乐。”希望风调雨顺，国泰民安，天上人间皆和畅。圆明园“万方安和”、“九洲清晏”、颐和园“四海承平”等均属此类。帝王们希望能使江山稳固，长享富贵。有社会理想，如士大夫们希望自己生活在陶渊明笔下的桃花源里，有留园“小桃坞”、近代诗人黄遵宪的“人境庐”；皇帝也想生活在“如意洲”，或欣赏“武陵春色”。

有宗教理想，或入“别有洞天”（拙政园半亭额），“别有洞天三十六，水晶台殿冷层层”，成方外仙客，留园“小蓬莱”、拙政园的“荷风四面亭”、“雪香云蔚亭”、“待霜亭”，都象征海中“蓬莱、方丈、瀛洲”三神山，留园“小蓬莱 跋”曰：“园西小筑成山，层垒而上，仿佛蓬莱烟景，宛然在目。”或进“方壶胜境”（圆明园），在道家仙苑长生不死；或“香风引到大罗天，月地云阶拜洞仙”①，在佛国胜境“月地云居”（圆明园）宴坐水月道场，大做梦中佛事。士大夫文人们更希望当在家修行的居士。如留园有“待云庵”、“参禅处”、“亦不二亭”等礼佛建筑，还有“闻木樨香轩”这类出于禅宗公案的题名，怡园的“面壁亭”，取禅宗第 一祖菩提达摩在嵩山少林寺，面壁十年，静坐参禅的故事。

有生活理想，以儒立身，重视“藏修息游”（留园），心常怀抱学业，修习不废，游玩之际，亦在于学。出于《礼记·乐记》，是儒家关于学习修性的格言；他们“悦亲

① 唐牛僧孺：《周秦行记》。

戚之情话”（狮子林“悦话”）、“眄庭柯以怡颜”（狮子林“怡颜”），尽情享受人间欢乐。或夫妇偕隐（耦园“枕波双隐”（图3－13）），或眠云卧石（退思园“眠云亭”），或与清风明月为伍（拙政园“与谁同坐轩”），或扁舟一叶，江海寄余生（“不系舟”、“网师园”等），或欣羡庄子濠梁观鱼、濮水钓鱼的“濠濮亭”、“安知我不知鱼之乐”台（留园）等，希望像陶渊明一样，“采菊东篱下，悠然见南山”（拙政园、狮子林的“见山楼”），“登东皋以舒啸”的“舒啸亭”（留园）。

图3－13　枕波双隐（耦园）

3. 人格美

无论是帝皇还是士大夫们，都在园林题刻中表达出修身养性、励德自勉的道德原则。追求“淡泊宁静”（圆明园），在“密室周遮，尘氛不到。其外槐阴花蔓，延青缀紫，风水沦涟，蒹葭苍瑟，澹泊相遭”① 的环境中，宁静以致远；注意“澡身浴德”（圆明园），在“平漪镜净，黛蓄膏停，竹屿芦汀，极望弥弥，浴凫飞鹭，游泳翔集”之时，体会到晋人所说的“非惟使人情开涤，亦觉日月清朗”②。士大夫文人追求人格完善，他们怀冰握玉，“直如朱丝绳，清如玉壶冰”③、“一片冰心在玉壶”（王昌龄），拙政园“玉壶冰”就是表示心灵的高尚、纯洁、晶莹（图3－14）。景仰先贤，像严子陵一样“云山沧沧，江水泱泱，先生之风，山高水长”④（圆明园“山高水长”）。帝王们表示要学习三代以前的有道明君，“山仍太古留，心在羲皇上”（承德避暑山庄“静含太古山房”）。要选贤任能，君臣和谐，如周代召康公当年跟成王游于卷阿之上，召公因成王之歌即兴作《卷阿》之诗以戒成王的那样。这就是东宫“卷阿胜境”的寓意。也常念创业的艰难，自然感到热去凉来。颐和园“无暑清凉”即指此意，典出《旧五代史·郭崇韬传》：“三年夏，雨，河大水，坏天津桥。是时酷暑尤甚，庄宗常择高楼避暑，皆不称旨。宦官曰：‘今大内楼观，不及

图3－14　玉壶冰（拙政园）

① 清乾隆：《御制诗序》。
② 清乾隆《御制诗序》。
③ 南朝鲍照：《代白头吟》。
④ 宋范仲淹：《桐庐郡严先生祠堂记》。

旧时长安卿相之家，旧日大明、兴庆两宫，楼观百数，皆雕楹画栱，干云蔽日，今官家纳凉无可御者。'庄宗曰：'余富有天下，岂不能办一楼?'即令宫苑使经营之，犹虑崇韬有所谏止，使谓崇韬曰：'今年恶热，朕顷在河上，五六月中与贼对垒，行宫卑湿，介马战贼，恒若清凉。今晏然深宫，不耐暑毒，何也?'崇韬奏：'陛下顷在河上汴寇未平，废寝忘食，心在战阵，祁寒溽暑，不介圣怀，今寇既平，中原无事，纵耳目之玩，不忧战阵，虽层占百尺，广殿九筵，未能忘热于今日也。愿陛下思艰难创业之际，则今日之暑，坐变清凉。'庄宗默然。"用以自戒。

4. 人伦美

有不少园名和景点题咏中，含有表示娱老、怡亲、乐亲之意，闪烁着中华民族特有的人伦美。如上海的"豫园"为娱悦老亲而筑，豫，即愉快、欢乐；苏州"耦园"处处表现了"耦园住佳偶"的夫妇情爱；"怡园"重名的不少，大多表现怡性、养亲、娱亲。苏州"怡园"，园主顾文彬给其子顾承的信中说："园名，我已取定'怡园'二字，在我则可自怡，在汝则为怡亲。"园中原有"可自怡斋"和"看到子孙"堂匾额。狮子林今天犹能见到"敦宗"、"睦族"、"宜家受福"等砖额，希望大家族的人们和睦相处。和朋友们一起，"东园载酒西园醉"（南宋诗人戴复古《初夏游张园》诗句），在厅中"诗酒联欢"（耦园大厅"载酒堂"额）；或者高朋胜友，聚饮于南雪亭梅花下，醉扶怪石看飞泉（怡园"南雪"）等。

5. 朴野美

反映田园、草原、山林野趣、劝耕重农的题额，展现了优美的耕乐图或田园草原风光。颐和园如意庄主体建筑乐农轩，崇尚农事；豳风桥，就是欣赏田园风光之桥，原桥西有仿江南乡村风景的一组风景点，如延赏斋、蚕神庙、织染局、水村居等。圆明园"多稼如云"，是以农村为题材的造景，《御制诗序》："坡有桃，沼有莲，月地花天，虹梁云栋，巍若仙居矣。隔垣一方，鳞塍参差，野风习习，袯襫蓑笠往来，又田家风味也。盖古有弄田，用知稼穑之候云。"承德避暑山庄有占地 58 公顷的天然草原，平原上，绿草如茵，佳木成林，有石碣曰"万树园"。绿树丛中散点着洁白的蒙古包。山庄东南部，地肥土厚，康熙时曾开辟为农田、瓜圃，真是桑麻千顷绿，草树一川明，自然朴野。山区占地 440 公顷，更是深山密林，一派天然野趣，那里是"鹿不避人窗下过，鹤如陪客阶旁窥"，"鸟似有情依客语，鹿知无害向人亲"①，人与大自然相亲相和，水乳交融。圆明园设有"北远山村"。私家园林中也有反映田园野趣的题名，如拙政园绿漪亭，一名劝耕亭，1871 年江苏巡抚张之万还曾在此建菜花楼，只见水流从亭边流过，水边几片芦荻、数竿苇叶，亭北棚架爬满木香花，棚下花径蜿蜒，一派田园风光。明崇祯十年（1637），祁彪佳的寓山园建有山村"丰庄"，有田畴可耕作，另有"豳圃"，种

① 清乾隆《御制避暑山庄诗》。

有桑树、梨、橘、桃、杏、李等果树。园主称自己在此“学圃学稼，予将以是老矣”①。林本源园林主人建“观稼楼”以自勉自励，莫忘耕耘之苦。上海“课植园”，寓“课读之余，不忘耕植”之意，园内有书城，又辟有稻香村，有桥名“课植桥”。清黄宗羲《山居杂咏》之六：“数间茅屋尽从容，一半书斋一半农。左手犁锄三四件，右方翰墨百千通。牛宫豕圈亲童仆，药灶茶铛坐老翁。十口萧然皆自得，年来经济不无功。”表达出农耕社会中国士大夫的理想（参见图3-15）。

图3-15 康熙耕织图

从园林的匾额砖刻中，我们还可以比较直观地看到古代士大夫们的复杂的内心世界：

他们念念不忘曾经有过的荣耀：“春在堂”（曲园）取的是俞樾自己在应礼部复试时答卷的首句“花落春仍在”，此句受到主考官曾国藩激赏，因“用作堂名，以志不忘”。“世纶堂”（艺圃），世掌丝纶之堂。文徵明曾孙文震孟所题，文徵明曾官翰林院待诏，震孟官至礼部左侍郎兼东阁大学士，父子或祖孙相继在中书省任职的称世掌丝纶。“谏草楼”（艺圃），因园主姜埰曾任谏事之职，经常草拟谏书而名。

他们以才高自负：拙政园“笔花堂”，取李白梦笔生花之传说。艺圃的砖刻门宕“芹庐”，即芹藻之庐，有才学者之屋。取《诗经·鲁颂·泮水》：“思乐泮水，薄采其芹。思乐泮水，薄采其藻。”后世遂以“芹藻”比喻有才学之人。

园林门洞砖刻题名，大多是四字分刻两首，或刻在门宕的正反门楣上，也有三字、四字的，文采飞扬，内涵丰富：点景、引景，如“入胜”、“通幽”；点出厅堂方位特色，如“迎旭”（东）、“延爽”（西）；“东菑”、“西爽”。抒情写志的如“可以栖迟”；“岩扉”、“松径”；“缘溪”、“开径”等，典故大多出古诗文名句，耐人咀嚼玩味。

当然建筑物本身还必须具有一定的符合这种取之象外的艺术氛围，诗境和物境相

① 欧阳俊主编：《明清名家小品精华·丰庄》，安徽文艺出版社1996年版第629页。

图3-16　雪香云蔚亭（拙政园）

通，才能使审美意境融为一体，从而获得绵绵无穷的深永意境。如拙政园中部野水回环的小岛西北角土山上有“雪香云蔚”小亭，亭旁梅影摇曳，枫、柳、松、竹掩映生辉，禽鸟飞鸣山巅，溪涧盘行，温馨新鲜的山野气息扑面而来，真是“山花照坞复烧溪，树树枝枝尽可迷。野客未来枝畔立，流莺已向树边啼”（图3-16）。抬头一看明代倪元璐草书额“山花野鸟之间”，真是画龙点睛，一个野趣盎然、宁静恬美的意境创造出来了。

宋杨万里记张德坚园林中的“无尽藏”堂题额，全取苏轼《前赤壁赋》：“惟江上之清风，山间之明月，……是造物者之无尽藏”文句意境，“无尽藏”为佛教语，《大乘义章》云：“德广难穷名为无尽，无尽之德包含曰藏。”即包含无尽之意，苏轼用此佛语来描写风景的无限之美。其景如下：

> 江水西徉，渺然若从天流出，至是分为两，中跃出一洲，如横绿琴，味昂庳，美竹异树，不艺而蔚，水流乎洲之南北崖，若裂碧玉钗股，势若竞鹜，声若相应。若将胥命而会于洲之下。览观未竟，云起乐山，意欲急雨，有风东来，吹而散之，不见肤寸，乂山之背，忽白光烛天，若有推挽，一玉盘疾驰而上山之巅者，盖月已出矣。景明贺曰：“‘惟江上之清风与山间之明月，耳得之而为声，目遇之而成色，取之无禁，用之不竭，是造物者之无尽藏也。’……尝试与子追亡收逋而储于斯乎！”德坚乃作堂于其处，而题曰“无尽藏”云①。

图3-17　无尽意轩（颐和园）

景与意谐，确实风月无边。颐和园有“无尽意轩”（图3-17），为清漪园旧名，亦同此意。

中国寺庙园林中大量的匾额，除了并不具有文学韵味的寺庙标识性匾额外，带有题撰者主观认识与情感的题额，也都颇富文学色彩。如四川云阳张飞庙壁匾“江上清风”，刻画了寺庙临江坐落的别致布局，醒人耳目。有的题额巧妙地包容了许多内

① 宋苏轼：《诚斋集卷七二〈无尽藏记〉》。

容，如杭州灵隐寺，匾额题“灵鹫飞来”，令人遐思：灵鹫山结集的佛教盛事、印度僧人慧理迢迢东来创建灵隐寺、寺庙恰恰坐落在飞来峰前，言简意赅，堪称妙思巧构。其他如“养心若鱼”、“即景遐思”（四川成都武侯祠水榭、爱树山房匾额）、“香国庄严”（云南晋宁盘龙寺）、“风流天下闻”（云南通海秀山武侯祠殿匾）等，或刻画置身寺庙时的情感，或描写环境，或蕴涵哲理，也足令人回味。

（二）楹联

悬挂在厅馆楹柱上的叫楹联。据《楹联丛话》载：“楹联之兴，始五代之桃符，孟蜀‘余庆、长春’十字，其最古也。”它是随着骈文和律诗成熟起来的一种独立的文学形式，对仗工稳、音调铿锵，琅琅上口，融散文气势与韵文节奏于一炉，浅貌深衷，蓄意深远，为骚人墨客所醉心，亦为广大群众所喜爱，既具有工整、对仗、平仄、整齐对称的形式美，又具有抑扬顿挫的韵律美、写景状物的意境美和抒怀吟志的哲理美，是具有民族传统性的一种文学样式。

有的联对评说历史人物，传赞并用，数语关情，使人感发怀古幽思，缅怀历史人物，受到传统历史文化的熏陶：如苏州沧浪亭上原有清齐彦槐的一副对联：

四万青钱，明月清风今有价；
一双白璧，诗人名将古无俦。

出句化用宋欧阳修《沧浪亭》诗句“清风明月本无价，可惜只卖四万钱”，咏沧浪胜景及苏钦当年买园本事。镶嵌得恰到好处。对句歌颂了先后在沧浪亭住的苏钦和韩世忠。苏舜钦是个有倜傥高才的北宋著名诗人，遭诬被黜以后，在苏州买园，筑沧浪亭以寓其志；南宋绍兴年间，百战沙场、威蹑金兵的名将韩世忠因怒斥秦杀害抗金英雄岳飞而被罢黜，遂以山水自娱，沧浪亭一度成为他的宅第，名人名园，相得益彰。全联洋溢着怀古悠思，先哲风范，跃然纸上。

人文景观的联对，除了彪炳历史人物，还因联语蕴含的兴衰之感，引发出对历史事件的联想、追思，领悟出某些哲理。如灵岩山西施洞里有一副清刘墉的对联：

香水濯云根，奇石惯延携砚客；
画廊垂月地，幽花曾照浣纱人。

灵岩山前有条采香径，又名香水溪、脂粉塘。灵岩山曾是春秋时吴王夫差的离宫馆娃宫所在地。“吴呼西施作娃”。当年吴越曾于夫椒大战，越国大败，越王勾践夫妇及大夫范蠡入吴为人质，勾践亲为吴王夫差养马驾车，甚至尝粪疗疾，卑事夫差，夫差信其至诚，三年后赦其归越。勾践一面卑辞臣服，一面制定灭吴“九术”，依第四术所说“遗美女以惑其心而乱其谋”，西施就充当了美人计中的主要角色，夫差从此在“吴王宫里醉西施”，最后，勾践举兵伐吴，夫差败走阳山，伏剑自吻。吴越相为兴亡的故事令人回味。而香水溪的来历又与当年西施有关：据说吴王种香草于香山，西施常与宫娥们泛舟采之。一日，西施与吴王登山远眺香山与太湖，西施要求挖一径直抵香山，吴王弯弓搭箭射向香山，此后即按御箭所示方向挖一小河，即香水溪。联语出句说：香水溪的水流荡涤着山石，“香水”两字勾起人们怀古之思。而灵岩山奇石喜欢接待那些墨客骚人或丹青画家，这又将视线转向了后世人。对句云：山上西施的响屟廊在那月光朗照的地方。千古明月照着幽静的花木，它也曾经照过当年馆娃宫中的绝色女子西施。感发兴亡之叹。脱胎于唐李白《苏台揽古》诗：“旧苑荒台杨柳新，菱歌清唱不胜春。只今惟有西江月，曾照吴王宫里人。”吴王及西施遗迹，成为后人凭吊不已的永恒主题。

临潼华清池对联为：

绣岭委荆榛，只余堠馆留宾，记当年赐浴池畔，长恨空吟白传；
环园新结构，云是唐宫旧址，问我辈沉香亭北，雅才谁嗣青莲。

此联作于清光绪年间，出句发沧海桑田之感，临潼华青池是唐代著名的山水宫苑，其中温泉尤富盛名，当年唐明皇李隆基，带着宠妃杨贵妃在此，“春寒赐浴华清池，温泉水滑洗凝脂”，“骊宫高处入青云，仙乐风飘处处闻。缓歌慢舞凝丝竹，尽日君王看不足”，何等风光！如今锦绣如画的骊山，已经荆棘丛生，豪华的宫苑也只剩下留宾的“候馆”了，人们只能对着温泉，空吟白居易的《长恨歌》了。对“可怜四季为天子，不及卢家有莫愁”的李隆基，发出了历史的叹息。对句写环园所建的新舍，据说是唐宫旧址，当年，李白曾在兴庆宫的沉香亭，北依栏杆、写出诗歌，如今又有谁的高雅之才可继承李白呢？全联借景抒情，吊古伤今，饱含忧患。

纪念性建筑的对联环绕所纪念名人的生平、业绩展开，有正面颂赞的，也有侧面描写的，更有以景衬人、以景感人，令人联想翩翩，诗意陡生，如成都杜甫草堂“诗史堂”对联：

水石适幽居，想溪外微吟，翠竹白沙依草阁；
楼台开暮景，结花间小队，野梅宫柳接新城。

草堂的主体建筑“诗史堂”，回廊围环，曲溪小桥，梅影竹韵，松柏掩映，草阁浸润在诗一样优美、雅洁的环境中，诗圣杜甫在溪边吟诗觅句，衬托出诗人高洁的情怀；再从草阁处远观：暮色笼罩下，野梅丛丛、柳条摇曳，缀以楼台亭阁，与美丽的春城连接成一片。景色由近而远，视野开阔，展示了一幅天然图画。

园林中的风景联对，往往用诗一般的文学语言写景状物，切景着墨，可“使游者入其地，览景而生情文”。这样，联对成为美育辅导的生动指南。如颐和园南湖岛月波楼对联：

一径竹阴云满地，
半帘花影月笼沙。

上联写楼外之景，特写竹阴云影徘徊的园林小径，那丛丛幽篁、朵朵行云，幽雅、宁静、清朗，环境静谧。下联则将视线移往楼内：门帘半卷，可纳天地清旷，花影月色嵌入窗框，恰成一幅朦胧清冷的图画。全联写景聚焦在虚景“影”上：竹影、云影、花影、月影，天地之“影”浑融，催人遐思，意境幽邃，形象超妙，给人以无尽美感。

写景的对联妙在切景，移他处不得，方称佳构，如网师园“小山丛桂轩”北窗对联：

山势盘陀真是画，
泉流宛委遂成书。

山势回旋曲折真像云岗山体画，泉流宛委之山遂成金简玉字书。写景联。对联悬挂在“小山丛桂轩”北面正中一扇正方形大窗的两侧。此轩南边湖石灵秀、桂树丛植，另有腊梅、海棠、丁香、竹子等花木；北面是古拙雄浑的黄石“云岗”假山，假山的叠置，借鉴了国画山水画中云岗山体的趣味，并按“腹虚而无翼”的画论，筑成外轮廓横阔竖直的巨大岩体，俨然如一幅立体云岗山体画。窗外假山一角恰如镶嵌在窗上的一幅天然画图：但见山势盘旋曲折，重峦叠嶂，乔木丛生，画意横生。这正切合联语出句所咏之景。再看黄石假山，北临碧池，东侧引静石拱微形小桥下有一狭长沟壑，水流注其下，蜿蜒远去。联语“宛委”一词可作两解：一作蜿蜒曲折讲，与“盘陀”成对文，一又巧合传说中的山名。据《吴越春秋》载，夏禹曾登宛委山，得金简玉字之书。联语寓变化于工稳之中，想像丰富而奇妙。

又如承德避暑山庄“宿云檐”对联：

云容自在舒还卷，
山色何仿有若无。

宿云檐地势高敞，云气往来，若宿云檐，故联语出句写云态：舒卷自在，飘忽往来，可悟陶渊明“云无心以出岫”的妙谛；对句写山色：在烟云笼罩下，远山茫茫，朦朦胧胧，若浮若没，体会到王维“山色有无中”的深韵。全联意境缥缈、境界开阔，如宿檐之白云，出没无定。

有的对联紧扣园名内涵，也颇耐咀嚼，如避暑山庄有副对联：

六月无暑，九夏生风；
峰回路转，曲径通幽。

上联扣“避暑”之意：六月徐徐清风，毫无暑热，清爽可人；下联切“山庄”之景：山峰重峦起伏，峰回路转，曲径通幽，花木深邃，一片清凉世界！读之也觉遍体生凉。

园林中不少风景联对是以深永的哲理意蕴令人玩味不尽的。如怡园玉延亭内有一幅明末杰出的书画艺术大师董其昌的草书对联：

静坐参众妙，
清谭适我情。

静静地坐着细细研讨各种深微的道理，悟出妙趣；禅理的论辩使我感到愉悦。联语表现了董其昌的自我审美理想。出句讲观察自然时，能参透表象、静观内涵，从而顿悟真如、化入妙境，渗透着禅宗哲理。这与唐李白的“静坐观众妙”、宋苏轼的“黄香十年旧，禅学参众妙”诗句同一韵致。禅宗是一种南宗禅学，它是以印度佛学为基础吸收了老、庄等中国传统哲学而成的新的艺术领域，为唐后佛教主流。董其昌主张以佛学的静观方式观察自然，不以眼看，而用“意”会，领悟自然真趣。认为静以观之，方能由表及里，获得内美，所谓“意远在能静”，“内美静中参”，才能将“我”之神参入造化，变无我之境为有我之境，升华造化，发现自我，进入审美妙境。联语对句抒写作者的艺术志趣，说从禅理的论辩中获得了无限的审美愉快。“谭”与“谈”通，“清谭”即“清谈”，清雅的言谈议论，指玄谈。玄谈，本为魏晋间名士何晏、王衍等崇尚老庄、竞谈玄理的一种风气，这里应指禅宗说法讲道、相互的驳难。这本是这里的探讨、智慧的竞争，是一种颇具审美性质的文化娱乐活动。它要求出言自有新意，拔妙理于他人之外，要以敏捷的才思、深微的论证、简洁优美的辞藻，去进行哲理的探求，从中发现美、展示美、欣赏美，这样，哲理的论辩成了一种能给人以审美愉快的游戏。因此，成为深得名士们推崇的普通时尚。全联表达的正是这种禅理和与之相应的艺术情趣。如果你小坐亭中，一面吟诵这幅情味深永的对联，一面聆听那风摇翠竹发出的“戛玉”之音，一股清雅洒脱之情自会油然而生。

园林对联大量的是古代知识分子览景抒情之作，他们感受到的艺术意境、抒发的情怀和审美情趣，既能产生深远的时间上的审美效果，又可使今人洞察古人的情感世界，如网师园琴室对联：

山前倚杖看云起，
松下横琴待鹤归。

在山前倚着手杖看那缕缕白云冉冉飞升，在松树下横琴等待仙鹤翩翩归来。联语将言志、抒情、状景交融为一，充满佛理禅机。表现出一派高人逸士那种脱离尘世、浮游于万物之表的心境和隐适情调，意境淡远怡美。上联与唐王维《终南别业》诗中的“行到水穷处，坐看云起时”同一韵致；下联则有宋苏东坡《放鹤亭记》的神采：“鹤归来兮，东山之阴。其下有人兮，黄冠草履，葛衣而鼓琴，躬耕而食兮，其余以汝饱，归来归来兮，西山不可以久留。”人在大自然中，任意停留观赏那山光、松影、飞鹤、白云，清闲惬意，悠然自得。倚杖、横琴，风神超迈。联语散发着温馨新鲜的山野气息，表现出孤标不羁卓然俊逸的风度气韵。

沧浪亭锄月轩对联直抒胸臆：

乐山乐水得静趣，
一丘一壑自风流。

出句自《论语·雍也》篇化出，所谓仁者乐山，智者乐水。万虑洗然，方可获得真正的静趣。对句取自宋辛弃疾《鹧鸪天》词：“书咄咄且休休，一丘一壑也风流。”“一丘一壑”，则源出《汉书·叙传》：“渔钓于一壑。则万物不奸其志；栖迟于一丘，则天下不移其乐。”后以“一丘一壑”表示隐栖山林。《世说新语·品藻》篇载：“明帝问谢鲲：‘君自谓何如庾亮？’答曰：‘端委庙堂，使百僚准则，臣不如亮；一丘一壑，自谓过之。’”此联与轩额之意相得益彰。

濯缨水阁对联则借古人名言以述志：

于书无所不读，
凡物皆有可观。

读百氏之书万卷，还需周行万里名山大川；凡是物质的东西，都有价值，也都有可以取得乐趣之处。格言联。出句集自宋苏辙的《上枢密韩太尉书》，意思是说，以前交游的只是“邻里乡党之人”，范围太窄；所见的仅是“数百里”无“高山大野”之乡，空间太小；遍读的百氏之书，皆古人之陈迹，都“不足以激发其志气”。应如司马迁一样，行天下，周览四海名山大川，求天下奇闻壮观，以知天地之广大；应该尽识天下之秀杰。也就是说，人们不但要有内在文化修养，而且更要有广泛的交游和见闻。“读万卷书，行万里路”，最佳的文化积累和对自然万物的凝神观照是获得成功的重要条件。对句集自苏轼的《超然台记》：“凡物皆有可观，苟有可观，皆有可乐，非必怪奇伟丽者也。”意思说，果蔬草木，皆可以饱，粗菜淡酒，皆可以醉，以此类推，“吾安往而不乐”！物皆有尽，人欲无穷，必然导致失意与痛苦，只有心志不为外物所诱，逍遥于物外，超脱一切，随缘自适，才能达到安恬潇洒的生命境界，安然自得。表现了作者旷达乐观的人生态度。

有些园主自撰联，或抒情，或叙事，或写景，或写景抒情结合，别有一种人文的美感。坐落在广东梅州市杨桃墩小溪边的“人境庐”是清著名诗人黄遵宪私园，自撰对联一副，悬于庭：

三分水，四分竹，添七分明月；
五步楼，十步阁，望百步长江。

写景联：上联写园中山水、植物以及自然风月，下联写园内的建筑及远借长江之景色。该园原有假山、池沼、五步楼、十步隔、息亭、无壁楼、卧虹榭、藏书阁诸胜。联语巧用基数字联结，虚实之景相互映衬，“七分明月”、“百步长江”，给人以境域浩淼联广宇的开阔之感，同时感受到主人欣喜自得的心情和开朗的襟怀。

有些格言联，含有一定的教育意义，对今人也不无启发。如苏州网师园有一副清郑板桥的对联（图3－18）：

曾三颜四，
禹寸陶分。

图3－18　曾三颜四，禹寸陶分（网师园）

八个字讲了四位历史人物的故事：曾参每日三省吾身，颜渊恪守“四勿”信条，大禹珍惜寸阴，陶侃宝爱分阴。《论语．学而》篇中记载孔子弟子曾参的话：“吾日三省吾身…为人谋而不忠乎？与朋友交而不信乎？传不习乎?”；《论语．颜渊》篇记载：“子曰：‘非礼勿视，非礼勿听，非礼勿言，非礼勿动。’颜渊曰：‘回虽不敏，请事此语矣。’”《晋书．陶侃传》记载陶侃“常语人曰：‘大禹圣者，乃惜寸阴；至于众人，当惜分阴。岂可逸游荒醉……是自弃也。’”《淮南子》中有“大圣不贵尺之璧，而重寸之阴”句；曾参每天反躬自省的精神、颜子不听不做不说不符合法制规范、道德准则的言行、古代大禹珍惜寸阴、东晋陶侃珍惜分阴、勤奋谦逊的学习态度，至今耐人寻味。全联言简意赅，蕴含生活哲理，发人深省。修身励德，不无教益。

名人名园，对联往往映照出名主人的影子，如南京袁枚的随园，有这样一副对联：

此地有崇山峻岭，茂林修竹；
是能读三坟五典，八索九丘。

上联用王羲之《兰亭序》中句描写随园园景美色，下联写在这样的园林美景中可以尽情饱揽中国古代的经典著作：“三坟”，传为伏羲、神农、黄帝所作，“五典”传为古代少昊、颛顼、高辛、唐尧、虞舜所作之书，“八索”指八卦，“九丘”乃中国九州志书。全联并未一字实写园景，而是以虚衬实：以古人名句相衬、以园主的饱学相映，既突出了名园幽雅宜人的环境，又令人相见著名文人袁枚的风采。

园林中有些对联在技巧上颇下功夫。有采用双关、象声、叠字，或者嵌字、拆字、回文等形式和修辞手法，含蓄又俊逸，既成为一种清新奇巧的文化娱乐，人们又不禁为它的新颖构思和深远意趣所折服。如怡园石听琴室一副嵌字联：

素壁写归来，画舫行斋，细雨斜风时候；
瑶琴才听彻，钧天广乐，高山流水知音。

联语为园主顾文彬从辛弃疾词中集出。上联写隐逸之趣，跌宕潇洒；下联以琴为中心，室内主人弹琴，窗外二石听琴，高山流水得知音，且嵌进“听琴”二字。既表达了园主的造景意图，又显得典雅、宛转，韵味澄淡。

上海豫园对联：

莺莺燕燕，翠翠红红，处处融融冶冶；
风风雨雨，花花草草，年年暮暮朝朝。

这是一幅回环联，仿杭州西湖花神庙联，顺读、倒读都合韵律自然流丽。全联用十四对叠字组成，节奏鲜明，如美玉双叩声声入耳，极富音乐感。联文把形、色、声、情集于一体，以状艳冶之景：莺莺娇软，燕子轻盈，红花绿叶，男欢女爱，一派明媚秀丽的风光。切合园内眼前明媚秀丽的风光。由于联中语词来自人们熟悉的诗文，这些诗文意境也增加了联语的韵味和涵量。“莺莺”是唐元稹传奇小说《会真记》中的女主人翁，“燕燕”，最早见于汉童谣，又成为后世不少小说、诗歌、戏剧爱情故事中的女主人翁。下联写的是一年一度，风风雨雨之中的花草，一岁一枯荣，略带因时光流逝引发的惆怅。其中的“朝朝暮暮”则来自传为宋玉的《高唐赋》，言巫山之女，“旦为朝云，暮为行雨，朝朝暮暮，阳台之下”。故引起对男女情爱的联想。联语曼调柔情，连绵回环，极富情味，且情景恰称。

拙政园荷风四面亭抱柱联：

四壁荷花三面柳，
半潭秋水一房山。

此联仿济南大明湖历下亭刘凤诰所撰名联：“四面荷花三面柳，一城山色半城湖。”下联化用唐李洞《山居喜故人见访》诗名句：“看待诗人无别物，半潭秋水一房山”，然妙趣相同。移花接木，堪为一妙；此联蕴涵“一、二、三、四”序数：“一房”、“半潭”、“三面”、“四壁”，堪为二巧；联语描绘了一年四季之景：“一房山”，指树叶枯谢、山形倒影于池中之冬景；“半潭秋水”，指秋色；“三面柳”，可视春景；“四壁荷花”乃夏景。此亭正处于广阔浩渺的水池之中，月牙形的池面被两桥分割为三部分，夏日四面皆荷花，假山位于亭的东北角。楹联将造园者的经营旨趣巧妙地透露给了游人，使人便于掌握其表现的境界。

著名的温州江心寺联以同音假借的手法，写出了妙趣：

云朝朝，朝朝朝，朝朝朝散；
潮长长，长长长，长长长消。

上联原意是“云朝潮，朝朝潮，朝潮朝散”，“朝”音为“招”；下联原意是“潮常长，常常长，常长常消”，“长”读“涨”。此联构思精巧奇妙：既切合此地碧海青天、海潮浮云竞相入目的景观环境，又体现了汉字游戏趣味，且包含着深刻的哲学理趣。云有聚散，潮有长消，这既为气象景观的描写，又是对宇宙盈虚消长的自然规律的刻画，耐人含咏，故备受文人推崇。

园林文学品题的内容很丰富，最大的特点有二：一为大量采用古代诗文名句，借助古代诗文中的优美意境深化景观文化内涵、加大美学容量，使人们获得尽可能丰富的美感；二是喜欢用典故。用《红楼梦》中宝玉的话来说是“编新不如述旧，刻古终胜雕今”。今人刘纳作过如下分析：

在古代中国，……负载着世代相传的情怀与抱负，领受着地久天长的沧桑感和聚散荣衰之感。漫漫几千年间，中国文人重复着相似的命运他们的人生叠摞起来。历史是由文人记录书写的，而中国文人向来就活在历史中，他们心中始终有古人在，他们永远需要从古人那里寻求精神支撑。当我们注意到中国诗文中的“典”起着怎样独特的作用——它消融了现在与过去之间的时间间隔，昭示着古今世界的相似性——我们会感到每一代、每一个文人都无例外地自觉置身于茫茫历史长流中，沧海桑田，朝代更迭，而中国文人所关照的世界并没有多少变化，于是他们自身也不必改变。如果我们去考察历代文人的性格、心态和行为规范，我们当然可以力图做过细的分辨，以区别唐时怎样、宋时怎样、明时怎样……但与此同时我们又不能不承认：遭遇了不同时代，相距百年、千年的中国文人，对于仕与隐的选择，对于通与穷的感受，对于忠奸之辨、义利之别的体认，其实只有很微少的、甚至可以忽略不计的差别①。

这个剖析是穿透肌理的深入骨髓的。

三、园借文存，园借文传

中国古典园林到今天已经十不存一，唐园至宋已经难寻，或遭兵车蹂践，废为丘墟，或被烟火焚燎，化为灰烬。今存园林包括寺庙园林中有不少是借历代诗文、小说戏剧等文学描写、渲染而留存的，或者因名诗文作家的声名使其闻名遐迩的。

借名文而规制至今犹存，最典型的是创建于隋开皇十六年（596）的“绛守居园池”。这是古绛州的州府衙署后花园，唐穆宗长庆三年（823），著名的古文学家、韩门弟子樊宗师任绛州刺史，写了一篇《绛守居园池记》，全文777字，但代表了这位“词必己出”的古文家的风格，他将韩愈散文奇崛险怪的语言风格推向了极端，时号“涩体”。后代好奇的文人对此文不断地进行研究、注释，于是文名大盛于世，园林也因此文而著，自唐至清代光绪年间，知绛州的官员一直对园林有所修葺，修葺者不敢擅自改动原布局，遂使此园规制基本保留了当时的面貌。

浙江的“沈园”，因南宋爱国诗人陆游的爱情诗词而至今犹存。陆游约20岁时与表妹唐婉结婚，夫妇感情很好，但由于陆游的母亲不喜欢唐婉，硬将这对夫妇拆开，给陆游一生在精神上造成极大的痛苦，他写了许多诗歌追怀唐婉和这一爱情悲剧。其中有几首“沈园”诗词，尤其哀感悲切。原来，陆游夫妇被迫离异后，陆游另娶，唐婉再嫁，两人却在数年后的一天，于沈园邂逅，悲喜交集。世传陆游在园内墙壁上写了《钗头凤》一词：“红酥手，黄滕酒，满城春色宫墙柳。东风恶，欢情薄，一怀愁绪，几年离索。错！错！错！春如旧，人空瘦，泪痕红浥鲛绡透。桃花落，闲池阁，山盟虽在，锦书难托。莫！莫！莫!”据说，唐婉见后，和了一首：“世情薄，人情恶，雨过黄昏花易落。晓风干，泪痕残，欲笺心事，独语斜阑。难！难！难！人成各，今非昨，病魂常似秋千索。角声寒，夜阑珊，怕人寻问，咽泪装欢。瞒！瞒！瞒!”今园中有“诗墙”②。唐婉抑郁成疾，不久就去世了。后来，陆游多次来此园怀旧凭吊，如南宋绍熙二年（1192）游后诗曰“坏壁题诗尘漠漠，断云幽梦事茫茫”（图3－19）；直到1199年诗人75岁高龄再游沈园时又作《沈园》诗两首：“城上斜阳画角哀，沈园非复旧池台；伤心桥下春波绿，曾是惊鸿照影来”；“梦断香消四十年，沈园柳老不吹绵；此身行作稽山土，犹吊遗踪一泫然”。沈园与陆游这位大诗人和他凄婉哀怨的爱情故事永远

---

① 《清末民初文人丛书·序》，中国文史出版社1998年版。

② 经今人考证，陆游词中所咏非唐婉，和词为伪作。然世人出于对俩人婚姻悲剧的同情，却乐意相信其是。参见夏承焘、吴熊和《陆放翁词编年笺注》。

图 3－19　“坏壁题诗尘漠漠”（沈园）

联系在一起了，因而名播千秋。今天，园中旧有的亭阁画廊虽已不存，但园中葫芦池，其上的石板小桥以及池边假山、水井等，犹为当年旧物。

中国古代的寺庙在早期，服务对象主要是那些羞与世俗和光同尘的出家僧侣，大约到唐代，寺庙成为一切晓行夜宿的所有人的居所，甚至可以长年借住。历代文人写下了无数寺庙诗文、碑铭塔颂，其中不乏名篇佳作，使该寺庙与诗文共存，著名的有苏州寒山寺、常熟的破山寺（兴福寺）、杭州的灵隐寺、香积寺、山西的普救寺、晋祠等。

山西永济蒲州镇的“普救寺”，初建于唐武则天时期，是小说、诗歌、戏剧中张生与崔莺莺爱情故事发生的地方。中唐元稹传奇小说《会真记》载：“张生游于蒲，蒲之东十余里有僧舍曰普救寺，张生寓焉。适有崔氏孀妇，将归长安，路出于蒲，亦止兹寺。”他又写了《会真诗三十韵》，《全唐诗》中还有莺莺寄给那位“始乱终弃”的轻薄书生“张生”的《寄诗》：“自从销瘦减容光，万转千回懒下床。不为旁人羞不起，为郎憔悴却羞郎。”摧其自愧。影响最大的是元王实甫在金董解元《西厢记》基础上写成的《西厢记》杂剧，使普救寺声名大振，寺庙历代皆有修葺，寺里的舍利塔也改名为莺莺塔。更有意思的是这莺莺塔是中国仅存的八大古回音建筑之一，与意大利的比萨斜塔等并称世界四大奇塔。只要用石块信手相击，塔中就会产生 9 种奇妙的声学效应，似蛙鸣之声，传说这声音是老夫人受到鞭笞后发出的忏悔声，告诉后人再不要去干棒打鸳鸯的蠢事。普救寺永远与《西厢记》绾结在一起了。

位于苏北如皋的水绘园，因为是明末清初著名文人、复社成员冒辟疆而至今犹存。冒辟疆携金陵名妓董小宛在此隐居，将旧园重整，使其更具有诗、书、琴、棋气息。冒辟疆在此编辑《四唐诗集》，董小宛天天帮他稽查抄写、潜心批阅选摘。俩人一起细品香茗、阅唐诗、读楚辞、抨击世间不平之事。不幸的是结婚 9 年，董小宛就去世了，冒辟疆觉得自己也死了，叹曰：“一生清福九年占尽，亦九年折尽矣。”缱绻之情，倾注在著名笔记《影梅庵忆语》一书中。清乾隆年间，盐副使汪之珩重修此园，为凭吊冒辟疆，在洗钵池畔取杜甫“残夜水明楼”诗意建水明楼，楼内陈设一如冒、董当年，有冒、董画像、蜡像、字画古玩，楼下琴台为董氏遗物。

苏州庞氏鹤园，由于一度成为著名词家朱祖谋寓居之所，四方名士来访，鹤园成为文人雅集酬唱之地，名噪一时，园中有朱祖谋手植的引自宣南的紫丁香一株，花开时节，清香满园，芬芳四溢。

一个公案、一批文人造就了一个闻名海内外、至今列入世界文化遗产名录的名园——苏州沧浪亭。北宋庆历四年（1044年）秋，著名诗人苏舜钦主管承转朝廷和地方之间往来公文的进奏院。因在祭神后邀请名士举行公宴时，开支了一些拆存下来的公文封套按废纸出售所得的公款，本来这也是当时的惯例，但因宴会没有邀请太子中舍李定，李到处散步流言。彼时，朝廷中以范仲淹、杜衍等为代表的革新派和保守派之间的斗争分外激烈，苏舜钦是范仲淹荐举的才人，又是庆历宰相杜衍的女婿，保守派乘机诬陷苏舜钦“监守自盗”，废为庶民，闲居苏州，筑沧浪亭以遣怀，写下《沧浪亭记》等大量诗文，邀请了欧阳修写了《沧浪亭》长诗。沧浪亭声名鹊起，至今苏舜钦的“诗魂”仍为沧浪亭的“园魂”。历代咏歌沧浪亭的诗文很多，描情绘景犹令今人神往的还数清初沈复的《浮生六记》写沧浪亭：“板桥内一轩临流，名曰‘我取’，取‘清斯濯缨，浊斯濯足’意也，檐前老树一株，浓荫覆窗，人面俱绿，隔岸游人往来不绝……过石桥，进门，折东曲径而入叠石成山，林木葱翠。亭在土山之巅，循级至亭心，周望极目可数里，炊烟四起，晚霞灿然。……携一毯设亭中，席地环坐，守者烹茶以进。少焉，一轮明月已上林梢，渐觉风生袖底，月到波心，俗虑尘怀，爽然顿释。”[①] 距今200多年的沧浪胜景犹在眼前。

这样因文而存的毕竟为数甚少，大量的古园是赖文而传的。唐柳宗元曾不无感慨地说：“夫美不自美，因人而彰。兰亭也，不遭右军，则清湍修竹，芜没于空山矣！”[②] 园因文存。中国古典园林大多有园记，记叙描写该园的历史和造园艺术，陈从周《中国历代名园记选注·序》说：“深叹园与记不可分也。园所以兴游，文所以记事，两者相得益彰。第念历代名园，其存也暂，其毁也速，得以传者胥赖于文。李格非记洛阳名园，千古园记之极则，故园虽荡然，而实有也。”

宋代李格非的《洛阳名园记》，记载了宋时几十个名园，令后人得以想见其貌。宋李格非在《李氏独乐园记》中讲到司马光的“独乐园”，“园卑小，不可与它园班……温公自为之序，诸亭、台诗，颇行于世。所以为人所慕者，不在于园耳。”这个园林有十几个读书堂，有赏竹的亭山，小轩称见山轩，寻丈高的台称钓鱼台，还有采药庵。李格非觉得园子实在太小，但园小名气大，主要在于世人仰慕司马温公的人品，读了他写的该园林诗歌和文章。

清钱大昕《网师园记》中说：“然亭台树石之胜，必待名流宴赏、诗文唱酬以传。”名家题咏和文人唱酬，为中国园林涂抹了绚丽多姿的文学色彩，使古典园林在幽静典雅中充分显示出物华文茂，具有了更多的超时代的人文审美因素。从《诗经·灵台》描写周文王苑囿、司马相如骋词《上林赋》、杜牧《阿房宫赋》到王羲之《兰亭集序》、白居易《庐山草堂记》、周密《吴兴园林记》、李斗《扬州画舫录》等，园以文传，文

---

① 清沈复：《浮生六记·闺房记乐》，作家出版社1996年版第16~21页。

② 唐柳宗元：《邕州马退山茅亭记》。

以园著，相得益彰。这也正是许多园林之所以能生存、延续到今天的重要因素。正如《重刊园冶序》所说："王侯第宅，罕有留遗甚久者，独于园林之胜，歌咏图绘，传之不朽，一沤一垤，亦往往供人凭吊。"

【第二节】

中国文学名著与古典园林

园林环境是文人们文艺创作活动的最佳场所，是灵感之源，园林环境与园林艺术活动必须相互协调；文人园记、小品文等参与了园林创作的理论建构；园林艺术氛围是中国古典小说塑造人物性格、渲染气氛的典型环境之一。

一、山林皋壤，文思奥府

苏州狮子林揖峰指柏轩后廊砖刻曰："留步养机。"意思是说，请你停下脚步，在此地培养创作的冲动和灵感。园林优美的自然环境，润泽了作家的心田，催化了他们的创作激情，是古代文人诗酒相酬的主要场所。汉武帝柏梁台连句、建安文人"并怜风月，狎池苑，述恩荣，叙酣宴"①、石崇金谷园诗酒唱酬等。这是集体的创作活动，园林幽雅，也是作家们写作的佳境。南朝的刘勰早就发现，"若乃山林皋壤，实文思之奥府……屈平所以能洞鉴风骚之情者，抑亦江山之助乎！"

常熟"虚廓园"又名"曾园"，园主是曾之撰，为清末四大谴责小说之一的《孽海花》作者曾朴之父，当年曾朴在园中的"琼玉楼"上，接过文学家金松岑初作《孽海花》前六回，几经修改续作成三十回本的长篇小说。琼玉楼是曾朴构思、完成这部小说的地方。清光绪年间，常熟燕园为作家、教育家张鸿所有，张与曾园主人曾朴为同乡挚友。《孽海花》三十四回出版后，曾自感再续写下去力不从心，弥留之际恳请张鸿继续写。张在园中勤奋写作，亭台楼阁是他构思谋篇、日夜笔耕的好场所。小说仍以赛金花为线索，描述了清同治、光绪年间戊戌变法和庚子之役两大历史事件。张熟晓晚清轶事，精通英、法、日三国文字，擅长诗词、书画，精通佛学。写累了他就在厅堂里拍曲唱吟，或吟诗作画于池畔，终于完成了《续孽海花》，使其成为一部完整的优秀作品。署名"燕谷老人"。

国学大师钱穆自言在苏州耦园居住时，在园中的"补读旧书楼"上专心写作，"楼

① 南朝刘勰：《文心雕龙·明诗》。

窗面对池林之胜，幽静怡神，几可驾宜良上下寺（先生在宜良写作《国史大纲》）数倍有余。余以侍母之暇，晨夕在楼上，以半日读英文，馀半日至夜半专意撰《史记地名考》一书。余先一年完成《国史大纲》，此一年又完成此书，两年内得成两书，皆得择地之助。可以终年闭门，绝不与外界人士交接，而所居林池花木之胜，增我情趣，又可乐此而不疲。宜良有山水，苏州则有园林之胜，又得家人相聚，老母弱子，其怡乐我情，更非宜良可比，洵余生平最难获得之两年也。”①

“天下名山僧占多”，寺庙园林在古代具有公共游豫的特色，人们可以在那里居住，还可以参与各种活动，诸如降香拜神、观光寺貌、参观寺藏、聚餐饮酒、看戏购物、观灯赏月、品茶闲话、纳凉避暑等。幽雅宁静、清逸超尘的环境激发了古代文人的创作灵感，留下了许多脍炙人口的名诗、名文。唐宋文人中，王维、孟浩然、韦应物、李白、杜甫、韩愈、白居易、杜牧、曾巩、苏轼、黄庭坚、陆游、辛弃疾、杨万里、文天祥等，都创作了众多的寺庙诗歌，除了一般的吟颂寺、祀、佛、道之作外，许多优秀作品，至今犹令人齿颊生香，百读不厌。仅举唐人几首代表性寺庙诗歌为例：

宋之问的《灵隐寺》，“楼观沧海日，门对浙江潮。桂子月中落，天香云外飘”，蕴有天行物移、造化不私之哲理，从中蕴出“桂子”、“天香”之清远恬淡景物，暗用佛典以象众动复归于静，写景戛戛独造，不落俗套；王维的《过香积寺》，“泉声咽危石，日色冷青松”，山涧幽深冷僻，诗境渗以淡淡的宗教意识，恬淡飘逸，幽雅静美；杜甫的《上牛头寺》，“花浓春寺静，竹细野池幽。何处啼莺切，移时独未休”，花浓竹细，春景如画，莺啼未休，以动衬静；韦应物的《寺居独夜寄崔主簿》，在幽人不寐，木叶凋落的深夜，“寒雨暗深更，流萤度高阁”，几笔简澹的笔墨，把作者幽独之情融进寺庙的夜色萤光之中，将萧瑟凄凉的意境烘染得淋漓尽致；韩愈的《山石》写了他和友人“黄昏到寺蝙蝠飞”的山寺独特景色，并铺写了翌日遍游山水的经过，是“既有诗之优美，复具文之流畅，韵散同体，诗文合一”② 的代表作，脍炙人口。以上诗歌，都是作者在寺庙园林这一独特的氛围中创作出来的佳作。

创作得江山之助这一点，中西方作家感受是一致的。18 世纪法国文学家、教育家、思想家、哲学家、启蒙运动最杰出的代表卢梭（1712～1778 年），他的儿童教育专著《爱弥儿》是在蒙莫朗西园林完成的，园林修在起伏不平，间有小丘和洼地，“那巧妙的艺术家就利用这些陵谷来使丛林、水流、装饰和景色千变万化，把本来相当局限的一片空间，可以说凭艺术和天才的力量扩大了多少倍”。“我就是在这个深沉恬静的幽境里，对着四周的林泉，听着各种鸟儿的歌声，闻着橙花的香气，在偶然神往中，写了《爱弥儿》的第五卷。这卷书的清新色彩，大部分都是得之于写书的环境所给我的那种强烈印象。……每天早晨，在太阳上山的时候，我是多么急于到那条明廊上去呼吸馨香的空气啊……我在那里

① 钱穆：《师友杂忆》。
② 陈寅恪：《论韩愈》。

真像是住在人间天堂；我生活得跟在天堂一样纯真，品尝着天堂一样的幸福"①。

泰戈尔讲到生态造化上的神力时这样说："我们住宅的附近有一个小花园，它是我的小仙境，经常为我呈现着各种美的奇迹。每天早晨当黎明的第一线曙光射进我的睡床时，我便匆匆地爬起来，迎接着百花园两旁一排椰子树微颤枝叶里，轻泻进来的淡红色阳光，这时草上的露珠也在初晨的微风里，晶莹地荡漾，蓝天在一片清新的微风中对我亲密地呼唤，我的整个心灵——甚至是我的整个身体——都沉醉在这寂静的一片安谧与光浴里……"②

二、纸上谈园——构园理论的文学化

造园如作诗文，诗文又每每离不开园林，描写咏歌园林、园居生活，前面提到的众多园林著作，既是优美的文学作品，又对造园理论、审美情趣、接受美学等方面的构成起着重要的作用。陶渊明的《桃花源记》、庾信的《小园赋》，在中国园林史上具有不可替代的影响。明中叶以后，中国古典园林渐趋鼎盛，无力构园的寒素文士，也心营目想，纸上谈园，如吴石林的《无是园记》、刘士龙的《乌有园记》、黄星周的《将就园记》等，虽只能称之为纸上名园，甚至有人讥之为"画饼"，但并非"卖向人间不值钱"③，其造园创作构思，都富有创想。如"将就园"，乃明末清初的南京人黄周星臆想之园。"吾园无定所，惟择四天下山水最佳胜处为之。所谓最佳胜之处者，亦在世间，亦在世外；亦非世间，亦非世外。盖吾自有生以来，求之数十年而后得之，未易为世人道也。"文中畅想其园修于万山环抱之中，有两座高山对峙，左曰"将山"、右曰"就山"，有巨桥曰"饮练"，桥上有亭曰"枕秋"。有两楼相对，东为"吞梦"，西为"忘天"，书斋二："日就"、"月将"，园中是"天上人间诸景备，洋洋洒洒一大观"。园外溪流匝绕，园内又有一溪，流如太极之形。其余则岩洞飞瀑，楼阁亭桥，柳烟桃雨等④，种种设想，虽属于心幻之园，但却是一种文人造园思想的代表。《红楼梦》里"大观园"的题名显然受此影响。

明代著名文学家王世贞喜好林泉园林，游历并为之作记的园林也很多，如《游金陵诸园记》、《安氏西园记》、《灵洞山房记》等，记中闪烁着不少造园理论的光辉。他在家乡江苏太仓建园颇多，最著名的有占地70多亩的"弇山园"，为该园作记8篇。铺叙园林周围实景即"辅吾园之胜者也"，总写全园景观及特征、园居之苦乐、意境情趣及园名由来等。并介绍筑园之山水构法、规划原则，记中将园之气象景观之胜概，用"六宜"铺写，将自然界的山水、风花雪月有机地纳入园林，境界天成：

① 《哲理美文集·蒙莫朗西园林》，安徽文艺出版社1997年，第358页。

② 牛枝慧选编：《东方艺术美学》选《泰戈尔论文集》蔡仲章译，台湾志文出版社1981年，第111页。

③ 清江片石题《无是园》。

④ 清黄周星：《将就园记》。

宜花：花高下点缀如错绣，游者过焉，芬色滞眼鼻而不忍去；宜月：可泛可陟，月所被，石若益而古，水若益而秀，恍然若憩广寒清虚府；宜雪：登高而望，万堞千甍，与园之峰树，高下凹凸皆瑶玉，目境为醒；宜雨：蒙蒙霏霏，浓淡深浅，各极其致，縠波自文，儵鱼飞跃；宜风：碧篁白杨，琮成韵，使人忘倦；宜暑：灌木崇轩，不见畏日，轻凉四袭，逗勿肯去。

充分体现出以景寓情、妙造自然的造园原则。明郑元勋撰《影园自记》中，生动地叙述了园林借景之妙：邻近借水，使园得水而活；遥远借山，得蜀冈蜿蜒起伏之势；环借园外之柳、荷，得景之丰。明竟陵派文学创始人之一的钟惺，为许自昌私园写的《梅花墅记》，生动描述了该园理水之妙，最后论述了园林因园主的个性、禀赋、修养与园林风貌之间的关系，都是十分中肯之论。明代祁彪佳的《寓山注》，记其私园，也多颇有见地的造园理论，如：

轩与斋类，而幽敞各极其致；居与庵类，而纡广不一其形；室与山房类，而高下分标其胜；与夫为桥、为榭、为径、为峰，参差点缀，委折波澜，大抵虚者实之，实者虚之，聚者散之，散者聚之，险者夷之，夷者险之，如良医之治病，攻补互投；如良将之治兵，奇正并用；如名手作画，不使一笔不灵；如名流作文，不使一语不韵；此开园之营构也。

中国对立统一的造园之道，其妙谛尽在个中。

清文学家袁枚在《随园记》中不仅写出随园纯出天籁的造园艺术处理，而且将中国古典园林“就势取景”的造园理论阐述得具体而生动。

苏州人沈复的名著《浮生六记》中，对中国的园林艺术有许多独到的精辟的见解，最著名的是关于造园中讲究曲折藏露的理论：

若夫园亭楼阁，套室回廊，叠石成山，栽花取势，又在小中见大，大中见小，虚中有实，实中有虚，或藏或露，或深或浅，不仅在周回曲折四字。

曹雪芹在《红楼梦》中设计了一个“衔山抱水”、千丘万壑、崇阁巍巍、“天上人间诸景备”的大观园，融南北园林技巧、风格于一体，是中国古典园林理论与实践结合的典范。从总体布局、设计原则、景点点缀等方面，显示出的大与小、曲与直、虚与实、添与减、藏与露的辨证艺术和文与景、人与园融为一体的造园特点。文中还发表了许多精到的园林艺术理论见解，如在《大观园试才题对额》一节中，有这样的描写：

贾政……说道：“这匾对倒是一件难事：论理该请贵妃赐题才是。然贵妃若不亲观其景，亦难悬题。若直待贵妃游幸再行请题，若大景致，若干亭榭，无字标题，任是花柳山水，也断不能生色。”……贾政则至园门前……秉正看门，只见正门五间，上面桶瓦泥鳅脊；那门栏窗槅，皆是细雕新鲜花样，并无朱粉涂饰；一色水磨群墙，下面白石台矶，凿成西番草花样。左右一望，皆雪白粉墙，下面虎皮石，随势砌去，果然不落富丽俗套……只见迎面一带翠嶂挡在前面，众清客都道：“好山，好山！”贾政道：“非此一山，一进来园中所有之景悉入目中，则有何趣。”……上面小小两三间房舍，一明两暗，里面都是合着地步打就的床几椅案……“……‘天然’者，天之自然而有，非人力之所成也。”宝玉道：“……此处置一田庄，分明见得人力穿凿扭捏而成，远无邻村，近不负郭，背山山无脉，临水水无源，高无隐寺之塔，下无通寺之桥，峭然孤出，似非大观。争似先处有自然之理，得自然之气，虽种竹引泉，亦不伤于穿凿。古人云‘天然图画’四字，正畏非其地而强为地，非其山而强为山……”……引人进入房内，只见这几间房内收拾的与别处不同，竟分不出间隔来的，原来四面皆是雕空玲珑木板，或“流云百蝠”，或“岁寒三友”或山水人物，或翎毛花卉……

形象地展示了集中国南北园林大观的名园风采，而且借书中人物之口，对园林障景的描写、文学品题的看法、景观造作牵强的批评、家具的陈设布置等都发表了一系列十分精彩的见解。

文学作品中描写的园林布局、景观等，也是对中国造园理论的生动图解，如《金瓶梅》，童寯认为是我国小说描写园林最详细者之一，作者写内相花园云：

但见千树浓荫，一湾流水。粉墙藏不谢之花，华屋有藏春之景。武陵桃放，渔人何处识迷津；庾岭梅开，词客良辰联好句。端的是天上蓬莱，人间阆苑。……下轿步入园内……慢慢的步出回廊，循朱栏，转过重杨边，一曲荼蘼架。过太湖石松风亭，来到奇字亭。亭后是绕屋梅花三千树，中间探梅阁，阁上名人题咏极多。……又过牡丹台，台上数十种奇异牡丹。又过北是竹园，园左有听竹馆、凤来亭，匾额都是名公手迹。右是金鱼池，池上乐水亭，凭朱栏俯看金鱼，像是锦被一片，浮在水面。……又登一个大楼，上写着听月楼，楼上也有名人题诗，对联也是刊板砂绿嵌的。下了楼往东一座大山，山中八仙洞，深幽广阔，洞中有石棋盘；壁上铁笛洞箫，似仙家一般。出了洞，登山顶一望，满园都可见到。

“以上所述，与园林布置之旨暗合。初入园，有朱栏回廊，渐见亭台，然后到池，而以楼及假山殿后；登其高处，顾盼全局，由小及大，由卑至高，斯经营位置之定律也。”①

① 童寯：《江南园林志》，中国建筑工业出版社 1986 年版，第 42 页。

园林审美情趣、个性特色，犹如中国文人笔下的大自然千姿百态：唐柳宗元细腻如潺潺清泉；欧阳修闲适似镜湖微澜；苏东坡则雄浑像浩淼大海，都道出了文人的审美意蕴；宋张先这位“三影郎中”三句绝妙好词即“沙上并禽池上暝，云破月来花弄影”、“娇柔懒起，帘压卷花影”、“柳径无人，堕飞絮花影”。意象绮美灵动，景物如画，极有巧思，表现出含蓄精蕴的园林审美境界。

三、园林风花雪月——陶铸人物性格的典型环境

中国古典名著中，往往将优美的古典园林作为小说或戏曲中的主人公活动的场所，成为故事发生、发展的背景，或人物性格展现的典型环境。

《红楼梦》中的大观园，是曹雪芹为小说人物设置的典型环境。人物与故事主要发生在大观园里，曹雪芹将艺术镜头聚焦于此，这里成为主要人物活跃的舞台、重要情节展开的场所，也是封建贵族生活的缩影，因而也是贾府为代表的封建大家庭盛衰的象征和见证。

以园景写人，环境描写和人物描写融为一体，是园中人节操品格的物化形式。怡红园、潇湘馆、蘅芜院、秋爽斋、紫菱洲、稻香村、栊翠庵等无论是院馆建构、花木配置，还是室内陈设，莫不表现出人物的气质性格。

林黛玉选中的潇湘馆，是粉垣修舍，游廊曲折，小溪石甬、梨花芭蕉，格局小巧，布置别致。她最喜欢的是“千百竿翠竹遮映”的幽深静谧，她以翠竹为知己，向它们倾诉心中隐秘：“窗外亦有千竿竹，不识香痕渍也无?”因得“潇湘妃子”之雅号。竹子那迎风玉立的神姿、斑斑滴滴的泪痕、岁寒不改的坚贞，正是她自身形象的写照。人物性格就在这诗一样的环境里展开。如写林黛玉“春困”，设计了这样一幅景色：“潇湘馆”周围，一派葱茏，“凤尾森森，龙吟细细”的竹子、阔叶芭蕉、苍苔满地，花事已尽的大株梨花，呈现出青、翠、碧、绿等不同层次的色调，一切都显得静谧异常。宝玉信步走入，只见湘帘垂地，悄无人声，走至窗前，觉得一缕幽香从碧纱窗中暗暗透出。写出了潇湘馆的特有风神。直到她生命的最后一刻，挣扎着焚稿、烧诗帕，和紫娟诀别，直声呼喊后，最后也“惟有竹梢风动，月影移墙，好不凄凉冷淡”!

怡红院是贾府宠儿贾宝玉选中的地方。陈设布置新颖别致，与他处不同。院落花木繁盛，有“竹篱花障编就的月洞门”，有“院中满架蔷薇宝相”，有“其势如伞，丝垂翠缕，葩吐丹砂”的西府海棠，俗名“女儿棠”。这正符合宝玉同情、体贴女孩子，好簪花弄粉的性格特点。室内陈设之复杂精美，又衬托出宝玉在府内的娇贵身份。布局重门别户，巧无间隔、曲折迷离。

薛宝钗所入住的蘅芜院最大的特色是奇石异草、味芬气馥，愈冷愈苍翠，符合她“山中高士晶莹雪”、服食“冷香丸”、“任是无情也动人”的“冷美人”的特点。这里“一枝花木也无”又与她“从来不爱这些花儿粉儿的”的特点相适应。她超乎常人的冷静以至冷漠及她尊奉礼教、矫情而不自然的性格，也只能安放在这类似隐士居住的环境里。

“气质美如玉，才华馥比仙”的妙玉，但她孤标傲世，性格乖僻，为世难容，因而

脚踩祥云、身不由己被赶出了人世间，她为了“舍身消灾”，寄身在大观园中的栊翠庵里，那里脱尽浅陋凡俗，寄情于玄虚缥缈中，伴随她的是经卷、蒲团、青灯、佛殿，在“星月皎洁、明河在天”的晚上，庵内“龛焰犹青，炉香未烬，几个老道婆也都睡了，只有小丫头在蒲团上垂头打盹”，但她又非一般的道婆女冠，唯求香火以资糊口的谋衣食之辈，“芳情只自遣，雅趣向谁言”，内心形成了一个痛苦的形神矛盾的旋涡。

中国古典园林有“崇文”的特点，也讲究“雅趣”，即表现知识与高雅的文艺修养，诸如诗词歌赋、琴棋书画、竹林玄谈、曲水流觞、收集古董、考据文物、钻研金石、潜心印章、参禅证道、顿悟因缘、醉心泉石、巧异盆景、品茗论诗、焚香抚琴等，这样的审美情趣，只有在园林里才能充分展开与发挥。因而充满氤氲文气的大观园是小说人物生活及赋诗作画之地。儿女们在此结社吟诗、弹琴下棋，描鸾刺凤、斗草簪花、低吟悄唱，给这些天真烂漫的儿女们抹上了一层诗的色彩，也给她们的性格涂上了一层诗的气质。通过她们的高雅表现充分展开故事情节与人物性格。如林黛玉在平时似乎是个病态恹恹、行动爱恼人、小心眼的林姑娘，可是在大观园里作诗时，她完全成了另一个林姑娘，不仅宽厚从容、豁达开朗，而且，在赞美湘云的诗写得好时，“又大叫，又跺足”，神采飞扬。当大家都在冥思苦想时，她或弄梧桐、或和人说笑，然后“提笔一挥而就，掷与众人[①]，她是那样的俊迈、潇洒，是才子的风采！黛玉深受古典文学的熏陶，使她摆脱“谁家秋院无风入，何处秋窗无雨声”的现实世界的，唯有沉醉到诗的境界中、沉醉到艺术创作中去，在那里，她可以获得精神饥渴的满足，只有沉到精神世界之中，才可以找到光明和满足，她是大观园中惟一的必须在诗中寻找人生乐趣的女儿。刘姥姥进潇湘馆，见到“窗下案上设着笔砚，观书架上放着满满的书”，说道：“这必是哪一位哥儿的书房了？”

园林环境为戏剧主人翁提供了特殊的机遇和特别的审美效果。如《西厢记》的爱情故事发生在普救寺这一寺庙园林里，具有以下特殊的价值：首先，为作品男女主人翁提供了一见钟情的最合理妥当的场地。在古代，寺庙园林具有公共游豫的性质，像张君瑞这样的士子可以寄宿，像崔莺莺这样的相门之女可以涉足，就有了见面的可能性；其次，“让正常的恋爱和婚配与禁欲主义的佛门构成一种对比，从而在反衬中弘扬了人类正当、健全的生活形态的情感形态”；“让男女主角的恋爱活动，获得一个宁静、幽雅的美好环境和氛围，让他们诗一般的情感线索在诗一般的环境氛围中延绵和展示”[②]。昆曲《玉簪记》中男女主角潘必正和陈妙常爱情的酝酿、发展、成熟的典型环境是“女贞观”的后花园，与《西厢记》有着同样的意义。

园林是把自然界的春色引到人间的艺术，它代表了自然、代表了春色、代表了自由的天地。因而在文艺作品中，它又可以成为扼杀自然、扼杀春天的封建礼教的对立面，《牡丹亭》里的花园就是这样的象征物。《牡丹亭》是明戏剧艺术大师汤显祖《临川四梦》之

---

① 清曹雪芹：《红楼梦》第三十七回。

② 余秋雨：《中国戏剧文化史述》，湖南人民出版社 1985 年，第 236 页。

一，因是他在临川自营的宅园“玉茗堂”所写，写的也与花园有关，所以，又称“玉茗堂四梦”，玉茗，为白色的山茶花，寄予了园主与世俗泾渭分明的磊落胸怀。牡丹亭的故事发生在姹紫嫣红开遍的小庭深园中，整个故事几乎都围绕着优美的园林环境来展开。写的是明代南安太守杜宝的独生女儿杜丽娘，被牢牢地关在闺房里，虽“年已及笄”，却不知自己家“那花园在哪里?”、“可有什么景致?”丫头春香告诉她花园里“有亭台六七座，秋千一两架。绕的流觞曲水，面着太湖山石。名花异草，委实华丽”，这才使杜丽娘感到惊愕，决定游园。封建礼教的禁锢随着被冲破。明代园林更以自然为蓝本，更多山林野趣，作为“自然”和“春”的象征，对生活在浓郁的理学气氛中的杜丽娘具有惊心动魄的力量。你看外面的世界太美了：“朝飞暮卷，云霞翠轩；雨丝风片，烟波画船”，雕梁画栋，飞阁流丹，云蒸霞蔚，碧瓦亭台；和煦的春风夹带着蒙蒙细雨，烟波浩淼的春水中浮动着美丽的游船……多么迷人而又略带怅惘色彩的春景啊！游园，对杜丽娘来说，是让自己的身心到真实的自然景色中去作一次短促的巡行，是一个主观世界和客观世界怡然融和的绝妙艺术片段，在这里，杜丽娘发现了一个更真实、更美好的天地，“不到园林，怎知春色如许”！她同时也发现了自己。花园里春色撩人，“梦回莺啭，乱煞年光遍”，“莺啭”惊醒了她的春梦，唤醒了她的春情，“可知我一生爱好是天然”，在这里，人和自然在一片勃勃生机中互相感应着，体味到自己与自然的特殊亲和关系，天然的环境与天然本性融合，杜丽娘发现了自我！也感到灵魂的震颤，深深感慨：“原来姹紫嫣红开遍，似这般都付与断井颓垣，良辰美景奈何天，赏心乐事谁家院!”娇艳的春色，是她青春的象征，而代表封建礼教的深闺，就如枯竭的井、倒塌的墙，情与景的矛盾，突出了杜丽娘微妙的心理波澜，由此吐出了“锦屏人忒看的这韶光贱”郁积在心理的愤懑。鲜花的易凋联想到自己青春的短暂，回房后，她满心充溢着一种青春的紧迫感，自叹、自伤、自恋：“可惜妾身颜色如花，岂料命如一叶乎!”“春呵，得和你两留连”。由是神思恍惚、茶饭无心，惊梦、寻梦，在梦中享受着她们的青春和理想。终于为“情”而死，葬于牡丹亭畔、太湖石边、芍药栏前的梅树下。但最终又为“情”而复生。

【第三节】

中国画与园林艺术

黑格尔在《美学》中论述了园林与绘画的关系：

讨论到真正的园林艺术，我们必须把其中绘画的因素和建筑的因素分别清楚。花园并不是一种正式的建筑，不是运用自由的自然事物而建成的作品，而是一种绘画，让自然事物保持自然形状，力图模仿自由的大自然，它把凡是自然风景中能令人心旷神怡的东西集中在一起，形成一个整体，例如岩石和它的生糙自然的体积、山谷、树林、草坪、蜿蜒的小溪、堤岸上气氛活跃的大河流，平静的湖边长着花木，一泻直下的瀑布之类。中国的园林艺术早就这样把整片自然风景包括湖、岛、河、假山、远景等等都纳到园子里①。

中国的山水诗、山水画和山水园，同时诞生在山水审美意识觉醒的南北朝时代，均属于以风景为主题的艺术，且均为士大夫文人吟咏性情的形式，这些姐妹艺术相互影响、相互渗透，“文章是案头之山水，山水是地上之文章”②。中国山水园林是山水诗、山水画的物化形态。

一、中国画家与园林

明董其昌《兔柴记》云：“幸有草堂、辋川诸粉本，……盖公之园可图，而余家之园可园。”一则寓园于画，一则寓画于园，盖至此而园与画之能事毕矣③。

中国以描写山河自然景色为题材的山水画，独立成熟得较晚，自南北朝确立，经过唐代大画家李思训、李昭道、吴道子和王维等的实践和理论，才成为国画中的重要一支。

北宋前期，以关仝、李成、范宽为代表的山水画家，主要师法荆浩，以描绘北方地区的景物为主，采取大山、大水、全景式的构图；忠实、客观地描写对象，虽也经过提炼、概括，但以追求形似为主。他们的笔下，是理想化的山水，但画家主观感情色彩并不十分强调。与此同时，以董源、巨然为代表的画家以描绘南方丘陵地带山水为主，采用“披麻皴”、“墨点”和“矾头”等手法，用水墨画江南。苏轼、文同等文人创作的画，注重笔情墨趣，以简易幽淡为神妙，与宋徽宗的画风异趣，开创了“文人画派”的先河，以少胜多。南宋画家马远、夏圭，撷取山水精华之一角，人称“马一角”、“夏半边”，恰与写意园原理相通。南宋山水画以含蓄、准确地表达一种诗的意境为山水画创作的目标；大胆剪裁，把与主题无关的可有可无的景物一律删除，画面留出大片空白以增强形式美的因素；景物刻画精巧、深入，以少胜多。

元代文人画正式确立，人们在审美趣味上出现了一系列重大变化：趋向写意，以虚带实，逸笔草草，不求形似，画风简淡高逸、苍茫深秀，体现了士大夫文人的审美趣味；侧重笔墨神韵，以书法用笔入画，追求点、线和墨韵的形式美、结构美；强调诗、书、画、印相结合的综合艺术情趣，直接表露出画家的意兴心绪，把情感寄于山水画

① ［德］黑格尔：《美学》第三卷上册，商务印书馆1984年版。
② 清张潮：《幽梦影》。
③ 童寯：《江南园林志》，中国建筑工业出版社1987年，第45页。

中，使画家主观意兴得以充分发挥。代表人物是“元四家”，即黄公望，字子久，号大痴，又号一峰道人；王蒙，字叔明，号黄鹤山樵、香光居士；倪瓒，字元镇，号云林；吴镇，字仲圭，号梅花道人。元后，士大夫“文人画”家成为画坛的主流。

明清是中国山水画和花木竹石图等风景小品发展的高潮。明代流派众多：有以戴进为代表的“浙派”，以周臣、唐寅、仇英为代表的“院体派”，以沈周、文徵明为代表的“吴门派”，以董其昌为代表的“松江派”等。徐渭以风格豪放、泼辣的大写意水墨画蜚声画坛，使诗、书、画、印的结合获得新的发展。清初有代表性的画家是“四王”和“四僧”，前者即王时敏、王鉴、王翚、王原祁，以临摹古人为能事。后者为朱耷、原济、髡残、弘仁，另有龚贤、梅清等，能突破古人樊篱，大胆革新，在理论和实践上将传统山水画推向一个高峰。代表人物是原济，字石涛，号大涤子、清湘老人、苦瓜和尚、瞎尊者，明宗室。绘画风格多样，不拘一格，反对摹古，主张创新、抒写自我，提出了“搜尽奇峰打草稿”、“黄山是我师，我是黄山友”、“借笔墨以写天地万物，而陶泳乎我”、“法自我立”等理论主张①。康熙、乾隆时期以郑板桥为代表的“扬州八怪”以及恽南田、任颐、吴昌硕等都是清画坛重要画家，他们画的意境、技法、风格等对园林产生很大的影响。中国文人画正是中国文人山水园之母。

唐代李思训，唐宗室，官左武卫大将军，时人称为“大李将军”；其子李昭道，称为“小李将军”，父子均善山水，创立了青绿山水的画法，以矿物质石青、石绿作绘画材料。有大青绿、小青绿之分：大青绿山水多勾轮廓，少用皴笔，着色浓重，装饰性很强，在皇家园林建筑装饰中，常常再加上一层泥金色，金碧辉煌、富丽堂皇；小青绿山水则是在水墨淡彩的基础上薄薄地罩一层青绿，淡雅朦胧，能增添园林的抒情气氛。被后世尊为泼墨写意山水创始人、南宗文人山水画之祖的王维，不仅创作了“画中有诗”的山水画、“诗中有画”的山水诗，开创了水墨山水的“破墨法”，成为中国画中颇具特点的一种技法，而且他修筑了诗、画结合的物质实体——“辋川别业”。自此以后，画家参与造园、画家自己构园、画家为园林作画，成为传统，中国画家和园林结下不解之缘。

亲自谋划、指挥造园，规模最大的是北宋皇帝宋徽宗赵佶，他是历史上的著名画家，作画重形似，追求逼真。他利用皇帝的无上权力，亲自当总设计师，集当时宫廷画院画家的智慧，组成设计绘图群，无论是选材、规划立基、山水塑造，都绘成图纸，严格地按图施工，遂构成“括天下之美，藏古今之胜”② 的写实派园林杰构——艮岳。计有建筑景点46处、水景13处、山景28处，非胸有丘壑者难以成此。

以画本构园，也成为造园的惯例。明清两代，参与造园的画家就更多了。活跃在江浙地带的有吴门画派、浙派、虞山派、云间派等画派，大多参与造园。苏州的园林几乎

---

① 以上均见《苦瓜和尚语录》。

② 宋祖秀：《华阳宫记》，录自《东都事略》。

都与画家有关，如明朝阊门外徐默川的紫竹园，是文徵明为其布画、仇英为藻饰；留园建园之初，园主徐泰时邀请画家周秉忠为之叠山，叠成一座高三丈、阔可二十丈的石屏，袁宏道极为叹赏，称之为“玲珑峭削，如一幅山水横披画，了无断续痕迹，真妙手也”。东山建于湖滨山麓的启园，当年园主邀请著名画家蔡铣、范少云等议定的方案。东山依绿园，是清隐士吴时雅私园，园林规划经营者全为高手：著名画家王石谷亲手绘图，叠石名家张然为之叠山，诗人叶九来加以品题，园林诗情画意俱足。耦园修筑时是能诗善画的园主沈秉成、严永华夫妇和画家顾沄共同设计的；退思园的设计者是画家袁东篱。怡园乃园主之子著名画家顾承亲自设计，并邀请画友任阜长等画家参与规划而成的，等等。

清初常州长春巷的“近园”，是江南名士杨兆鲁的私园，为著名绘画理论家笪重光和画家恽格、王翚共同策划而成，园成后，他们又常聚集在园中吟诗作画，王翚作有《近园图》传世。

在清廷如意馆供职的画家，均直接参加了清代皇家园林的规划设计，如畅春园是江南籍的山水画家叶洮主持规划、叠山名家张然叠石的，园成后，宫廷画家们又依园景一一描摹成图，圆明园四十景图、避暑山庄七十二景图就是他们的作品。当年构筑圆明园时，来中国传教的少数几个西洋画家如蒋友仁、郎世宁等也参加了绘图设计。

当年，为园主充当“设计师”、“顾问”的画家，一定为园林草拟过不少画稿，可惜，这样的园林粉本如今已经不可得见了。

有许多画家和王维一样，自己亲自构筑园林。元代著名画家倪云林（图 3－20）、吴镇、王蒙、黄公望，均以雅逸为宗，以表现画家的意兴心绪为主，把情感寄托在山水画中。他们有的直接参与了造园活动。如倪瓒，终身浪迹江湖，与渔樵僧道为侣，既是著名画家，亦是元代士大夫傲视权奸，不与统治者合作，精神寄托山水庭园间的杰出代表。33 岁时，他家境优裕，在故里无锡大厦村宅院旁，构建写意山水园林——清閟阁，利用乡村天然条件，掇山理水，沟通乡间水网，以河为墙，种花植树，“浓荫匝十里，四周烟翠连”，一派山林野趣，与他清丽旷逸的画风一致。这样，画家所居有阁，幽回绝尘，在园中可杖屦自随，逍遥容与，咏歌自娱，望之者以其为世外之人。

图 3－20　倪云林画像（台北故宫博物院藏画）

明代初年的刘珏，是苏州的名画家，为沈周祖父沈澄的朋友。他在苏州齐门外相城构寄傲园，仿卢鸿《草堂十志图》厘为十景。沈周在相城筑“有竹居”，文徵明在苏州高师巷筑停云馆、唐伯虎在桃花坞筑唐家园、文徵明曾孙文震亨筑香草垞、文震孟筑药圃（即今存之艺圃）等，画家自己构园已经蔚为风气。至今苏州惟一为私家所用的园林残粒园，为著名画家吴待秋所购，今为其子吴敖木所有。

绘画艺术融进园林，成为“立体的画”的园林，又成为画家的无上粉本。有些园林，是因为名画家为之作画，而获得大声誉的。苏州狮子林与倪瓒的关系就是典型例证，乾隆皇帝甚至把狮子林说成是“倪家园”，其实，就因为倪瓒为狮子林作了画，使狮子林声名大振的缘故。作画时间已经到了明代的洪武六年，同时为狮子林作诗一首：

《过师林兰若如海上人索画因写此图并为之诗》：

密竹鸟啼邃，清池云影间。
茗雪炉烟袅，松雨石斑苔。
心情境恒寂，何必居在山。
穷途有行旅，日暮不知还。

可见，云林云游四海，偶过狮子林的时候，如海方丈抓住这一千载难逢的机会即向其索画，并得此诗的。观云林所作狮子林图（现为柯罗版，真遗迹传台湾）园景概括，笔简气壮，景少而意长。翠竹、秋山、寒林、寺居，气势雄壮苍凉，显示了独特风貌，如佛国祇园，使人玩味不尽。有云林自题狮子林跋：“余与赵君善长以意商榷作师子林图，真得荆、关遗意，非师蒙辈所能梦见也。如海因公宜宝之，癸丑十二月（1373 年）懒瓒记。”指出了自己图画风格是继承了荆浩、关仝一路，不同于王蒙一派画风。云林作画时，离狮子林建园（1343 年）已隔 30 年，惟则、中峰国师都已谢世，寺园渐显冷落。云林为狮子林作图后，狮子林由此声名大振，繁盛胜于前，文人、士大夫聚集吟诗作画于此，开名园雅集先河。为狮子林作画的人，最早是朱德润，此后，画家徐贲为狮子林十二景作画、云林、赵善长，下至文徵明皆作过画，都是一流大画家。

画家的园林图册，成为重要的历史资料，使今人得以想见昔日名园风貌。崛起在明代中叶的苏州“吴门画派”，与苏州园林的关系就特别密切。沈周、唐寅、文徵明、仇英，号称“明四家”，他们创作了许多表现园林风貌、反映园居生活的绘画。据不完全统计，“明四家”等人的存世作品中，园林图就有三十种之多。有沈周的《东庄图》册（图 3－21）、文徵明的《东园图》卷、《洛原草堂图》卷、仇英的《园居图》卷、钱穀的《求志园图》卷、文伯仁的《南溪草堂图》卷等。其中最著名的是沈周的《东庄图册》和文徵明的《拙政园图册》两种册页。沈周是吴门画派鼻祖，布衣终身，他的《东庄图册》画的是挚友吴宽的私园，明末画坛巨擘董其昌跋文曰：“一水一石皆从耳目之所睹”，写出了“溪山窈窕，水木清华”的自然景色，共有 21 幅图，诸如《东城》、《西

图 3－21　沈周的《东庄图》册

溪》、《北港》、《振衣冈》等。其画“出入宋元，如意自在，位置既奇绝，笔法复纵宕，虽李龙眠《山庄图》、鸿乙《草堂图》，不多让也……”潘世璜跋语曰：“东庄之名以文字传，亦藉是图以传”。

沈周的学生、吴门画坛盟主文徵明曾为其友王献臣的拙政园画过多次图，广为流传的是嘉靖十一年（1531 年）画了 30 景，题诗 30 首，十二年（1532 年）五月增画“玉泉”一景，这就是今天见到的 31 幅图咏，称《王氏拙政园诗画册》亦称《王氏拙政园图咏》（图 3－22），每图描画一个景点，各系以诗，“凡山川花鸟、亭台泉石之胜，摹写无遗”，是“无声画、无声诗两臻其妙”①。

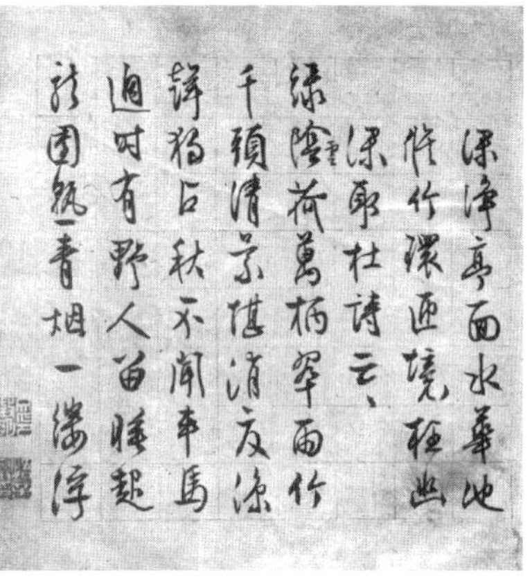

图 3－22　《王氏拙政园图咏·深净亭》

袁枚的随园有画家袁起，仿王维《辋川图》故例，作《随园图》，一一标上四十余处景点名目。“西湖十景”主要是院画家马远、夏圭辈的产物：春夏秋冬、昼夜晨昏、风花雪月、莺啼鱼跃、山容水意、花态柳情、黄昏塔影、古刹钟声，构成多层次、多方位、立体交叉、四维渗透的天然图画，动静相合、虚实相生、有声有色、有景有情，形成一个艺术整体，既是西湖风采与神韵之所在，也是古往今来骚人墨客梦寻梦忆的灵感世界、艺术天堂。

清代宫廷画家冷枚画《避暑山庄图》，描绘生动细致；沈瑜画《避暑山庄三十六

① 参董寿琪：《吴门画派与苏州古典园林》，《文物天地》1999 年第四期。

景》；清乾隆年间宫廷画家沈源、唐岱绘制了《圆明园四十景图》等都是著名的园林图卷。

二、绘画之道与构园之理

中国造园理论与中国画论一脉相承。中国山水画论自南北朝开始逐渐发展，建立了较完善的体系，唐宋后更趋成熟。

山水画采取视点运动的鸟瞰画法，即“散点透视”，类似电影镜头。这种鸟瞰动态连续风景画构图，与园林布局关系密切，园林是空间与时间的综合艺术，从设计原则到造园手法与山水画基本一致。

文人画画面的安排，十分讲究构图层次。园林的空间构图也讲究深远而有层次。反映在布局上，就是成功地运用因借、障景、观景、对景、点景等手法。

对景在园林中起联结作用，位于园林轴线及风景视线的端点。如拙政园“枇杷园”云墙上的砖砌圆洞门与“嘉实亭”、“雪香云蔚亭”三者同处在一条视线上，并通过圆洞门联系前后佳景而构成了极为成功的隐蔽对景，使“枇杷园”与园中其他景象组群之间紧密联系在一起。我国古代艺术强调“虚、白”的意蕴，白粉墙即如绘画之“留虚”。园林中的“峭壁山”甚为典型，“以粉壁为纸，以石为绘也。理者相石皴纹，仿古人笔意，植黄山松柏、古梅、美竹，收之园窗，宛然镜游也”①。如网师园“琴室”的峭壁山，山下竹丛摇曳，俨如竹石图。园中池东靠住宅一面是一壁高高的白粉墙，墙下池边叠置假山，墙上爬着紫藤、薜荔等藤类植物，从“月到风来亭”往东看，完全成了一幅立体的狮形山石图。在苏州园林中有许多以名嘉木为主景的景点，观赏建筑多坐北朝南，花嘉木在其南面，后即白粉墙，于冬春秋赏花，可清楚地看到由阴面白色粉墙衬托出来的花影，姿态优美，光彩艳丽。如拙政园“十八曼陀罗花馆”南面天井中，靠南白粉墙种有十八株山茶花，花有粉红、深红、白色，花期仍很绚烂。还配置两株白皮松，东角有假山一座，构成一横幅由松、山茶、假山组成的实物的立体画面。

谢赫《古画品录》中谈到绘画六法，同样适用于我国园林艺术创作中的布局、构图、表现手法等，因此也可以理解，为什么我国最重要的造园理论著作《园冶》和《长物志》都出于画家之手，在某种意义上可以说，造园论就是画论。如经营位置为绘画六法之一，讲究主次分明、远近得体、构图规律、疏密、参差、藏露、虚实、呼应、繁简、明暗、曲直、层次及宾主等关系，正是造园的理论根据。如画家画远山则无脚，远树无根，远舟见帆而不见船身，这种繁简方法也是造园之理，见其片断，不逞全形。扬州珍园的“不系舟”所处地面狭小，实际上只是沿墙构筑了个船头，船头伸出墙外，墙面上方堆嵌了山石，使人觉得船舫刚刚驶出山谷，颇得画理。苏州退思园的“闹红一舸”与此异曲同工：石舫见头不见尾，半浸碧水，舫由湖石托出，水流漩越湖石孔穴，

① 明计成：《园冶·峭壁山》。

潺潺有声，彷两侧的湖石，又仿佛船行时激起的浪花，既有动感，又有声感，可谓形神皆备。笪重光《画筌》曰：“山实，虚之以烟霭；山虚，实之以亭台。”刘熙载也说：“虚实相生，无画处皆成妙境。”① 中国画讲究“三远”透视法，宋郭熙《林泉高致》云“山有三远：自山下而仰山巅，谓之高远；自山前而窥山后，谓之深远；自近山而望远山，谓之平远；高远之势突兀；深远之境重叠；平远之意冲融而缥缥缈缈。”如拙政园中部，在远香堂前平台上看水中三岛，恰似一幅平远山水画卷。“雪香云蔚”岛与东岛以石板桥相连，桥下溪水缓缓流淌，依山环绕而沟通南北，往远处看，水面愈显开阔，产生高远山水之感。园林建筑，是“常倚曲阑贪看水，不安四壁怕遮山”，俗则屏之，嘉者收之，使园中每个观赏点，犹如一幅幅连续而不同的画面，深远而有层次。

园林对地形地貌的处理，是自然山水风景的艺术概括，画论亦然。如《绘宗十二忌·四曰水无源流》云：“画泉必于山峡中流出，须上有山数重，则其源高远。”

《画筌析览·论水第二》：“山脉之通，按其水境；水道之达，理其山形”、“长泉莫直，直泉莫连；短泉少曲，曲泉少掩。名泉勿单，隐泉勿歧。小泉不妨石碍，大泉少使流壅。平泉忌在直冲，叠泉贵乎气贯”。

《颐园论画》云：“瀑布水有三等：自山上直下，方谓之瀑布……由山之幽壑曲折而出，谓之流泉，必须曲曲弯弯，似断仍连，似连而断，气脉贯通。”

园林组景中对植物配置、山石掩映、水桥廊榭、亭台楼阁等的处置，乃是遵循山水画论的构图落幅原则：山颠植大树虚其根部，得倪瓒飘逸画意，山颠山麓树木皆出丛竹或灌木之上，山石并攀以藤萝，使望去有深郁之感，得沈周沉郁之风②。网师园殿春簃小轩三间，复带书房，竹、石、梅、蕉隐于窗后，每当微阳淡淡地照着，宛如一幅浅色的画图（图3－23）。

图3－23　殿春簃蕉窗（网师园）

写意山水园林更是脱胎于山水画。“写意”作为一种绘画技法，本是相对于“工笔”而言的，指用简练、潇洒、奔放的笔墨，描绘物象的主要特征，借以抒情写志，取得形神兼备、意境深远的艺术效果。诸如“意在笔先”、“默契神会、得意忘象”、“以一点墨，摄山河大地”等画理之精髓，与“片山多致，寸石生情”、“一峰则太华千寻，一勺则江湖万里”③ 等构园理论完全重合。

---

① 清刘熙载：《艺概》。
② 参陈从周：《中国园林》，广东旅游出版社1996年版67页。
③ 明文震亨：《长物志·水石》，第102页。

宋郭熙《林泉高致》云："山以水为血脉，以草木为毛发，以烟云为神采。故山得水而活，得草木而华，得烟云而秀美。水以山为面，亭榭为眉目，以渔钓为精神，故水得山而媚，得亭榭而明快，得渔钓而旷落。此山水之布置也。"如苏州园林的"经营位置、空间构图"等山水布局都悉符此理。园林中大多以水为中心，山或在水际，或在门口，或置水中，亭榭面水而筑，或掩隐于花木之中，皆一任自然式布局：山不同形、树不成列，水聚散不拘，随形高下。注重横直的线条对比、仰俯的形势对比、轻灵厚重的体量对比，并注意了光线的明暗、位置的高低、物体的大小、境域的宽窄、环境的动静、色彩的浓淡等。

根据画理叠山，在第二章中已经提到，今存假山精品都是经画家与叠山巧匠合作而成的，扬州新城花园巷有一"片石山房"，二厅之后，湫以方池，池上有太湖石山子一座，高五、六丈，甚奇峭，相传为清初著名画家石涛和尚手笔。石涛提出"皴有是名，峰亦有是形"，皴本是中国画中根据各种山石的形质提炼概括出来的一种用笔墨表现阴阳脉理的特殊线型技法，石涛所说的皴法，

图 3－24　片石山房

已不单纯只是一种笔墨技巧，而是根据表现对象即山石的不同形质，有不同的皴法。他精心选石，再根据石块的大小、石纹的横直，分别组合模拟成真山形状，运用"峰与皴合、皴自峰生"的画论指导叠山，叠成"一峰突起，连冈断堑，变幻顷刻，似续不续"① 形态，这座石山被誉为石涛叠山的"人间孤本"。据有关专家考证，石涛的《醉吟图轴》中所画主峰，与片石山房假山颇为相似；很可能是他为叠山所画的粉本②。重修时也如此（图 3－24）。

我们可以从不同的角度品赏假山的"画意"。如留园楠木厅前的假山，灵巧自然，洞壑东西通达，西洞边石径盘曲，直上西楼，山上花木藤蔓点缀得宜，画意横生，那是 40 余年前重修时画家与叠山师商量而成的作品。网师园"云岗"假山，再现的意境是高崖巨石所形成的断岩地貌和山色相映的景色，故全用黄石叠置，借鉴的是国画中云岗山体的趣味，将黄石块体水平岩层依断层岩体层状结构的节理，运用"岩横为迭"手法横向展开，竖向升高，凹凸起伏，并按画论"腹虚而无翼"，筑成外轮廓横阔竖直的

---

① 见清石涛：《苦瓜小景》。

② 参刘天华：《画境文心》。

巨大岩体，山巅采用平直层状结构，古朴自然。从竹外一枝轩空廊静观，似具有云岗山崖景趣的盆景，如一帧平远山水画轴。

《园冶·园说》云："岩峦堆劈石，参差半壁大痴。"叠山及峰石，与绘画一样，山水画皴法中有"大斧劈"、"小斧劈"等皴法，堆斧劈形之石壁，往往用"元四家"之一的黄公望的皴法。黄公望，又号大痴道人，所画千丘万壑，愈出愈奇，重峦叠嶂，越深越妙。所作水墨，皴纹极少，笔意简远。也常用王蒙皴法，王蒙，元四家之一，隐居黄鹤山，因号黄鹤山樵。用墨得巨然法，用笔亦从郭熙卷云皴中化出，纵逸多姿。明江苏丹徒张凤翼的乐志园，有许晋安选石堆叠的假山，侧岭横峰，径渡参差，洞穴窈窕；水池东岸，仿黄公望皴法作峭壁，上下数丈，狰狞崛兀，似鬼搏人。拙政园兰雪堂前的观赏石峰"缀云峰"，原为明代画家、叠山高手陈似云用大小不等的湖石叠成，自下而上，逐渐硕大，其巅尤壮伟，其状如云。1943 年突然倒圮，1959 年，能书善画的汪星伯指导假山工人恢复现状，峰顶用黄鹤山樵（王蒙）云头皴法，缀成峥嵘一朵。

以白粉墙当纸，墙下点缀湖石花木，并于粉墙上镶嵌题匾，如此组成的一幅山石花木图，更是妙不可言。如留园"古木交柯"南墙，白墙高耸，粉墙上嵌有"古木交柯"四字，墙下原有古柏一株、冬青一棵，交柯连理，依墙筑花坛一个。一墙、一坛、二树、一匾，却是一幅极妙的写意画，匾上四字正似画上的题识。这里，白粉墙已为画底，消失在"古木交柯"的意境之中了。留园的"花步小筑"（图 3－25）、拙政园的"海棠春坞"均有异曲同工之妙。

图 3－25　花步小筑（留园）

画理讲究静远、曲深。清恽格《瓯相馆画跋》说：

> 意贵乎远，不静不远也；境贵乎深，不曲不深也。一勺水，亦有曲处；一片石，亦有深处。绝俗故远，天游极静。古人云："咫尺之内，便觉万里之遥。"其意安在？

造园亦追求营造幽趣、静趣。"竹径通幽处，禅房花木深"[①]，这是寺庙园林的曲幽

① 唐常建：《题破山寺后禅院》。

布局；“明月松间照，清泉石上流”[1]，这是文人园的清趣、静趣；颐和园后园水流曲折蜿蜒，两岸浓荫蔽天，鸟鸣高树，这是皇家园林的静远曲深；清陈氏安澜园，占地百亩，“重楼复阁，夹道回廊；池甚广，桥作六曲形，石满藤萝，凿痕全掩；古木千章，有参天之势力；鸟啼花落，如入深山”[2]，这是大型私家园林的静幽之景。园林营造的“静、远、曲、深”之景，也是文人追求的澹泊宁静心态的物化，能让人感受到“风生林樾，境入羲皇。幽人即韵于松寮；逸士弹琴于篁里”的园林逸韵雅趣。

园林的设计者追求的是举目入画。有的建筑构件如画，窗为桃形、扇形、心形、卍形及海棠、梅花等，门为月牙形、古瓶形、葫芦形等，小径铺成人字形、波纹形、回纹、鹿、鹤、莲、金鱼等花纹，水池中，不仅有天光云影徘徊，水面上还点缀品种各异的荷花，水中穿梭着金鱼及各色鲤鱼。就是阶砌旁边栽几丛书带草，墙上蔓延着爬山虎或蔷薇木香、几竿修竹或一棵芭蕉、盘曲嶙峋的藤萝枝干等都无不是一幅幅好画。高低树俯仰生姿、落叶树与常绿树相间，这种种都成为画家们的无上粉本。园中爬山廊上各式洞门花窗，犹如画廊，令人目不暇接（图3－26）。

图3－26　爬山廊犹如画廊（沧浪亭）

三、“南北宗”的国画与中国南北园林

明代书画艺术家董其昌在《画禅室随笔》中把山水画分成“南宗”和“北宗”，他说：

> 禅家有南北二宗，唐时始分。画之南北二宗，亦唐时分也；但其人非南北耳。北宗则李思训父子着色山水，流传而为宋之赵幹、赵伯驹、伯骕、以至马、夏辈。南宗王摩诘始用渲淡，一变勾斫之法，其传为张璪、荆、关、董、巨、郭忠恕、米家父子，以至元之四大家……要之，摩诘所谓云峰石迹，迥出天机，笔意纵横，参乎造化……

南宗指王维开创的写意水墨山水一派，基本可以代表文人画、水墨写意画，强调书卷

---

① 唐王维：《山居秋暝》。

② 清沈复：《浮生六记·浪游记快》。

气、气韵神思、意境和画家天赋灵感等。南方从蚩尤开始，以荆楚、吴越、巴蜀为主的道家文化优势比较明显，他们偏重于虚幻想像，具有浪漫感性思维占优势之特点；北宗指以唐代李思训父子开创的金碧山水画风。代表画工画、院画，工笔重彩，偏重匠气、实境、形似和画家工力。北方上溯到炎黄，以中原、齐鲁、秦晋为主的儒家文化优势较明显，他们偏重于面对现实，具有经验理性思维占优势的特点。南北界线大体以淮河为界，形成南秀北雄、南虚北实、南轻北重、南淡北浓、南雅北俗等区别，这种区别，随处可见。

中国的造园艺术家受南北宗绘画理论的影响，基本上代表了南北园林的风格。南方以江南私家园林为代表，北方以皇家园林为代表。皇家园林向江南私家园林学习，在某种程度上得到了南北的融合，但在园林色彩上的区别依然显而易见。

园林色彩主要指建筑色彩、植物色彩两种。“随类赋形”是绘画六法之一，讲究秾纤得中、灵气惝恍。以苏州私家园林为代表的江南园林敷彩，崇尚古雅平淡。被尊为“南宗”画之祖的王维始以水墨作画，“藏文章，散五彩”，将五彩的世界，纯以水墨出之，明暗浓淡，点染成画，别有一种洒落之趣。王维的画注重的是内在精神世界的玄妙变化，专以适性写意为主，旨在表现自然的、出世的、虚无的、个人的、优游林泉的精神，所以，满纸烟云，不过是作者心灵之外化，所以画面上屏去了外在世界的五光十色，这和王维淡泊高古的诗风是一致的。自此，创清秀雅淡一派画风，有别于李思训父子金碧重彩的青绿山水。文人画抒情写意的性格决定了它的色彩运用偏于混茫、明静的偏冷色调，因为水墨淡彩才能使丰富的心灵内容获得它真正的生动表现。“淡是无涯色有涯”，雅淡的色彩符合文人士大夫们的审美要求。苏州园林的色彩以水墨淡彩为宗。古代画家把用色得当和表现出的美好境界称为“浑化”，要求在画面上看不到人为的色彩涂痕。这与苏州园林建筑、绿化、山水等色彩处理上要求清淡雅致是一脉相承的。植物色彩斑斓缤纷，加上季相影响，越发丰富多彩，给人以空间及时间的美感。但园林植物主要渲染环境、烘托主景、创造气氛的，所以，它的基调以白、蓝、紫或墨绿色等给人以凝重寒冷之感的冷色调为主，不大采用赤橙黄等给人以温暖热烈之感的暖色调。园中植物以长绿者多于落叶者，如四季常青的翠竹、苍松、绿水等，满目绿色，给人以一种真正的满足。绿色平静安定，不向任何方向移动，没有相当于诸如欢乐、悲哀或热情的感染力。江南私家园林创造的是恬静幽雅的生活环境，以表达缥缈的意境和清朗、明净、闲适的心境，当然以常绿色彩最为相宜。

江南私家园林建筑色彩更能体现因地制宜、顺应自然的特点，为了适应南方夏季炎热的特点，建筑色彩取冷色，屋顶多用灰黑色的砖瓦，墙面用白色。门厅、廊柱上略施色彩，梁枋、木柱与门窗多用黑色、栗色或本色木面，大多用广漆油漆，有些室内墙壁下半截铺水磨方砖，淡灰色和白色相衬。家具陈设品均以枣红、黑、栗壳等三色为主要色调。粉墙瓦檐等黑白色调，显得恬静自然，古色古香，幽雅清新。从色彩学来说，彩色较黑白更为真实，让你停留在此时此地而已，而不能给人以更深刻、更抽象的形象。上述颜色与绿色的草木石池配合，素净淡雅，协调统一，给人以安静闲适的感觉。而雅洁淡彩，正是美学上的高度境界。且这种色彩，“其佳处是与整个园林的轻巧外观，灰白的江南天色，秀茂的花木，玲珑的山石，柔媚的流水，都能相配合调和，予人的感觉是淡雅幽静”①。当然，苏州园林建筑色彩的特征，与封建社会严格的等级限制也不无关系。在封建社会里，建筑色彩的使用有着森严的等级差别，唐高宗时就“禁士庶不得以赤黄为衣服杂饰”，明清时期更甚，不能有所悖逆。江南私家园林多为士大夫文人的私家园林，当然不可与皇家争气派，故虽在装饰选石、家具陈设上下了极大工夫，但在建筑色彩上仍以雅洁为归。实际上无色胜有色，无味胜有味，既能享受山林间的天籁真趣，又避免了色彩上的僭越之嫌，实在是恰到好处的。这种色彩和抒情风格，与绘画南宗的风格相吻合。

皇家宫苑建筑宏伟，装饰富丽堂皇，制作部件大多使用黄色琉璃瓦顶和朱红门墙。琉璃瓦色彩鲜明，有黄、蓝、红、紫、白、绿、黑等多种颜色，其中黄色最高贵，只有与帝王有关的建筑或皇帝特准的建筑才能使用。明清时的帝王宫殿多饰金，含金量根据等级高低来决定，最高等的图案是金龙、金凤、和玺，故皇家园林是“台榭参差金碧里，烟霞舒卷画图中”，金殿玉宇，雍容华贵，体现出宫廷气势和皇家气派。如颐和园，排云殿、佛香阁建筑群，一律是金黄色琉璃瓦顶，在昆明湖碧波蓝天和苍郁的万寿山映衬下，显得格外金碧辉煌。北海的五彩琉璃九龙壁，绿色琉璃砖的须弥座砌在青白石台基上，壁顶为黄琉璃瓦，壁身两面各有九条龙，两个侧面一个为旭日东升，一个为明月高挂的浮雕图案，飞脊、垂脊、筒瓦脊、陇垂及斗栱下面都是龙，一共有大小龙 635 条，条条造型生动、立体感强、金碧辉煌。皇家园林多雕镂精美的牌楼，北海有 10 座之多，颐和园东门外木牌楼上刻有金龙 176 条，金凤 36 只，垂兽、吞脊兽、结兽、走兽 100 个，色彩全是金灿灿的。寺庙园林如受到皇帝垂青，房顶也可以用黄琉璃瓦，如雍和宫因为乾隆的厚爱，全部换成黄色琉璃瓦顶，带有些皇家气派。圆明园“蓬岛瑶台”一景，也是仿自李思训的山水画意设计的。

颐和园的“云辉玉宇”牌楼（图 3－27）和南浔小莲庄御赐的刘氏宗祠牌坊（图 3－28），一金碧辉煌，一青砖灰瓦，代表了南北园林两种色彩风格。

图 3－27　“云辉玉宇”牌楼（颐和园）

图 3－28　刘氏宗祠牌坊（小莲庄）

① 陈从周：《清雅风范——苏州园林鉴赏》。

【第四节】

中国书学与园林艺术

在中国古代，一为“文人”，大都皆善诗、书、画，许多名人像郑板桥一样，具有“三绝诗、书、画”的才艺。书法艺术最早进入的是寺庙名胜。秦始皇登泰山，令李斯刻石记功，成为我国小篆书法难得的珍品。魏晋时期，寺庙成为书家施展身手的广阔场所，名噪一时的书法家如钟繇、皇象、卫瓘、索靖、王羲之父子等均在寺庙园林中以庙碑或塔铭的形式留过真迹。南朝禁碑，书法才以帖的形式流传。北朝则全注意于石窟造像，书法以碑志塔铭、造像题记、幢柱刻经等形式流传，中国书法形成北碑南帖的局面。隋唐而下，书家为寺庙留书蔚为风气，数量大、品位高。宋代大盛帖学，风气为之一变，名书家大多不屑书经题碑，明清时期，一般书家更淡于题碑书经了。寺庙所留仅为诗题联书。“南帖”大多以“书条石”的形式镶嵌在私家园林中曲折长廊的粉墙上、厅堂壁面间，黑白辉映，作为美化墙壁的书条石。皇家园林收藏大量名家法帖，并镌刻于园中。历代名家墨宝，成为形象生动的中国书学史长廊。名人墨迹，不仅给园林增添了书香墨气，而且还可使书法爱好者从中看到中国书法的源流，领略美不胜收的笔情墨趣。园林书学是中国园林艺术的重要组成部分。

一、中国园林中的名家墨宝

寺庙园林和书院园林、纪念性历史名人的祠堂等园林中书法墨宝以匾书、楹书、碑铭、摩刻、卷轴条幅等形式流传。秦汉以后，名碑迭出，汉代名碑有：《乙瑛碑》又名《孔庙置守庙百石杂史碑》、《礼器碑》，又名《韩勑造孔庙礼器碑》、《西岳华山庙碑》、《史晨碑》、《苍颉庙碑题铭》等。北朝以《龙门二十品》与山西耀县药王山北朝造像题记最为珍贵。隋唐时期，数量更多，如无名氏的《龙藏寺碑》、丁道护的《启法寺碑》、虞世南的《孔子庙堂碑》、欧阳询的《化度寺邕禅师舍利塔铭》和《九成宫醴泉铭》、欧阳通《道因法师碑》、褚遂良《孟法师碑》和《雁塔圣教序》、薛稷《信行禅师碑》、魏栖梧《善才寺碑》、李邕《岳麓寺碑》、颜真卿《多宝塔感应碑》、柳公权《大达法师玄秘塔碑》、李阳冰《城隍庙碑》等，均为书法名碑，后世奉为楷模。今人可从各寺庙园林中领略其风采。

洛阳白马寺有唐代经幢、元代碑刻，山西晋祠贞观宝翰亭中有唐太宗撰写的晋祠之铭并序，西安大雁塔南门两侧砖龛内，嵌有褚遂良《大唐三藏圣教序》和《述三藏圣教序记》二碑，龙门石窟有魏碑法式之一的《龙门二十品》及题记和其他碑刻3680种。

西安碑林藏有汉魏、隋唐、宋、元、明、清各代碑志2300余件。有汉《曹全碑》、《熹平石经》残石，晋《司马残碑》，唐玄宗亲笔用隶书写成的《石台孝经》、唐刻《开成石经》等十三经，是我国现存最完整的经籍石刻。碑刻多出于历代知名书法家之手，如颜真卿《颜氏家庙碑》、柳公权的《唐大达法师玄秘塔碑》、释怀仁集王右军书《大唐三藏圣教序》欧阳通《道因法师碑》、李阳冰篆书《三坟记》、怀素草书《千字文》和《圣母帖》等，均为书法瑰宝。

图3－29 岳飞手书（寒山寺）

寒山寺俞樾手书诗碑墨拓早已东渡扶桑，宋抗金名将岳飞手书真迹：“三声马蹀阏氏血，五伐旗枭克汗头”（图3－29），“文章华国，诗礼传家”名闻遐迩，另有宋代著名书法家张樗寮所书38块《金刚般若波罗密经》，也为传世珍品。另有邓石如书联等。

各地孔庙内都有碑刻，山东曲阜孔庙碑刻上自两汉、下迄民国，真草隶篆等书体皆备，共有2000余块。

“三苏祠”纪念的是宋代苏荀、苏轼和苏辙父子，“一门父子三词客，千古文章四大家”，碑亭内竖有古碑数十通，有苏轼亲笔写的《马券碑》、《乳母碑》、《柳州碑》等，不仅具有书法价值，而且具有人文价值。

私家园林均有所谓翰墨林，以壁悬晋唐墨迹为尚。园主不仅效法书画家米芾、倪云林建楼筑斋珍藏之，而且热衷于在园中用书条石的形式摹刻在粉墙上，成为园林艺术中重要特征之一，也是中国园林的一大景观。书条石又称“诗条石”，一般采用条形青石制作，上面镌刻着园主收藏的名家书法法帖，或文章、书信、诗词、图画等，大都镶嵌在园林廊壁上，与园中的匾额、楹联、摩崖、砖刻、碑刻等共同营造出氤氲的“书卷气”，使书法艺术与建筑、文学等艺术浑然融合，给人以高品位的文化享受。

苏州园林是书法艺术与其他艺术门类结合得最完美的典范。园林的碑刻和书条石质量高、数量多、内涵极为丰富，包括我国自晋及清的名人书贴，展示了篆隶行楷等书法字体的美的历程。

书条石以留园、怡园和狮子林最为丰富。有“留园法帖”、“怡园法帖”之专称。

留园现存书条石370多方，包括自书法南派开山祖三国魏人钟繇始，至晋、唐、宋、元、明、清各时期的“南派帖学”诸家100多人的作品，翻刻自《淳化阁帖》、《仁聚堂法帖》、《一经堂藏帖》、明董刻《二王法帖》等，成为“南帖”的集大成者，被誉为“帖学”的百科全书。留园的四个景区以曲廊作为联系脉络，廊长700多米。循长廊至中部的西南景区，沿壁嵌有书法石刻95块。“二王”151帖，58石，卷首第一帖为《破羌帖》，又名《王略帖》，被赞为“天下法书第一”，收自米芾宝晋斋法帖。“闻木樨香轩”北面游廊，有王羲之《鹅群帖》71块、王献之的《鸭头丸帖》、《地黄汤帖》等，颇为壮观，足可饱人眼福。“曲溪楼”下东边的廊壁上，分布着唐褚遂良、欧阳询、虞世南、薛稷、颜真卿、李邕、杨凝式以及张旭、怀素、孙思邈、李怀琳、狄仁杰、毕缄、陆柬之、韩择木等人的法书。如褚遂良的《随清娱墓志》、虞世南的《孔子庙堂碑》、《汝南公主墓志铭》、颜真卿的《送刘太冲叙》、李邕的《唐少林寺戒坛铭有序》；“留园法帖”中，还保存了“宋四家”及韩琦、范仲淹、欧阳修等近80家的法书。在“还我读书处”有95块宋贤56种；爬山廊北头“墨宝”处的“宋四家”中，有苏东坡《赤壁赋》，其字壮严稳健、意气风发；蔡襄的《衔则》，其字潇洒俊美、超然遗俗；米芾为蔡襄《衔则》写的跋，其字沉着飞翥、骨肉得中；黄庭坚为范仲淹《道服赞》写的跋，其字清劲雅脱、古淡超群。另有米芾行楷书旧刻四种、“宋名贤十家帖”等。

怡园主人的“过云楼”珍藏名闻江南的《过云楼集帖》，“怡园法帖”就是当年园主顾文彬父子从过云楼收藏的50多种历代名人书法中精选出来的精品，刻成书条石95方。其中有王羲之、怀素、米芾等名家墨迹。相传王羲之《兰亭集序》墨迹已为唐太宗殉葬。宋代的贾似道得到与真迹无二的用纸蒙在墨迹上的摹本，由工匠王用和花了一年半时间精心镌刻在玉枕上，从而保存了王羲之真迹。今嵌于怡园“四时潇洒亭”墙壁的玉枕《兰亭集序》石刻，就是根据宋拓本钩摹复刻的。前人有诗赞曰：

翰墨风流冠古今，鹅池谁不赏山阴；
此书虽向昭陵朽，刻石犹能值千金。

怡园“玉延亭”中有董其昌的一幅草书石刻对联：“静坐看众妙，清谭适我情。”可以看出董大字草书那种“龙蛇云扬，飞动指腕间”的笔意和境界。怡园有明文徵明《苍山十咏》、《南山十咏》、《前山十咏》等诗帖，褚遂良《千字文》、明末被魏忠贤迫害的东林党人五君子手札等。

狮子林《听雨楼藏帖》书条石刻67方，“听雨楼”是清周於礼之号，藏帖乃周氏汇刻，据《听雨楼帖始末》记载：“周……取所藏唐宋元人真迹，钩模入石……其搜择之精、摹勒之善，足与同时千墨庵、寒碧庄诸帖同为艺术宝爱。”藏帖的第一方为近代书法名家吴昌硕78岁时所书。其他有唐褚遂良的行书《枯树赋》、颜真卿的《述张长史笔法十二意》、宋苏轼的行草和小楷《九成台铭》、《游芙蓉城诗》、米芾的《虹县诗》、《研山铭》、黄庭坚《伏波神祠诗》、蔡襄的《谢赐御书诗表》等。园中还有“文天祥诗碑亭”，镌刻文天祥狂草手迹《梅花诗》：

静虚群动息，身雅一心清。
春色凭谁记，梅花插座瓶。

拙政园今有32方书条石。有宝贵的历史资料：文徵明《王氏拙政园记》附张履谦《补园记》、沈德潜《复园记》；有书法珍品：西部水廊有孙过庭草书《书谱》17块，“过庭草书《书谱》，甚有右军法”①。文徵明80岁时写的《千字文》蝇头小楷，笔势玄灵飞动，与孙帖均为珍稀墨宝；有历史名人石刻像：《沈石田像》和《文待诏像》。

沧浪亭一园有碑刻700余方；虎丘亦有250余方，其中五代1方、宋代34方、元代64方、清代156方；

清代书法家们在苏州园林中的墨宝最为丰富，上自康熙、乾隆皇帝，下至乡贤名士达50多人。他们的墨迹，除了摹之书条石外，大量的被作为匾对砖额留于园中。如王文治、刘墉、何绍基、俞曲园、赵之谦、郑板桥、翁方纲、梁同书、杨岘、张廷济、潘奕隽、钱大昕、杨沂孙、吴大澂、陆润庠、吴荫培乃至著名书画家陈老莲、陈鸿寿、诗人朱彝尊、政治家康有为、翁同龢及吴昌硕、汪东等，他们的墨迹，览者随处都可欣赏。

当代书法家，诸如沈尹默、林散之、王个簃、顾廷龙、蒋吟秋、沙曼翁、吴进贤、瓦翁、崔护、程可达、郑定忠等及书画名家张辛稼等人的书法墨宝也各以其独特的风姿展示在园中。

其他园林亦有多少不等的名家墨宝。河北保定莲池园的碑廊，有碑刻82方，其中《淳化阁帖》碑，有晋王羲之、唐怀素、颜真卿、宋米芾、明王阳明、董其昌等书法大师的杰作。宁波天一阁凝辉堂内陈列明代上石的神龙本《兰亭序》、文徵明小楷《薛文时甫墓志铭》等珍稀帖石，园东碑廊内，收藏历代碑石173通，号称明州碑林。始建于1911年的上海青浦县朱家角的课植园，也有20米长的碑廊，廊内汇集了明代江南四大才子中的唐伯虎、祝枝山、文徵明以及周大球的真迹碑刻。

图3－30 阅古楼“三希堂”（北海）

乾隆在故宫有专用来珍藏历代书法真迹的“三希堂”（图3－30）。

① 宋米芾：《书史》。

《养古斋丛录》卷十七载："三希堂者，乾隆时以右军（王羲之）《快雪时晴帖》、大令（王献之）《中秋帖》、王珣《伯远帖》墨迹，皆希世珍也，藏之而名堂曰三希，读御制《三希堂记》，则又兼取希贤、希圣、希天之意……乾隆间《三希堂帖》三十二卷八函，以大内所藏晋、魏至元明名人真迹，钩勒8石，嵌置琼华岛西麓之阅古楼壁间。续刻者，在惠山园（即颐和园内的"谐趣园"）之墨妙轩，自唐褚遂良始。"

二、园林墨宝的文化美学意义

中国古典园林墨宝丰富多彩，书体千姿百态，今人可以观摩、欣赏，涵咏、寻味其中的文化美学韵味。

汉文字是由点、横、竖、撇、捺等多种笔画，按照美的规律不断创造和改进的产物，我国最早成熟的文字是产生于殷代后期的甲骨文。笔画瘦劲，结构匀称而富于变化，已经具有对称、均衡、节奏、韵律、秩序、和谐等书法艺术具备的形式美，因而可以说，在世界各国的文字中，汉字为最接近美术的。鲁迅在《汉文学史纲要》中指出了汉字具有三美之特性："意美以感心，一也；音美以感耳，二也；形美以感目，三也。"堪为至论。

书法也是一种点、线艺术，它作为形象艺术、抽象符号，是以富于变化的笔墨点划及其组合，从二度空间范围内反映事物的构造和运动规律所蕴含的美的艺术，本身具有审美价值。书法又是自然精神和人的精神的双重叠合，它同时反映了人的情感，诸如以"竖画"表现力度感、"横"表现劲健感、"撇画"表现潇洒感、"捺"表现舒展、"方画"表现坚毅感、"圆"表现流媚、"点画"表现"稳重"、"钩画"表现韧性感等。线条的运动节奏，形成"势"而表现为"骨力"；墨色的淋漓挥洒，蓄积着"韵"，表现出"气"，通过骨势气韵的流动变化，又写出了作者情感的波动节律、个性的阴阳刚柔、人格的刚正斜佞、理想的追求寄托、生活的进退浮沉等精神信息。西汉的扬雄说："言，心声也；书，心画也；声画形，君子小人见矣。"[①] 东汉蔡邕《九势》倡"书肇自然"说，以为构成书法艺术美的基础是"形"与"势"，故必须将人或自然的某种形态化入字体之中：

> 为书之体，须入其形，若坐若行，若飞若动，若往若来，若卧若起，若愁若喜，若虫食木叶，若利剑长戈，若强弓硬矢，若水火，若云雾，若日月。纵横有象者，方得谓之本矣[②]。

将笔画都看作有生命的个体，成为书法观物取象的著名论点，后世遂衍为书法艺术的人化审美评价。几千年来，中国人所创造出的各种各样多彩多姿的书法艺术，是人们的思维、性格、气质、品德、意志、情感、理想等精神因素的物化形态，集中了数不胜

① 汉杨雄：《扬子法言·问神》。
② 汉蔡邕：《笔论》。

数的中国古代知识分子的智慧，既反映了个人时代的遭际，也是民族性格气质的体现。一个时代的书法作品，反映了该时代的群体学识修养，是时代文化发展的体现，反映了不同社会时代的韵味风流：两周金文之遒朴、秦汉瓦当印鉴之拙朴、魏晋风度、隋唐法度、宋人之意、元人之态、明清之纷呈……

六朝书法神韵潇洒、气韵生动，特征是平和含蓄。重视对前人书写经验的继承和自己实践工夫的积累，强调探求事物之真，注意文字的美化和装饰效果、刻意求工、精雕细琢，而排斥情感表现，代表作者为三国魏人钟繇和东晋王羲之及第七子王献之，世称"钟王"。钟繇是书法南派的开山祖师。楷书，字体古雅。他是楷书第一大家，历代书法家都称其所书"高古纯朴，超妙入神"。钟书楷体用的是隶书的笔法篆书的结构，非规规楷划。被后人尊为"书圣"的王羲之，字逸少，官至右军将军，世称王右军。书法承钟繇风骨而自辟新境，为南派书体的创制者。王字超妙入神，刚健婀娜兼之。其楷书改钟繇翻笔为曲笔，字字如珠玉圆润，标志着楷书的成熟。他的《兰亭集序》，流美而静，风姿峻秀，世称"天下第一行书"，人们称它如"清风出袖，明月入怀"，"不激不厉而风规自远"，显出平和静穆之美。他的儿子王献之，字子敬，世称"小圣"，合称"二王"。他的风格笔意和乃父属同一类型，世称其书"墨彩飞动，英雄豪迈"。

古人云："晋人以风度相高，故其书如雅人胜士，潇洒蕴藉，折旋俯仰，容止姿态，自觉有出尘意。""二王"书法正是晋人书法的典范。

唐人从儒家伦理教化观出发，强调了书法的社会作用和伦理意义，书尚法，且以"楷法遒美"为选官条件之一，"体现了更多的社会与时代情感的类型化色彩"①。主题情感得不到充分展现。尽管有唐一代，书体由行草楷发展为行草、狂草，由初唐的娟秀，变为盛唐的肥壮，中唐的瘦劲，但都重法。涌现出一批书法大家。

初唐书坛都是宗王的，风流潇洒、工整流丽，遵循和谐、平衡、严谨、华丽的优美风格和美学传统。欧阳询的"欧体"，刚劲遒逸、笔法谨严；虞世南，早年学书于王羲之第七世孙智永，笔法秀润；褚遂良少年时学书虞世南，后直追王羲之，字体疏瘦劲练，三人都是学王书而稍有变化。盛唐颜真卿初从张旭处学得王派书法，后自创新体，世称"颜体"，祛净了虞褚等人书体的娟秀之习，加强了腕力，字体壮严端正，具有冠冕垂笏的庙堂气。晚唐柳公权创"柳体"，吸取了"欧体"的方和"颜体"的圆，成为方圆兼有的形体，结体险怪，骨力清劲。张旭和怀素为唐代草书之冠冕，他们是狂草派。张旭挥毫落纸如云烟、如流星，变动犹鬼神，不可端倪；怀素笔力精妙，飘逸自然。俩人笔势和气韵，具有一种阳刚之美，然草法仍不离王派规矩，狂而有法。唐时书论大都拘泥于法，要求书家在创作时"收视反听，绝虑凝神，心正气和"②，强调"四面平均、八边具备、短长合度、粗细折中"③。

---

① 卢辅圣、江宏：《历史重负与时代抉择》，载《书法研究》1987年第1期。

② 唐欧阳询：《传授法》。

③ 唐虞世南：《笔髓论》。

宋代，书法艺术得到高度重视，皇帝精于书法者多。南宋皇家园林中许多匾额为精于书法的宋理宗等人所书[①]。宋人尚意，书法一变晋唐面目，极力发掘和强调书法艺术的超功利性，具有很强的消遣、抒怀的表现功能。书作注重笔势，大多是侧取势、大小参差、出奇制胜的姿意之作，流露出强烈的情感和个性。苏轼自言“作字有至乐处”、“于静中自是一乐事”[②]、“凡物之可喜，足以悦人情者，莫若书与画”[③]，它使苏轼感到如饮了美酒一样可以消百忧。米芾更无意功名，将书画作为当作游戏和珍玩，“要之皆一戏，不当问工拙。意足我自足，放笔一戏空”[④]，强调了自娱，强调了主体情感意趣对外物客体的统摄和超越。黄庭坚把书法作为排遣苦闷、自我解脱的手段。苏东坡说：“我书意造本无法，点划信手烦推求。”黄庭坚强调观“韵”、米芾重“趣”，注重的是感性、灵气、尽兴的创造意识。同时，强调书法的字外功夫，书法表现出“学问”和“书卷”气[⑤]。宋“苏黄米蔡”四大家。苏东坡居首，他首先废弃晋唐人的“悬腕法”，把腕衬着纸写字，其字既有颜体之丰腴，又有“二王”之流畅秀劲。他学习古人书法不尚形似而重神韵，书法自然富有天趣，毫不造作。黄庭坚擅长草书，取法颜真卿及怀素、张旭，亦受杨凝式的影响，尤得力《瘗鹤铭》，但其笔意更多的地方是旨在表现他的个性，他创立了一种“中宫敛结，长笔四展”的风格，人称“辐射式”。清刘墉有绝句评苏黄书法：“苏黄佳气本天真，姑射丰姿不染尘。笔软墨丰皆入妙，无穷机轴出清新。”米芾以晋唐人墨迹为先路，受“二王”和褚遂良影响较深，然善于博采众长，自成一格。钱咏《论书》称“米书笔笔飞舞，笔笔调动，秀骨天然”。蔡襄，字君谟，擅长各种书体，蝌蚪篆籀、正隶飞白、行章颠草，靡不精妙。尤长于行，笔甚劲而姿媚有余，有龙飞凤舞之势。《宋史》本传推其为当世第一。“宋四家”之外，北宋诗人苏舜钦、南宋诗人陆游、名将岳飞、词人辛稼轩和政治家文天祥等人，虽不以书法名世，却都是书法大家。

元明清三代刻意回复晋人的注重神韵，三代均以“钟王”为师，重帖学，尚复古，也有突破的。

潘伯鹰在《中国书法简史》中说：“二王这一系统的笔法在宋朝受了挫，到元朝才又恢复。”元代最大家赵孟頫，笔划圆润秀丽，结构端正谨严，行书流利娟秀，别有一种妩媚之姿，是模仿“二王”一派的风韵又加以变化而成的，秀逸典雅，一反宋人尚意之风，力追晋唐法度。他的楷书与颜、柳、欧同列，号称中国“四大家”。

明书坛气氛虽比元代活跃，然“钟王”笔法仍占指导地位。明第一书家刘基，字伯温，取法王羲之七世孙智永和尚。明董其昌，号香光，书学赵孟頫，后自成一家。书风潇洒超逸、淡泊清雅，是追踪王派书系传统的最后一位大家。其书为清康熙帝酷爱，

① 宋周密：《武林旧事》卷四。
② 宋《苏轼题》卷四《与君谟论书》。
③ 宋《苏东坡集》前集卷三十三《宝绘堂记》。
④ 宋米芾：《书史》。
⑤ 参傅合远：《宋代书法美学思想的“尚意”特征》，见《文史哲》1993年1期。

曾风靡清代，名闻海外。明“吴门四才子”之一的文徵明，书法清丽古雅，集“二王”、欧、虞、褚、赵等名家之长，被称为唐开元以来无此笔者。“吴门四才子”之一的祝允明，五岁即能作径尺大字，学书宽广，真行草皆工，既有平和清逸之作，又有狂放颠逸之作。小楷精绝，直逼“钟王”，狂草承张旭、怀素、黄庭坚之笔意，名动海内。

清代书坛有四变：“康、雍之世，专仿香光（董其昌）；乾隆之代，竞讲子昂（赵孟頫）；率更（欧阳询）贵盛于嘉、道之间；北碑萌芽于咸、同之际。”① 从清初到中期的书法家，大多是写帖的：钱南园学颜体，王文治楷书学褚、草书学王，刘石庵则集帖学之大成。碑学兴起，突破了帖学的一统天下。何绍基探源隶篆，俞曲园以隶笔作楷书，吴大澂以秦篆参古籀，赵之谦以写碑受法，吴昌硕专工石鼓，郑板桥少工楷书、晚杂篆隶、间以画法，自称“六分半书”等。

书法艺术的笔墨线条、结构组合、章法布局，都积攒着丰富的思想感情、审美意识、形式美感以至意境韵味，它是无声之音、无形之象。林语堂在《中国人》中有这样一段耐人寻味的话：“通过书法，中国学者训练了自己各种美质的欣赏力，如线条上的刚劲、流畅、蕴藉、精微、迅捷、优雅、雄壮、粗犷、谨严或洒脱，形式上的和谐、匀称、对比、平衡、长短、紧密，有时甚至是懒散或参差之美。这样，书法艺术给美学欣赏提供了一整套术语，我们可以把这些术语所代表的观念看作中华民族美学观念的基础。”

欣赏观摩园林中历代名家书法真迹，犹泛舟于中国书学史的长河，流观书学美的历程。

三、园林墨宝的价值

中国古典园林中的大量墨迹，具有历史、文物和文学的价值。首先，它保留了丰富的历史文献。园林题刻保存了丰富的园林兴衰变迁的资料，是研究园林的重要原始材料。如拙政园，明文徵明有《王氏拙政园记》、明王心一《归田园居记》、清徐乾学《苏松常道新署记》、清沈德潜《兰雪堂图记》、《复园记》、李翰文《八旗奉直会馆四宪创建记》、陈涓隐《拙政园花木志》、范烟桥《拙政园志》、今苏州市地方志编委会和苏州市园林局又重修《拙政园志稿》、谢孝思撰《重修拙政园记》等不下 10 多种，刻石于园中，是内容翔实的拙政园兴衰史。其他园林亦复如此。苏州网师园，钱大昕的《网师园记》刻石嵌于“清能早达”大厅廊间；达桂的《网师园记》、程德全题《跋》、多禄竹山吟《网师园诗》等诗文刻石现皆嵌在网师园内蹈和馆北廊壁间；在网师园竹外一枝轩东廊壁和琴室西廊壁上，留有李鸿裔手书的诗文刻石 12 块。

园林碑刻、书条石上的历史文献，还提供了许多其他的珍贵史料。如《大秦景教流行中国碑》，碑下端和侧石，刻有叙利亚文，记述了千余年前基督教中的一派——景教

---

① 清康有为：《广艺舟双楫》。

由中亚传入我国的情况，是中西交通史的珍贵史料；唐代中尼合文的“陀罗尼经幢”，是我国人民和尼泊尔人民友好交往的历史见证；唐徐浩书《广智三藏碑》记载了印度僧人一生在中国的经历以及密宗传入日本的师承关系；唐《素谅妻马氏墓志》，用中文和巴科维文合刻，是当时中国人民与波斯人民友好相处的历史见证。

碑刻、书条石中保存了大量历史名人的形象或形象的生活图像。如拙政园中有沈周、文徵明肖像刻石、沧浪亭里的《文徵明石刻像》以及《沧浪亭五老图咏》、《七老图》等书条石。尤其是沧浪亭“五百名贤祠”，室内三面壁上嵌有125方书条石，镌刻594幅半身历史人物线刻石像，每幅人物肖像均注明朝代、职位及姓名，配以四句16字的简略赞词，以供后人景仰。他们是从春秋至清代大约2500年间同苏州历史有关的名人。名贤像或临自古册，或来自名贤后裔，有重要的文献价值。其跨越年代之长、罗列人物之多、镌刻之精，居清代石刻群像之首。

四川成都武侯祠中，有一“刘备殿”，两廊偏殿有关羽、张飞以及蜀汉文武将28人小石碑，每一小石碑上镌刻着本人传略，具有史料价值。

园林墨宝中有许多是优美的文学作品，如前面我们提到的园林中的文人品题，包括匾额、楹联、砖刻等本身就属于文学小品，具有文学价值。除此之外，刻在园中的大量园记，也是优美的文学作品，如苏州的“沧浪亭”，宋代苏舜钦的《沧浪亭记》和明代归有光的《沧浪亭记》都是文学名篇。书条石中有许多是诗歌和散文名篇，如留园书条石中有苏轼的《前赤壁赋》，那是文学史上脍炙人口的散文赋名篇，景、情、理三者交融为一，笔法挥洒自如，骈散相间，美不胜收。大量的园林诗文深化、拓展了园林意境。

历代著名的文学家写有大量的寺庙诗文，其中有许多名篇，以碑碣塔铭留存至今。苏州常熟的兴福寺里，有一块著名的“米碑亭”，亭壁嵌着宋著名书画艺术家米芾所书的唐诗人常建的名诗《题破山寺后禅院》：

清晨入古寺，初日照高林；
竹径通幽处，禅房花木深。
山光悦鸟性，潭影空人心；
万籁此俱寂，但余钟磬音。

这是以写静境载誉于时的常建最为传诵的名诗，二、三两联，以禅悦态度静观景物，写出妙察物趣所摄取之深微兴象。殷璠称此二联为“警策”，欧阳修最爱重“竹径”一联，以为不可及。第二联景融禅理，晴岚翠霭，群鸟欢悦适性，天光山色映照潭影，人们的心灵澄澈洁净。与禅机默契：有山则有光，鸟性自悦，岂须待悦于山光；波平云尽，人心自净，何必藉空于潭影。尾联写寺之玄寂，浑融无迹。脍炙人口的名诗、书画大师遒劲洒脱的书法、名匠精美的镌刻，相得益彰，号为“三绝”。

唐诗人张继于安史之乱后，避地吴中，写下了千古传诵的《枫桥夜泊》诗：

月落乌啼霜满天，江枫渔火对愁眠。
姑苏城外寒山寺，夜半钟声到客船。

描写江南水乡秋夜冷月映霜、寒鸦哀啼、江枫摇曳、渔火闪烁的景象，那万籁俱寂中徐徐传来的声声沉钟，与静谧中的旅人无际之愁绪，意境高绝，令人遐思。宋王珪始于嘉祐年间书张继诗刻石，久已经不存；明文徵明又重书刻石，嵌于寒山寺碑廊，因遭火毁，字迹漫漶；今存完整诗碑有二：晚清朴学大师俞樾书碑和当代书画大师刘海粟书碑。名诗、名碑、名寺，自此，寒山寺名闻遐迩，时至今日，寒山寺的钟声每年都吸引着中外特别是日本的无数客人。

寒山寺大殿两侧壁间，还嵌有唐诗僧寒山子诗歌36首和历代诗人题咏诗10余首，诸如唐韦应物《宿寒山寺》、张祜《枫桥》、皎然《闻钟》、张师中《游寒山寺》、程师孟《寒山寺》、《游枫桥偶成》、高启《赋得寒山寺送别》、《枫桥》、沈德潜《枫桥夜泊》二首等。

寺庙散文也颇多名篇，以唐宋为例：

唐王勃《益州绵竹县武都山净惠寺碑》，记述了四川绵竹武都山净惠寺毁于隋末兵乱和唐代重修的经过。文章用精美的文字描述了寺周之幽胜：

苍松蓄吹，临绝泾而疏寒；黛筱防烟，绕回疆而结荫。春岩橘柚，影入山堂；秋壑芙蓉，光浮水殿。亦有山童采葛，入丹窦而忘归；野老行花，向清溪而不返。山神献果，送出庵园；天女持花，来游净国。实窈冥之秘诀，托幽深之逸境。

文章一反庙碑文的程式，辞藻华丽而萧爽，用佛教典故贴切，切合佛寺，虽为骈体，但酣畅淋漓，音节和谐，别出心裁，不仅使净惠寺周围的清幽环境跃然纸上，而且优美的文字给人以无穷的美感。

唐韩愈的《柳州罗池庙碑》，为柳宗元庙撰写的碑文，文章打破了一般庙碑文呆板的体制，语言激情洋溢，既颂扬柳宗元政绩，又为其“贤而有文章，尝位于朝，光显矣，已而摈不用”的遭遇鸣不平。明茅坤赞之为可“追《九歌》”，清曾国藩称“此文情韵不匮，声调铿锵，乃文章第一妙境”①。宋文学家苏轼手书《迎送享神诗》，这样，留下了“韩诗苏字柳事”“三绝”之美谈。

《隋太平寺碑跋尾》，是欧阳修写在此碑后的评注，跋文写得苍劲古雅，为其他文体所罕见，而且还在文中高度评价了唐代古文运动的巨大成就：“芜秽荡平，嘉禾秀草争出，而葩华美实，灿然在目矣。”

① 均见高步瀛编：《唐宋文举要》引。

苏轼的《潮州韩文公庙碑》，为唐文学家韩愈庙所作的碑文，文章以议论为主，常以对偶排比句式加强文章气势，音韵优美，并带有浓厚的神话色彩，遒劲雄浑。写得“段段如有神助”[①]，“丰词瑰调，气焰光彩，非东坡不能如此，非韩文公不足当此，千古奇观也”[②]。宋黄庭坚《法安大师塔铭》，通过简练具体的记述刻画，把一个淡泊豁达、万事随缘的高僧形象突现纸上，成为一篇优秀的传记文学作品。云南姚安兴宝寺《兴宝寺德化铭》，全文采用骈体形式写成，议论纵横捭阖，喻理明快，叙事简洁轻灵，意境幽深。

各类园林中的这些丛帖碑刻、匾额楹联，成为园林景色的绝妙点缀，它们本身就具有文物鉴赏价值，爱好书法的，可以在此观赏揣摩；爱好文学者，可以在此欣赏玩味；研究园林史的，可以从中找到线索；研究历史人物形象、服饰的，可以找到具体的形象依据；搞艺术的也可以从中觅到灵感；校勘学家可以将其作为可靠的校勘副本等。单就园林中匾额楹联外在的艺术形式而言，就足可使人获得精神愉悦和美的享受，并对我们今天的装饰艺术也不无启迪。

匾、联的名称和样式具有文情美、意境美和古雅美。

“蕉叶联”（图3－31），制作成蕉叶状的对联，《闲情偶寄》云：“蕉叶题诗，韵事也；状蕉叶为联，其事更韵。”古有“蕉书”之韵事，据唐陆羽作《怀素传》载，唐书法家怀素，家贫无纸可书，常于故里种芭蕉万余，以供其挥洒[③]。

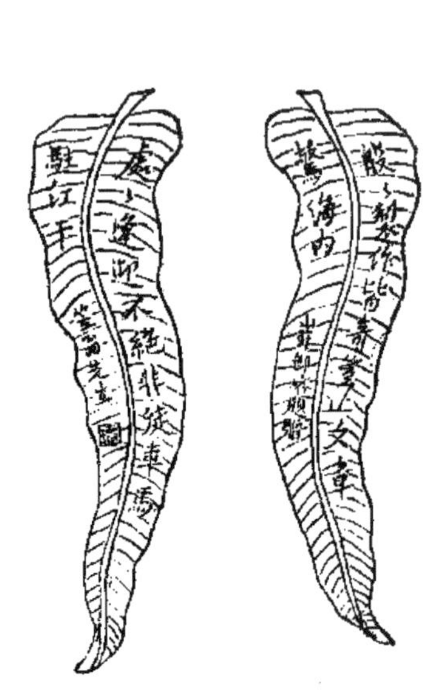

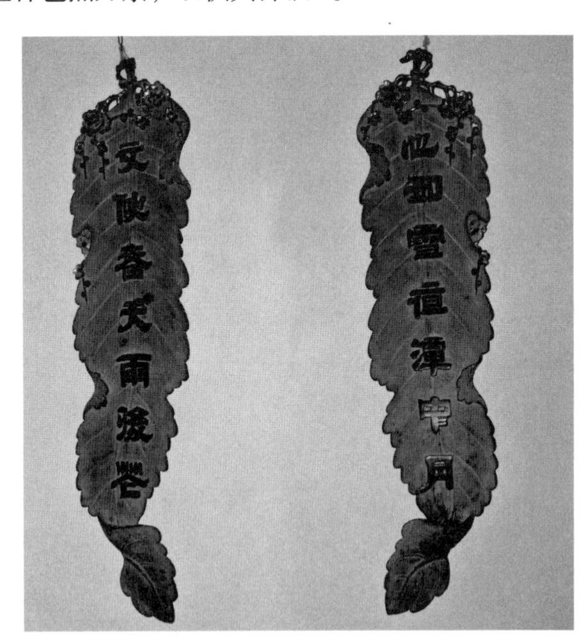

图3－31　蕉叶联

---

① 清金圣叹：《天下才子必读书》。

② 清吴楚林、吴调侯编选：《古文观止》评。

③ 见宋黄庭坚：《戏答史应之》诗之三：“更展芭蕉看学书。”任渊注引周越《法书苑》。

“秋叶匾”（图3－32），制成如秋叶状的匾额。《闲情偶寄》称：“御沟题红，千古佳事；取以制匾，亦觉有情。”取“红叶题诗”的典故，唐范摅《云溪友议》载：“卢渥舍人应举之岁，偶临御沟，见一红叶，命仆搴来，叶上乃有一绝句。置于巾箱，或呈于同志。及宣宗既省宫人，初下诏，许从百官司吏，独不许贡举人。渥后亦一任范阳，获其退宫人，睹红叶而吁嗟久之，曰：‘当时偶题随流，不谓郎君收藏巾箧。’验其书迹，无不讶焉。诗曰：‘流水何太急，深宫尽日闲。殷勤谢红叶，好去到人间。’”“秋叶”发红，遂与男女奇缘的情事联系起来。

“此君联”（图3－33），用竹片制成的楹联，用晋名士王子猷之典，《世说新语·任诞》载：“王子猷尝暂寄人空宅住，便令种竹。或问：‘暂住何烦尔？’王啸咏良久，直指竹曰：‘何可一日无此君！’”楹联与名士风流联系在一起，故李渔说：“以云乎雅，则未有雅于此者；以云乎俭，亦未有俭于此者。”①

图3－32　秋叶匾

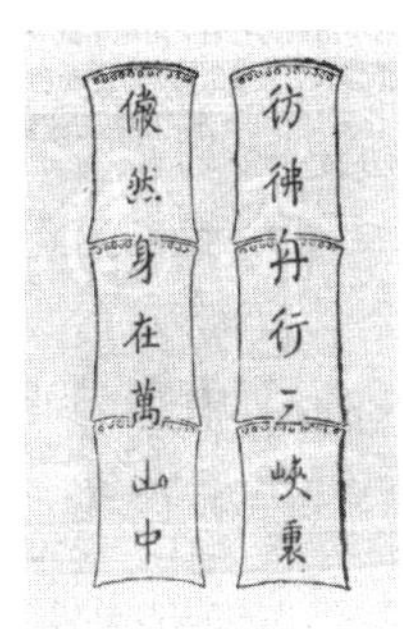

图3－33　此君联

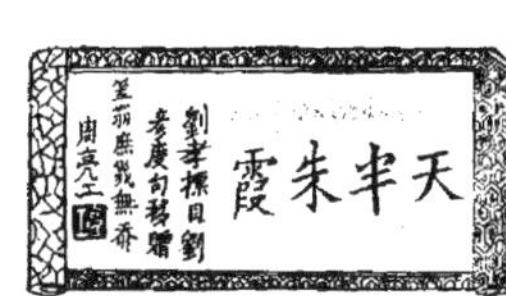

图3－34　虚白匾　图3－35　碑文额

图3－36　手卷额

图3－37　册页额

“虚白匾”（图3－34），即镂空字白而底黑的匾额，名称取的是《庄子·人间世》“虚室生白，吉祥止止”之意②，与虚静空明的境界联系起来，真有灵光满大千，半在小楼里的意韵。

形如碑帖的三字匾名“碑文额”（图3－35），或效石刻为之，白地黑字，或以木为之，地用黑漆，字填白粉。用在墙上开门处，“客之至者，未启双扉，先立漆书壁经之

① 清李渔：《闲情偶寄》卷四。

② 同①。

下，不待搴帷入室，已知为文士之庐矣。”①

制成书画手卷形式的“手卷额”（图3－36）及册页状的“册页额”（图3－37），更是如古书似图画，古雅可爱，耐人玩赏品味。

古琴式联也别有古雅韵味（图3－38），古琴是我国最古老的弹拨乐器之一，列“八音”之首。《太平御览》卷五百七十九引汉桓谭《新论》：“昔神农氏继宓牺而王天下，亦上观法于天，下取法于地，近取诸身，远取诸物，于是始削桐为琴，绳丝为弦，以通神明之德，合天地之和焉。”琴身为狭长形，木质音箱，面板外侧有十三徽。底板穿“龙池”、“凤沼”二孔，供出音之用。据载，琴依人身凤形而制，其长宽厚度、音槽、琴弦、镶嵌等皆合天地阴阳之数，常见的琴有伏羲式、神农式、师旷式、子期式、仲尼式、灵机式、响泉式、连珠式、落霞式、凤势式、伶官式、蕉叶式、列子式及鹤鸣秋月式等。琴既是禁止淫邪、端正人心的乐器，琴之有德，于是，古琴也成为君子修身养性、治家理国的工具。

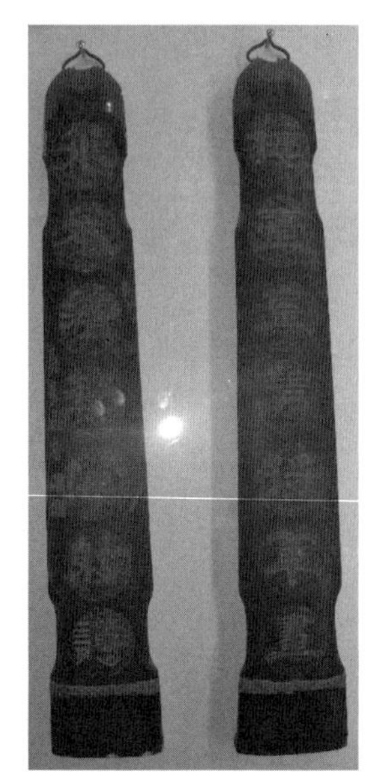

图3－38 古琴式

宋《营造法式》列有匾额两种，形如宋版书的牌记，古雅可人，染有书卷气（图3－39）。

总之，中国古典园林中的墨宝，使园林于自然美中更增添了人文美、历史美和艺术美，翰墨书香使园林显得格外古朴典雅。

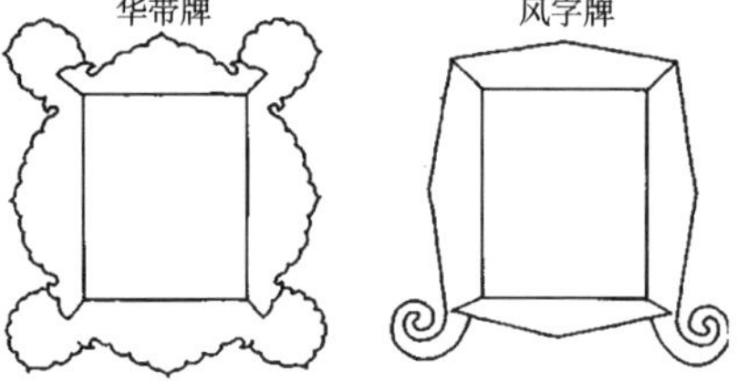

图3－39 《营造法式》两款匾额

小 结

中国古典园林，有山水诗的意境、山水画的美景，又是书法艺术的宝库，成为“活”的艺术、美的佳作。我国古代艺术，多滥觞于语言之声、文字之形，由此而孳乳为书法、为绘画，诗画在美学精神上的嫁接便胎育出文人画这个骄子。元开启了在意境及形态上融诗、画为一体，明文人画在形式上完成了诗、书、画、印大综合，艺术家的文化视野空前扩大。一生沉入笔砚的中国古代文人，自能从习字中体悟出艺术的韵律，林语堂称书法提供了中国人以基本的艺术韵律与美学原理②。

古代文人，本孔子“游于艺”的教诲，由此滥觞，琴、棋、书、画，无不作为一

① 清李渔：《闲情偶寄》卷四。

② 林语堂：《吾土吾民》。

种教育手段而为文人们所必修，在“游于艺”的同时去完成净化心灵的功业，这样，诗、书、画美学精神相融通，非兼能不足以称“文人”，儒道两家都着力于人的精神提升，一切技艺都可以借以为修习，兼能多艺成为文人传统者在世界上独一无二。诗、书、画对园林艺术的影响，或表现为“形”的摹绘，或表现为“神”的陶铸。中国古典园林成为诗画艺术载体，也就成为历史的和艺术的必然结果。

第四章 中国园林艺术风格论

黑格尔说："每种艺术作品都属于它的时代和它的民族，各有特殊的环境，依存于特定的历史和它的观念和目的。"① ［法］丹纳称："有一种'精神的'气候，就是风俗习惯与时代精神，和自然界的气候起着同样的作用。"② 中华民族在长期的历史发展过程中逐渐形成的社会心理和社会意识形态，包括人们的宇宙观、价值观念、审美情趣、思维方式等属于民族心态文化层面的种种特性，就是在中华民族特定的"精神气候"下形成的，它深刻地影响了中国园林的内容、形式、结构、体裁和艺术手法，从而形成了区别于世界上其他民族的中国园林的民族特质，展示了"天人合一"为内涵的文化传统、艺术型的思维方式、摆脱神学独断的生活信念和特有的人文精神。

【第一节】 "天人合一"的哲学命题与中国园林类型

丹纳指出："不管在复杂的还是简单的情形之下，总是环境，就是风俗习惯与时代精神，决定艺术品的种类；环境只接受同它一致的品种而淘汰其余的品种；环境用重重障碍和不断的攻击，阻止别的品种发展。"③ 在世界古典园林类型中，有意大利的台地园、法国的平地园、英国的牧园、日本的水石庭，中国则是以"可居可游"的自然山水园为基本类型。中国园林艺术创作的最高准则是"虽由人作，宛自天开"、"外师造化，中得心源"，即得自然之道，获得人之精英，生成艺术生命，从自然中感悟出生命真谛、宇宙隐语，自然因人的情思而包裹感性及生命，由此孕育并上升为容量极大、辐射力极广的审美意象。"文章是案头之山水，山水是地上之文章"④，"文人园是主观的意兴、心绪、技巧、趣味和文学趣味，以及概括创造出来的山水美"⑤。中国人这种深

① ［德］黑格尔：《美学》第一卷第79页。
② ［法］丹纳：《艺术哲学》，第79页。
③ ［法］丹纳：《艺术哲学》，第84页。
④ 明张潮：《幽梦影》卷上。
⑤ 汪菊渊：《中国园林》1981年1期。

沉的山水自然意识，使中国园林成为自然山水园的精神发源地。

一、“天人合一”的宇宙观与自然山水园

中国的自然山水园的创作原则是“天人合一”哲学观念与美学意念在园林艺术中的具体体现，即纯任自然与天地共融的世界观的反映。

中国古代哲学宣扬人与自然的统一与和谐，提出了“天人合一”的理论命题，以天人合一为最高理想，体验自然与人契合无间的一种精神状态，成为中国传统文化精神的核心。这是在承认了天人之间的区别基础上提出的，与初民“物我不分”不同，也承认人对自然有调整的作用，反对毁伤自然，反对盲目损害自然环境。各个时期对于“天”的认识并不一致，殷周时代的“天”有时指超自然的至上神（人格神）。春秋战国时代的“天”，已经由至上神过渡到自然之天，即自然界的苍苍天空：孔子所说的“天”，是由“至上神之天”到“自然之天”的过渡形态。孟子的“天”，有本体论意义，也具有认识论意义。庄子的“天”，有明显的自然性，也代表着一种自然情状，或叫天性、本性。荀子的“天”，撕去了“天”自西周以来覆盖的层层宗教面纱，把“天”还原成客观存在的自然界。宋明时期，唯物主义思想家以“气”讲天，指物质世界之总体；唯心主义思想家以“理”讲天，指最高原理、最高理念。对“天人合一”的内容所指也不同，如汉董仲舒的“天人合一”，含牵强附会内容；宋张载“天人合一”，主要肯定人与自然的统一。《西铭》曰：

> 乾称父，坤称母，予兹藐焉，乃混然中处。天地之塞吾其体，天地之帅吾其性，民吾同胞，物吾与也。

天地犹如父母，天地与人都是气所构成，天地的本性与我的本性也是统一的，人民都是兄弟，万物是我的朋友。清王船山强调“天人合一”并不在于外形和表面的同一，而关键在于一种“道”和“规律”的合一。总之，“天人合一”精神贯穿了我国整个古代文化思想史，制约着人们的思维、言行、人格理论，渗透到中国古代文化的各个领域，包括中国古典园林文化。

中华民族在与自然保持亲和、感应和相互交融的关系中，很早就发现了自然美，对自然美有着独特的鉴赏力。道家主张“以人合天”，提出“法自然”、“法天贵真”，认为只有顺应回归自然，进入“天和”状态，才能达到常乐的至境；儒家追求天道，“以天合人”，重在探求人的生命和生存之道。所以，中国的古典园林成为“艺术的宇宙模式”[①] 也是必然趋势。法国艺术史家热尔曼·巴赞也看出了这一特点，他说：“中国人对花园比住房更为重视，花园的设计犹如天地的缩影，有着各种各样自然景色的缩样，

---

① 王毅：《园林与中国文化》，上海人民出版社 1990 年版，第 272 页。

如山峦、岩石和湖泊。"[1] 中国园林在营构布局、配置建筑、山水、植物上，竭力追求顺应自然，着力显示纯自然的天成之美，并力求打破形式上的和谐和整一性，模山范水成为中国造园艺术的最大特点之一。

基于天人合一的思维模式，人们往往不将天堂人间、此岸彼岸等分成两个世界，而是浑融为一，所谓"浑万象以冥观，兀同体于自然"[2]，因而，从根本上缺少形成宗教的思想基础。先秦时代，中国主要哲学流派儒、道、墨三家，都高扬实践理性精神，以自己为本位，冲淡了宗教意识。占中国文化主导地位的儒学不以对于上帝、神的信仰为道德的根据，而强调人本主义的道德观；不讲鬼神，孔子的再传弟子公孟子（即曾子弟子公明高）甚至不信鬼神，倡言"无鬼神"。东汉王充、范缜，北宋张载、王廷相、王夫之，清戴震前后相承，形成唯物主义传统。道家创立了"本体论"学说，具有超越庸俗思想的批判意识，在哲学上达到了理论思维的高度水平。道家不信天帝，企图通过玄思超越普通的思虑和情感，而直接体认绝对的本体"道"，是一种玄想的超越[3]。道教胎生于阴阳五行和神仙方士，信仰超验的神仙世界，似乎与宗教有关，但它所宣扬的"三昧"或"禅那"的目的和印度的"利雪斯"是完全不相同的，他们二者都是控制有机的生命，并获得"超自然"的权力，可是印度人寻求的是足以使他们能够统治神的一种苦行感化力，而道教寻求的却是宇宙中万物的永生，因为在道教的宇宙中并没有需要他们去征服的神，修行只是道教用以达到目的的方法之一。道教与西方禁欲主义的宗教也不同，具有世俗化、现世化与迎合人的现世欲望的特征。墨家"以绳墨自矫，而备世之急，日夜不休，以自苦为极"[4]，最强调社会的责任心。早期墨家尊天事鬼，保留了关于天鬼的宗教信仰；但后期的墨家所著《墨经》中，已经放弃了天鬼观念，而注重研究名辩与物理。墨学在汉代后也就中断了。诚然，自汉代佛教东传以后，中国开始盛行佛教，但中国佛教中最有势力的教派是有别于印度佛教的禅宗，后来成为中国佛教的代名词。禅宗的经典《坛经》所指的"佛"，是无牵无挂、无忧无虑、不欲、不求、不争不夺、超乎是非荣辱之外的精神麻醉之人，佛教理论核心"超脱"，也只能在自己的精神世界里才能实现，所以它倡导的是"顿悟成佛"，废坐禅废戒律，将"修禅"变成了"修心"，完全变成了中国化的佛教，大大淡化了本来意义上的宗教色彩。中国古代文人所信奉的主要也就是禅宗，它作为儒、道两家精神支柱的补充，并不走向空寂，只是想让个人的荣辱得失在佛教中淡化、消融，以求得心理的平衡和心灵的安宁。所谓"禅宗佛教的入定来源于印度《吠陀经》之说以及由菩提达摩祖师传入的典故，早经伯希和指出是后来的传说，只是为了使禅宗布道具有权威性而编造出来的"[5]。"在禅学看

---

① ［法］热尔曼·巴赞：《艺术史》，上海人民美术出版社 1989 年版。

② 晋孙绰：《天台山赋》。

③ 张岱年：《文化论》，河北教育出版社 1996 年版，第 144 页。

④ 《庄子·天下》。

⑤ 〔英〕李约瑟：《中国科学技术史》第一卷《总论》第二分册，科学出版社 1975 年版第 329 页。

来，人既在宇宙之中，宇宙也在人心之中，人与自然并不仅仅是彼此参与的关系，更确切地说是两者浑然如一的整体”①。这是天人合一精神的特殊体现。

摆脱神学独断的生活信念，具有强烈的人文精神，正是我们中国文化之长。这一点，日人伊东忠太看得很清楚，他在《中国建筑史》中对中国文化现象作了如下分析：

> 祭天地山川者，乃祭天地山川之本物，似非信天地山川 灵而祭其灵也。又祭祖先者，亦非信祖先之灵魂不灭而祀其灵魂也，只对已死之祖先，视为如生，而事奉之耳……儒教虽说祖先之祭祀，实无宗教的意味，只表示不忘祖先之恩，出自一种道德的意味耳……道教方面，虽说神仙说搪异，而此神仙乃实在的神仙，非灵界之物，与印度教等之所谓神者不同，酥教之所谓神者亦异。即道教亦非有深刻意味之宗教也。其后佛教传入，道教为之对抗计，乃加整理而成一种宗教之形式……各国建筑中，最壮大、最美丽者为宗教建筑：如日本古今最伟大之建筑为奈良东大寺堂塔，罗马最伟大者为圣波淂教堂；东罗马最庄严者为圣苏菲亚教堂；英国最豪壮者为圣保罗教堂；埃及最魁伟者为金字塔及加纳克祠庙。中国最巨大最美丽者，则为北平故宫之太和殿，其面积有六百十三坪（坪，合一亩三十分之一），其次则为北平逦北明陵（长陵）之隆恩殿，凡五百八十坪。至于宗教建筑，曲阜文庙之大成殿，三百五十坪，当居第一。道观佛寺三百坪以上之建物极少②。

由比较得出的结论就是：中国古代无真正的宗教，皆重视现世的物质的实利主义与自己主义。说得十分中肯。中华民族有历代相承的深厚教养，无须赖藉宗教或国家权力。

与作为中国文化发展的基础性缘由和深层次根源的“天人合一”思想传统相反，西方的文化思想传统，从古希腊的本体论到近代的认识论，主客二分的基本思路始终占主导地位，构成了中西文化的本原性差异③。在古代欧洲、西亚以及印度，宗教是维系人心的力量，对于上帝、神、佛祖的信仰是他们的精神寄托，他们从上帝、神、佛祖的信仰中引申出道德原则。宗教家以神为本位，鼓吹上帝创造世界，要求皈依上帝，佛教更将佛置于天帝之上，宣传三世轮回。他们都恰恰鄙视了人，不承认人本身的价值。西方基督教宣传“原罪”说，认为人们生下来就是有罪的，应该努力赎罪，以求上帝的宽恕。鼓励教徒努力向善，在这种“小我”意识的驱使下，人们在上帝面前就产生一种恐惧感、罪恶感。

西方的十字架代表暗示西方人的独立、冒险、开放的动态、理性的思维、对立统一的几何布局、崇尚个性鲜明，趋向于外向发散，显示独立的人文精神和狂热的宗教色彩。他们讲求的是分别与对抗，对自然的态度也是如此，西方人对大自然持进攻型、征

---

① 洪修平、吴永利：《禅学与玄学》，浙江人民出版社 1992 年版。

②〔日〕伊东忠太：《中国建筑史》，上海书店 1984 年版，第 41 ~42 页。

③ 朱立元、王振复：《天人合一》，上海文艺出版社 1998 年版，第 51 页。

服型态度，穷追猛打，暴力索取，强调人与自然的对立和斗争，甚至高喊“战胜自然”，却发现人类已经破坏了自己的生存条件。当然，西方也有重视人与自然融合的思想家，但不占主流，这就决定了西方古典主义园林的特点。

二、“外适内和”的生活观与中国园林的“可居可游”

基于“天人合一”的宇宙意识、以“和”为贵的哲学信念，中国古代的士大夫们往往把与自然界的“外适”，导致身心健康的“内和”作为人生的最根本的享受。白居易《庐山草堂记》说庐山草堂能使他感到“外适内和，体宁心恬”，“庐山以灵性待我，是天与我时，地与我所。卒获所好，又何以求焉”！表达了他在与大自然发生关系时感到的身心俱适、恬淡自甘的心理。“内和”，重在心灵境界的平和恬静，悠闲自在，任随自然，与世无争，享受一种超然物外的情趣和乐趣，是“和”的精神体现。在这里，白居易“适”与“和”，具有追求个人人生快乐之意，和孟子“独善”内涵并不相同，应该包含着“或退公独处，或称病闲居，知足保和、吟玩情性”[①] 之意，也就是“养志忘名”、“从容于山水诗酒间”[②]，所谓“高人乐丘园，中人慕官职”[③]。园林更多的是士大夫体认“天人之际”最理想、最和谐的胜境。“非徒逃人患、避争门，谅所以翼顺资和，涤除机心，容养淳淑，而自适者尔”，“荫映岩流之济，偃息琴书之侧，寄心松竹，取乐鱼鸟，则澹泊之愿于是毕矣”[④]。唐刘长卿诗曰：“藜杖全吾道，榴花养太和。”[⑤] 宋陆游诗曰：“莫笑蓬门雀可罗，老农正要养天和。”[⑥]

以孔子、孟子为代表的儒家，以多样性的统一即“和”为价值的最高标准，《老子》“冲气以为和”、《荀子》以为“万物各得其和以生”。“和”揭示了宇宙运动的规律，是自然的最佳境界和终极状态。“和”作为古代哲学的一个典型的基本范畴，含有重要的理论意义。中国古代《太极图》中阴阳交界的S型曲线，便代表着一团元气流动着的“生命线”，它反映了中国哲学的民族特质，体现出中国文化的整合性，同时，又是几千年来我们民族心理的积淀，中国园林艺术形式也体现了这条“生命线”的运动足迹，如主张人与自然之间的和谐、自然与建筑之间的协调 、动静的统一，对淡泊、平和、清新、幽远的推崇等。强调与自然的亲和关系，注重和谐和中庸。

有私家园林的“士”民阶层，或先仕后隐，或终身不仕，或亦仕亦隐，或隐于留司间，他们皆足以温饱，具有风雅之怀，徜徉山水，乐逸林泉。山水是中国园林的基本物质构成。《论语·雍也》曰：“智者乐水，仁者乐山。智者动，仁者静；智者乐，仁

---

① 唐白居易：《与元九书》。
② 唐白居易：《江州司马厅记》。
③ 唐白居易：《咏怀》。
④ 《全上古三代秦汉三国六朝文·全晋文》卷一百三七戴逵《闲游赞》。
⑤ 唐刘长卿：《同姜浚题裴式微余千东斋》见《全唐诗》卷一百四十九。
⑥ 宋陆游：《蓬门》，见《剑南诗稿》卷二十七。

者寿。”反映了孔子关于自然美的看法，代表儒家审美的一种心理特点。自然景物以其形体、色彩、光影、声响等形式因素构成和谐的整体，作用于人们的感官，给人们的身心以潜移默化的影响。儒家把大自然作了“人化”，认识到人与自然在广泛的样态上有某种内在的同形同构的关系，从而可以互相感应交流。仁者比德于山，智者比智于水。山是静的，它长育万物，阔大宽厚，坚实稳定，清新爽快，容易使人养成朴素忠诚、凝重敦厚的情操；“仁者不忧”，宽厚得众，稳健沉着，有“静”的特点，故仁者乐山。水是动的，它川流不息，能委曲宛转，随形逐势，千变万化，这种形态能启发、活跃人的智慧；“智者不惑”，捷于应对，敏于事功，具有“动”的特点，故“乐水”。这里的“乐”，是人对自然美的感受和喜悦，并不是某种功利上的满足。山水能影响人的气质情绪和性格，是儒家审美观的一种，也显示了汉民族对自然美欣赏的一个重要特征。中国古代士大夫文人具有内向型的人格取向，即善于通过调节自身以适应外在自然，达到内和和外在的双重和谐的另一种自由。中国古典园林，竭力营造与大自然谐和的自然氛围，建筑物随形高下，融进大自然之中，风流倜傥的园林主人在这里感到了“内适外和”。

唐白居易在给好友元稹的信中描述他的庐山草堂之美时说：“乔松数千株，修竹千余竿。青萝为墙垣，白石为桥道。流水周舍下，飞泉落于檐间，绿柳白莲罗生池砌。”诗人在此，可以仰观山，俯听泉，旁睨竹树云石，其乐无穷。他在洛阳家居时写他宅旁花园时，动情地说：

> 每至池风春，池月秋，水香莲开之旦，露清鹤唳之夕，拂杨石，举陈酒，援崔琴，弹姜《秋思》，颓然自适，不知其他。酒酣琴罢，又命乐童登中岛亭，合奏《霓裳散序》，身随风飘，或凝或散，悠扬于竹烟波月之际者久之，曲未竟，而乐天陶然已醉，睡于石上矣①。

北宋沈括有“三悦九客”之说，他在“恍然乃梦中所游之地”造的“梦溪园”里，浸润在清幽惬意的自然美色中：

> 溪之土耸然为丘，千本之花缘焉者，“百花堆”也；腹堆而庐其间者，翁之栖也；其西荫于花竹之间，翁之所憩“风轩”也；轩之瞰，有阁俯于阡陌，巨木百寻哄其上者，“花堆”之阁也……西“花堆”有竹万个，环以激波者，“竹坞”也②。

---

① 唐白居易：《池上篇序》。

② 宋沈括：《梦溪自记》。

园主在此有“三悦”、“九客”之乐：

> 居在城邑而荒芜古木与鹿豕杂处，客有至者，皆频额而去，而翁独乐焉。渔于泉，舫于渊，俯仰于茂木美荫之间，所慕古人者：陶潜、白居易、李约，谓之‘三悦’。与之酬酢于心目之所寓者：琴、棋、禅、墨、丹、茶、吟、谈、酒，谓之‘九客’。”①

古人或以“怪石、奇峰、灵泉、深潭、老木、嘉草、新花、视远”为“七胜”②；《避暑录话》：“不责苛礼，不见生客。不混酒肉，不竟田宅。不问炎凉，冰闹曲直。不徵文逋，不谈仕籍。如反此者，是贩牛店，贩马驿也。”陈继儒将其归为“八德”③，澄怀心闲、不与世事。以崇尚自然为山居之法：“山居有四法：树无行次，石无位置，屋无宏肆，心无机事。”④

明末以来的园林最崇尚郊野别墅园，山间村野，水边林下，和优美的自然环境融为一体。如明末徐俟斋先生隐居的“涧上草堂”，得到清沈复的激赏：“村在两山夹道中，园依山而无石，老树多极迂回盘郁之势。亭榭窗栏尽从朴素，竹篱茅舍，不愧阴者之居，中有皂荚亭，树大可两抱。余所历园亭，此为第一。”⑤ 幽旷、朴野，爽朗大方，在此或歌或啸，确可大畅其怀。

生活在“可居可游”的园林中，是怡性养寿的最佳所在。中国古典园林，无论是城市山林还是山庄别墅，都是大自然的艺术升华，是人化了的自然。那里，水木明瑟，浓翠凝碧。四季有不谢之花，四时有不同之景，乐亦无穷尽。

费尔巴哈讲到过“一种精神的水疗法”，认为水有一种惊人的治疗力，他说：“水不但是生殖和营养的一种物理手段……而且是心理和视觉的一种非常有效的药品。凉水使视觉清明，一看到明净的水，心里有多么爽快，使精神有多么清新！”⑥ 所谓春山淡冶如笑，宜游；夏山青翠欲滴，宜观；秋山明净如妆，宜登；冬山惨淡如睡，宜居。符合传统养生学中“和于阴阳，调于四时”⑦ 之说。园林植物花木也是园林重要的物质建构，绿色植物有净化空气、吸收噪音、调节改善小环境的气候、吸收紫外线、提供绿荫、防止眩光等功能，它不但能通过光合作用和基础代谢，呼出氧气，而且能吸收二氧化碳、二氧化硫、氯气等对人体有害的气体。“又能吸滞粉尘，减轻粉尘污染……降低了空气的浑浊度，增加了空气的纯粹度”，“还能滤菌、杀菌……根据科学研究，仅花

---

① 宋沈括：《梦溪自记》。
② 宋叶梦得：《避暑录话》。
③ 明陈继儒：《岩栖幽事》。
④ 明陈继儒：《岩栖幽事》。
⑤ 清沈复：《浮生六记·浪游记快》，作家出版社 1996 年版第 77 页。
⑥ 《十八世纪末～十九世纪初德国哲学》第 542～543 页。
⑦ 《素问·上古天真论》。

叶飘散在空中的芳香就能杀灭多种病菌”[①]。桧柏林分泌出的杀菌素，可杀死肺结核、伤寒、白喉、痢疾等多种病菌。民谚有“花中自有健身药”、“七情之病也，香花解”之说。赏花乃雅人逸事，花木的色彩如洁白如玉者，给人以素洁高雅之感；艳红似火者，令人精神焕发；枝叶飘逸者，使人有悠闲潇洒之感；苍翠碧绿者，给人以宁静舒适感以及欣欣向荣的生命力度。在心旷神怡之时，便拥有了宽松的心灵空间，对慢性疾病如神经官能症、高血压、心脏病患者，有改善心血管系统、降低血压、调节大脑皮质等功能。植物散发的香气，不仅能使人精神爽快，而且具有消除疲劳、医治疾病的功效。如天竺葵的香气，具有镇静催眠作用；迷迭花香使气喘病人感到舒服；丁香花香可解除牙痛；薰衣草花香对神经性心跳大有益处。心理学家发现，人的嗅觉对花味空气十分敏感，能调节人的情绪：如茉莉化香使人轻松愉快，桂花的馨香沁人心脾，可增进食欲；薄荷香味使人思维清晰；水仙温馨的雅香，给人带来春天的气息；菊花花香能松弛神经，减轻精神紧张，解除身心疲劳；郁金香既可解除眼睛的疲劳，还可消除烦躁；丁香花开芳香四溢，令人心旷神怡；玉兰花香健胃祛风，提神益气；金银花盛开，扑鼻清香，可防治流感。现代科学研究表明，各种花香由数十种挥发性化合物组成，含有芳香族物质，如酯类、醇类、醛类、酮类、萜烯类等物质，可刺激人们的呼吸中枢，促进人吸进氧气，排出二氧化碳，充足的大脑氧供应能使人保持较长时间旺盛的精力。花草繁茂的地方，空气中的阴离子特别多，可调节人的神经系统，促进血液循环，增强免疫力和机体的活力。在花蹊中漫步 1 小时，能呼吸 1000 升花味空气，对醒脑健脑大有裨益[②]。近年来，很多国家盛行“森林浴”，前苏联在巴库建了世界上第一间用鲜花的香味治病的疗养院，纽约的布鲁克林植物园、日本奈良县壶坂寺花园、福岗市今津福祉林花园，都是利用植物花香为眼疾患者服务的。水生植物也具有净化水体、增进水质的清洁与透明度等功能。东西方人很早就已经认识到大自然具有的治疗疾病的功能。清康熙说：“朕避暑出塞，因土肥水甘，泉清峰秀，故驻跸于此，未尝不饮食倍加，精神爽健。”[③] 他在《芝径云堤》诗中说：“草木茂，绝蚊蝎，泉水佳，人少疾。”乾隆皇帝《避暑山庄百韵歌》曰：“岩秀原增寿，水芳能谢医。”就深谙山水的养生之道。有清一代，帝后都喜欢生活在园苑中。自康熙建“畅春园”开始，大园皆有“外朝”和“内寝”的宫廷区，作为皇宫以外的另一政治中心，康熙大部分时间居住在此。自康熙至咸丰皇帝，六代帝皇每年约有三分之二的时间都在园中。帝后们住在园中，可以不拘泥宫中规矩，身心也自由得多。

“内和”与中国传统医学所论的核心“养神”是一致的。早在 2000 多年前我国中医学就提出养生的根本目的是“形与神俱，而尽终其天年”。“心和平而不失中正”，“宽而栗，严而温，柔而直，猛而仁”，不偏不倚，正直而宽和，符合中医所讲的“中

① 金学智：《中国园林美学》，江苏文艺出版社 1990 年版，第 294 页。

② 参骆景铭：《赏花益寿》，见《家庭医学》1997 年 7 月号。

③ 清康熙：《穹览寺碑》。

庸”养生之道。我国中医特别重视精神因素，《内经》讲：“恬淡虚无，真气从之，精神内守，病安从来。”又云：“百病之生于气也，怒则气上，喜则气缓，悲则气消，恐则气下……惊则气乱……劳则气耗，思则气结。”《春秋繁露·循天之道》中说：“德润身，心广体胖”，“能以中和养其身者，其寿极命”。

以清净淡泊之心性而随缘任运，以心情之常应付世间沧桑万变，旷达自如，安之若素，行退俱适，“若论尘事何由了，但问云心自在无？进退是非俱是梦，丘中阕下亦何殊”[①]？

三、“返璞归真”的审美境界

由于中国文化中，少一层宗教或上帝的压迫，少受残酷的宗教战争的影响，多一层循自然本性，所谓竹篱茅舍也心甘。对中华民族审美观影响最大的是老庄“道法自然”的哲学美学原则，崇尚自然、含蓄、冲淡、质朴，崇尚不事雕琢的天然之美，排斥镂金错彩的富丽美。老子教人“见素抱朴，少私寡欲”，说“五色令人目盲，五音令人耳聋”，“信言不美，美言不信”，即素朴是最美的，破坏了素朴，人为的雕饰是不美的。《庄子》中主张“法天贵真”，赞美“天籁”，说“淡然无极而众美从之”，“素朴而天下莫能与之争美”[②]。其论美并不绝对排斥雕琢，并不简单地否定人为的艺术，只要能在精神境界上进入任其自然、与道合一的状态，亦即“心斋”和“坐忘”的状态，使“天地与我并生，而万物与我为一”，那么，他所创造的艺术也就可以与“天工”一般无二，即“既雕既琢，复归于朴”[③]了。道家学派认为，人是自然的一部分，完全必要和可能与自然达到统一，即“天和”，“与天和者，谓之天乐”[④]，“天乐”就是人与自然的统一所达到的自然美。庄子认为最美的音乐是“天籁”、“天乐”，特点为“听之不闻其声，视之不见其形，充满天地，包裹六极”，这是老子“大音希声，大象无形”的美学思想的具体发挥。追求天地之大美、无限之美。庄子把自然朴素看成一种不可比拟的美，雕削取巧犹如“丑女效颦”[⑤]。老庄这一美学思想深刻地影响了中华民族的审美意识和中国艺术的发展。《淮南子》重“自然”；王充重“真美”；刘勰“标自然为宗”；钟嵘倡“自然英旨”；皎然推崇“真于性情”、“风流自然”；司空图“冲淡、高古、典雅、自然、含蓄、精神、缜密、疏野、清奇、实境、超诣”诸品中论列的审美现象，基本上都可归入素朴之美的范畴。苏轼推崇“天成”、“自得”、“发纤秾于简古，寄至味于淡泊”；汤显祖“一生儿爱好是天然”，这都是明显受到道家思想的影响。“自然”、“素朴”成为踞于阳刚、阴柔两大审美范畴之上的最高的审美范畴。自魏晋至隋

① 唐白居易：《杨六尚书频寄新诗，诗中多有思闲相就之志，因书鄙意，报而谕之》。
② 《庄子·天道》。
③ 《庄子·山木》。
④ 《庄子·天道》。
⑤ 《庄子·天运》。

唐，以陶渊明、王维为代表的中国文人诗画，就已经以自然为宗，宋文人画勃兴，自然美成为艺术的主导目标，自此，返璞归真成为中国文人最高的艺术审美境界。欣赏无尘世的喧嚣、朴素有真趣的自然山水，以能在青山绿水中获得精神自由为快活，以栖丘饮谷为高，一丘一壑自风流。园林以“虽由人作，宛自天开”的“天趣”为最高境界，以区别“俗气”或“匠气”的作品。正是这一审美理想在艺术实践中的理论概括。

园林选址、布局处处注意与大自然的融合，颐和园西借玉泉山及燕山，方使人获得“悠然见南山”的“真意”。私家园林更以情韵取胜，以追求平淡精致、幽雅脱俗的意境美为极致，园中云峰石迹，迥出天机，参乎造化，以妙合自然、假中见真、不见人工痕迹为重要的美学特色。张陶庵在苏州东山所叠假山，人居其间，能够使人几乎忘了东山之为山。将假山当作了真山，而真山反倒觉得好似假山了。曹雪芹在《红楼梦》中发表过高见：“天然者，天之自然而有，非人力之所成也”，如果“远无邻村，近不负郭，背山山无脉，临水水无源，高无隐寺之塔，下无通市之桥，峭然孤出，似非大观”，“正谓非其地而强为地，非其山而强为山，虽百般精而终不相宜……”。

素朴而富野趣，回归自然，进入“天和”常乐的至境，就成为中国园林的追求。不仅寒素文人如此，富贵之家、皇帝，审美情趣也都雅化、士人化。

唐白居易的庐山草堂，以原木为庭柱，不上红漆，墙，只是让泥瓦工简单抹一抹而已，不刷白。清代的扬州瘦西湖园林中的小建筑，常常模仿之。李斗《扬州画舫录》卷十四《白塔晴云》中云：“西爽阁前夹河外，堤上树木苍茂，构小屋，高不盈四五尺，枋楣梁柱，皆木之去肤而成者，名曰‘木假亭’，如苏老泉‘木假山’之类。今谓之‘天然木’。”具有天然去雕饰的简朴风格。清郑板桥在《范县署中寄舍弟墨第二书》中描述了他理想中的家园：

> 吾意欲筑一土墙院子，门内多栽竹树草花，用碎砖铺曲径一条，以达二门。其内茅屋二间，一间坐客，一间作房，贮图书史籍、笔墨砚瓦、酒董茶具其中，为良朋好友后生小子论文赋诗之所。其后住家主屋三间，厨房二间，奴子屋一间，公八间。俱用草苫，如此足矣。清晨日尚未出，望东海一片红霞，薄暮斜阳满树，立院中高处，便见烟水平桥。

好似画家笔下的一幅荒郊野趣图。

贵族私园也追求返璞归真的艺术境界。明代北京的“定国公园”堪为显例。该园“不垣不垩，土地不甃”，园墙不粉刷，地不铺砖；“堂不阁不亭，树不花不实，不配不行”。园内，“入门，古屋三楹，榜曰：‘太师圃’，自三字外，额无匾，柱无联，壁无诗片。西转而北，垂柳高槐，树不数枚，以岁久繁柯，荫遂满院，藕花一塘，隔岸数石，乱而卧，土墙生苔，如山脚到涧边，不记在人家圃……野塘北，又一堂临湖，芦苇侵庭除……左右各一室，室各二楹，荒荒如山斋。西过一台，湖于前，不可以不台也。

老柳瞰台而不让台，台遂不必尽望。”素朴而有野趣，竟使人“不记在人家圃”。

皇家园林也力求去奢华，回归自然。唐懿宗“于苑中取石造山，并取终南草植之，山禽野兽纵其往来，复造屋如庶民”。特别是一些文化艺术欣赏品位很高的皇帝，如明代的宣宗朱瞻基，自幼受到祖父明成祖的宠爱，受到良好的中国传统文化的教育和武备训练，文武双全。他即位以后，扩建了祖父赐建的皇太孙宫，号“南内”，除了建筑宫殿、台阁、水池外，还建了许多的茅舍，舍外四周围上毛竹篱笆，追求田园风光、乡间野趣，富有中国古代文人的传统气质。宣宗在政余之暇，经常在此读书弹琴、吟诗作画，就如他现存的一幅山水扇面画上反映出的闲情雅致那样：淡远的野山、古朴的老树、悠闲的白云、渺渺的平水，衬托着低矮的茅屋，茅屋前一位高士正抚琴长啸。

隋唐西苑和北宋汴梁的寿山艮岳以及清避暑山庄，皆溶人工美于自然，崇朴鉴奢，以素药艳。无雍容华贵之态，具松寮野筑之情。如避暑山庄，茅亭石驳，苇菱丛生的“采菱渡”，颇具乡津野渡气息；山区不少石桥，不用雕栏；湖区的桥也多带有树皮的木板平桥，水位以下驳岸，作水草护坡的自然水岸处理。建筑物“无刻桷丹楹之费”。

寺庙道观园林中的建筑也不乏这类天然素朴的建筑。如中国道教发祥地的青城山有一种人为的亭桥，以木为柱，以树皮当瓦，藤萝栏架，竹篾捆扎，散落于曲径间、茂林里、飞拨瀑边、巨石旁、山颠上，与大自然浑然一体。“梵宇琳宫棋布云岩，楼台亭阁星罗幽岫”的峨眉山化城寺，有“木皮殿”，唐贾岛《送卧云庵僧》诗有“下视白云时，山房盖木皮”句咏及之。

四、人文精神与中国园林的隐逸主题

突出的人文主义精神是中国文化的重要特征，儒家以人本主义的道德教育代替宗教信仰，追求美感和乐感，而不是西方的苦感和罪感，比宗教的道德观要高明得多。寓善于美的古典审美观，成为中国古典园林艺术正宗代表的士大夫文人园林的文化主体精神，也就是文人园林成为隐逸文化基本载体的思想渊源。

“士”，最早指先秦时没有“恒产”但有“恒心”的“学士”，如儒、道、墨、法等学派，他们是具有各种不同倾向的思想家，标志着整个历史时代的学术造诣和文化水平；后来泛称那些掌握了一定文化知识和代表社会道义的知识分子。作为知识分子群体，他们诞生在春秋战国时期，因各家所持之“道”不同，他们或为实现自己的政治理想而奔走呼号，或为“全性葆真”独处陋巷，著书立说，以其知识、理想等影响与改造社会生活。其中法家重视国家利益，强调以“法”治理国家，但先秦法家往往强调刑法，忽视“人”的因素，甚至否认人的精神生活的价值，所以，随着秦朝的速亡，也就在表面的思想层面上失去了市场，统治者利用它时也往往将其隐藏在“儒”的背后。原为先秦“显学”之一的“墨家”，到了汉代，逐渐湮没无闻。“儒”、“道”成为中国文化中两条主要的精神支柱。由于中国的封建社会形态，是统一的宗法大帝国和君主集权，与士大夫阶层所坚守的理想道德操守之间存在着尖锐的矛盾，在中国封建社会，在体现士人意趣和精神追求的文化艺术领域内，始终存在着内蕴极其丰富的隐逸文化体系，包括士人园林、山水田园诗歌、山水画等，所以，王毅认为在世界文化范围内，园林与那样众多文化门类共同构成一个结构高度完整、内涵极其丰富的“隐逸文化”体系绝无仅有①。

中国古典园林充分体现了中国古代人本主义哲学观和道德观。在世界上，人类曾经构想过天堂美景：如希腊的“奥林匹斯神山”，基督教的“伊甸园”，佛教的“极乐世界”，中华先民的“蓬岛瑶池”等，但只有中华民族创作的园林，才真正将幻想中的神仙宫苑建到了人间。

儒家坚持以人为本位的哲学，以人为终极关怀。孔子的“务民之义，敬鬼神而远之，可谓知矣”、“天地之性人为贵”、“不语怪力乱神”等思想，摆脱了原始宗教的种种观念传统，奠定了汉民族文化—心理结构的基本倾向。儒家肯定“人”具有优异的特性，“人有气有生有知亦且有义，故最为天下贵也”②。《周易大传》以“人”为天、地、人“三才”之一。《礼运》称：“人者天地之心也，五行之端也，食味别声被色而生者也。”张载提出了著名的“为天地立心，为生民立命”③ 的命题，人对天地的认识就是为天地立心了。陆九渊说：“天地人三才等耳，人岂可轻？人字又岂可轻？”④

道家先驱老子以“人”为“域中四大”之一：“道大、天大、地大、人亦大。域中有四大，而人居其一焉。”⑤ 庄子学派和儒家一样，也是充分地肯定着个体生命的价值，是热爱人的生命的，并且企图追求个体生命的绝对自由，主张“逍遥”，即超脱一切荣辱得失的思虑，而游心于无穷；主张“悬解”，即摆脱常人所受的哀乐等情绪的束缚，获得精神超越。因而认为世俗的人们对各种功利欲望目的的希冀追求，使人们受到了外物的奴役，失去了生命的自由。以“道”为本位，“以道观之，物无贵贱”⑥，因而批判儒家的等级制度，包括儒家所标榜的仁义道德。

古代哲人重视的是哲学的价值观，如义理、理欲与德力等，而十分鄙视并超越那种追求声色货利、崇拜金钱或权势的庸俗价值观。孔子以“义”为上，孟子推崇的是“以德服人”，墨子讲国家人民的大利，提倡苦行，董仲舒则提出“正其义不谋其利，明其道不计其功”。宋人对“理”与“欲”的理论思考中，强调“革尽人欲，复尽天理”（朱熹），后人或提出“只要去人欲，存天理，方是功夫”（王守仁），或说“理者存乎欲者也”（戴震），都有重德轻力倾向，甚至忽视了改善物质生活的需要。与西方哲学家的观点迥然不同，康德提倡理性主义，边沁谈的是功利主义，西方文化盛行对“力的崇拜”，近代尼采更宣扬“权力意志”，对“德”与“力”的不同态度，显示出

---

① 王毅：《园林与中国文化》第 183 ~ 184 页。

② 《荀子 · 王制》。

③ 宋张载：《西铭》。

④ 宋陆九渊弟子编：《象山语录》。

⑤ 《老子》第二十五章。

⑥ 《庄子 · 秋水》。

中西文化在哲学上的差异。

中国古代以“人”为本位的哲学，是建立在承认人不仅有功用价值，即社会价值，还具有内在的价值基础之上的，这内在价值就是人的自我价值，主要指人独具的人格价值，即具有独立的意志、并具有道德的自觉性。在“天人合一”观的影响下，人们认为人之区别于禽兽，在于人的心性是与天相通的，天道即人道，于是，便铸造了一种“内圣”的人格模式。先秦时期，“内圣外王”之道，就成为知识分子所崇尚的理想人格，而且，“内圣”的感召力也一直为士大夫们内心修养的动机和推动力。孔子说：“仁远乎哉？我欲仁，斯仁至矣。”[①]《周易·象传》：“天行健，君子以自强不息；地势坤，君子以厚德载物。”认为天体运行永无休止，人应以天为法，永远向上，坚强不屈；君子应该宽厚待人，团结群众，以和为贵兼容精神。“人生天地间，为人尽当为人道。学者所以为学，学为人而已，非有为也”[②]，因此强调并尊重人的独立人格，孔子称“三军可夺帅也，匹夫不可夺志也”[③]，他赞美伯夷、叔齐“不降其志，不辱其身”[④]。孟子提出“大丈夫”的人格标准是：

> 居天下之广居，立天下之正位，行天下之大道，得志，与民由之，不得志，独行其道。富贵不能淫，贫贱不能移，威武不能屈，此之谓大丈夫[⑤]。

“人格”，古代称之曰人品，是中国古典哲学的一个中心问题，“成人”即完备的人格，而非崇高的人格，在孔子眼里，崇高的人格称为“仁人”，如伯夷、叔齐；比仁人更崇高的人格称为“圣人”。儒家和道家对没有一定的价值取向，而只以进入权力核心取得富贵为目的的人投之以极大的鄙视，如孟子在《齐人有一妻一妾》中对那位为了求得富贵利达而不择手段、厚颜无耻的“齐人”[⑥]的辛辣讽刺，庄子对舐痔结驷的曹商的无情嘲讽，因为他们虽得到了酒肉、车马，但恰恰都将人的自尊丧失殆尽了。具备知识，并不等于人格的完成，有才无行，那也只是不入流的“轻薄子”，“士虽有学。而行为本焉”[⑦]。《魏氏春秋》：“士有百行，以德为首。”重履践、重力行，明心见性，知行合一，才是完善人格的途径。

士大夫文人基于对所持的“道”的信念，养成了强烈的风节操守意识，强调在权势、富贵面前，知识、道义的代表者应该自尊、自重与自强。他们向往“致良知”，景仰那些有知识、见识和胆识的知识分子，因为只有他们才能做到“致良知”，才有可能

---

① 《论语·述而》。
② 宋陆九渊弟子编：《象山语录》。
③ 《论语·子罕》。
④ 《论语·微子》。
⑤ 《孟子·滕文公下》。
⑥ 《孟子·离娄下》。
⑦ 《墨子·修身》。

真正的“自我实现”。

上文我们已经说到了儒家宣扬崇高的人生理想，认为道德不是为了追求来世的幸福，不是为了祈求上帝的怜悯，而是为了实现人的精神要求，因而，一般知识分子的宗教意识是比较淡薄的，不讲来世，不信天堂地狱和因果报应，而对于道德却有坚强的信念，将道德的根源归之于人的本性（孟子）或群居所需要（荀子），从而也就割断了道德与宗教的联系。

中国向来是士大夫中心政治，“不管什么人来统治中国，被找来管理行政的却始终是士大夫。只有他们精通书写文字、办公事的程序以及必不可少的技术，例如水利工程”[①]，士的职责是“致君泽民”、“安邦定国”、管理政事，成为社会结构中的骨架和脊梁。在漫长的封建集权政治制度下，中国古代知识分子的政治理想、经济地位、社会地位的实现程度确实都和官位的高低紧密地联系在一起，想体现个人在社会群体中的自我价值，就得进入官场，而进入官场的途径，主要通过举荐（汉）或科举（隋唐以后）。一旦进入了官场，就入了皇帝所设的罗网，作为知识阶层，他们的思想归宿，始终离不开儒、道两家所设置的精神家园。他们中的大部分人，信守的始终是中国古代先哲的道德观、价值观和人格意识，在中国历史上起着积极的作用，在一定的时期，他们所代表的“道统”对集权制度代表的“政统”也起过某些抑制或平衡矛盾的作用。中国历史上举行的科举取士制度尽管有种种弊端，但通过科举确实也为国家选拔了大量的人才，其中不乏大学问家、大文学家、书画家、大科学家、政治家和民族英雄。而历史上臭名昭著的奸佞之徒，除了蔡京、秦桧、严嵩等少数人是进士出身，则多数不是经过科举考试上台的，如唐之李林甫，宋之高俅、贾似道、明之魏忠贤等，不学无术，靠奸邪手段向上爬[②]。“内圣”的人格意识、道德理性，对士人的行为有了无形的严格规范，因而就具有了自觉的主体力量。自先秦以来，大多数知识分子具有强烈的社会责任感，力图发挥自己的作用，在社会大舞台上发挥作用，“兼善天下”，以体现自我价值，他们深感“士不可不弘毅，任重而道远，仁以为己任”，以“平治天下”、“舍我其谁”之重责，培育了一种深沉博大的忧患意识，“位卑未敢忘忧国”，“邑有流亡愧俸钱”、“天下兴亡，匹夫有责”、“先天下之忧而忧，后天下之乐而乐”，成了中国知识分子一脉相承的优良传统。《世说新语·德行》载：“陈仲举言为士则，行为世范，有澄清天下之志……李元礼风格秀整，高自标持，欲以天下名教是非为己任。”他们成为时代的脊梁、社会的中坚，成为皇权与统治阶级、与整个社会利益之间矛盾平衡和缓冲的工具。也多少对皇权有所抑制，但这种抑制十分有限，因为“道统”缺乏西方教会式的组织化权威，因此也不能直接对“政统”发生决定性的制衡作用[③]。而封建专制制度对士人的制约却是绝对的，在严密完备的专制制度下，在至高无上的皇权的控制下，士大夫的一

① 〔英〕李约瑟：《中国科学技术史》，科学出版社 1975 年版，第 252～253 页。

② 参程裕祯：《中国文化要略》，外语教学出版社 1998 年版，第 164 页。

③ 余英时：《从价值系统看中国文化的现代意义》。

切，都是无可逃于天地之间的。所以士大夫所坚守的“道统”与“政统”之间的“碰撞”也是绝对不能避免的。

儒家维护等级制度、君权，把君臣大义当作“人之大伦”，但并不赞成君主“言莫予违”，认为如这样就有“一言而丧邦”[①] 的危险，反对君主个人独裁；孟子更提出了“民为贵，社稷次之，君为轻”[②]、“人皆可以为尧舜”的言论，子臣事君父不仅是相对的而且还颇有蔑视君权的意味，荀子说：“从道不从君。”[③]

《左传·襄公二十五年》载：晏子在崔杼杀君后说：

> 君民者岂以陵民？社稷是主……君为社稷死，则死之；为社稷亡，则亡之。若为己死，而为己亡，非其私匿，谁敢任之？

先秦诸子“不患无位，患所以立”[④]，他们孜孜以求的是道德，而不是权位。他们以德抗位，心怀坦然，孟子引述曾子的话说：

> 晋楚之富不可及也，彼以其实，我以吾仁；彼以其爵，我以吾义，吾何慊乎哉？[⑤]

《庄子·外物篇》曰：

> 古之所谓得志者，非轩冕之谓也，谓其无以益其乐而已矣……故不为轩冕肆志，不为穷约趋俗……丧己于物、失性于俗者，谓之倒置之民。

《周易·蛊卦》：

> 上九，不事王侯，高尚其事。象曰：“不事王侯，志可则也。”

为“全性葆真”，不愿屈事王侯。孔子论当世处世之态度是：

> 贤者辟世，其次辟地，其次辟色，其次辟言[⑥]。

---

① 《论语·子路》。
② 《孟子·尽心下》。
③ 《荀子·臣道》。
④ 《论语·里仁》。
⑤ 《孟子·公孙丑下》。
⑥ 《论语·宪问》。

庄子更是将王侯骂为盗国、盗仁义的大盗：

窃钩者诛，窃国者为诸侯，诸侯之门，而仁义存焉①。

强调道德人格的崇高价值，认为人应提高道德的自觉而不屈服于权势。

但是，这是在君权至上的观念尚未形成的先秦时代。秦始皇统一天下、中央集权的专制制度确立以后，“私议”、“法教”就有了危险，甚至祸及古人②。封建专制制度的一个特点就是压抑人们的独立人格。马克思曾经说：“专制制度的惟一原则就是轻视人类，使人不成其为人。”③“使人不成其为人”在中国古代是法家商鞅、申不害、韩非子的学说，专制帝王利用儒家学说来掩盖其“使人不成其为人”的本质，这即“阳儒阴法”之秘密。汉代搞“党锢”、明代设“廷杖”、清代兴“文字狱”，都是用来摧残士气、禁锢思想的，是王权压制知识分子的措施。尽管如此，先秦以来坚持人格尊严、重视社会责任心，成为中国知识分子人文精神的主要内涵，并形成悠久的传统，知识分子以气节为尚，历代都有特立独行之士，他们或以牺牲自己来“殉道”，或以不同的方式勉力保持自己的“人品”，其中园林就成为他们净化灵魂、保持独立人格的一方净土。士大夫们往往通过园林，实现人格的自我完善，并将追求并标举的人格完善，写入园林的题咏中，于是，在园林中就出现了诸如求志、养真、寄傲、洗耳、遂初、坦荡、澹泊敬诚、澡身浴德、濠濮间想、颐志、澹心等直抒胸臆的园林及景点题名。

“隐逸”成为中国古典园林尤其是私家园林的基本主题，除了上述大的社会文化背景，还受到在封建社会中形成的全社会的价值观、历史上“隐逸高人”作为榜样的“原型化”范式意义以及教育、审美的定型化、士大夫文人和整个社会的中庸心理以及农、渔樵——中国传统文化的“一主二副”、隐逸江湖、回归田园、栖息山林的安全性等影响④。隐逸方式的选择，却也因时代不同有所不同。在先秦时代，面对天下汹汹的时世，就出现了几种处世方式：隐于耕钓。如孔子碰到过的“荷蓧丈人”、“长沮”、“桀溺”，以及屈原见到的“渔父”，都是亲身躬耕田园或入湖打鱼，自食其力者，他们随世沉浮，独善其身；隐于道。自食其力、坚决不与“无道”者合作，但著书立说，如庄周派。庄子不是没有机会从政，而是不愿意像千年神龟一样，供白骨于庙堂之上，他将官位看成是“腐鼠”，厌恶之极，所以，他身处陋巷之中，靠编草鞋度日。老庄理想世界是小国寡民的世外桃源。孔子自己对处世持有三种态度：其一，“邦有道，则仕，邦无道，则可卷而怀之”⑤；“天下有道则见，无道则隐。邦有道，贫且贱焉，耻也；邦

① 《庄子·胠箧》。

② 明代朱元璋要把那位敢于蔑视君权的孟子赶出孔庙，“废孟子而不立”。参见《明史·钱唐传》、黄宗羲《明夷待访录·原君》。

③ 《马克思恩格斯全集》第一卷第411页。

④ 参沈金浩：《江湖与中国雅文化》，载《中国社会科学》1996年第3期。

⑤ 《论语·卫灵公》。

无道，富且贵焉，耻也”[1]，这就是孟子后来说的：达则兼善天下，穷则独善其身。成为后世士大夫奉行的儒、道互补的生活原则的思想渊源；其二，道不行，乘桴浮于海[2]。这一思想与庄周派颇为相似，不过，这是孔子在无可奈何时所发的感叹而已，并没有占主导地位；其三，出淤泥而不染，食禄而不受染。孔子认为，本身坚固，“磨而不磷”，本身洁白，“涅而不缁”[3]。因此，可以说，孔子的这几种态度，实际上给后世士大夫们开了法门，他们对生活的选择也始终没有跳出孔子所设计好的窠臼。只是因为自汉代以后，儒家思想成为知识分子思想的主干，孔子的“鸟兽不可以同群”说的市场越来越大，古之人，乃避世于深山[4]，庄子感到“山林欤，皋壤欤，使我欣欣然而乐焉”[5]，汉初的淮南小山作《招隐士》赋，将山中的环境渲染得十分可怖，希望“王孙兮归来，山中不可以久留”。东方朔提出了“避世于朝廷间”的重要思想。尽管隐居山林的人后世还有，如“栖丘饮谷，三十余年”一生绝意仕途的宗炳[6]等。但更多的人像“竹林七贤”中的山涛、王戎、向秀一样，还是从竹林走向了朝堂，“吏非吏，隐非隐”[7]、“志深轩冕而泛咏皋壤，心缠机务而虚述人外”[8]。被称为“隐逸诗人之宗”的陶渊明，他理想中的乌托邦“桃花源”，于平凡生活中体会无穷的人情美，他向往的生活也就是“眄庭柯以怡颜，悦亲戚之情话”，充满了现实人间的情味。所以，他反对那些隐居在山林中以求高名的假隐士，而是公开说“结庐在人境，而无车马喧。问君何能尔，心远地自偏”[9]，“心远”，是“萧条淡泊，闲和严静，是艺术人格的心襟气象”、“心灵内部的距离化”[10]，“心远”成了他维护独立人格的一道精神屏障。但正如宋朱熹所说：“晋宋人物，虽曰尚清高，然个个要官职，这边一面清高，那边一面招权纳货，陶渊明真个能不要，此所以高于晋宋人物。”[11] 但“汉唐以来，实际上是入仕并不算鄙，隐居也不算高”[12]。曾高卧东山，后又为天下苍生而出、成为“江左风流宰相”的谢安、“山中宰相”陶弘景等人依然是为后世士大夫艳羡的人物。盛唐诗人王维的“亦官亦隐”的生活方式，对后人也颇具吸引力。中唐开始，文人士大夫白居易总结出“中隐”这条路，他说：

---

① 《论语·泰伯》。
② 《论语·公冶长》。
③ 《论语·阳货》。
④ 《史记·滑稽列传》。
⑤ 《庄子·知北游》。
⑥ 《宋书》本传。
⑦ 《晋书·孙绰传》。
⑧ 南朝梁刘勰：《文心雕龙·情采篇》。
⑨ 晋陶渊明《饮酒》其五。
⑩ 宗白华：《美学散步》，上海人民出版社1997年版，第27页。
⑪ 宋朱熹：《朱子语录》。
⑫ 鲁迅：《且介亭杂文二集·隐士》。

大隐住朝市，小隐入丘樊。
丘樊太冷落，朝市太嚣喧。
不如作中隐，隐在留司官。
似出复似处，非忙亦非闲。
不劳心与力，又免饥与寒。
……
人生处一世，其道难两全。
贱即苦冻馁，贵则多忧患。
唯此中隐士，致身吉且安。
穷通与丰约，正在四者间①。

“隐在留司官”，是士大夫文人找到的一条最理想的道路，在政治上，他“中和”了出仕与隐居的矛盾；在生活上解决了“冻馁”之病，有了稳定的经济来源；在精神上又得到了满足。白居易“隐在留司官”其实就是孔子说的食禄，出淤泥而不染，也就是王维式的“亦官亦隐”。只是白居易将“中隐”与自己家的私园联系了起来：

进不趋要路，退不入深山。深山太濩落，要路多险艰。不如家池上，乐逸无忧患……富者我不愿，贵者我不攀②。

这样，园林成为“中隐”者的最合适的载体。清范来宗在《寒碧庄记》（今苏州留园）中引述园主刘蓉峰的心理时写道：

蓉峰世居莫厘峰下，面临具区七十二峰，拖青横黛，争妍献媚，诚山之巨观，应不复沾沾于一丘一壑者。然当风雨晦冥，波涛声作，伊人宛在，溯回无从。而居城市者，冠盖幢幢，尘事胶葛，每次羡山林，托为神宅，良有者之难兼也。今斯园也，山水毕具，树石嵚崎，有鸢飞鱼跃之趣，无望洋惊叹之险；佳晨胜夕，良朋咏歌，有翕然意远之致，无纷尘嚣之虑。

生理需求与精神欲求在一方小园中得到了两全。以苏州园林为代表的中国文人园，作为避世远祸、澡溉心志的特殊载体，诞生在血火交迸的魏晋南北朝时期，自此，“静念园林好”，徜徉泉石、盘桓林木，便成为士大夫文人的传统心理积淀和稳定追求。文人们将内心构建的精神绿洲精心外化为“适志”、“自得”的生活空间。苏州文人园犹如一

① 唐白居易：《中隐》，见《白居易集》卷二十二。
② 唐白居易：《闲题家池寄王屋张道士》，见《白居易集》卷三十六。

首首陶渊明的《归去来兮辞》、王维的《辋川诗》、王羲之的《兰亭序》，文气氤氲，清雅、超逸，无尘土气、凡俗味。园林的主人（包括参与设计规划者）均为文学家、学者、诗人和画家，属于知识阶层，他们中的大部分人，信守的也是先哲的道德观、价值观和人格意识，立足于心性修养，在官场上或敢于同邪恶势力作斗争，或致力于“救疗生民病”的事业，一旦败退，便“须先濯尘土缨”，追求并标举人格的完善，于是，回归自然，成为必然选择，在那里，可以宣泄苦闷、释放压抑的情绪，这时，“自然也往往是我们的第二情人，她对我们的第一次失恋发出安慰”①。园林成为他们净化灵魂、保持独立人格的一方净土。“隐逸”遂成为文人园林的基本主题。文人园往往将蕴涵的隐逸意蕴浸润在“主题园”名中：

1. 隐逸江湖、回归田园。几千年来，在中国的历史中，始终将农业放在社会政治、经济生活的首位，中华文明基本上是农业文明。“天下重农耕”，以农为本，与此产生的诸如安土乐天情趣，不追求冒险刺激，爱土、敬土、安土、乡土情谊、思乡、怀旧、寻根、问祖等，成为中国人传统的心理积淀。美国人明恩溥这样形容中国人的生活理想的：他们好像“钉在一块地上，好像一棵树，吸水、开花、结果、枯萎了归于脚下的黄土，一般地说，没有一个中国人离开故土之后，会不打算回去的，他总是希望衣锦回乡、寿终正寝，最后葬入祖坟”②。文人们历经仕途蹭蹬，最后总感到拥有几十亩地、几头黄牛是最稳定的选择、最安全的退路，所以，这种思想往往写入了他们精心营构的园林中。苏州就有“招隐堂”、“小隐堂”、“隐圃”、“桃源小隐”、“笠泽渔隐”、“乐隐”等园。宋朱长文筑“乐圃”，“乐”的是春秋隐士长沮、桀溺的田耕之乐、商山四皓采芝隐逸之乐、严子陵、郑弘渔樵之乐、陶渊明、白居易隐居之乐③。今存的苏州名园中，沧浪亭、网师园是表达江湖之情的；拙政园、艺圃、耦园等则是表现归田之意的。

如苏州“网师园”，即隐于渔钓之园。南宋淳熙初年，吏部侍郎史正志在此地建宅园，藏书万卷，号“万卷堂”，史氏将堂内花圃取名“渔隐”，有隐居自晦之意。清乾隆年间，园归光禄寺少卿宋宗元。宗元退隐，托“渔隐”之原意，自比渔人，遂以“网师”颜其园，含江湖归隐之意。清梁章钜《浪迹丛谈》云：“园中结构极佳，而门外途径极窄……盖其筑园之初心，即避大官之舆从也。”暗含“富者我不顾，贵者我不攀”之意，以示清高。

“拙政园”，园名为明代王献臣所起。献臣，字敬止，号槐雨，吴县人，弘治进士。授职行人，又迁为御史，因弹劾失职武官，被东厂（明特务机构）所诬而被降职，贬谪上杭县丞、广东驿丞、永嘉知县、高州通判，正德四年（1509）失意回乡。“罢官归，乃日课童仆，除秽植楥，饭牛酤乳，荷臿抱瓮，业种艺以供朝夕、俟伏腊，积久而

① 〔美〕乔治·桑塔耶纳：《美感》，中国社会科学出版社1982年版，第41页。

② 〔美〕明恩溥：《中国人的素质》，学林出版社1999年版，第143页。

③ 见宋朱长文：《乐圃记》。

园始成”①。自比西晋潘岳，“余自筮仕抵今，余四十年，同时之人或起家至八坐，等三事，而吾仅以一郡倅老退林下，其为政殆有拙于岳者，园所以识也”②。因取潘岳《闲居赋·序》句意名园，赋序云：“庶浮云之志，筑室种树，逍遥自得，池沼足以渔钓，舂税足以代耕；灌园鬻蔬，以供朝夕之膳；牧羊酤酪，以俟伏腊之费，‘孝乎唯孝，友于兄弟’，此亦拙者之为政也。”园址旷若郊野，十分之七为池水，足可表现园主的江湖田园之志气。画家恽格在他绘的拙政园图上描写了他眼中的拙政园：

> 秋雨长林，致有爽气。独坐南轩，望隔岸横岗，叠石崚嶒，下临清池，磵路盘行，上多高槐、柽、柳、桧、柏，虬枝挺然，迥出林表。绕堤皆芙蓉，红翠相间，俯视澄明，游鳞可数，使人悠然有濠濮间趣。

自陶渊明以“归田园”为“守拙”之举以后，“拙”就成为保持心性本真的代名。

耦园，俩人协同并耕叫耦耕，孔子当年碰到过的“长沮”和“桀溺”就是在“耦而耕”③，这是一种原始的耕作方式，园名蕴涵怀旧情愫，园中还有书房名“织帘老屋”，透露出园主对古朴的男耕女织生活的怀念。园主沈秉成与夫人严永华有双双归隐并耕的意愿，沈秉成有诗称：“何当偕隐凉山麓，握月担风好耦耕。”严永华也有《题自画水村偕隐图便面诗》，云：“为问他年偕隐地，风光得似此间无?”园中抒情写意式的布局也处处流露夫妇双双隐归田园的情趣：轩名“枕波双隐”，严永华题联：“耦园住佳耦，城曲筑诗城。”成为全园的基调。他们住在“城曲草堂”，幽静简朴，人迹罕至；在“双照楼”上读书明道，在“吾爱亭”上欣赏陶渊明“吾亦爱吾庐，既耕亦已种，时还读我书”的诗句，陶醉在“山水间”……

明代末年王心一筑园径以陶渊明《归园田居》诗名其园为“归田园居”，并写《归田园居》诗歌五首，以和陶渊明的《归园田居》五首。

2. 知足常乐、恬淡寡欲。美国的明恩溥也发现：“中国人的‘常乐’，我们必须视为一种民族性格，与他们的知足密切相关。”④ 知足常乐是中国古代的人生哲学。《老子四十五章》云：“祸莫大于不知足，咎莫大于欲得，故知足之足，常足矣。”道家提倡的这种人生理想，是“小国寡民”理想的心理反映，但却既与儒家主张的“养生莫善于寡欲”⑤ 相合，又与佛教所宣扬的人生领悟一致，《无量寿佛经》云：“忍力成就，不计众苦；少欲知足，无染恚痴。”因为它具有审美超脱的自得之趣。人一旦超脱了功利，就会无忧无虑，精神上达到和美的境界，“知足者仙境”⑥，事事知足，人生就如生活在

① 明王献臣：《拙政园图咏跋》。
② 同上。
③ 见《论语·微子》。
④〔美〕明恩溥：《中国人的素质》，学林出版社 1999 年版，第 144 页。
⑤《孟子·尽心下》。
⑥ 明洪自成：《菜根谭》后集二十一。

神仙境界。《红楼梦》中描写的甄士隐，成天种花莳竹，不以功名为念，作者称他过的是“神仙也似的生活”。因此，恬和养神、容膝自安，成为文人们普遍认同的生活方式。

特别在明清时期，士大夫们越来越醉心他们的“芥子”式小园，但心灵的精神空间却越来越大。北京海淀明代书画家米万钟的“勺园”，取意海淀一勺。清李渔在南京的芥子园，“地只一丘，故名芥子”。清同治年间，原云贵总督张月清因病退归武昌，筑“寸园”，自己解释曰：“今退老是园，寸木拳石，可以怡情，寸晷分阴可以习静也，余不欲诎寸而进尺，累尺而成丈，亦得寸则寸而已，故以名吾园。”

苏州的“曲园”，是晚清朴学大师俞樾的书斋花园。园仅“一曲而已，强被木名，聊以自娱者也。”俞樾在《曲园随笔》中说：“率用卫公子荆法，以‘苟’字为之。”公子荆是春秋卫国大夫，孔子在谈到他时说他善于居家过日子，刚有一点便说：“差不多够了。”增加了一点，又说：“差不多完备了。”多有一点，便说：“差不多富丽堂皇了。”俞樾为浙江德清县人，罢官后，避祸苏州，四易其居，在朋友的资助下，才“筑室三十余楹，其旁隙地筑为小园，垒石凿池，杂莳花木”，建了此园，所以他说“吾学公子荆，一苟万事足”，“拳石与勺水，聊复供流连”，“但取粗可居，焉敢穷土木”，厅堂用材都不粗大。俞樾深为自得，他自号“曲园居士”，并以“一曲之士”自称，写诗曰：“小小园池亦自佳，盆池拳石手安排”，又详细地抒写了园景及情趣：“曲园虽褊小，亦颇具曲折：达斋认春轩，南北相隔绝。花木隐翳之，山石复濛搕。循山登其巅，小坐可玩月。其下一小池，游鳞出复没。右有趣水亭，红栏映清冽。左有回峰阁，阶下石凹凸。循此石径行，又东出自穴。依依柳阴中，编竹补其缺。”庭院中融入了文人意境，简朴素雅，不事雕琢。

苏州有南北两个半园，均以“知足不求其全，甘守其半”为主题。南半园入门处，有王文治的一条对联将主题作了进一步的阐发：

事若求全何所乐，人非有品不能闲。

吴云为园中主厅“半园草堂”书联曰：

园虽得半，身有余闲，便觉天空海阔；
事不求全，心常知足，自然气静神怡。

苏州“縄园”，园名也是颇耐寻味的：“縄”，即“茧”，蚕以及某些昆虫在成蛹期前吐丝所作的壳称茧。名之谓茧，一言其小，园广不足三亩；二言园虽小如茧，却有亭台馆榭之美，具郊墅林泉之趣，居之裕如，足可洁身自好，不与世事。如厅上所悬对联所说：“只看花开落，不问人是非。”这联语取自宋理学家邵雍的《省事吟》诗句，只是把“言”字改成了一个“问”字，与世事脱离得更干脆。

残粒园，取的是杜甫《秋兴》八首中诗句：“香稻啄余鹦鹉粒，碧梧栖老凤凰枝”之意，一则极言其小，占地140平方米；一则以凤凰自喻，表示高雅与众不同，并希望终老于此。今苏州洞庭西山的“芥舟”小园，与此异曲同工。其名取自《庄子·逍遥游》：“覆杯水于坳堂之上，则芥为之舟，置杯焉则胶，水浅而舟大也。”“芥”，陆德明《释文》曰：“小草也。”花园占地才130平方米。

明代昆山顾氏别业称“一枝园”，清时苏州枫桥也有同名园，著名朴学大师段玉裁居此，中有“经韵楼”。取的是《庄子·逍遥游》中的“鷦鷯巢于深林，不过一枝”之意。以鷦鷯自喻，“其居易容，其求易给，巢林不过一枝，每食不过数粒”。另有“鷃适园”、“半枝园”、“茧园”、“咫园”、“蜗庐”等。

3. 怡情丘壑，醉心风月。基于天人合一的思维模式，人们追求与自然的浑融，向往宽松清幽的生活，投身大自然，许多园林的主题是直接以植物以及花木色彩命名的：“涌翠山庄”、“茅亭”、“梅隐”、“一松山房”、“依绿园”、“清华园”、“秀野园”、“千株园”等。以苏州现存的园林为例：

“留园”，始建于明代万历年间，彼时“宏丽轩举，前楼后厅，皆可醉客。石屏为周生时臣所堆，高三丈、阔可二十丈，玲珑峭削，如一幅山水横披画。”[①] 清乾隆时以“竹色清寒，波光澄碧”[②]，名“寒碧山庄”，又因地处花步里，又称“花步小筑”。清末同治十二年，盛康（旭人）购得此园，名留园，寓“长留天地间”之意。俞樾《留园记》据此义又延伸之：“夫大乱之后，兵燹之余，高台倾而曲池平，不知凡几，此园乃幸而无恙，岂非造物者留此园以待贤者乎？是故泉石之胜，留以待君之登临也；华木之美，留以待君之攀玩也；亭台之幽深，留以待君之游息也。其所留多矣！岂止如唐人诗所云：‘但留风月伴烟萝’者乎？”意思是名园不会像石崇的金谷园一样昙花一现，只留下风月伴烟萝。泉石楼台之胜，会长留天地，独享游人。

“环秀山庄”，晋时为景德寺，后相继为学道书院、官署、明申时行宅，清时曾为毕沅宅，道光末归汪氏，建耕荫义庄，内重构东花园部分为环秀山庄，又名“颐园”。四面环秀，高阁涵云，今存山、池和补秋舫，以湖石假山驰名中外。

书斋庭园“听枫园”，为清代著名的金石学家、书画艺术家吴云的书斋花园。园内有古枫婆娑，以聆听风吹枫树叶子的天然之音为园名，可“不出城郭而获得山林之趣”。其他如“怡我园”、“清心园”、“逸我园”、“畅园”等。

4. 娱老、怡亲、继祖、寄傲、养志等。以血缘为纽带的中国几千年的封建宗法社会，是一种“家国同构”的政治模式，中国人政治伦理化，伦理也政治化，“忠孝两全”成为最理想的范式。孔子提出“孝悌为本”，“将外在礼制（规范）变为内在心理

---

① 明袁宏道：《园亭记略》。

② 清钱大昕：《寒碧庄宴集序》。

(情感)……汉代将此思想制度化，甚至法律化，便逐渐积淀而成深层文化心理结构。儒法互补却总以儒为主，即因以‘孝慈’为核心的情感心理始终为主之故。它得到了农业家庭小生产的社会根基的长久支持”①。在家庭孝养父母，追念祖先，重视亲情，也成为中华民族的优秀传统。

明王鏊之子筑“怡老园”怡养其父，王鏊在此园20余年。上海豫园，为明潘允端的私园，筑园初衷也为娱老怡亲，“豫”，即欢喜、快乐之意。

清康熙年间参政孙彤构园名“志圃”，因其祖父宦游20年，归田之日，欲治一圃，未果，故筑此园为成祖父之志，因径以“志圃”为名。

中国古代士大夫文人，崇尚“内圣外王”的理想人格，“内圣”的感召力又使他们疾恶如仇。

明代王世贞在太仓城厢鹦哥桥东第宅之左建园名“离薋园”，取屈原《离骚》“薋菉葹以盈室兮，判独离而不服”句。“薋”，汉王逸解释为蒺藜草；“菉”，即今之淡竹叶；“葹”，即苍耳，“薋菉葹”皆为恶草，屈原用来借喻谗佞小人。意谓恶草堆积满室，而你却判然与众不同，不用那些恶草来作为自己的服饰。是女嬃劝责屈原之语。当时，严嵩之子严世藩企图得到王世贞之父王忬所藏的宋人《清明上河图》，未果，严嵩便将王忬落职论死。王世贞兄弟匿迹家乡，以此名园，表达了对杀父仇人的切齿痛恨。

5. 抒发方外之情、尘外之意。如“祇园”、“弇州园”、“壶隐园”、“壶园”等。

苏州“壶园”、“壶隐园”的构园思想意趣取自神仙“壶公”的“壶中天地”，见于晋葛洪《神仙传·壶公》。皇家园林中这类景点很多，如清乾隆《圆明园四十景》中有“方壶胜景”。“方壶”，即《史记》中所记载的海上三神山中的“方丈”，“方丈之山，其高五千。群仙往来，不欲升天”②，是不愿升天者的避世之地、人间仙府，是“市隐”的园居者所向往的理想境界。

王世贞最初在太仓筑“弇州园”，因《庄子》、《山海经》、《穆天子传》等书中都有“弇州”、“弇山”，皆指神仙居住之境，他自号“弇州山人”，后来又在门上榜“琅琊别墅”。表示自己是尘外之人，以标脱俗。

早在魏晋南北朝时期，皇家园林就向士人园学习，至清代，皇家园林大量吸取南方私家园林的艺术精髓，“南秀北雄”集于一体。因此，皇家园林除了表现皇帝君临天下、俯察庶类的特殊情感外，也表现了一般文人的审美情感，如对清幽生活的向往，皇家园林中以欣赏自然景色、陶融自然为主题的景点俯拾皆是。承德避暑山庄72景中占绝大部分，诸如“烟波致爽”、“万壑松风”、“水芳岩秀”、“四面云山、”“梨花伴月”、“云容水态”等。甚至还出现了对历史上隐逸高人的仰慕、欣羡之情：庄子、严子陵、陶渊明、王羲之、邵雍、李白、杜甫等。如圆明园的“武陵春色”、“山高水长”、“濂

① 李泽厚：《论语今读》，安徽文艺出版社1998年版，第415页。

② 清朱彝尊：《曝书亭集·五游篇》。

溪乐处”等；承德避暑山庄的“濠濮间想”、“香远益清”、“水流云在”、“知鱼矶”等；颐和园的“意迟云在”、“邵窝殿”、“云松巢”、“兰亭”等。

武陵春色，用陶渊明《桃花源记》意境造景，有溪岛、峰峦、石洞，山桃万株、林木深邃、幽僻，再现了武陵渔人见到的桃花源；“山高水长”是赞扬东汉大隐士严子陵的，出范仲淹《严先生祠堂记》；“水流云在”和“意迟云在”，都是取意杜甫《江亭》中的“水流心不竞，云在意俱迟”的意境。原诗是说，虽然水在潺潺地流动，但心中不想去竞争；虽然白云在蓝天之上，但不想借青云直上。反映的是一种归隐的心情，同时，也揭示了“云无心以出岫，水不舍而长流”的天地宇宙运行规律，“景与心融，神与景会”①，使人进入虚静境界。

【第二节】

中国传统思维与园林的艺术个性

中国古典哲学和医学多长于辩证思维，这种思想方法，渊源于《周易》，畅发于孔子、老子，到《周易大传》，而集大成，《周易大传》称“一阴一阳为之道”、“刚柔相推而生变化”、“生生之谓易”。宋代的张载提出了“两”与“一”的观念，对此作出了进一步的概括，揭示了对立统一的基本规律，朱熹、王夫之又发展了张载的思想，“相反相成”、“物极必反”，不仅成为儒道的共识，而且成为社会上流行的成语。西方人将这种思维方法称之为“辩证法”。这是一种揭发思想言论中的矛盾并解决这矛盾的方法，中国古代称之为“辨惑法”。张岱年、方克立主编的《中国文化概论》中分析道：

> 中国人从远古以来，在特殊的地理环境和经济生活方式的氛围中，养成了整体地观照世界的方式。中国人习惯于直观的方式体悟人与世界的动态的有机的联系，对世界的认识和把握带有综合性、宽泛性、灵活性、随机性、不确定性等特点。

这种思维方法重视整体、重视关联，属于综合思维模式。故对世界认知的方法是注重直觉和顿悟，如我们说陶渊明是“好读书，不求甚解”，即不以知性的眼光去审视，而是会意感通，以主体精神去体悟作品的内在精神，达到物我两忘的境界。这是一种带有突发性的彻悟体验，只凭直觉直接切入对象。美国的明恩溥很惊讶地说中国人“漠视精确”②。不

① 明王嗣奭：《杜臆》卷四。

② 〔美〕明恩溥：《中国人的素质》，学林出版社 1999 年版，第 41 页。

重视对于自然事物的研究，十分轻视对于客观世界的实际探索①，当然，在15世纪以前，中国在理论思维水平上高于西方作为神学奴婢的中世纪哲学。

中国传统思维模式表现在艺术领域，就是十分重视艺术品的神韵，要求“气韵生动”，著名美学家李泽厚认为，在中国古代，文坛艺苑的百花齐放、文艺灿烂图景的真正展现、各艺术门类的高度成熟、各类艺术的个性特征的充分发展，肇始于中晚唐，我国各类艺术包括园林的艺术个性也在这个时期开始形成并日趋成熟。沿着中晚唐这条线，走进更为细腻的官能感受和情感彩色的捕捉追求中。时代精神已经不在马上、世间，而在心境，美学代表著作是唐司空图的《诗品》和严羽的《沧浪诗话》，它不只是注重文艺创作的心理特征，而且要求创造出特定的各种艺术境界，文艺中韵味、意境、情趣的讲究成了美学的中心。追求的是司空图所说的“韵外之致”、“味外之旨”、“象外之象”、“景外之景”，“味在酸咸之外”、“可望而不可置于眉睫之前”，要求文艺去捕捉、表达和创造出那种可意会而不可言传、难以形容却动人心魄的情感、意趣、心绪和韵味。严羽完全承接了这一美学趣味，注重艺术品的空灵、含蓄、平淡、自然的美②。如唐李嗣真《书后品》中评价王羲之的草行杂体“如清风出袖，明月入怀”；清朱锡绶《幽梦续影》用名花来比称唐人诗歌，也很有代表性：

> 少陵似春兰，幽芳独秀；摩诘似秋菊，冷艳独高；青莲似绿萼梅，仙风骀荡；玉谿似红萼梅，绮思缠娟；韦柳似海红，古梅在骨；沈宋似紫薇，矜贵有情；昌黎似丹桂，天葩洒落；香山似芙蕖，慧相清奇；冬郎似铁梗垂丝；阆仙似檀心磬口；长吉似优钵昙，彩云拥护；飞卿似曼陀罗，琼月玲珑。

展开丰富奇特的想象，分别以杜甫、王维、李白、李商隐、韦应物、柳宗元、沈佺期、宋之问、韩愈、白居易、韩偓、贾岛、李贺、温庭筠的诗歌风格作比况，以花品人，以花喻人，抽象而又带着点朦胧的美，让人玩味、咀嚼。这种审美情趣与西方大异其趣，由此出现了与西方迥然不同的艺术样式。“西方民族从古希腊开始就注重形式逻辑、抽象思维，力求从独立于自我的自然界中抽象出某种纯粹形式的简单观念，追求一种纯粹的单一元素”③。西方注重推理与分析的思维方法，属于分析思维模式，注重精密的逻辑思维，他们对美的标准是通过理性的分析，再用精确明晰的语言来表达出来。甚至通过数学公式来表现，如他们习惯用“黄金分割面型”的方法来确定审美标准：正面纵线一分为三，发际到鼻根、鼻子全长、鼻尖到下颚各占三分之一；眼的横幅一分为三，

---

① 《论语·子张》载孔子弟子子夏说：“虽小道，必有可观者焉，致远恐泥，是以君子不为也。”朱熹注：“小道，如农圃医卜之焉。”汉代独尊儒术，罢黜百家，注重名辨之学与物理之学的墨学中断，于是，儒道这种辩证思维构成了中国传统的思维模式。

② 参李泽厚：《美的历程》，文物出版社1982年版146~159页。

③ 张岱年、方克立主编：《中国文化概论》，北京师范大学出版社1995年10月第144页。

两眼和眼间距离各占三分之一；鼻尖到下颚底一分为三，人中沟、上下唇、下颚各占三分之一。法国艺坛巨匠布南坦创立了美女标准的“三三制”，如“三白”、“三黑”、“三短”、“三窄”、“三细”、“三宽”、“三长”、“三小”等。对古典园林的美学要求上也是如此，他们一丝不苟地按照纯粹的几何结构和数学关系发展，强迫自然接受匀称的法则，法国凡尔赛花园就是典范之作。

一、中国园林缘情的艺术个性

中国人习惯的辩证思维，也可称为模糊思维，这里我们称之为艺术型思维。中国古典园林艺术与中国其他艺术一样，“本于心”，源于主体的思想感情，追求味象畅神，抒写情志，以景写情，随兴适趣，体现自己的人品和人格，具有“缘情”的艺术个性。“缘情”说最早是西晋文学家陆机在《文赋》中提出的，针对的是诗歌，所谓“诗缘情而绮靡”，要求诗歌必须抒发作者的思想感情，而且还要求语言精美，具有鲜明生动的艺术形象。在此以前，儒家是将“诗”和“言志”始终联系在一起的，正如朱自清在《诗言志辨》中所言：“诗言志，指的是表现德性，……可是缘情的五言诗发达了……于是陆机《文赋》第一次铸成‘诗缘情而绮靡’这个新语。”“缘情”成为中国诗画以及园林等造型艺术的独特个性。

朱光潜在谈“艺术美”时这样说：

> “美”字只有一个意义，就是事物现形象于直觉的一个特点。事物如果要能现形象于直觉，它的外形和实质必须融化成一气，它的姿态必可以和人的情趣交感共鸣。这种“美”都是创造出来的，不是天生自在俯拾即是的，它都是“抒情的表现”①。

园林的“艺术美”就是如此。园林艺术讲究意境的创造，“造园”讲“构园”，即必须经过艺术家的精心构思，创造出“外足于象，而内足于意”② 的“意象”，要求外界景物的形象与造园家的主体情思相互交融，从而形成充满主体感情的形象。游赏者可以从作为审美客体的意象中，获得更高层面的审美快感，即“意境”感受，这是一种“象外之象”、“景外之景”。所以，对具有艺术禀性的人来说，欣赏中国园林，是一种高品位的文化艺术享受：我们能触摸到中国古代文人跳动的脉搏，聆听到他们对现实社会的感慨隐忧、对人生的深沉反思、对道德理想境界的执著追求。人们的性情怡养在艺术意境的甘泉中，脱去尘劳，得到精神的解放，心灵如鱼得水地徜徉自乐。而与此相反，世

---

① 朱光潜：《谈美书简二种》，上海文艺出版社 1999 年版第 148 页。
② 明王世贞：《弇州山人四部稿》。

间那些对文艺不感兴趣的人朱光潜先生称之为“精神方面的残废人”①。前文我们已经谈到在中国园林的主题中看到了古代的士大夫们如何将自己的荣辱得失、感慨隐忧写入到他们精心修筑的园林里去。具体地考察园林山水，假山寄托着归隐林下的文人高古俊逸的自我情趣，寄寓为山居崖栖、高逸遁世。园林池水，用来体现文人刻意追求的复朴归初、寝馈山林的隐士风度，借此获得遗形忘忧、怡情悦性的感官愉悦，也用以标举追踪庄、惠，超脱名利的高洁人格，从而获得一种精神满足。所以园林山水，不仅是一种客观的欣赏对象，而且还是自己人格乃至宇宙理想的寄寓，它融入了文人对自然对人生对社会生活的许多感悟，是有诗意、画境、哲理玄思的主客观的混合体，是自然和人的完美结合。

有的园林通过布局的变化就能看出园林的主人以及历代修葺该园人的心态。苏州沧浪亭现存布局就比较典型。当年苏舜钦有感于《楚辞·渔父》濯缨濯足随适意的意趣，遂建“沧浪亭”于水边，清代江苏巡抚宋荦修葺时移建山顶，“高山仰止，景行行止”，表示对先贤的敬仰之情。但利用复廊将园外一泓清流勾通园内外，并用“清风明月本无价，远山近水皆有情”这条欧阳修和苏舜钦的集联，将古今依然绾结起来。园中出现布局规整的“明道堂”、“东菑”、“西爽”、“瑶华境界”小区和“五百名贤祠”，反映崇儒特色，还有“印心石屋”、“圆灵证盟”这一佛学色彩明显的小院。这些都说明了现存沧浪亭布局所蕴涵的文化心理，正是古代文人“依于儒，归于道，逃于禅”这一常规心理，所以，它成为古代士大夫文人心态的“活化石”。

有的借助文学题名，委婉陈情。如明末清初散文家张岱所筑小院名“不二斋”，“不二”出《维摩诘经不二法门品》，佛教谓有八万四千法门，不二法门在诸法门之上，能直见圣道。表示主人皈依禅道的不二之门，忘却人间烦恼：“余解衣盘礴，寒暑未尝轻出，思之如在隔世”②。在中国古典园林里，常以“不系舟”名园内的一些“旱船”（图4－1），而“不系舟”出自《庄子·列御寇》，谓：“巧者劳而智者忧，无能者无所求，饱食而遨游，泛若不系之舟，虚而遨游者也。”成玄英疏曰：“唯圣人泛然无系，泊而忘心，譬彼虚舟，任运逍遥。”表达了文人追求精神自由的人格抱负。

图4－1　不系舟（古猗园）

① 参朱光潜：《谈文学·文学的趣味》，安徽教育出版社，1996年版。

② 明张岱：《陶庵梦忆·不二斋》见《明清名家小品精华》，安徽文艺出版社1996年第584页。

苏州畅园船厅名“涤我尘襟”，意思说，洗涤干净世俗的灰尘，使自己襟怀澄净，心灵得到了净化，具有超逸的人格意义。

有的在自然景物中寄托一定的理想和信念，借景抒情，表达某种精神追求。如中国历代封建时代帝皇幻想长生不死、永远享受人间荣华富贵的愿望，在宫苑中建象征海中三神山的“一池三岛”，如北京三海、琼华岛、水云榭和瀛台等。但在特定的时期也有例外，如北齐武成帝高湛时，“增饰华林园，若神仙所居，遂改为仙都苑”[①]，仙都苑中“封土为五岳，分流四渎为四海，汇为大池，又曰大海”[②]。武成帝已经不以海上三神山造景，而将人间的四海五岳罗致苑中，反映了在动乱时期的帝皇希望在有限的人生中尽情享受人世间一切的欲望。封建皇帝也在皇家园林中借景物抒发志向，以景寓政。清康熙皇帝在《御制避暑山庄记》中说：

> 至于玩芝兰则爱德行，睹松竹则思贞操，临清流则贵廉洁，览蔓草则贱贪秽。此亦古人因物而比兴，不可不知。人君之奉，取之于民，不爱者，即惑也。

封建帝皇托物言志，虽然也不乏文人雅尚，但毕竟不同于士大夫文人。如自北宋以来，皇家宫苑里的假山几乎都用“万寿山”为名，颐和园、北海白塔山、故宫后的景山，都称万寿山。因为封建时代往往以“山”比喻君主，“山呼万岁”是专用来颂扬君主的。皇家园林的景物还多宣扬皇帝仁德，如避暑山庄如意洲上的“延薰山馆”，在延薰风清暑的后面，还蕴涵着“延仁风”之深意，《礼记·乐记》：“昔者舜作五弦之琴以歌南风。”其词曰：“南风之薰兮，可以解吾民之愠兮，南风之时兮，可以阜吾民之财兮。”

圆明园四十景之第三景为“九州清晏”，其命名是借战国晚期地理著作《尚书·禹贡》分全国为九州的典故，大禹治水后将全国按自然地理划分为九个区域，称为“九州”，后一直以九州疆域指称大一统的全中国，成为全民族的共识。皇家园林用此，反映了帝皇“家天下”的心理，所谓“九州清晏，皇心乃舒”。

雕刻、雕塑等园林装饰和园林植物，也带有强烈的感情色彩。如颐和园的铜牛，作为镇水灵物而设，据《御制万寿山昆明湖记》记载，在昆明湖未疏浚之前，司其事者“踟躇虑水之不足，及湖成而水通，则汪洋漭沆，较旧倍盛，于是又虑夏秋泛涨或有疏虞”，所以铸造这一铜牛。铜牛身上有乾隆所写铭文，也说明了这一情感。

私家宅园的住宅主厅前后小庭院各植金桂和玉兰花，以寄托“金玉满堂”的生活理想。

---

① 晋陆翙：《邺中记》。
② 清顾炎武：《历代宅京记》卷十二。

二、中国园林的写意手法

中国园林“缘情”的艺术个性，决定了反映自然外物的艺术手段的写意性，即不是忠实、逼真、精确地再现外物。如欣赏艺术品的朦胧、抽象的美，欣赏园林中随势而筑的亭台楼阁、傍清溪而植的茂林修竹、书条镌刻、嵯峨怪石等实景，以及池中清漪、白壁花影、月光倒影、松涛竹韵、前贤韵事等虚景，统统可以漱涤胸次、味之无穷、频添雅兴。因为中国古典园林的创作，同中国古代山水诗、中国山水画等一样，它的独特内涵和艺术创作手法是“写意”，这是中华民族思维方式在园林艺术中的反映，也是中国古典园林艺术创作的重要法则，也是中国古典园林饮誉中外、历久不衰的原因。

“写意”的最早出处见于先秦典籍，《战国策·赵策二》：“忠可以写意，信可以远期。”指的就是披露心意，抒写心意之意。后来“写意”成为诗画的一种艺术手法，甚至发展为绘画的一种品类“写意画”，其意义与披露抒写心意依然是一脉相承的。宋陈造《自适》诗之一：“酒可销闲时得醉，诗凭写意不求工。”写意画只求以精练之笔寥寥几笔的勾勒，就能使作者的情趣毕现。元夏文彦《图画宝鉴》卷三：“（仲仁）以墨晕作梅，如花影然，别成一家，所谓写意者也。”而正如鲁迅在《且介亭杂文末编·记苏联版画展览会》中所说的：“我们的绘画，自宋以来就盛行‘写意’。”

中国文人园，包括深受文人园艺术浸润的皇家园林和寺观园林，在创作时运用的艺术手段就是诗画艺术中普遍运用的“写意”。

园林布局的写意。中国的园林布局，秦始皇、汉武帝时的宫苑，以天地宇宙为艺术模仿的对象，以神话中的仙山神水为构图模式，虽然他们并不懂得后世所遵循的“写意”、“空灵”等艺术原则，体量庞大，规模宏丽，但对于真正的宇宙天地、梦幻中的神仙世界来说，也还是带有“写意”色彩的。南北朝开始的士大夫园林的布局，写意色彩就越来越鲜明了，从庾信对“小园”的构想到中唐白居易开了江南文人写意山水园的先河，宋代士大夫园林更向写意发展，明清的士大夫文人们则更满足于“芥子纳须弥”。他们在咫尺天地里建立“蜗庐”、“安乐窝”、“勺园”、“残粒园”、“片石山房”、“曲园”、“半茧园”、“壶园”、“半亩园”等小园，小巧而雅朴，均以小小许胜多多许，园小而意足。宋词人朱敦儒描述说：

> 一个小园儿，两三亩地，花竹随宜旋装缀。槿篱茅舍，便有山家风味。等闲池上饮，林间醉。都为自家，胸中无事，风景争来趁游戏，称心如意，剩活人间几岁，洞天谁道在，尘寰外①。

最能反映他们构园思想意趣的是神仙“壶公”的“壶中天地”，晋葛洪《神仙传·

① 宋朱敦儒：《感皇恩·一个小园儿》。

壶公》载：

> 壶公者，不知其姓名。汝南有费长房者，为市掾，忽见公从远方来，入市卖药，人莫识之。卖药口不二价，治病皆愈。常悬一壶于屋上，日入之后，公跳入壶中，人莫能见，唯长房楼上见之。公语房曰："见我跳入壶中，卿便可效我跳，自当得入。"长房依言，果不觉已入。入后不复是壶，唯见仙宫世界，楼观重门阁道，左右侍者数十人。公语房曰："我仙人也，昔处天曹，以公事不勤见责，因谪入人间耳！"

中国园林的山水，不可能是对自然山水的如实摹写或按比例缩小，即使明确地将自然界的某一名山胜景作为园林造象的对象，也只能是"写意式"的模建，不可能将模建的原型再现于园中，只能师其意，取其神，而遗其形貌，如汉梁冀园中"采土筑山""以象二崤"，东晋谢安入朝后营造的园林，模拟他曾高卧的会稽东山①，谢灵运称其庄园周围的群山为"海中三山之流"，唐安乐公主园"累石象华山，引水象天津"②。中唐以后，"巡回数尺间，如见小蓬瀛"，成为叠山艺术的发展方向，"写意"手法完全渗透到园林营造的各个方面，"壶中天地"的空间原则基本确立。白居易以庭山象征终南山，李德裕的平泉山庄"疏凿像巫峡、洞庭、十二峰、九派，迄于海门江山景物之状"③。宋"文潞公东园，本药圃，地薄东城，水渺弥甚广，泛舟游者如在江湖间也"④。清祁彪佳称"万玉山房"中"汇卧龙之泉，渟泓小沼，虽尺岫寸峦，居然有江山辽邈之势"⑤。

北京皇家园林对江南私家园林的某些景点的仿建，也只是"肖其意"。江南私家园林一些仿拟性的艺术造型，更是金学智先生所说的"胸有丘壑的意构"⑥。张家骥说：

> 园林艺术的写意，就是以局部暗示出整体，寓全（自然山水）于不全（人工水石）之中，寓无限（宇宙天地）于有限（园林景境）之内，其奥妙就在于：中国园林艺术是立足于贯通宇宙天地的"道"去观察和表现自然的。所以咫尺山林的小小园林却给人以一种深邃的无尽的时空感⑦。

白居易"凡所止，虽一日二日，辄覆篑土为台，聚拳石为山，环斗水为池，其喜山

---

① 宋周应合：《景定建康志》卷十七"东山"条。
② 宋司马光：《资治通鉴》卷二百零九。
③ 唐康骈：《剧谈录》。
④ 见宋邵伯温：《邵氏闻见后录》卷二十五。
⑤ 清祁彪佳：《越中园亭记》之二，见《祁彪佳集》卷八。
⑥ 参金学智：《中国园林美学》，江苏文艺出版社，1990 年版第 79 页。
⑦ 张家骥：《中国园林艺术大辞典》，山西教育出版社，1997 年版第 99 页。

水病痴如此”①。随着士大夫自我意识的自觉以及士大夫文化艺术体系的发展和成熟，文人园林中容纳的文化信息越来越丰富，而山水的体量越来越小。即使一块小石，苏轼也体会到“太行西来万马屯，势与岱岳争雄尊”，一只小小的盆池，在宋曾巩眼里也是“苍壁巧藏天影入，翠奁微带藓痕侵。能供水石三秋兴，不负江湖万里心”，文徵明“埋盆作小池，便有江湖适”②，清代王摅在金鱼缸中体会到“仿佛身在濠梁游，非鱼宁不知鱼乐”③！如今存的苏州园林，均为写意咫尺山水园，“一峰则太华千寻，一勺则江湖万里”④。

园林建筑的写意。园林建筑与园林的主题相一致，它往往通过造型和文学题名表现出浓郁的写意色彩。如苏州曲园，建筑布局造型如篆书的“曲”字；苏州北半园，亭台楼池均以“半”为特征等。

最有写意特色的是一种意构的旱船，它们的外观基本上看不出画舫的形象，只是以狭长的内部空间或支摘窗等来勾起人们对船舱的联想，加上文学题名的启示，就可以产生画舫荡漾、穿越于丛山野水之中的意境。这种建筑，有的建于水边，如苏州沧浪亭的“面水轩”，虽然名之为“轩”，其所处的实际位置却像停泊在水边的船，它三面环水。屋内匾额悬“陆舟水屋”，并有对联曰：“短艇得鱼撑月去，小轩临水为花开”。更令人产生对于渔船的联想。有的完全建于陆地，如苏州怡园的“石舫”、豫园亦舫平面作长方形，屋顶为卷棚歇山式，外观与一般的厅堂无异。但短边两面设长窗，长边两面装半窗，内部装修分三段为旱船形式，窗外两面略置一些湖石。人坐于室内的“船舷”上，舫游之趣油然而生。有的则建于山上，是一种似舫非舫的神似的旱船，如虎丘山台地园“拥翠山庄”中的“月驾轩”。此轩面东，南北向，而南北两头各接一小轩，如同船艇的头舱和尾舱。轩东庭院中满置峰石，文学题名也恰到好处地点出了这一建筑的特点，给人以启示，轩名“月驾”，取自《水经注》“峰驻月驾”意，即在月光下驾着小舟穿行于峰峦之中。原有题额曰“不波小艇”，点出了此造型为陆舟，而且对联出句说：“陆居非屋，水居非舟”。豫园的船舫位于龙墙边比较狭窄处，周围有山石，船头前铺砌波浪纹，如行水中（图4－2）。何园船厅亦为同样方式。

图4－2　船舫（豫园）

① 唐白居易：《庐山草堂记》。

② 明文徵明：《斋前小山秽翳久矣，家兄召工治之……赋小诗十首》之三，见《文徵明集》卷一。

③ 清王摅：《鱼缸歌》，《芦中集》卷九。

④ 明文震亨：《长物志》。

园林建筑以及家具装饰中的写意色彩也到处可见，比如大量表示福、禄、寿的吉祥图案，表示“四君子”的梅、兰、竹、菊等，寓意“节节高”的竹节形雕刻。苏州著名的东山雕刻大楼，大门外照墙上刻有象征“大喜”的“鸿禧”额、屋顶脊上的“聚宝盆”雕塑、砖雕门楼内侧上枋的圆雕“八仙庆寿”，沿前天井的门窗上装有仿古币的铜质搭双桃型插销、蝙蝠锁眼，厅内梁柱上四只木质纱帽帽翼，组成“出门有喜，进门有宝，抬头有寿，回头有官，伸手有钱，脚踏福地”的寓意。

“写意”，可以从有限到无限，激发审美者的想像力，引入更深广的境界，调动审美想像，以突破时空、语言、概念形象等方面的限制，达到“言有尽而意无穷”的艺术效果。

三、中国园林含蓄蕴藉的美学特色

中国艺术理论中，很重视含蓄蕴藉之美。含蓄就是有余味。刘勰倡“余味曲包”①说，认为“隐也者，文外之重旨者也”；唐皎然《诗式》也说：“两重意已上，皆文外之旨”；司空图讲“不著一字，尽得风流”、“羚羊挂角，无迹可求”②；叶燮说：“诗之至处，妙在含蓄无垠，思致微妙，其寄托在可言不可言之间，其指归在可解不可解之会，言在此而意在彼，泯端倪而离形象，绝议论而穷思维，引人于冥漠恍惚之境，所以为主也。”③ 王夫之“无字处皆其意”等论述，都对含蓄这一美学范畴、艺术风格和表现手法作了形象的概括。中国绘画艺术同样以含蓄为上，要求的是“远山无脚，远树无根，远舟无身”，唐志契《绘事微言》说：“能藏处多于露处，趣味愈无尽。”“虚实相生，无画处皆成妙境”（笪重光）；书法追求“潜虚半腹”（智果）、“计白当黑”等。要求作者给鉴赏者以广阔的联想空间、回味、咀嚼的“余味”，而欣赏者可以根据自己的审美理想和独特感受，去进行艺术的再创造，从而获得强烈的美感享受。相反，“尽则浅露也”④。中国古典园林构园手法讲究含蓄、曲折、变化，反对僵直、单调、一览无余。景物大都藏而不露、隐而不现。

实际上反映了中国艺术的创作和鉴赏的规律，而这一规律，正是中华民族特有的“辩证思维”的特征之一。中国没有古希腊式的“酒神精神”，因此没有放纵的狂欢，强调的是理性、节制，并要求将理智引入并渗透融化在情感之中。这种观念，来源于实践（用）理性，而非来自语言的辩论或思维的规律（如希腊）⑤。

中国的造园艺术家们十分善于含蓄地表现景物美，往往采用“欲扬先抑”、“曲径通幽”、“柳暗花明”等艺术造景手法。像大观园这样的入门以山为障景，成为中国古

---

① 南朝刘勰：《文心雕龙・隐秀》。
② 南朝钟嵘：《诗品・含蓄》。
③ 清叶燮：《原诗・内篇下》。
④ 宋张戒：《岁寒堂诗话》。
⑤ 参李泽厚：《论语今读》，安徽文艺出版社 1998 年第 28 页。

典园林的习惯程式。备受造园艺术家称赏的苏州留园，就是典型佳例：

入留园石库门，进入小门厅，正中是一幅大型漆雕，镶嵌着《留园全景图》，上题“天开图画擅胜吴中”，逗引游人寻幽之兴致。绕过漆雕，只见小小一庭院，几只普通盆景，透露出一线生机。进入东边小小的过道，沿着这狭窄漫长的踏弄，摸索北行，踏弄尽头是一横向长方厅，光线透过漏窗，厅内亮度较前厅稍明。过长方厅西行，仍为一小过道，过道内交错地布置了两个开敞小院。过门厅继续西行，始见“长留天地间”古木交柯门宕。这时光线由暗渐明，空间由窄渐宽。北侧光影参差的数十种漏窗映入眼帘，窗外紫藤、桃花、古树、假山、溪流、亭台若隐若现。西望，透过西壁窗庑棂格，透出明瑟楼与绿荫轩小院，似隔非隔。“素壁写《归来》，青山遮不住”（陈从周联语），游人到此，不禁加快了步子，穿过涵碧山房，始见一泓碧池，一望旷如，中园景色，悉收眼底。

留园入门的空间处理上深得中国古典园林关于“藏露”艺术的神髓，造成“庭院深深深几许”的视觉感受，同时令游人产生一种寻幽探芳的兴味和渐入佳境的乐趣。显然，中国园林中的含蓄美与景境的藏露密切相关。即使是“咫尺”小园，也能给人景深莫测、处处柳暗花明之感。至今还属于私家宅院的苏州“残粒园”，它不是采用传统习用的以假山“隐秀”的手法，而是在宅院大门口盖了三间低矮简陋的平房作为障景，使园景藏而不露。这三间平房，除了具有如上所说的内在精神价值外，也还有保护身家安全的实用价值。园林中深藏的“园中园”往往是在游人“不经意”时被“偶然”发现。如苏州网师园的“琴室”小区和“潭西渔隐”小区，都能产生此类艺术效果。留园西部具有山林风光的小区，则处理得更隐秘，低矮的小门位于中部爬山廊拐角处，细心的游客看到门宕砖额“别有天”（图4－3），就会产生“别有洞天”的联想，信步走进小门，曲折前行，遂发现了又一处山林景区：老树浓荫掩映下的土石假山、山顶的至乐亭、舒啸亭、活泼泼地、“之”形小溪。鸟语花香、鸢飞鱼跃。

图4－3　别有天（留园）

园林中有一种空间曲折幽邃的建筑称曲室或曲房，人行其间，愈折而室内外境界愈幽美。有的如扬州的“倚虹园”的“桂花书屋”：“透迤连络小室数十间，令游者惝恍弗知所之”①。苏州沧浪亭的“翠玲珑”，也属于这类曲室，呈曲尺形之三折，每折二至三间不等，前后皆种竹子，幽雅静谧。但这类的“曲”应该是自然的，绝非矫揉造作。刘敦桢《江南园林志》说：“拙劣者故为盘曲迂回，或力求入画，人为之美，反损其自然之趣。其尤劣者以华丽堆砌相竞尚，甚至池求其

① 清李斗：《扬州画舫录》。

方，岸求其直，亭榭务其左右对峙，山石花木如雁行，如鹄立，罗列道旁，几何不令人兴瑕胜于瑜之叹。”

含蓄的形象始终与欣赏者保持着一段神秘的距离，使人留之不得，去之不甘，从而可以强烈地激发和吸引欣赏者的注意力和兴趣，满足欣赏者参与形象再创作的需要，“藏处多于露处”，就会“趣味愈无尽”。而“尽则浅露也”①。宗白华《美学散步》说：“美感的养成在于能空，对物象造成距离，使自己不沾不滞，物象得以孤立绝缘，自成境界：舞台的帘幕、图画的框廓、雕像的石座、建筑的台阶、栏杆、诗的节奏、韵脚，从窗户看山水，黑夜笼罩下的灯火街市、明月下的幽淡小景，都是在距离化、间隔化条件下诞生的美景。”距离产生美。

【小　结】

普列汉诺夫说：“任何一个民族的艺术都是由它的心理所决定的，它的心理是由它的境况所造成的……”② 中国古典园林以“可居可游”、多功能的宅园式为大宗：早期的寺庙园林都是皇家或贵族士大夫们舍出的住宅或郊外的别墅，皇家园林也是以宫馆为主的离宫为主要形式，士大夫文人的园林则追求“园日涉以成趣”，因此更是与住宅连在一起。所以可以说，私家园林是士大夫的家园、皇家园林是皇帝的家园、寺庙园林是“神”及信徒的家园。反映了“家”在中国人心目中的特殊地位。究其原因，既有中国古代地理及经济地位的原因，又和社会政治结构特点密切相关：

东亚大陆得天独厚的自然条件和地理生态环境，孕育了华夏民族以农耕经济为主体的经济形态，在中国占主导地位的传统文化，无论是物质的还是精神的，都是建立在农业生产的基础上的，它们形成于农业区，也随着农业区的扩大而传播。尽管传统文化也吸取了牧业民族或其他民族文化的精华，但由于农业生产的基础始终没有改变，这种吸收便都以能否适应农业文明的需要为前提。万里长城体现的正是华夏民族试图把农耕区围护起来的防御心态。

中国古典园林文化反映出的自然式封闭和内向的心态也和中国古代稳健儒雅的自然经济的发达有一定的关系。中国内陆辽阔，空间巨大的环境，为民族生存、发展与创造，提供了回旋和施展的舞台，在西方近代文明兴起以前，中国是东亚乃至当时全世界最强大、最富足的国家，完全可以做到自给自足，它的文化发展也无须借助他人的土地。国内复杂的地理、隽永的山水环境、多样的气候特征，也为中华民族文化的丰富内

---

① 宋张戒：《岁寒堂诗话》。

② 〔俄〕普列汉诺夫：《没有地址的信》。

涵和多元特点提供了有利的发展条件，中国人内心充满了优越感和自我陶醉感。私家园林的经济基础往往也是建立在宗族色彩十分浓烈、封建自然经济经营方式的地主庄园经济基础上的。人民长期栖息在广袤的大陆上独立发展，面积广大，先秦的人们习惯上把“中国”与“天下”、“四海”、“海内”等同，过着“日出而作，日落而息”的定居的小农经济的生活方式，似乎与世隔绝，聚族而居，无法冲破人类原有的血缘关系。中国的帝皇是一姓家族统治一个朝代，一部中国史，就是一部家族的统治史，每一代皇帝都将天下作为自己的“家”，所谓“溥天之下，莫非王土；率土之滨，莫非王臣”①，皇家园林所谓“移天缩地在君怀”的气魄，就来自于历代帝皇“家天下”的观念。

中国古代传统的社会政治结构，是以血缘关系为纽带的宗法制度的高度完备的系统，它与封建的专制制度相结合，形成了一种“家国同构”的社会政治结构。古希腊，多岛海洋型地理环境，从事海上工商业贸易活动，流动性很强的生活方式形成以地域和财产关系为基础的城邦社会，古印度血亲关系存在于家庭甚至种姓内部，但在整个社会结构方面却基本上不起作用，它不存在“家国同构”；在古代的欧洲，贵族、平民、奴隶之间，存在着十分鲜明的等级差别，中世纪的僧侣、贵族、平民的层次更为分明，血缘政治基本上被等级政治、地缘政治冲垮了，所以更谈不上“家国同构”。在中国的封建社会中，族权始终是政权的补充，张载“立宗子法”，“以管摄天下人心，收宗族，厚风俗”②，程颐“若宗子法立，则人知尊祖重本；既重本，则朝廷之势首尊”③。这种宗族观念，深刻地影响了中国传统文化，影响着广大的民众。梁启超在《新大陆游记》中说：“吾中国社会之组织，以家族为单位，不以个人为单位，所谓家齐而后国治是也。周代宗法之制，在今日其形式虽废，其精神犹存也。”④ 这就是中国文化为什么那么富有安土、爱土、敬土、乐天、思乡、怀旧、寻根、问祖等情趣的根本原因。也是与追求冒险和刺激的西方民族的区别所在⑤。

---

① 《诗经·小雅·北山》。

② 宋张载：《张子全书》卷四《宗法》。

③ 明丘濬：《朱子家礼》卷一《通礼杂录·祠堂》。

④ 梁启超：《饮冰室合集·专集》第五册。

⑤ 参张岱年、方克立主编：《中国文化概论》，北京师范大学出版社 1995 年版第 60－72 页。

第五章 中国园林艺术持续发展论

中国古典园林的发展历史业已划上句号，但她的艺术魅力是永存的，正如杨鸿勋教授指出的："中国古典造园成就的意义，还不止于造园学本身。在现在和未来，它必将成为人类环境创作的极有价值的借鉴。"

"脚踏中西文化"的林语堂，将中国人《生活的艺术》介绍给美国，此书在美国出版后，接连再版四十余次，为十余种文字所翻译，甚至有人读完这书，想跑到唐人街向中国人行鞠躬礼，因为林语堂书中向西方人提供了人类"生活最高典型"的模式，这就是生活的艺术和艺术的生活，一种最富有生态意义的生存哲学，它集中了中国古代文人几千年积累的摄生智慧。

用林语堂自己的话说，他的这本《生活的艺术》是和"一群和蔼可亲的天才"合作的产物，他们有"第八世纪的白居易；第十一世纪的苏东坡；以及十六、十七两世纪那许多独出心裁的人物——浪漫潇洒、富于口才的屠赤水；嬉笑诙谐、独具心得的袁中郎；多口多奇、独特伟大的李卓吾；感觉敏锐、通晓世故的张潮；耽于逸乐的李笠翁；乐观风趣的老快乐主义者袁子才；谈笑风生、热情充溢的金圣叹——这些都是脱略形骸不拘小节的人"①。

中国古典园林正是生活艺术的集中体现。

【第一节】

中国园林艺术的当代魅力

中国园林艺术是中华民族经过几千年层累积淀起来的，"虽由人作，宛自天开"的环境设计理念，具有人居环境生态化的现实指导意义。

当前，基于对人类整体命运的生态焦虑，探求人的生命本体、寻求诗意的栖居已经成为时代的精神指向，集中体现东方最高最优雅的生存智慧的中国园林，艺术的生活及

---

① 林语堂英文原著，越裔汉译：《生活的艺术自序》，《林语堂全集》第二十一卷，第3－4页，东北师范大学出版社，1994年。

生活的艺术，浸润其间的环境生态观念、厚生哲学等，对重构生态平衡有着十分重要的现实意义。优雅的中国园林，是表现古代文人生命情韵和审美意趣的生活方式，并作为一种生活模式积淀在后代文人的内心深处，在今天，已经作为一种可持续发展的精神资源和可资借鉴的艺术资源。

一、私家宅园的当代复苏

人与自然和谐的宅园式园林，是人类最理想的生活境域。当今人们不会再持有中国古代士大夫文人的心态，需要到传统文化提供的人生模式中找寻精神退路，但返璞归真、回归自然，这是人类的自然天性，是人性的回归，绝大多数的现代人都追求环境的诗化和雅化，很自然地会将眼光投向古典园林艺术。

19 世纪思想家、诗人，美国文艺复兴领袖爱默生说过，人和自然存在着一种精神上的对应关系。喧闹迅疾的现代工业文明社会，时时刻刻需要获得审美抚慰，需要在绿色的、艺术的环境中休憩，需要调节，需要到自然中去谛听大自然生命的律动，去享受生活的恬静，去接受高雅艺术精神的吸引和陶冶。基于此，新时代的仿古式园林成为许多海内外华人的理想选择。在园林甲天下的苏州首先出现[①]。

占地三亩、品位不俗的“悦湖园”，“处渔洋之麓，东襟香山，西衔太湖”，南眺太湖，波涛洄洑，舟楫隐见杳霭间，渔舟歌舫若鸥凫出没烟波，远而益微，仅觌其影，花鸟四时供啸咏，烟霞五色足资粮，有若浑梦出尘，地理优势得天独厚，是旅美华人郑德明先生去国五十载，叶落归根之所，他委托富有构园经验的高级建筑师沈炳春规划设计（图 5－1）。

图 5－1　悦湖园全图

郑德明先生自著《悦湖园雅集记》，言其筑园始末及园居之乐曰：

甲戌初秋游姑苏太湖，一览湖光山色，心诚悦焉，偶兴筑园之念。是年，觅得渔洋山麓胥湖之滨良地数亩。遂邀造园专家沈炳春先生精心设计规划著园。连年兴建，完成一苏州传统庭园曰“悦湖园”。楼堂斋阁、亭台轩榭，错落有致。廊桥飞虹、曲桥衔矶、拱桥连洲、弯桥踏波。潭泉溪涧岩石相倚贯联自然。仰望崖岭六角小亭，玲珑成趣。俯视沿岸，池鱼嬉戏，怡然自得。缓步坡下，拳石相依、中空筑

① 详拙文《苏州园林的“当代版”及其文化意蕴》，光明日报 2002 年 4 月 20 日（理论版）。

洞、别有洞天。其间有石桌石凳、上有棋线，可作长久手谈。吾人居此不觉浑然忘尘。于是辟书斋、画室、琴堂、棋舍，邀良朋好友、骚人墨客、丹青雅士，畅游共聚，合称“悦湖园雅集”，以伴渔洋岁月……

李白谓：人生逆旅，光阴过客，唯达者知之。上天厚我，有幸得居吴中。所观山川毓秀风雩千秋。所遇渔洋樵耕读良朋忘年。所语掌故人物无非沧海桑麻。余与内子余生寓此，不亦悦乎！

入门，迎面漆雕画一幅，悦湖园全景图，两旁抱柱对联，上悬“吟松 ”匾额。面北一面《悦湖园小记》沈炳春撰书，洞窗外一峰独峙，“石敢当”也。遵循四象镇宅的传统建筑理念，精心设计。

园分中东西三区。中部为主体（图5－2）。东北角有塘名“数鱼”，鱼塘东壁镌刻：“数鱼为乐”（章谷宜）。池岸边含笑、紫藤架。对面亭子名“数数亭”，楼上南走廊镌刻“知鱼”二字。有对联“得胥湖晓风，枕渔洋晚霜”。款题：“悦湖园风光秀丽，景色宜人，德明先生盛情相邀，群贤聚会，说古道今，互相唱和，觅得佳句。浦东周文祥书。”

曲溪潺潺蜿蜒南流，折过小石拱桥曲折西去。

穿过西边界亭“渔洋天籁”，进入西园，黄石叠岸，池水滔滔，瀑布訇訇，气势磅礴，曲桥、虹桥，南有潺潺细流，小溪，有石峰锁住。湖石假山空灵，上有“兰亭”翼然，石蹬曲折蜿蜒。西轩“于庐”（图5－3），镶嵌的全为于右任墨迹：“养天地正气，法古今完人。”郑先生收藏丰富，尤多国民党要人墨宝，其中于右任墨宝尤为丰富，他准备将于右任从早年至晚年的墨迹一并摩刻于廊壁，不啻为于右任书法艺术成就的展廊，亦为苏州诸园所无。

图5－2　悦湖园中部

图5－3　悦湖园于庐书条石

过“太初有道”月洞门，“宁静致远”书壁，进入东园，嘉果满园，有阁名嘉果，有扇亭。

园主悦湖山，在此听风、听雨、听香、听鸟鸣，纯任自然，满载真趣；园主更曰人间真情，乃亲情、友情、爱情。大厅取祖屋堂名“明德”，小石拱桥镌以老父“华宝”

之名，廊亭“慈晖”，念母爱；另用姑妈“琴恩”名亭，用妻子“群趣”名宽廊。东园有扇亭“信望爱”，主人自撰联：“圣灵依旧何须问，人子犹怜你我知。”郑子伉俪笃信基督，心心相印，亭又名“不问亭”，园中皆以友人文墨书壁。

悦湖园情真、墨浓、花香，在此真能生出“不知有汉，无论魏晋”的情思。

将大自然带回家，“居住地要生态优化”、“人与自然和谐”已经成为当今人们的共识。自己家住房旁有一块空地，大部分人的希望是修成一个小花园。

与古典园林“网师园”比邻的“南石皮巷”，有一座被称为“青春版”的花园“南石皮记”，是利用五家联体别墅的房前约500平方米空地所构之园，是五家业主待客、散步、喂鱼、养花的场所，是对于岁月的小小札记，因位于“南石皮巷”，故径名南石皮记（图5-4）。

营构策划者是业主之一的苏州画家叶放。古典园林建筑的元素诸如池水，亭榭、假山、石室，半栏桥、美人靠，一应俱全。同时，也应用了许多新鲜的元素，玻璃雨棚、钢筋水泥、各式灯具，既古典又现代。

也有园主的许多别出心裁之处，如玻璃雨棚上巧妙地装饰着经典书法，王羲之的《兰亭序》、怀素的《自叙帖》、杨凝式的《神仙起居法》，刚好是“儒”“道”“释”三家思想的集成。水榭舞台上的回文诗、铜制鸟笼上的“四书五经”、嵌在水泥墙壁上的铜制文字……还有那副涵盖金木水火土五行的绝对“烟锁池塘柳”，乃至树间不上锁的鸟笼，都显示出构园者的匠心。

园中栽有松树、柏树、枫树、天竺以及腊梅、迎春、桃花、紫藤、金银花、荷花、桂花、石榴等四季花卉，一年无日不看花。

这里最适合三五好友品茗，赏花弹琴、弈棋听曲。

中国古典园林样式和设计思想，是中华“游子”寄托思乡之情的载体。人称有古典园林“癖”的画坛大师张大千是个典型，他的传奇人生与园林密切相关，窗外数声鸟啼，庭前几点梅花，莲房洗砚，荷露烹茶，生活也作图画看！

大千从四川的“梅邨”出发，跋涉千山万水，足迹遍全球。1932年，大师随兄善孖卜居苏州的网师园，水园清雅，微雨燕双飞，人闲桂花落，大千在此“卓荦观群书，从容养余日”。网师园殿春簃西侧复室至今留有张大千画室，庭院西壁镌刻着“大千张爰题”、“先仲兄所豢虎儿之墓”几个字。善孖先生擅画虎，有虎痴之誉，曾饲一幼虎，号之虎儿。事隔五十年，大千先生怀念旧居，寄情虎

图5-4　南石皮记

儿，题数字聊寓故园之思、思兄之情。

自此，大千始终与林泉结缘，与风月为伍：清漪宏丽的颐和园、“山如翠浪尽东倾”的青城山、“十里听松风”的川西第一丛林昭觉寺，都曾是大千流连居住之地。

1953年9月，张大千从美国回阿根廷途中，在南美巴西停留访友，无意间发现了一块很像家乡成都平原的地方，树木葱郁，河流环绕，而且“巴西”这个名字正与四川的别名“三巴之地”巧合（四川古时分为巴县、巴东、巴西三郡，绵阳古称“巴西镇”），黑油油的土地也颇似川西坝子，面积约有220亩，临近的一个县音译名为“蜀山乐”，附近的一个小镇，其音大千译为“摩诘”，因称自己的园为“摩诘山园”，摩诘源于佛经《维摩诘》，又是唐代“诗佛”王维的字。又因该地原为意大利商人种植的柿子园，唐朝段成式记四川风俗的《酉阳杂俎》中言柿有七德：“一寿，二多阴，三无鸟巢，四无虫，五霜叶可赏，六嘉实，七落叶肥大。”后来，大千又从医书得知，柿树叶泡水可治胃病，因名“八德园”。八德园四周，举目望去，尽是异国风光。但园内一山一水，一草一木全按中国庭园的传统布置，庭园的结构及园内的布局是中国式的，室内的家具也是中国式的。湖光山色、楼阁亭台，“八德园”尽显中国园林艺术风貌。大千在回廊闲吟、曲径寻诗，一住达17年之久。

1972年，张大千在美国加利福尼亚州“荜路蓝缕，以启山林”，建“环荜庵”，占地3000平方米，也是一座典型的中国园林式建筑。就连在美国加州狭小的“可以居”，因选在“十七海里海岸”，也可以观惊涛拍岸，可以听松风入耳，可以漫步滨海公路。

最有代表性的是张大师自己选址设计的最后栖居地——台北的摩耶精舍。

宅园之筑，首重选址，张大千选择了台北外双溪一个废弃的养鹿场建其新居，很有意味，麋鹿在佛家是“真性”的象征，麋鹿场正是静虑参禅之地。释迦牟尼初传法轮之处称“鹿野苑”。大千心仪的“诗佛”王维在蓝田筑辋川别业，论者以为一如佛陀之鹿野苑，为王维心灵寓所，也是王维心中净土，辋川诗的终极内涵，不只是山水自然形象，而是作者契道的心灵语言。洪迈与蓝田县鹿苑寺主僧谈辋川图轴云：“鹿苑即王右丞辋川之第也”①。大千在此筑新居，参悟佛家“真性”，正如王维之与辋川也。大千年轻时出家做过和尚，后又自称居士。大千晚年使用的印章常有“一切唯心造”、“得心应手”、“神遇”、“法匠”、“大千逸者”等，表明其艺术已出神入化，随心所欲，不为世俗所囿，不被笔墨所拘，同时表明自己追求艺术的至高至善境界。大千在外双溪的一隅，营构的正是他心灵的鹿野苑、艺术的桃花源！

摩耶精舍因地制宜而建，巧于因借，后园青龙环绕，隔水青山献翠，前庭中园和后园，四周流水潺潺，除了古木奇石，就是茂林修竹，松、柏、梅、榉等古桩盆景，这些郁郁葱葱的植物，吸尘、滤光、消声，在阳光下不断地进行光合作用，吸收二氧化碳，吐出氧气，花香袭袭，花中自有健身药。房前屋后，花木掩映，流水潺潺，建筑与环境

① 洪迈：《容斋随笔》。

和谐统一。

“摩耶精舍”是1978年8月新居落成后大千所命名。据佛家经典记载，释迦牟尼的生母摩诃摩耶王后，又称摩耶夫人，摩耶的本义为“大幻化”、“大术”，据说夫人腹中有三个大千世界。“大千”之名是1919年冬出家松江禅定寺时住持逸琳法师所取法名，为佛经《智度论》中“三千大千世界”的略语。“大千居士”的名号延用终生，最后栖居之地亦径取佛典，极耐寻味，借以寄托对母亲的一腔深情。

精舍占地约1900平方米，两层四合院的居屋占733平方米。庭园有前庭、中园和后花园。围墙成为大千书墙，墨气氤氲。

步入故居即为前庭，进门入口处有黑松盆景，枝条呈45度角下垂，似鞠躬迎客之状，先生称之为“迎客松”。另有三盆“铁柏国宝”树桩盆景，老枝蟠曲，矫劲可人，体现松柏精神。

庭前凿一口小小的池塘，铁线蕨等阔叶植物垂挂水际，山岛卧池，岛上长着苔藓、书带草，水清见底，几十尾大鲤鱼来回穿梭，有白色、橘黄、黑白，五彩缤纷，据说，张大千喜欢坐在池边数鱼为乐，还给每条锦鲤取上名字，只要他轻呼其名，锦鲤就会应声而至。略呈圆形的巨石有的兀立岸上，有的错落塘边，石上藤萝缠绕。池侧叠石上一挂瀑布，顿生“清泉石上流”的意境。石梁跨池，过桥，陈放着八斗荷花缸，盛开的缸莲和池中锦鳞都是大千的无上粉本。

张大千以擅长画荷著称，大千爱荷、养荷、观荷、画荷，深得八大山人用笔章法气势，并常临塘观察、写生，取法自然。大千创造性地兼用湿渴两种笔法，画出荷花在风、晴、雨、露中的各种姿态，前无古人，素有“古今画荷之登峰造极”之誉。

住宅为两层四合院式建筑，为大千先生亲自设计鸠工兴建。四合院是中国传统的居住形式，它是由正房、东西厢房和南房组成，以南北纵轴对称布置和封闭的独立院落围合形成“口”字形。自成天地，具有很强的私密性和安全感，非常适合独家居住。这种布局，适合我国古代社会的宗法和礼教制度，它便于安排家庭成员的住宿，营造出一种安静、舒适的生活环境。中间是天井，一楼为客厅、画室、小会客室与餐厅。二楼有裱画室和小画室。

四面围合的天井（图5-5），飞瀑流泉，苍松翠柏，山茶吐艳，圆形的巨大石峰耸立在中间，气势伟岸，如名山巨岳，石峰上藤蔓漫挂，松柏掩映，穿越其间，便油然而生松石间意。天井东南隅的峭壁山上，瀑布三叠（图5-6），奔流直下，汇成水池，小池又被土岸拦腰截成细流，架一小桥，低临水面，曲溪从东南潺湲至东北再次汇成一泓清池，池内游鱼戏石，芦苇摇曳，岸周花木扶苏，叠石参差，生趣盎然，一派天籁。院西南隅峭壁山上，一丛凤尾竹，潇洒美丽。园中还有佛肚竹、柏树、山茶、铁树盆景，可谓咫尺之间，再造乾坤。

后园更是别有洞天，这里是外双溪的汇合处，湍急而清澈的溪水从花园的外墙边流过，岸边蒹葭苍苍，峰峦叠翠，河岸上几只狗在兴奋地往来奔驰，青山绿水隔断了城市的喧嚣，别有世外桃源的情趣。

图 5－5　咫尺之间，再造乾坤（摩耶精舍）

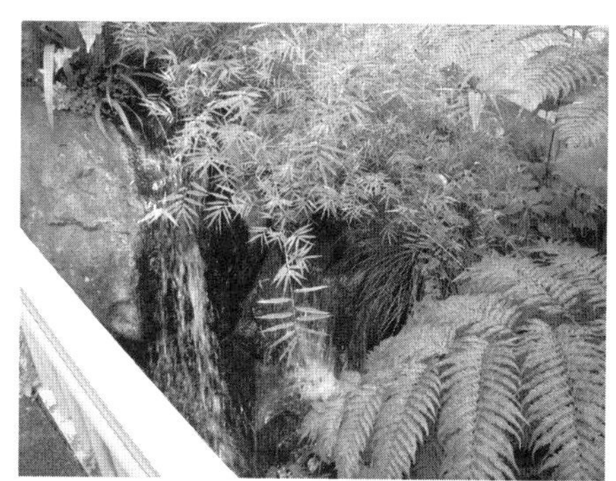

图 5－6　壁山叠泉（摩耶精舍）

石蕴太古之秀，大千酷爱之，为收集奇石不遗余力。放眼后花园，从美国、巴西等地收集来的大块圆状巨石，琳琅满目，还有天然巨木做成的茶桌和茶椅，修剪成球状的五针松，古桩榆梅盆景，很有宋画卷云皴的意味。临河外墙立有三座茅亭，一律以原木为柱，棕榈为顶。

“峰回路转，有亭翼然临于泉上者”即名“翼然”亭，仿佛欧阳修的“醉翁亭”，亭上有对联一副：“独自成千古，悠然寄一丘。”是大千先生 81 岁时自作手书，笔力遒劲，洋溢着豪迈洒脱之情，驻足欣赏，不忍离去。在此亭观雨听泉，远近景色尽收眼底。大千先生曾言“凡我眼见，皆我所有”。想当年，此处溪亭烟雨，幽篁掩映，一翁长须飘飘，临流独坐，真如神仙中人。

紧挨着翼然亭的是“分寒亭”，取的是宋代苏州诗人李弥逊《次韵林仲和筠庄》诗之一：“叠叠重重两岸山，钩连秀色上琅玕。孤亭四壁面烟雨，人与白鸥分暮寒。”与亭边叠叠重重两岸山的实景相符，十分贴切。

1938 年底，大千率家人来到道教圣地四川青城山上清宫隐居。青城山飞瀑、巨石，丛翠拥黛，建筑朴素无华，以木为柱，树皮当瓦，藤萝栏架，竹篾捆扎，“翼然”、“分寒”、“怡乐窝”、“凝翠”、“云巢”等亭散落在曲径茂林之间，大千沉醉在翠黛浓碧之中，潜心研磨诗文、画艺。摩耶精舍古朴的棕毛覆顶的原木亭，从造型到命名都烙有青城山的印记。

东南角上坐落着一座高大的敞亭名考亭，也是以原木为柱架，以细竹、棕榈为斜顶的茅亭，是专供先生品尝蒙古烤肉的地方，亭中竹木长椅四侧相环，锻炉状的长方形烤架居中，斜侧放置着几个盛四川泡菜的坛子。亭前有一巨石，石上摹刻有“大千居士乞食图”，这是美食家张大千庭园中最具个性特色的景观。

花园中一条曲溪自南曲折而北，这正是王羲之兰亭流觞曲水的意蕴，张大千与张学良、张群、王新衡这四位孤岛密友，每月必有一次轮流坐庄的“聚餐”。人称“三张一王转转会”。溪边立石上镌有“影娥池”三字，“娥”者，月中嫦娥也，此以美丽的月中仙子形容在此池赏月的妙趣也，源于汉武帝时的上林苑。曲水流觞，赏心乐事良辰，乃人生之乐事。

沿着曲溪南行，在孤傲耐寒、品质高洁的梅花丛中，兀立一巨石，宛若一幅台湾地图（图5－7），这是大千客居美国洛杉矶时在海滩上发现的，张大千视为珍宝。1978年，大千移居台湾，友人将这块巨石从美国运到台湾，置放于此，石上镌刻着大千先生亲书“梅丘”二字，为尊重孔子名讳，将“丘”字缺笔为丘。

图5－7　梅丘（摩耶精舍）

宅园理水叠石手法精妙，出自造园大师詹为守先生之手，詹先生师法自然，有景借景，无景造景。庭园内的源头活水，引自外双溪湍急的流水，清澈见底。詹为守擅于将水与石头这两种他最喜欢的元素，以自然的手法把它表现出来，如在天井东西两侧叠成峭壁山，瀑布自峭壁石崖迤逦垂挂，清流蜿蜒而下，而后在掩映的石木花丛里显露出来，流淌过一大片平坦绿苔的石壁，缓缓入池。动静相兼、刚柔并济。流水不腐，散发出负离子，成为空气营养素。风篁类长笛，流水当鸣琴，“不出城廓而获山林之怡，身居闹市而有林泉之趣”，营造出一个优美的生态环境。

庭园构材，大多就地取材，如圆浑的巨石，披挂在石壁间的翠绿苔蕨等，特别是引人注目的葫芦竹，又称佛竹、佛肚竹、节头竹，它有明显而膨大的竹竿似葫芦，小穗上开着花，是阳明山具有代表性的植物。

飞禽走兽曾为古代园林主角，晋简文帝在华林园“觉鸟兽禽鱼自来亲人”，“枝头好鸟，林下文禽，皆足以鼓吹名园，针砭俗耳”①，而“有色嘉鱼，任其穿萍戏藻；善鸣蛙鼓，听其朝吟暮噪”②，皆园林不可或缺者。张大千庭园内养有长臂猿、孔雀、山鸡、仙鹤、金鱼等珍禽异兽。

大千故居也是宅园组合，园林中的山水花木建筑，是他寄托亲情和乡情的载体。大千共有兄弟十人，大千行八，幼年受擅长绘画的母亲熏陶指引，对母亲有很深的感情。先生为表孝思，在摩耶精舍广植萱草，萱（萱草）为母亲大案另称。《诗经·卫风·伯兮》：“焉得谖草，言树之背？”谖即萱；背，北。古代母亲居住北堂，故“萱堂”为母亲或母亲居处的代称。摩耶精舍还有一盆“母亲花萱草”盆景。花园中有许多形状各异的巨石，这些巨石都用祖国大陆的名山古都命名，其中有一块就叫“西岳华山”。大千经常闭着眼睛去抚摸这些奇石。1980年3月，一位美国客人给大千带去一包故乡成都平原的泥土。老人用颤抖的双手，捧起这包故乡的泥土，闻着那泥土的芳香，不禁热

① 清陈淏子：《花镜》。

② 清陈淏子：《花镜·养鳞介法》。

泪纵横，恭恭敬敬地把它供在了父母的灵位前。

大千写下了许多感人肺腑的思乡诗句：

“行遍欧西南北美，看山须看故山青”；

“不见巴人作巴语，争教蜀客怜蜀山。垂老可无归国日，梦中满意说乡关”；

“五洲行遍犹寻胜，万里归迟总恋乡”……

恋乡的情愫深深地融进了摩耶精舍的山水草木之中。

梅花凌寒留香，神清骨爽，曾为中国国花，张大千思乡念国，痛恨忘国背祖的“台独”，写下了“百本栽梅亦自嗟，看花坠泪倍思家。眼中多少顽无耻，不认梅花是国花”的诗句！今天，这位徐悲鸿所说的“五百年来一大千”，安卧在以家乡巨石命名的“梅丘”之下，安息在祖国母亲的怀里！

二、古典园林艺术符号成为当代装饰新宠

当今的住宅建筑、家庭装饰等领域，古典园林的艺术符号为许多业主青睐，表达古雅的审美趣味，营造中国特有的文化气氛，当然，这些艺术符号只是“零件”，新的住宅建筑框架是现代的，这是对中国园林传统的本位论意义上的拓展。

中国园林建筑装饰运用的各式雅俗兼融的艺术符号，诸如自然符号、祥禽瑞兽、灵花仙卉、历史人物传说、小说戏文故事、神话仙佛故事、器物以及吉祥组合图案等。这是一种特殊的民族语言，具有丰富的内涵和外延，催人遐思、耐人涵咏。仅古典园林洞门形式就“有圆、横长、直长、圭形、长六角、正八角、长八角、定胜、海棠、桃、葫芦、秋叶、汉瓶等多种，而每种又有不少变化。如长方形洞门的上缘，除作水平线外，又有中部凸起，或以三、五弧线连接而成。洞门上角，简单的仅作海棠纹，复杂的常加角花，形似雀替；或作回纹、云纹，构图多样”①。窗棂遵时变化，有书条、竹节、橄榄景、绦环、海棠芝花、席锦、万穿海棠、夔穿海棠、定胜、九子、球纹、套钱、波纹、破月、软脚万字、鱼鳞、软景海棠、秋叶等。漏窗图案制式不断新翻，异彩纷呈，同一园林中不得雷同，窗框有菱形、圆形、多边形、折扇形、倒挂金钟、如意、灯笼、宝瓶形、桃形、石榴、荷花等，窗芯花样更是变化多端，卍字、六角景、菱花、书条、绦环、套方、冰裂、鱼鳞、钱纹、球纹、秋叶、海棠、葵花、如意、波纹……足有数千种之多。

上述艺术符号，融文学、书画、雕刻、戏曲、民俗等于一炉，大多为寓意造型，是一种观念和情感符号。许多家庭采用“拐子锦”、“冰裂纹”、“六角景”等园林中常用的符号来装饰窗户、飞罩、落地罩等，表达热爱生活、憧憬未来的美好愿望，营造氤氲的文化氛围。有的还将景石搬上阳台。

即使在高楼林立、寸土寸金的香港，人们也要在室内摆上盆景、盆花，在阳台上

① 刘敦桢：《苏州古典园林》，北京：中国建筑工业出版社，2005 年，第 45 页。

种植绿色植物或攀缘植物，有的在大楼墙根种上爬山虎、木香花、凌霄花等攀缘和藤本植物，对楼墙进行垂直绿化，有的种上墙树，既改善了环境，又能障陋衬丽，增添斑斓色彩。也有在高楼外侧“留白”，搞植皮，点缀山石、小池、花草，俨然楼顶花园（图5-8、5-9）。

图5-8 住宅楼上的植物（香港）

图5-9 楼上花园（台北）

三、园林艺术向公共生活领域的渗透

已有13亿人口的当今中国，能够拥有私家园林的只是凤毛麟角。营构可人的公共生活区域，包括居民小区、公园、图书馆以及宾馆、饭店等的园林化环境，成为当今城市规划设计的重要课题。

苏州在城市街坊改造时，借鉴古典园林艺术，小心翼翼地呵护着古砖雕纹、古藤老树，依然是粉墙黛瓦，人们虔诚地挽留着历史，又见缝插绿、拆墙补绿，千方百计地打点着自然。走进改造后的小区，犹如走进了一座园林：从檐口、椽子、雨篷等建筑细部的设计，到入口的牌坊、各弄区的“暗香”“疏影”牌匾、对联无不使人联想到苏州园林。

在市区主要居住区处处“留白”：建设面积不少于500平方米的绿化地带称为“小游园”，提供居民观赏和休闲。小游园中，有小亭、假山、小池、修廊等苏州园林小品，小园植物配置、色彩、层次、布局等，处处体现出苏州园林精、细、秀、美的风格。

图书馆、五星级宾馆乃至候车亭，飞檐、门洞、斗栱、漏窗、游廊等也都离不开园林艺术符号，显得古韵悠悠（图5-10）。

由世界著名的建筑艺术大师贝聿铭设计建造的北京香山饭店，有以“松竹杏暖”、“海棠花坞”等命名的庭院景区，人们称之为有“书卷气的高雅建筑”，陈从周誉之为“雅洁明净，得清新之致”①，是建筑与园林结合的典范性作品。

苏州竹辉宾馆、南园宾馆、南林饭店、友谊宾馆等都有美丽的庭园，小桥流水、亭

① 参陈从周：《中国园林·中国诗文与中国园林艺术》，广东旅游出版社1996年版第236页

台楼阁，并有诗意浓浓的题名。被誉为苏州园林式星级宾馆的南林饭店，本来就是具有假山、飞泉、绿树成荫，他们又借鉴苏州四大名园的四个代表性景点的式样和装饰，做成四个小包厢，作为高级雅座，并分别借用其原名，即“翠玲珑”（沧浪亭）、“五峰仙馆”（留园）、“香洲”（拙政园）、“真趣亭”（狮子林）。一些小饭店也运用园林艺术元素装饰得很高雅，富有文化艺术品位（图5－11）。

图5－10　候车亭（苏州）

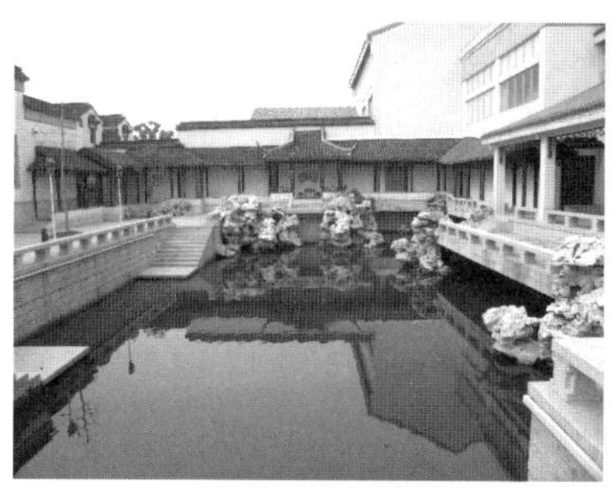

图5－11　城市规划馆（苏州）

第二节　中国园林艺术的世界性魅力

生活在同一星球的人类各民族毕竟走着大体相似的社会发展路途，在精神领域也存在包含有内在规律的相似性。钱伯斯（1723～1796年）说：“像中国园林这样的艺术境界，是英国长期追求而没有达到的。”德国建筑师温泽也承认中国园林是世界造园艺术的模范，他说：“除非我们仿效这个民族（指中国）的行径，否则在这一方面，一定不能达到完美的境地。”对中国文化有深刻研究的当代美国景园建筑专家西蒙德说：“西方人想像他们自己与自然是对立的，实际上，他那非常夸张的个人的人格是一种幻想。东方显现给他的真理是：他自己的本体，并非是和自然及其他伙伴离开，而是与她和他们同为一体的。”确实，将人类和自然对立起来的观点，是十分荒谬的，是违反自然的。中国古典园林是具有生态优化的人类居住区的典型例证，影响所及，遍及全世界。

一、中国园林艺术对邻邦的直接影响

中国古典园林对邻邦特别是对朝鲜、越南和日本等国的影响是直接的、深刻的。这些国家的人民对大自然都采取一种亲近的态度，文化背景和思维模式比较接近，所以，更容易接受中国的自然山水园林样式。日本素以勇于学习、善于学习著称于世界，早在

飞鸟时代（约6世纪中叶~7世纪中叶），中国文化风行一时，日本许多中国式庭园脱颖而出。6世纪末，圣德太子以定林寺龟岛为蓬莱山。7世纪初，在推古天皇宫殿的南庭由百济工匠仿须弥山修造假山，还在上面架设仿中国式建筑的吴桥。此后，苏我马子从朝鲜学到中国的造园法，就在自家府邸建造了中国式园林。9世纪以后，日本寺庙开始营造净土式庭园，以自然风景式庭园为主体，不仅有池、泉、岛、树、桥，还有亭台、楼、阁等建筑。至宋、明两代，日本人甚至也模拟中国山水画卷，以水墨画作为造园粉本。计成的《园冶》很早就传到日本，被称为“夺天工”，得到广泛流传。我国历史上第一部体系完整、内容丰富的瓶花专著《瓶史》，是明代文学家袁宏道所著，1696年传入日本，也被奉为“宝典”，对日本花道的发展产生了重大影响，在日本形成了“宏道流”①。影响深远巨大，可以从园林样式、造园思想、抒情、写意、象征等艺术手法诸方面来考虑。

日本庭园样式主要有三大类：筑山林泉式庭园、枯山水庭园和茶庭。这些样式，单独存在的并不多，大多为二者或三者互为补充，共存于一园。

三种样式中，“筑山林泉式庭园”可以说是受中国自然山水园直接影响的结果。这类庭园，以水池为中心，加上岛、桥、树木等构成，再现自然风景。大致分以鉴赏为本位的静观式庭园和以动观为主的回游式庭园两种。静观式庭园是通过某一建筑物的门窗或走廊观赏庭园全景，如京都天龙寺、三宝院等庭园（图5－12）。

图5－12　天龙寺水池

回游式庭园面积广，从数千坪（1坪约等于3.3平方米）到数万坪不等，在这宽广的庭园中，筑山和池、流水，配上其他庭园设施，以建筑物为主题母屋中心，散布四周的是离屋、茶室等构成一个整体。从各建筑物可眺望庭园各处，注意景色的藏露、掩映，增加层次感，造成迷离的引人入胜的艺术效果。桂离宫庭园、修学院离宫、冈山后乐园、栗林公园庭园等是回游式庭园最优秀的实例。

日本在平安时代（781~1189年）引进了中国的古建筑形式“寝殿造”及“寝殿造庭园”，采用左右对称、南向、中供起居之“寝殿”。“寝殿式庭园”的样式：“寝殿

① 周肇基:《中国传统瓶花技艺》,《自然科学史研究》, 1988年第4期。

之前部为广庭，亦称‘南庭’，地面铺砂，前面有池，池中有岛，池上架以拱桥，对岸为平桥（图5-13）。通常由东北部引水（遣水）入内，即从寝殿东边往渡殿下的暗沟（潜池）引水入内，以供盛夏降温纳凉之需，池中可泛龙头鷁首之舟。”①

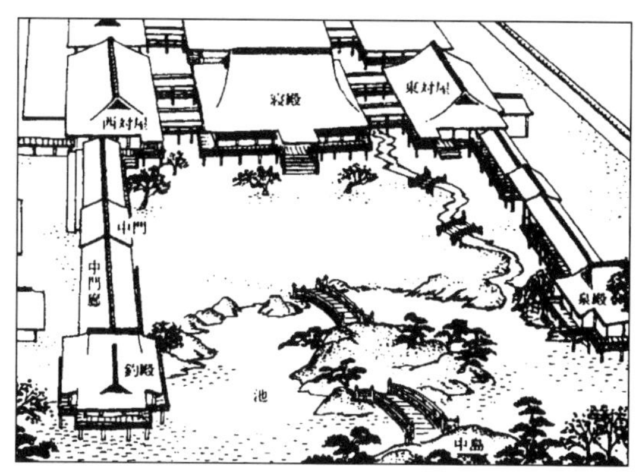

图5-13　寝殿造庭园

作为造园粉本的中国文人画，通过日本来华画僧和中国东渡日本的画家传到了日本。如日本长崎的画派中，就有三派是在中国东渡画家的影响下产生的：受画僧逸然影响的“北宗画派”，受尹海（孚九）、费澜（汉源）、江稼圃（大耒）影响的“文人画派”，受沈铨影响而成的“花鸟写生画派”。此时，正是中国文人画家纷纷参与造园的时期。受中国文人画的影响，日本江户时代（1599~1868年），日本庭师选用了中国明、清两代的文人画法，创设一种新式的“文人庭”（文人画式庭园），代表作为桂离宫及蓬莱园。江户时代日本庭园所取的风景画，重在描绘中国景物的画幅。明末遗臣朱舜水（1600~1682年）在日本被德川光国尊为“国师”，受聘在江户（东京）。朱舜水在小石川营建的御园“后乐园”，主景取材模仿中国的庐山及杭州西湖，并加入日本的渡月桥、大堰川、木曾山、寐觉床、龙田川、通天桥、爱宕坂、清水观音、唐山奇松等胜景。该园在东京名园中列为国宝。园内创作的富于江南情调的单孔石拱桥“圆月桥”，是将中国拱桥的营造技术首次传入日本。京都智积院也是模仿中国的庐山之景。

早在唐代，中国寺庙园林的建筑及风尚大大影响了日本神社及寺院境内的建筑和庭园的风尚。唐鉴真大师东渡日本，日本天平宝字三年，由其师徒依据唐代寺院风格，建成了“唐招提寺”，自此，日本全国的神社寺院及明治神宫内苑的近代建筑的宫殿形式，都不脱“唐招提寺”的形式。京都的泉涌寺是弘法大师空海从唐归来后所建，观音堂中安放着杨贵妃的金色雕像。日本社寺及一般庭园中的石灯笼，亦源自中国。取中国古代佛前供灯“石灯”（或称“燃灯石塔”）形式。中国古代最古的石灯笼为山西太原童子寺前的燃灯石塔。此制由中土传入朝鲜，至今朝鲜境内尚多新罗遗迹；后随佛教由朝鲜传入日本。后因避由供灯引起的火灾，改供茶庭照明之用，继而成为庭园内的一般装饰品②（图5-14）。

---

① 陈植：《中国文化艺术对日本的古代庭园风格的影响》，见《陈植造园文集》，中国建筑工业出版社1988年版第215页。

② 陈植：《中国文化艺术对日本的古代庭园风格的影响》，见《陈植造园文集》，中国建筑工业出版社1988年版第215页。

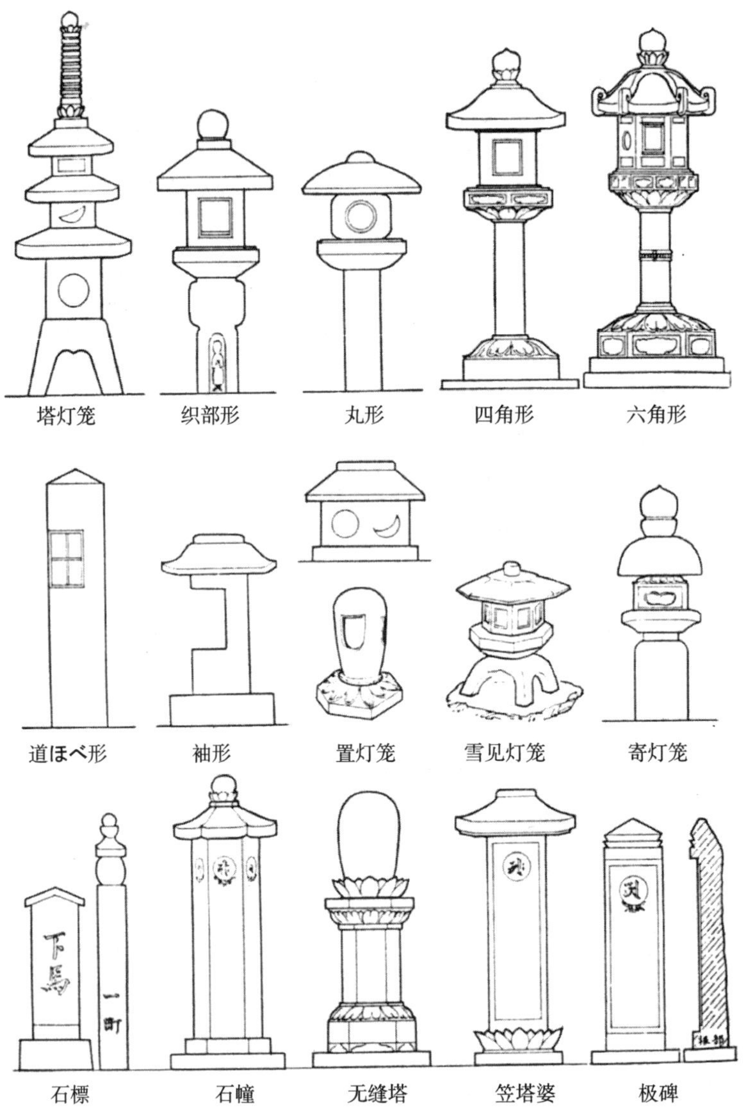

图 5－14　燃灯石塔

萌芽于日本室町时代（1397～1553 年）末期，形成于桃山时代的一种新型庭园——草庵风自然式园林茶室露地园，作为町人和武士阶层在闲寂的境地里发展起来，但其源头，也在中国。茶是中国古代人民生活中具有独特魅力的、充满着生活艺术的饮品，“中国当唐、宋以来，上自宫廷，下至士人，旁及僧侣，视品茶为韵事。日本吸收汉文化，唐代殆为最盛之时，佛教的茶汤法，禅宗的献茶式传入日本后，不但由饮茶而厌弃饮酒，为了坐禅、却睡、清神起见，尤为僧侣、士人所喜爱。种茶、饮茶、点茶之法，茶庭、茶室之别，均由遣唐使归国时所引进。”① 日本规范化的茶道，受唐陆羽的

① 陈植：《中国文化艺术对日本的古代庭园风格的影响》，见《陈植造园文集》，中国建筑工业出版社 1988 年版第 215 页。

《茶经》和中国茶技的影响而形成。中国在唐代，饮茶就成为文人的高雅享受，陆羽被尊为“茶圣”、“茶神”。唐时日本僧侣永忠、最澄、空海等大师，先后带去了唐的“团茶”和茶种，模仿唐朝的饮茶习俗，一时风靡于日本的上流社会。嵯峨天皇（809～823年）曾用汉字写出了“吟诗不厌捣香茗，乘兴偏爱听弹琴”，以琴诗、品茶为雅趣。“高山出名茶”，深居名山的中国的寺庙园林，向来有种茶、品茗的传统。镰仓时代初（1168年），日本禅宗始祖僧人荣西在中国留学，学习禅宗，回国时将中国的茶种带到了日本，并在背振山和拇尾山种植，培育出优质的茶种，被称为“本茶”。荣西禅师还写了《吃茶养生记》一书，他在书中说：“茶乃养生之仙药，延龄之妙方”，依然和中国一样将茶当作药用。日本室町时代，在中国式茶亭的基础上，发展了日本特色的书院茶汤。到15世纪末，曾为足利义政茶人的村田珠光，吸取了禅院茶礼，扬弃了一味崇尚中国茶器、追求豪奢的旧习，以朴素、淡泊为尚，创立了具有禅理的茶道。后来，经武野绍鸥等人的完善，最后由千里休（1522～1591年）集大成，将“茶”与“禅”结合，确立了正宗茶道。千利休把茶道发展为艺术。用“茶禅一味”来说明两者的关系。茶道的真谛在于草庵，尚素朴、戒浮华、乐自然，形成净化的环境，以“和敬清寂”四字为要素。茶室的外观以普通的民房为模特，低矮、简素、狭窄，茶具粗糙，未经加工的土壁、带树皮的柱子，很小的拉窗，家具简陋、形状歪斜，日人称之为“佗茶室”或“草庵茶室”，表示清净无垢的佛的境界。京都的町人们创造了茶室庭园，名“露地”，“露地”庭，指从庭园大门到庭园中央或茶室庭园建筑物之间的细长空间，在这样一个小空间内，试图充分体现出大自然的美。强调以自然界的某一片断，来表现整个大自然的精神。狭小的空间内，往往是竹篱墙垣、柴扉门，铺设“飞石”路面或“敷石”路面，安置卵石或点景石，表示嶙峋的山路，用蹲踞式的洗石钵手盆仿照涌泉之水，以铺松叶暗示茂密的林木，常绿树自由式地散植于蜿蜒小径两旁，其间还置有石灯笼、石塔，表示通向深山草庵的山路，游人漫步其中，恍如置身在经过风吹雨打露在地表上的幽径，或在荒芜、幽静的神社神路上一样，步移景换趣变，又给人以置身深山幽谷的感觉。野趣盎然，古雅，空寂。京都大德寺的孤篷庵庭园、慈光院庭园（大和郡山市）等为优秀代表作。

日本园林许多是出于禅僧和茶人之手，它反映的思想内核是释家的净土宗和禅宗、道家的神仙说，而这些思想或传自中国，或直接源于中国，在中国的各类园林中大量存在。佛教自东汉传入中国，很快融入中国的传统文化之中，特别是禅宗，完全是中国化了的佛教。中国佛教首先传入朝鲜，又从朝鲜传到日本。室町时期，日本社会上具有文化的阶层是朝廷贵族和禅宗僧侣。禅僧们热衷于作庭，因为他们认为山水庭园有助于修禅。室町时期的日本造园名僧梦窗疏石在《梦中问答》中说：“把山水（庭园）和修道区分开的人不能称为真正的修道者。”最具日本特色的“枯山水园林”和“露地庭”都浸润着禅宗思想。

“枯山水庭园”，就是石庭，最早见于平安时代出版的《造庭记》中，谓“于无池无水处立石之庭园"，"枯"有干涸之意，所谓"山泽无水谓之枯"之意，《荀子·致士》称"川渊枯则龙鱼去之"。镰仓时代称"乾山水"或"乾泉水"，它一反"无池无水不成园"的传统，而在没有池子、没有用水的地方散置数石或叠石造山，呈断臂悬崖或荒坡野岭状，造成偏僻的山庄、缓慢起伏的山峦等模样，试图生出一股野景的趣味，以表现禅道的至真。枯山水庭园14世纪作为独立的庭园样式在日本广泛流行，是用自然界的石组、立石，象征峰涧、山谷、岛、船、瀑布口，或远山近峰；用大片的白砂象征广袤的湖海景色，用梳理成纹的大片白砂象征波浪拍岸等。这种"三万里程缩于尺寸"的高度抽象化、象征化倾向，则更是创造性地发展了中国园林艺术的写意象征手法。被誉为室町时期枯山水园林双璧的是京都的龙安寺石庭（图5－15）和大德寺中的大仙院枯山水庭园（图5－16）。建于15世纪的龙安寺石庭园，呈横长方形，占地50余坪（约165平方米），借古老的低矮的土墙围着一片铺满白砂的平地，内无一树一草，15块大小高矮不一的石头，分成五组，以5、2、3、2、3的组合按不同的距离错落安置在耙成东西向水纹状的白砂中，石头周围是同心圆状的砂纹，石上铺设苔藓，石头、苔藓、白砂构成了一幅活生生的自然美景：一望无垠、波涛汹涌的大海中，分布着星星点点的岛屿，岛屿上生长着茂密的森林……这里的石、白砂、苔藓，抽象化为自然界的岛屿、大海和森林，其中还附丽了"虎渡子"、和"十八罗汉"的佛教故事。

图5－15　龙安寺石庭

图5－16　大仙院枯山水庭园

露地园是茶道的产物，茶道精神以"和"、"敬"、"清"、"寂"四字为宗旨。"和"，指调和或和悦。日本圣德太子在公元604年颁布的十七条宪法中提出"以和为贵，以不忤为宗"。"敬"，指心灵的诚实、单纯，千里休解释为"别无他事，唯只煮水、沏茶、品尝而已"。"和敬"，体现了儒家"和为贵"的观念，这是在唐物占有火热时期衍生的伦理道德观。"清"，有清法、整齐、一尘不染之意；"寂"，为空寂、闲寂之意。清寂，是茶道最根本的要素，原有"寂寞"、"贫穷"、"寒碜"、"苦闷"等意思，平安时期的"佗人"是指失意、落魄、郁闷、孤独的人。至平安末期，"佗"的含义遂逐渐演变为"静寂"、"悠闲"之意，成为深受时人欣赏的美的意识，具有禅理的意味，茶道之"茶"称为"佗茶"。在清贫简朴的茶室里，手捧质朴的茶具，与好友们品茶闲谈，不问世事，无牵无挂，无忧无虑，心灵得到净化，培养高尚的道德情操和审美情趣。这种审美情趣，与老庄派提倡的“道法自然”哲学美学原则异曲同工。中国古典园林正是以“虽由人作，宛自天开”的“天趣”为最高境界，素朴而富有野趣、回归自然，进入“天和”常乐的至境，成为中国园林的理想追求。

禅宗思想不仅影响了日本造园的设计，同时也影响着人们的审美方式，其园林意境即苏轼诗偈所揭示的：“溪声便是长广舌，山色岂非清净身。夜来八万四千幅，他日如何举似人。”日本的“露地”园、“枯山水”是表述禅宗观念与审美理想的载体，同时也是观赏者“参禅悟道”的对象，它们的美是禅宗冥想的精神美，主要是诉之于人的思想，具有禅的简素、孤高、自然、幽玄、脱俗、静寂和不匀整性的性格特征。它们似一首浓缩的诗，这里的白砂、石头、苔藓等，仅仅是表现自然精神的一种符号，一种用来悟“禅”的形式媒介，人们在土墙规范下的境地，反观自身，感受“观空如色，观色如空”的禅宗理念，于静中求得永恒的世界，即直觉体认禅宗的“空境”。园林中的岩石、水流、群山、树木、小桥、曲径，也是人生坎坷的象征，石灯笼则似神明般地引照着人们从此岸世界投入到彼岸世界的永恒之中。人们在茶庭品味清茶苦味之时，也即在品尝人生、领悟人生之真谛，回味自己的坎坷人生，融自己心灵与自然为一体，以达到人与自然的高度和谐，人与自然的一体化，并最终实现永恒的境界。由此可见，枯山水和草庵露地园林将艺术象征美推向了极致，以至能净化人的灵魂，具有意韵深邃、内涵丰腴的美学价值。

中国的禅宗典仪也同样传到日本，典型的是半夜寺庙撞钟、听钟声。唐大智禅师怀海的《百丈清规》佛教典仪中，有寺院需要在昏晓二时鸣大钟108声的规定，故唐张继《枫桥夜泊》诗中有“夜半钟声到客船”的诗句。这个规定，由鉴真带到日本，成为日本民间流传的习俗。苏州寒山寺的钟声随着佛教典仪和张继的诗歌传到了日本，以至到了妇孺皆知的程度。近年来，日本友人组成“寒山钟声团”，成批来到苏州寒山寺，聆听除夕钟声，消灾祈福。禅宗认为，人生有108种烦恼，每撞一下钟，即能消除一种烦恼，故撞钟时，全体同诵《击钟仪》：“闻钟声，烦恼净，智慧长，菩提增，离地狱，出火坑，愿成佛，度众生。”

道家神仙思想源于中国先秦时期，传说海中有瀛洲、方丈、蓬莱三神山，秦始皇令方士徐福带五百童男女到海上寻找长生不老之药，最后到达日本。平安时代，日本将海中三神山的传说引入园林。广德二年（1086年）白河上皇在洛南造的鸟羽离宫的水池中，就有模仿海中神山的沧海岛、蓬莱山；足利尊氏在自己的官邸内也筑神仙岛；京都伏见的醍醐寺三宝院庭园，是最典型的神仙岛造型。江户时代，这种模仿中国“一池三岛”的“秦汉典范”的造型，称为“三岛一连之庭”，被广泛袭用。

日本园林不仅在造园的具体艺术手法上借鉴中国的造园技艺，如常常采用的种树篱作障景、以真山或远山为借景等手法，也是中国古典园林惯用的艺术手段；而且，往往直接采用汉字，进行抒情写意。日本园林中的亭台楼阁，大多悬挂着用汉字题写的匾额，甚至还有用汉诗文写的对联，有的园中还在墙壁上用汉诗题写了园中景点咏景诗，颇具书卷气，这些则更具有中国色彩了。日本的书法艺术是从中国移植的。应神天皇十六年（西晋太康六年），百济博士王仁赴日，传《论语》十卷和习字范本《千字文》一本，书体带有隶意的钟王楷书，这是日本书法史的发端。唐代鉴真、空海、最澄等为先导，架设了中日文化交流的桥梁，“一千余岁墨犹香”，日本人至今将书法看作儒雅风度的标志。书法艺术引入园林可以修学院离宫和诗仙堂为典型。修学院离宫是后水尾（1593～1680年）天皇亲自构思、设计的，他是日本108代天皇，其时正是德川幕府时期，政治中心已经移至江户（东京），天皇居住京都皇宫，离宫为其隐居之地。园林坐东朝西，背靠比睿山、御茶山和因羽山的高台，整座离宫与周围峰峦叠翠的山岭相互映衬，浑然一体。后水尾喜诗歌、爱书法，离宫中的匾额如“寿月观”、“穷邃”都出自后水尾天皇的亲笔（图5－17）。

图5－17　后水尾天皇亲笔（修学院离宫）

中御茶屋客殿墙上悬着用日本汉字书写的离宫“八景诗”，即《村路晴岚》、《修学晚钟》、《远岫归樵》、《平田落雁》、《松崎夕照》、《隣云夜雨》、《茅檐秋月》、《睿峰暮雪》，都为咏景之作，如《村路晴岚》：“翠岚吹霁景清鲜，檐外酒帘茅店连。村叟醉归带西照，三叉草深雨余天。”另有“修学院离宫十景诗”，均为汉诗。或结合神话传说，或借景抒发人生情怀，或径抒宗教情感。如《寿月亭》诗曰：“姮娥献药寿无穷，两八千秋誓始终。海内望光归圣德，人间亦有广寒宫。”采用了中国古代神话中嫦娥奔月的故事，抒写了生活在人间天堂的喜悦心情。《万松坞》诗曰：“松坞郁乎闻鹤鸣，上干霄汉四时荣。千株好荫凉天下，万壑风传万岁声。”这是中国园林中常用的咏松题材，如承德避暑山庄的“万壑松风”、拙政园的“听松风处”等景点。诗中有荫庇天下和松风颂圣的内容，切合皇家离宫的特色。日本禅宗寺院盛行的这种十境题名，也是源于宋、元时代的中国五山十境。日本禅院八境同样起源于中国的潇湘八境图、八景诗，由留宋、留元的日本禅僧或渡日中国禅僧传入日本①。诵读这些诗文小品，令人犹如置身在中国的厅堂中。

京都“诗仙堂”里的“诗仙”都是中国古代的大诗人：陶渊明、王维、李白、杜甫、白居易、苏轼……他们的画像一一悬挂于四壁，每幅画像上方写了一首或几首该诗

① 详见蔡敦达：《试论日本中世禅宗寺院十境的中国文化影响》，见《日本语言文学论文集》抽印本，同济大学出版社1997年8月版。

人的著名诗篇，如在陶渊明画像上方，写的是“结庐在人境，而无车马喧”这首脍炙人口的诗篇。汉诗的对联、中堂、汉诗文条幅等也到处可见。如龙源院挂有汉诗中堂：“掬水月在手”，取自唐于良史《春山夜月诗》（图5－18）。日本园林及景点题名有的直接采用了中国诗文名，如奈良“依水园”取杜甫“名园依绿水”诗句意，依水园中“冰心亭”题咏用的是王昌龄“一片冰心在玉壶”诗句意，孤蓬庵路地名“忘筌”，用的是《庄子·外物》篇中“得意忘筌”之语，“成涉园”采陶渊明《归去来兮辞》中“园日涉以成趣”语意，小石川“后乐园”和冈山的“后乐园”都取意《孟子·梁惠王》中“贤者而后乐此”及范仲淹“后天下之乐而乐”之意等，不胜枚举。

图5－18 唐诗中堂（龙源院）

朝鲜半岛是中国文化传到日本的通路，佛教、园林等都是通过朝鲜传到日本的。早在高丽时代，就有宫苑及离宫御苑、贵族文人的自然式园林和寺庙园林等样式，受到中国园林直接影响。古朝鲜新罗国的文武王，曾派人到唐朝学习园林艺术，建造苑囿，在御苑中作池，叠石为山，象征巫山十二峰，还栽植花草，蓄养珍禽奇兽。现今朝鲜庆州东南月城址附近的雁鸭池，即是苑囿遗址。如王羲之等兰亭曲水宴，很早就传到朝鲜，朝鲜景福宫的曲水池、新罗王朝首都东京（庆州）鲍石亭的曲水迹等。朝鲜园林中也有许多景点题名缘于中国的诗文，如景福宫的“香远亭”和昌德宫的“爱莲池”（图5－19），都是用宋周敦颐《爱莲说》的意境。

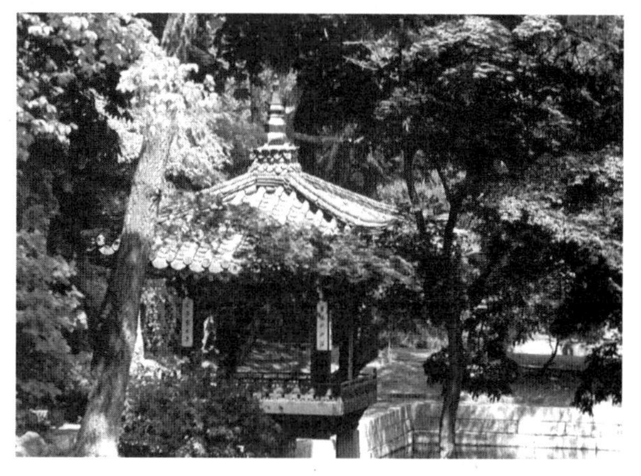
图5－19 昌德宫苑池

二、18世纪欧洲的“中国园林热”

法国艺术史学家热尔曼·巴赞说：“18世纪中，这种花园在欧洲被模仿，先在英国，后在法国。”①

中国园林对欧洲的影响，是在17世纪末到19世纪初这段时间。波斯人从丝绸之路带去了中国的所见所闻，1685年，坦柏尔伯爵《论伊壁鸠鲁的花园，或论造园艺术》

① 〔法〕热尔曼·巴赞：《艺术史》，上海人民美术出版社1989年版。

中说："中国人运用其丰富的想像力来造成十分美丽夺目的形象"，"中国花园如同大自然的一个单元"。《马可·波罗游记》和明清以来的西方传教士把中国园林风貌介绍到欧洲以后，引起西方人士的极大惊异，在18世纪掀起一阵"中国园林热"。马可·波罗描绘中国南宋的宫殿"有世界最美丽而最堪娱乐之园囿，世界良果充实其中，并有喷泉及湖沼，湖中充满鱼类"。

法国耶酥会传教士李明在《中国现状新志》中说，中国园林设计意图是"模仿自然"。法国张诚介绍了中国畅春园对于悠闲安逸的追求。法国画家王致诚神父，详细准确地描写中国园林艺术风格，他曾参与绘制圆明园四十景图。1747年的《传教士书简》中说中国园林："再没有比这些山野之中、巉岩之上、只有蛇行斗折的荒芜小径可通的亭阁更像神仙宫阙的了"，"人们所要表现的是天然朴野的农村，而不是一所按照对称和比例的规则严谨地安排过的宫殿"，"由自然天成"；无论是蜿蜒曲折的道路，还是变化无穷的池岸，都不同于欧洲那种"处处喜欢统一和对称"的造园风格，比欧洲花园更富诗情画意，更有深度。韩国英神父《论中国花园》说："人们到花园里来是为了避开世间的烦扰，自由地呼吸，在沉寂独处中享受心灵和思想的宁静，人们力求把花园做得纯朴而有乡野气息，使它能引起人的幻想。"

这些同法国启蒙思想家们提倡的"返璞归真"，艺术必须表现强烈的情感的思想相符合。

1767年梅森出版《庭园设计论》，1770年惠特利出版《近代造园论》，1772年著名学者钱伯斯出版了《东方庭园论》、《中国建筑、家具、服装和器物的设计》、《中国园林的布局艺术》、《东方造园艺术泛论》等著作，将中国园林艺术介绍到英国，提议在风景式造园中吸收中国园林风格，为英国的造园带来了浪漫主义的色彩。钱伯斯主张"明智地调和艺术与自然，取双方的长处，这才是一种比较完美的花园"，中国园林"虽然处处师法自然，但并不摒弃人为"，它的"实际设计原则，在于创造各种各样的景，以适应理智的或感情的享受的各种各样的目的"，"中国人的花园布局是杰出的，他们在那上面表现出来的趣味，是英国长期追求而没有达到的"。他赞美中国造园家"是画家和哲学家"，不像意大利和法国那样，"任何一个不学无术的建筑师都可以造园"①。1757~1763年间他为王太后主持丘园设计和建造时，就在园中运用了中国园林手法：辟湖叠山，构筑岩洞，还造了一座十层八角的地道的中国砖塔和一座亭子。

1795年，雷普顿摆脱了强调绘画与造园类似的思想束缚，冷静考察了绘画与造园存在的不同之处，提出造园的四条法则，将自然美作为造园方针的基准，既重视自然美，又注重实用。他说："实用往往比美更应受到重视。"为了使实用与艺术的目的浑然一体，相互和谐，他费尽心血致力于使业主享受到自然的静谧感的同

① 转引自杨存田著：《中国风俗概观》，北京大学出版社1994年版第137页。

时，还立足于实用性，力戒在庭园中滥用曲线。在建筑物周围筑造平台或其他建筑物，使其随着距离的增加逐渐融入自然风景之中。他创设、改造的庭园多达200个以上。1803年出版的他的著作《造园的理论与实践》，成为风景式造园的集大成者。

自此，自然风致园在英国风靡一时，取代了古典主义的造园艺术，这是英国人独创的花园，但由于受到中国园林艺术的启发，借鉴过中国造园艺术的题材和手法，因而被法国人称之为“英中式花园”或“中国式花园”。著名建筑师沃尔在《建筑学大全》中说：“中国人是自然风致园的创造者。”一时间，仿中国园林池、泉、桥、洞、假山、幽林的自然式布局风格的新高潮在英国各地兴起。德国美学家赫什菲尔德在《造园学》中写道：“近来没有别的花园像中国花园或者被称为中国式的花园那样受到重视的了，它不仅成了爱慕的对象，而且成了模仿的对象。”著名的有德洛普摩尔花园、阿莫斯伯雷花园、石格波罗花园等，被称为“图画式花园”。单纯模仿中国园林的建筑则更多，如：英国伦敦的莱乃拉夫花园里的阁子、莱德诺公爵庄园里的塔、丘园里的孔庙等。萨里地区“百荫喜园”内仿湖石券门与南京灵谷寺志公殿前的石湖券门如出一辙。英中部“毕达福山庄”内有一湾曲水，上架木栏杆折桥，池旁是水榭长廊，廊尽头有座重檐翘角的小方亭子，配以成荫的绿树，真有令人如置身于苏州园林之感。

17世纪末，法国掀起了“中国园林热”，1670年，离凡尔赛宫主楼一公里半处，法国路易十四仿中国南京琉璃塔风格建成“蓝白瓷宫”，内陈中式家具，名“中国茶厅”。光达古亥公爵花园由原来的古典主义形式，改成了具有中国味的有叠石、假山的花园。1772年，巴黎郊区的商蒂府邸在大草地的东边扩建，形成广阔的水域，还有假山、岩洞和画廊。1774年，凡尔赛宫的小特里阿农花园建成，里面安排了曲折小径、假山、岩洞和不规则的湖面。1775年，路易十五下令将凡尔赛花园里经过修剪的树砍光。蒙梭花园有小溪、跌水和湖泊，湖心岛上还有一幢中国式建筑，有中国式的桥和岩洞、假山。蓬乃勒花园的主要入口就是一个大叠石假山洞，主要的府邸是中国式的重檐建筑。被称为“哈莫”的中国式大型花园，庙宇和农舍的周围，有河水和石砌的拱桥。巴黎西端的由贝郎士设计的巴戛代勒花园和圣詹姆士花园里，有叠石假山、岩洞和拱桥、小溪曲径在乱石间穿行。巴黎郊区的商蒂府邸花园，有一座圆形的中国式亭子，两边有塔，色彩都照中国样子，有黄、绿、红等。今天，巴黎有20多处建有中国式亭子的花园，现存巴黎近郊的“喷奈园”内的木桥和亭子就充满了中国情调。

位于卡塞尔附近的威廉阜花园，是德国最大的中国式花园之一；1781年，在它南面的魏森斯坦地方，面山傍水，造了一所叫“木兰村”的中国式村落，里面全是中式农舍，中央有一座圆形的小庙，有一道木质的“跨越激流的中国桥”，村旁山溪名“吴江”，一切景物都模仿江南水乡。图5－20为德国奥兰宁堡中国园内的中国式宝塔。

瑞典斯德哥尔摩郊区德劳特宁尔摩中式园亭，中间部分为两层，像是正殿，旁有一层类似侧殿；正、侧殿间以走廊相贯。

欧洲园林水域设置受中国园林艺术影响：首先是水域普遍扩大，水面在花园里占有重要位置。如斯道威海德花园、俄国圣彼得堡的沙皇村花园，都有一片明净的水，倒映着奇特的中国式建筑物。其次，河流和湖泊都不再用整齐的石块砌成几何形状，而是像中国园林那样弯弯曲曲、忽宽忽窄、进退自然。再次是水面同人与建筑物的关系比之先前亲切多了。如瑞典的奥朗宁波姆花园，茶亭脚下就能系舟，人和水之间有了亲切感。

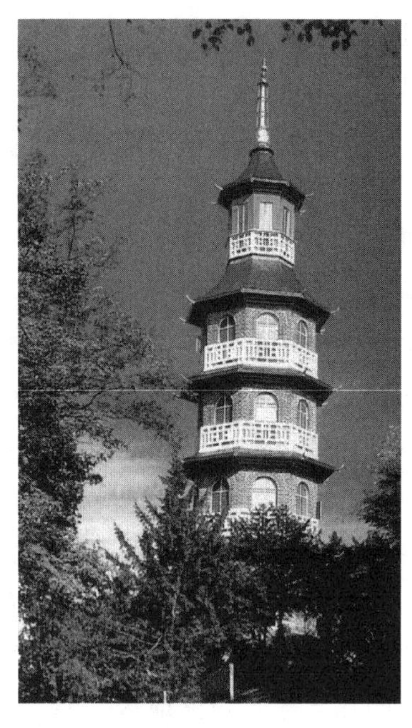

图 5－20　德国奥兰宁堡中国园内的宝塔(网络)

【第三节】

当代方兴未艾的世界“中国园林热”

18 世纪的欧洲“中国园林热”慢慢冷却下来了，原因之一是欧洲人最终发现，中国的造园艺术极其难以掌握，没有深厚的中国历史文化的根基是很难造出中国园林来的。

今天，随着中国的对外开放和中外文化交流的频繁发展，西方的“中国园林热”重又兴起，它改变了由西方人自己建造的做法，而是由中国的园艺家设计、制造，而后作为文化产品出口，在西方国家的土地上落户。

1980 年 3 月，美国大都会博物馆的“明轩”正式落成，它是以苏州网师园中的殿春簃为蓝本的明式古典庭园，这是中国古典园林的第一次出口。中国著名作家丁玲是这样描写这座纽约的苏州庭园的①：

> 转几个弯我走到一道粉墙边，进入一个紫檀色的大木门，陡然觉得一阵清风扑面，而且微微带有一点芝兰香味。人好像忽地来到了另一个天地之中。转过屏风，

① 丁玲：《纽约的苏州亭园》。

苏州亭园就像一幅最完整、最淡雅、最恬适的中国画，呈现在眼前：清秀的一丛湘妃竹子，翠绿的两棵芭蕉，半边亭子，回转的长廊，假山垒垒，柳丝飘飘。青石面铺地，旁植万年青。后面正中巍峨庄严坐着一栋朴素的大厅，檐下，悬一块黑色牌匾，上面两个闪闪发亮的金字："明轩"。我好像第一次见到我们祖国的园亭艺术，这样庄重、清幽、和谐。我们伫立园中，既不崇拜它的辉煌，也不诧异它的精致，只沉醉在心旷神怡的舒畅里面，不愿离去。园中有各种肤色的游人，对这一块园地都有点流连忘返，看来他们是被迷住了……你看，"明轩"正厅里的布置与摆设，无一处是以金碧辉煌、精雕细镂、五彩缤纷、光华耀目来吸引游人，而只是令人安稳、沉静、深思。这里几净窗明，好似洗净了生活上的繁琐和精神上的尘埃，给人以美、以爱、以享受，启发人深思、熟虑、有为。人生在世，如果没有一点觉悟与思想的提高、纯化，是不能真正抛弃个人，真正做到有所为，有所不为的。最高的艺术总是能使人净化、升华的。……苏州的亭园在这个博物馆里不失为一朵奇花异葩，人们在这里略事观览，就像是温泉浴后，血流舒畅，浑身轻松，精力饱满，振翅欲飞。

自此以后，中国古典园林的仿制品"出口"一路走俏。坐落在纽约市斯坦顿岛植物园内的江南庭园"思退庄"、"寄兴园"、"苏州园林"，波特兰市的"兰苏园"等。此外，在英国建成"燕秀园"；在德国建成"中国园"；在荷兰建"名胜宫"；在加拿大温哥华建"逸园"。《姑苏晚报》1995 年 2 月 10 日载：园林设计院为马耳他设计"中国园"，将坐落在马耳他桑塔露西亚，占地面积约 8000 平方米。园林由喷泉小景、中心庭院、曲径林荫三部分组成。其中喷泉小景为中国园入口标志，池中立湖石峰一座，造型喷泉三组，园内水面积约 600 平方米，池周有厅堂、方亭、六角亭、石板曲桥、游廊等，有小型假山一座。园内道路采用多种花色材料铺设，曲径林荫以植物造型为主，花木选用当地品种。

坐落在德国巴登一符腾堡州的"清音园"，取晋左思《咏史》："非必丝与竹，山水有清音。"有个德国妇女参观了"清音园"后告诉中国记者说：她在中国工作过，很喜欢中国园艺，她已经在自己的家里建了个 60 平方米的中国花园。中国园林已经进入异国的家园。

1981 年，在有 20 多个国家参展的慕尼黑国际园艺博览会上"芳华园"以其自然、雅趣的风格压倒群芳，赢得了国际评奖委员会授予的最高荣誉：获得大金质奖章。展览结束时原计划要把这批园林拆除后移建别处，在 6 万多市民签名要求下，芳华园被保留下来①。

当然"出口"的中国园林，毕竟比不得原汁原味的中国园林。中国古典园林作为一种独特的历史文化结晶，有着不可替代的个性，独特的文化环境，从本质上讲，是无法复制的，它永远属于中国这方土地。1994 年，基辛格博士到苏州网师园，看了"明轩"的"母本"殿春簃后，赞许说："确实美！纽约大都会博物馆内的明轩我去看过，

① 参见周峥：《走向世界的苏州园林》，《苏州园林》1992 年 1 期。

还与施工人员一起拍照留影。明轩到底是仿制品，无法与这个实景媲美。”①

今天，在世界上无与伦比的苏州园林，已经有拙政园、留园、网师园、环秀山庄、沧浪亭、狮子林、艺圃、耦园和退思园等九个园林被列入了世界文化遗产名录，成为人类的共同财富。苏州园林这枝风雅之花，作为文化产品出口，首先在异国他乡散发出醉人的芳香。

与此同时，苏式园林建筑及小品，也在全国遍地开花：常州的“文笔塔”、天宁寺，南京的“煦园”、“四明山庄”，上海的“文庙”，承德的“避暑山庄”，以及1999年昆明世博园内的“东吴小筑”等。苏州园林已经走向世界，成为“文化使者”和“永恒的贵宾”。

今天西方人对中国园林的了解和欣赏，也已经进入了一个较高的层次，世界上出现了一批研究中国古典园林的专家，研究水平也是空前的。比如在德国就有了专门研究中国园林的学者，其著作已经达到美学欣赏和美学比较的水平。中国的园林艺术已经在更深广的领域超越了东方的界限，而具有世界性的魅力。

【小　结】

中国古代哲学的主要基调是主张“天人合一”，强调天与人的和谐一致，古典园林，是天人合一观念的物化形态，具有伟大的、深远的意义。国学大师钱穆在《中国文化对人类未来可有的贡献》一文中指出：

> “天人合一”观，实是整个中国传统文化思想之归宿处……我深信中国文化对世界的人类未来求生存之贡献，主要亦即在此……“天人合一”论，是中国文化对人类最大的贡献。……以过去世界文化之兴衰大略言之，西方文化一衰则不易再兴，而中国文化则屡仆屡起，故能绵延数千年不断，这可说，因于中国传统文化精神，自古以来既能注意到不违背天，不违背自然，且又能与天命自然融合一体。我以为此下世界文化之归结，恐必将以中国传统文化为宗主②。

近几年来，中国古典园林承德避暑山庄、苏州园林、颐和园、天坛相继被列入《世界遗产名录》，它们自身的本体价值被世界所承认，证明了钱穆先生结论的正确性。

中国古典园林的艺术价值是无与伦比的，保护它们不仅仅是保护它们的现存状况，让后人继续享受古代艺术的神韵与美感，而且，事实上也保护了中国人的心灵和梦想。

---

① 《网师园》，苏州大学出版社1997年版第109页。

② 载刘梦溪主编：《中国文化》1991第四期，第93～96页。

参考文献

〔1〕［宋］朱熹．诗集传．中华书局据文学古籍刊行社影印宋刊本．
〔2〕杨伯峻．论语译注．中华书局，1963.
〔3〕杨伯峻．孟子译注．中华书局，1963.
〔4〕杨伯峻．春秋左传注．中华书局，1981.
〔5〕［汉］司马迁．史记．中华书局，1975.
〔6〕［清］王先谦．汉书补注．中华书局，1983.
〔7〕［清］王先谦．后汉书集解．中华书局，1984.
〔8〕［晋］葛洪．西京杂记．中华书局，1985.
〔9〕［晋］陶渊明著，逯钦立校注．陶渊明集．中华书局，1979.
〔10〕［梁］萧统编．文选．中华书局，1977.
〔11〕［梁］刘勰著，范文澜注．文心雕龙．人民出版社，1958.
〔12〕［北魏］杨衒之．洛阳伽蓝记．中华书局，1984.
〔13〕六朝佚名撰，陈直校证．三辅黄图校证．陕西人民出版社，1980.
〔14〕［明］田汝成．西湖游览志、西湖游览志余．上海古籍出版社，1985.
〔15〕［明］计成著，陈植校注．园冶注释．中国建筑工业出版社，1988.
〔16〕［明］文震亨著，陈植校注．长物志校注．江苏科技出版社，1984.
〔17〕［明］李渔．闲情偶寄．作家出版社，1996.
〔18〕［清］沈复．浮生六记．作家出版社，1996.
〔19〕［清］钱泳．履园丛话（上下）．中国书店，1991.
〔20〕［清］顾炎武．历代宅京记．中华书局，1984.
〔21〕［清］英廉等奉敕编．钦定日下旧闻考．北京古籍出版社，1981.
〔22〕张岱年．文化论．河北教育出版社，1996.
〔23〕张岱年、方克立主编．中国文化概论．北京师范大学出版社，1995.
〔24〕唐得阳主编．中国文化的源流．山东人民出版社，1995.
〔25〕王毅．园林与中国文化．上海人民出版社，1991.
〔26〕黄河涛．禅与中国艺术精神的嬗变．商务印书馆国际有限公司，1994.
〔27〕葛承雍．中国书法与传统文化．中国广播电视出版社，1994.
〔28〕文史知识编辑部编．佛教与中国文化．中华书局，1995.
〔29〕段玉明．中国寺庙文化．上海人民出版社，1984.
〔30〕潘天寿．中国绘画史．上海人民美术出版社，1983.
〔31〕宗白华．美学散步．上海人民出版社，1997.
〔32〕朱光潜．谈美书简二种．上海文艺出版社，1999.

〔33〕李泽厚．美的历程．文物出版社，1982.

〔34〕[德] 黑格尔．美学．商务印书馆，1984.

〔35〕金学智．中国园林美学．江苏文艺出版社，1990.

〔36〕童寯．江南园林志．中国建筑工业出版社，1987.

〔37〕陈从周．中国园林．广东旅游出版社，1996.

〔38〕刘策．中国古典名园．上海文化出版社，1984.

〔39〕宗白华等．中国园林艺术概观．江苏人民出版社，1987.

〔40〕安怀起．中国园林史．上海科技出版社，1986.

〔41〕彭一刚．中国古典园林分析．中国建筑工业出版社，1986.

〔42〕赵仁基．古典园林欣赏．江苏人民出版社，1986.

〔43〕刘天华．画境文心．三联书店，1995.

〔44〕陈从周等．园综．同济大学出版社，2004

〔45〕张承安主编．中国园林艺术辞典．湖北人民出版社，1994.

〔46〕张家骥．中国园林艺术辞典．山西教育出版社，1997.

〔47〕徐德嘉．古典园林植物景观配置．中国环境科学出版社，1997.

〔48〕孟兆祯．避暑山庄园林艺术．紫禁城出版社，1985.

〔49〕钧成、成钢．颐和园楹联镌刻浅释．北京日报出版社，1985.

〔50〕刘敦桢．中国古代建筑史．中国建筑工业出版社，1980.

〔51〕梁思成．中国建筑史．百花文艺出版社，1998.

〔52〕中国建筑史编写组．中国建筑史．中国建筑工业出版社，1982.

〔53〕朱立元、王振复．天人合一．上海文艺出版社，1998.

〔54〕苏州民族建筑学会、苏州园林发展股份有限公司编著．苏州古典园林营造录．中国建筑工业出版社，2003.

〔55〕[法] 丹纳著，傅雷译．艺术哲学．安徽文艺出版社，1994.

〔56〕[英] 李约瑟．中国科学技术史．科学出版社，1975.

〔57〕[日] 中根金．名庭のみか. 保育社，昭和 52 年．

〔58〕[日] 田中日佐夫、大桥治三．修学院离宫．新潮社，1989.

〔59〕[日] 森蕴．《作庭记》の世界．日本放送出版协会，昭和 61 年．

后　记

中国是惟一没有发生文化断层的世界四大文明古国之一，而中国人以前几千年学问的精华就集中在性理、玄理、空理，加上事理与情理，属于道德宗教方面、生命的学问，调护润泽生命，十分注重生活和养生，关注日常生活。从殷商出现的青铜器中的大量酒器，到丰富多彩的衣料、服饰、瓷器、古玩及其他用品，我们可以看出，对生活艺术是多么重视①！

优雅的中国园林，是表现古代文人生命情韵和审美意趣的生活方式，并作为一种生活模式积淀在后代文人的内心深处。

“音为知者珍，书为识者传”②，但高雅艺术往往曲高和寡，艺术天才们“端出了佳肴，可是人家不想品尝”③，或者品尝了，但品不出真味来，中国的古典园林就是无数艺术天才们端出的“佳肴”，我“品尝”了，但长时间没有“尝”出“真味”。

我生长在太湖之滨，自幼热爱灵山秀水。在北大中文系学习期间，常去颐和园悠游，也到圆明园遗址凭吊。大学毕业后分配到汉唐古都西安，瞻仰大雁塔的雄姿又成为常事，也曾盘桓在华清池边，浮想联翩。研究生毕业后我回到了梦牵魂绕的园林城市苏州，有更多的机会在“小园香径独徘徊”，感受“庭院深深深几许”的潇洒澹逸、隔尘脱俗。久之，我开始用中国古代文学这把“钥匙”，去开启园林这座艺术殿堂的大门，去解读园林，我才惊喜地发现，园林里，有楚辞的香草，有陶潜的田园，还飘逸着唐诗和宋词的神韵，传送着历代士大夫文人的风雅与隐忧。它如诗如画如雕塑，是士大夫文人心态的“活化石”；它是包容着文学、画学、书学以及建筑学、植物学、环境科学的一门综合艺术、边缘学科。人类在探索大自然奥秘的同时，不断地认识着自身，调整着与自然的关系。“天人合一”的理念，使中国人很早就将眼光从天国降到人间，黑格尔曾坦言：“当黄河、长江已经哺育出精美辉煌的古代文化时，泰晤士、莱茵河和密西西比河上的居民还在黑暗的原始森林里徘徊。”中国古典园林就是中华文化孕育出来的精雅艺术品，犹如“古老的文明古国历史博古架上的一批放大的古玩”④，它承载着的是古老的中华文明。我尝到了园林艺术的“真味”，浸淫其间愈久，愈觉得它精深博大，其味无穷，说不完，道不尽。

---

① 牟宗三：《中西哲学之会通十四讲》。

② 《抱朴子·外篇》。

③ 〔德〕尼采：《悲剧的诞生》。

④ 刘郎：《苏园六记》解释词。

当今社会已经进入了多元互济、交流对话的时代，世界已成为一个日益缩小的地球村，人类面临着一个共同的环境危机，环境生态与社会发展几乎呈二元对立态势。人们已经敏锐地感觉到，人类的生存面临着挑战，必须进行“人文精神的反思”，进行“人的再度发现”，调整人与自然的关系，合乎人类那种期待的视野。而中国古典园林，将艺术、自然与哲理完美结合，诗化了的环境，雅化了的陈设，人们诗意地生活，这正是人类环境创作的佳作，是人类共同的瑰宝，它的意义远远超越了造园学本身。唯其如此，以我的一己之力，要将有数千年历史的中国园林艺术作一总结，深感力不从心，捉襟见肘，权且作引玉之“砖”吧。

本书是《中国园林艺术论》[①] 的修订版，增加了若干照片、图片，修正了正文和注释中的一些错误和不当之处，增加了部分内容，力求少一点遗憾。但错误和不足之处依然会存在，望读者不吝指正！

曹林娣

2009 年 3 月

① 曹林娣：《中国园林艺术论》，山西教育出版社 2001 年 1 月版。